통계열역학

통계열역학

이재우 지음

교문사

통계열역학

2021년 2월 25일 1판 1쇄 펴냄

지은이 이재우
펴낸이 류원식 | **펴낸곳 교문사**

편집팀장 모은영 | **책임편집** 김경수 | **표지디자인** 신나리 | **본문편집** 홍익 m&b

주소 (10881) 경기도 파주시 문발로 116(문발동 536-2)
전화 031-955-6111~4 | **팩스** 031-955-0955
등록 1968. 10. 28. 제406-2006-000035호
홈페이지 www.gyomoon.com | E-mail genie@gyomoon.com
ISBN 978-89-363-2130-7 (93420)
값 29,500원

열역학과 통계역학은 대학에서 물리학, 화학, 생물학, 해양학, 화학공학, 금속공학, 재료공학, 기계공학, 생물공학 등 다양한 분야에서 기초과정으로 가르치고 있다. 공학에서 통계역학은 깊이 있게 다루어지지 않는 경우가 많다. 저자는 다년간 물리학과에서 열역학 및 통계역학을 가르치면서 두 분야를 융합하여 가르쳐야 겠다고 생각하게 되었다. 그동안 학생들을 가르치면서 만든 강의록을 바탕으로 두 분야를 융합하여 통계열역학을 내놓게 되었다. 통계열역학은 대학교 물리학과의 3학년 또는 4학년에서 열역학 과목과 통계역학 과목으로 분리하여 가르치는 경우가 많다. 통계열역학이 역학, 전자기학, 양자역학과 함께 물리학을 이해하는 핵심과목임에도 불구하고 매우 소홀히 다루어지는 경우가 많다. 물리학과에서 통계열역학이 핵심(core) 과목임에도 불구하고 상대적으로 늦게 고학년 학생들에게 노출된다. 특히 우리나라 물리학과에는 통계물리학을 전공한 교수가 매우 부족하여 전문성을 가지고 강의하기 어렵다. 학생들의 입장에서 통계열물리학의 내용은 1학년 대학 물리학 또는 일반물리학 시간에 열현상에 대한 두 개 또는 세 개 정도의 챕터를 배울 뿐이고 3학년까지 관련된 내용을 접할 수 없다. 1학년 강의에서 열역학은 1학년 1학기가 끝나기 직전에 다루어지기 때문에 경우에 따라서 열역학 제2법칙과 같은 열역학의 핵심 개념을 학습할 기회를 잃곤 한다. 이러한 현실을 감안하여 이 책은 초반부의 열역학 부분을 1학년 대학물리학의 열역학 내용을 포함하여 조금 더 확장하고 통계역학의 내용을 포함하여 배울 수 있도록 구성하였다. 통계열역학에 대한 지식이 전혀 없더라도 내용을 따라갈 수 있도록 내용을 구성하였다. 책은 총 15장으로 구성되어 있으며 전반부인 1장부터 7장 정도를 첫 학기에 배우고 후반부인 8장부터 15장까지를 두 번째 학기에 공부할 수 있도록 구성하였다. 전반부는 열역학의 주요한 내용을 포함하였고 볼츠만 인자, 바른틀 분포함수, 분배함수의 내용을 포함하였다. 많은 경우에 통계열역학을 한 학기만 배우고 끝나는 경우가 있기 때문에 통계역학에 대한 개념을 모른 채 물리전공을 마치는 경우가 허다하다. 이러한 문제를 보완하기 위해서 열역학과 통계역학을 서로 융합하여 전반부를 구성하였다.

　학생들이 통계열역학을 배울 때 매우 어렵다고 생각한다. 그 이유가 무엇일까? 물리학과 학생들은 대학물리학, 역학, 전자기학, 양자역학을 배우는 3학년 말까지 일체문제(one-body problem)에 익숙하기 때문이다. 물리학 교과서를 펴보면 복잡한 현실 세계의 문제를 단순화하고 문제의 해를 얻기 위해서 다체문제(many-body problem)를 몇물체문제(a few body problem)로 환원하여 생각하는 경우가 많다. 역학에서 다체인 강체를 다룰 경우 질량중심과 그 회전으로 운동을 표현함으로써 일체문제로 바꾸어 생각한다. 양자역학에서도 대부분 한 입자가 퍼텐셜 에너지에서 운동하는 일체문제를 풀게 되며 수소원자 문제를 다룰 경우 이체문제를 풀게 된다. 그런데 열역학과 통계역학은 기본적으로 다체문제를 다루는 학문이다. 그렇다보니 학생들이 익숙하지 않은 다체문제를 다룰 때 어려움을 겪게 된다. 또한 열역학계는 여러 개의 거시 변수로 기술되기 때문에 물리량의 변화는 두 변수 이상의 변화로 표현된다. 따라서 열역학 법칙들이 다변수의 편미분으로 표현되곤 한다. 양자역학의 슈뢰딩거 방정식이나 전자기학의 라플라스 방정식 정도를 풀 때 편미분을 다루어보았는데 통계열역학은 거의 모든 열역학 식들이 편미분으로 표현되므로 수학적으로 매우 불편을 겪게 된다. 열역학 자체가 우리의 현실 세계를 밀접하게 표현하는 법칙임에도 불구하고 열역학 법칙으로 표현된 식을 현실 세계와 연결하는데 어려움을 겪는다. 생명체 자체가 대표적인 다체의 열역학 시스템이다. 이러한 어려움을 덜어주고 통계열역학에 대한 흥미를 더하기 위해서 매 챕터를 시작하거나 중간 중간 열역학 및 통계역학의 발전에 기여한 과학자들을 소개하고 그들이 어떤 과정으로 통계열역학을 발전시켰는지 소개하려고 노력하였다. 열역학은 카르노, 메이어, 줄, 헬름홀츠, 클라우지우스, 켈빈, 맥스웰, 볼츠만, 깁스와 같은 학자들에 의해서 발전하였다. 볼츠만이 사망한 1906년경이면 열역학은 거의 완성되었다. 1905년에 네른스트가 열역학 제3법칙을 발표하였으므로 열역학 법칙은 20세기 초에 완성되었다고 할 수 있다. 볼츠만과 깁스에 의해서 발전한 통계역학은 양자역학이 도입되면서 큰 발전을 이룩하였다. 평형상태에 있는 거시계의 물리적 상태의 확률은 볼츠만 인자에 비례하며 계의 분배함수를 계산할 수 있으며 거시 물리량들을 분배함수의 미분으로 표현할 수 있다.

통계열역학을 강의하다 보면 방대한 분량 때문에 통계물리학자들이 최근에 어떤 문제에 관심을 가지고 있는지 소개하기 어렵다. 이러한 문제를 보완하기 위해서 매 챕터의 말미에 "재미있는 통계물리학" 코너를 마련하여 학생들이 가볍게 읽어볼 수 있는 내용을 포함하였다. 이 책을 공부하면서 통계물리학에 대한 이해의 폭을 넓히고 이 분야에 대해서 관심을 가져준다면 이 책을 쓴 보람이 있을 것이다. 이 책을 완성하기까지 많은 분들이 도움을 주었다. 무엇보다 책의 전체 내용을 꼼꼼히 읽고 교정을 해준 "김두환 박사님"께 감사드립니다. 이 책이 완성될 때까지 많은 도움을 준 인하대학교 통계물리연구실의 이경은 박사, 정남 군, 이현민 군, 채서윤 양 등에게 고마운 마음을 전합니다.

2020년 가을에
용현벌에서

차례

CHAPTER 1

온도와 볼츠만 분포

CHAPTER 1
온도와 볼츠만 분포

우리가 일상생활에서 접하는 세계는 많은 입자들로 이루어져 있다. 공기, 나무, 물, 금속 또는 생명체 등은 많은 입자로 구성되어 있다. 이러한 물질들은 대개 아보가드로 수(6×10^{23}개)보다 많은 기본 구성단위(원자, 분자 또는 세포 등)로 이루어져 있다. 구성단위가 많은 계를 **다체계**(many-body system)라고 부른다. 다체계의 성질은 기본 구성단위가 가지는 성질과는 확연히 다르다. 즉, 다체계는 구성단위들의 협동적 성질로 인해 기본 구성단위가 가지지 못하는 성질을 갖는다.

다체계를 설명할 수 있는 근본 법칙이 있을까? 거시적 세계에서 입자들의 운동은 뉴턴의 운동법칙과 입자들 사이에 작용하는 상호작용을 알면 어느 정도 이해할 수 있다. 미시적 세계에서 양자역학을 따르는 입자들의 운동 역시 슈뢰딩거의 파동 방정식으로 잘 설명할 수 있다. 따라서 다체계는 입자들이 모여 있는 것이므로 각 입자들에 뉴턴 운동 방정식이나 파동 운동 방정식을 적용하면 다체계의 성질을 이해할 수 있을 것이다. 무엇보다 아보가드로 수 만큼 많은 입자들이 모여 있는 계를 뉴턴 역학으로 이해하려면, 아보가드로 수보다 훨씬 많은 운동 방정식을 풀어야 한다. 이것이 가능할까? 어떤 경우에는 가능할 것이다. 그러나 대체로 아보가드로 수 만큼 많은 수의 운동 방정식을 푸는 것은 불가능하다. 따라서 다체계를 이해하는데 새로운 물리체계가 필요한데, 이 체계가 **열역학**(thermodynamics)과 **통계역학** (statistical mechanics)이다.

다체계의 열(heat), 일(work) 및 **거시적 열역학 변수**(macroscopic thermodynamic variables) 사이의 관계를 다루는 체계가 열역학이다. **거시계**(macroscopic system)의 열역학 변수를 계의 미시적 물리량의 통계적 평균으로 나타내는 체계가 통계역학이다. 통계역학은 거시계의 물리적 성질을 설명하는 보다 근본적인 역학 체계이다. 통계역학은 열역학보다 근본적이며, 열역학의 예측 결과와 열역학이 설명하지 못하는 것을 설명한다. 통계역학의 발전은 열역학의 이해에 기반을 두고 있으므로, 먼저 열역학을 살펴보자. 열역학은 계의 열역학 거시변수들 사이의 관계를 열역학 법칙으로 설명한다. 켈빈, 줄, 카르노, 클라우지우스, 헬름홀츠 등이 열역학 발전에 기여하였다. 열역학 법칙은 네 가지 법칙으로 구성되어 있다.

열역학 제0법칙은 평형과 온도계를 정의할 수 있게 한다. 열역학 제1법칙은 에너지 보존 법칙을 표현한 것이다. 열역학 제2법칙은 뜨거운 물체와 차가운 물체를 접촉하면 자연스러운 열 흐름은 뜨거운 곳에서 차가운 곳으로 흐르는 성질과 관련되어 있다. 마지막으로 열역학 제3법칙은 절대영도와 같은 지극히 낮은 온도에서 계가 가지는 상태를 설명한다.

　이 장은 열역학의 기본적인 개념인 온도를 기체 운동론의 입장에서 살펴본다. 표준 온도를 정의하는 방법과 다양한 온도계를 살펴본다. 이상기체의 상태 방정식을 바탕으로 이상기체의 성질을 알아본다. 마지막으로 통계역학의 가장 중요한 분포인 '바른틀 앙상블 분포'에서 '볼츠만 인자'를 자연스럽게 유도해 본다.

1.1 평형

많은 입자들이 모여 있는 다체계의 열역학 특성을 알아보기 위해서, 먼저 아주 특별한 상태를 정의해야 한다. **다체계**의 거시적인 특징은 **거시적 열역학 변수**(예를 들면, 부피, 압력, 자화율 등)를 측정하여 알 수 있다. 그런데 어떤 계의 열역학 변수들은 시간에 따라서 변할 수 있다. **거시계**의 모든 열역학 변수가 시간에 따라서 변하지 않는 상태를 **정상상태**(steady state)라 한다. 계가 정상상태에 있더라도 **흐름**(current)이 있을 수 있다. 예를 들어 물탱크에 일정량의 물이 흘러들어오고, 같은 양의 물이 흘러나간다면 물탱크는 정상상태이지만 물의 흐름이 있다. 거시계에서 흐름(입자 흐름, 열 흐름 등)이 없는 정상상태를 **평형상태**(equilibrium state)라 한다. 즉, 평형상태에서는 흐름이 없고 거시적 열역학 변수가 시간에 따라서 변하지 않는다. 평형상태에 있는 거시계를 다루는 물리를 **평형 열역학**(equilibrium thermodynamics) 또는 평형 통계역학이라 한다. **평형 통계역학**(equilibrium statistical mechanics)은 볼츠만, 깁스 등에 의해서 확립되었으며, 고전역학, 양자역학과 함께 자연을 이해하는 하나의 역학 체계를 형성하였다. **통계물리학**(statistical physics)은 통계역학을 이용하여 다체계를 이해하는 물리학의 한 분야를 지칭한다. 요즈음에는 계가 평형상태에 있지 않은 비평형 통계역학 계가 매우 흥미를 끌고 있다. 예를 들면, 음식을 먹고 배출하는 생명체나, 생명체의 진화 현상, 많은 개체들이 모여 있을 때 나타나는 발현 현상 등에 대한 관심이 높다.

평형상태에 관련된 **열역학 제0법칙**을 살펴보자. 계 A와 B가 서로 평형상태에 있다고 하자. 이제 다른 계 C를 (예를 들면 온도계) 생각해보자. 만약 계 A와 C를 열 접촉했을 때 두 계에 아무런 변화가 없다면, 계 A와 C는 평형 상태에 있다. 이제 계 C를 B와 열 접촉하면, 계 C는 B와 평형상태에 있게 된다. 즉, 계 A와 B가 평형이고 A와 C가 평형이면, B와 C 역시 평형이다. 만약 C를 표준 온도계라고 하면 평형상태에 있는 계의 열적 상태를 온도로 표현할 수 있다.

계의 평형상태는 계의 상태에 따라서 여러 가지로 나눌 수 있다. 먼저 **역학적 평형**(mechanical equilibrium)은 기체가 들어있는 용기의 한쪽 면이 피스톤에 접하고 그 피스톤 위에 질량 m인 물체를 올려놓았을 때, 피스톤이 움직이지 않고 정지해 있다고 하자. 이와 같이 피스톤의 움직임이 없어서 계(기체)가 일을 하지 않거나, 외부에서 계에 일이 가해지지 않는 상태에 놓여있는 계는 역학적 평형상태에 있다고 한다. **열적평형**(thermal equilibrium) 상태는 열 접촉해 있는 두 계 사이에 열 흐름이 없어서, 두 계의 온도가 같은 상태를 말한다. 즉, 양쪽 계의 온도는 시간에 따라서 변하지 않는다. **화학적 평형**(chemical equilibrium)은 입자 수가 변할 수 있는 계에서 정의한다. 예를 들면

$$A + B \Leftrightarrow C$$

와 같은 화학반응을 생각해보자. 화학적 평형상태에서 화합물 A, B 그리고 C의 입자수는 일정하다. 이러한 세 가지 평형상태는 각각 열역학 변수인 압력, 온도 그리고 화학 퍼텐셜과 관련되어 있다. 이 세 가지 평형상태를 모두 만족하는 계는 **열역학 평형**(thermodynamic equilibrium)에 있다.

평형상태에서 거시 계의 열역학적 성질을 나타내기 위해서 계의 미시적 변수의 평균값으로 거시적 변수를 나타내게 된다. 열역학과 통계역학에서 평균값을 취할 때 **열역학적 극한** (thermodynamics limit)을 고려해야 한다. 열역학적 극한은 계의 입자수와 부피가 충분히 큰 경우를 말한다. 열역학적 극한은 입자수와 계의 부피는 충분히 크지만, 계의 밀도는 유한한 상태를 의미한다. 즉, 입자수와 부피는 $N \to \infty$, $V \to \infty$이지만 밀도는 $\rho = N/V =$유한 인 상태를 열역학적 극한이라 한다. 앞으로 고려하는 모든 거시 계는 열역학적 극한을 만족

한다고 가정한다.

1.2 밀도와 압력

다체계의 열적 성질은 여러 가지 물리량으로 표현할 수 있다. 물질의 물리적 성질을 나타내는 물리량 중에서 **밀도**(density)와 **압력**(pressure)을 정의해 보자. 부피가 V이고 질량이 m인 물질이 있을 때 그 물질의 밀도 ρ는

$$\rho = \frac{m}{V} \qquad (1.1)$$

로 정의한다. 따라서 밀도의 단위는 kg/m^3이다. 물질의 밀도는 온도와 압력에 의존한다. 고체나 액체의 밀도는 물체에 가해지는 압력에 대해서 거의 일정한 반면에 기체의 밀도는 압력에 크게 의존한다. 표 1.1에 대표적인 물질의 밀도를 나타내었다.

물이나 알코올과 같이 압력을 가하여도 밀도가 거의 변하지 않는 유체를 **비압축성 유체**(incompressible fluid)라 하고, 기체와 같이 압력을 가했을 때 쉽게 압축되는 유체를 **압축성 유체**(compressible fluid)라 한다.

기체나 액체의 물리적 성질은 압력에 따라 크게 변한다. 그림 1.1과 같이 단면적 A인 단

표 **1.1** 여러 물질의 밀도

물질	밀도(kg/m^3)
우주 공간	10^{-20}
20℃ 1기압인 공기	1.21
20℃ 1기압인 물	0.998×10^3
20℃ 1기압인 바닷물	1.024×10^3
혈액	1.060×10^3
철	7.9×10^3
지구의 평균 밀도	5.5×10^3
태양의 평균 밀도	1.4×10^3
중성자별	10^{18}

면에 일정한 힘 F가 수직하게 작용하고 있을 때, 압력은

$$p = \frac{F}{A} \tag{1.2}$$

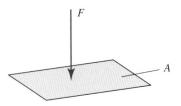

그림 **1.1** 압력은 단위 면적에 작용하는 수직 힘으로 정의함

로 정의한다. 힘이 단면에 비스듬하게 작용할 경우에 단면에 수직한 힘의 성분과 단면적의 비를 압력으로 정의한다. 압력은 방향이 없는 스칼라값이며, 단위는 파스칼(Pa, pascal)로써 $1\,\text{Pa} = 1\,\text{N/m}^2$이다. $1\,\text{Pa}$은 단면적 $1\,\text{m}^2$에 $1\,\text{N}$의 힘이 작용할 경우를 의미한다.

　지표면에서 공기의 무게가 지표면의 단위 면적에 작용하는 힘을 **대기압**(atmospheric pressure)이라 한다. 그림 1.2와 같이 대기압은 1643년 에반젤리스타 토리첼리(Evangelista Torricelli, 1608~1647)의 실험에 의해서 측정되었다. 수은에 담근 유리관을 세우면 수은이 수은주를 따라서 76 cm 또는 760 mm 올라간다. 수은이 유리관을 따라 올라가는 것은 대기압이 수은에 압력을 작용하기 때문이다. 수은주 관을 세우면 수은 기둥 위에 빈 공간이 생기는데 그 공간은 공기가 없는 진공상태가 된다. 이 토리첼리의 관을 **토리첼리 튜브**(Torricellian tube)라고도 하며 관의 빈 공간의 진공을 **토리첼리 진공**(Torricellian vacuum)이라 한다.

　수은 기둥의 높이로 대기압을 나타낼 때

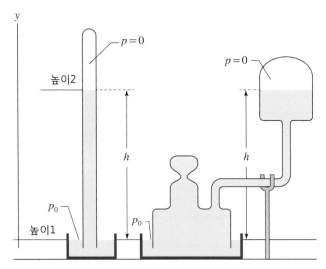

그림 **1.2** 토리첼리의 실험. 수은기둥 h는 76 cm 올라가며, 거의 진공상태인 수은기둥 위의 빈 공간을 토리첼리 진공(Torricellian vacuum)이라 한다. p_0는 대기압이다.

$$1 \text{ atm} = 76 \text{ cmHg} = 760 \text{ mmHg}$$

이고, 압력의 단위로 사용하는 토르(torr)는

$$1 \text{ torr} = 1 \text{ mmHg}$$

이므로 1기압은

$$1 \text{ atm} = 760 \text{ torr}$$

이다. 표준상태에서 대기압은

$$1 \text{ atm} = 101{,}325 \text{ Pa} = 1{,}013 \text{ hPa} = 1.013 \text{ bar} = 101.3 \text{ mbar}$$

이다. 여기서 1 hPa = 100 Pa을 뜻하고, hPa은 헥토(hecto)파스칼이라 읽는다. 1 bar는

$$1 \text{ bar} = 10^5 \text{ Pa}$$

을 의미한다.

대기압이 미치는 힘의 크기는 1654년 오토 폰 게리케(Otto von Guericke, 1602~1686)가 레겐스부르크(Regensburg)에서 보헤미아 황제 페르디난트 3세 앞에서 구리로 만든 지름 40 cm 반구 2개의 내부 공기를 자신이 만든 공기펌프로 제거한 후 반구의 양쪽에서 30마리의 말로 끌게 하여도 반구가 떨어지지 않음을 보여주었다. 반구의 마개를 열자 반구는 쉽게 떨어졌다. 게리케는 1656년 마그데부르크(Magdeburg)의 시장(major)이 되면서 같은 실험을 말 16마리를 가지고 재현하여 큰 인기를 끌었다. 현재는 **마그데부르크 반구**(Magdeburg hemisphere)로 더 잘 알려졌다. 게리케의 공기펌프를 알게 된 로버트 보일은 더 성능이 좋은 공기펌프를 발명하여 기체의 성질을 조사하는데 사용하였다.

예제 1.1

마노미터(manometer)

그림 1.3은 어떤 용기에 들어있는 기체와 단면적이 A인 U자형 관에 밀도 ρ인 유체(보통 수은, 물 또는 알코올)가 채워져 있는 마노미터를 나타낸 개략도이다. 유체의 오른쪽 면은 대기압 P_o에 접해있고 유체의 왼쪽은 측정하려는 용기의 기체와 접하고 있다. 왼쪽 유체의 경계면과 오른쪽 유체와 공기의 경계면 사이의 높이가 H일 때, 용기에 들어있는 기체의 압

력 P를 구하여라.

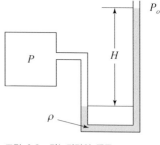
그림 **1.3** 마노미터의 구조

풀이

정지한 유체에서 같은 높이의 압력은 서로 같다. 따라서 왼쪽 유체의 경계에서 압력과 오른쪽 관의 같은 높이에서 압력은 같을 것이다. 따라서 왼쪽 경계면에 작용하는 힘과 같은 높이의 오른쪽 유체의 단면에 작용하는 힘은 서로 같다.

$$PA = P_o A + \rho A H g \tag{1.3}$$

이다. 그러므로 용기에 담겨있는 기체의 압력은

$$P = P_o + \rho g H \tag{1.4}$$

이다.

예제 **1.2**

물탱크 방출구에서 압력

그림 1.4는 물탱크에 물이 채워져 있는 모습을 나타낸다. 물탱크의 위쪽 면은 대기압 $P_o = 101\,\mathrm{kPa}$에 노출되어 있다. 물의 밀도는 $\rho = 998\,\mathrm{kg/m^3}$이고, 바닥에서 위쪽 수면까지의 높이는 $H = 10\,\mathrm{m}$일 때, 방출구에서 물의 압력을 구하여라.

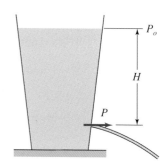
그림 **1.4** 물탱크의 방출구에서 압력

풀이

방출구에서 물의 압력은 $P = P_o + \rho g H$이므로

$$P = 101\,\mathrm{kPa} + (998\,\mathrm{kg/m^3})(9.8\,\mathrm{m/s^2})(10\,\mathrm{m}) = 101\,\mathrm{kPa} + 97.8\,\mathrm{kPa} = 198.8\,\mathrm{kPa}$$
$$= 1.99\,\mathrm{atm}$$

이다. 물탱크의 높이가 10 m이면 방출구에서 물의 압력은 약 2기압이 된다.

1.3
이상기체의
상태 방정식

입자들이 많은 다체계는 압력, 부피, 온도, 질량, 몰수 등과 같은 **거시변수**(macroscopic variable)로 계의 성질을 나타낼 수 있다. 평형상태에서 거시변수는 계를 구성하는 입자의 속력, 운동량, 운동에너지 및 위치에너지와 같은 **미시변수**(microscopic variable)의 평균값으로 나타낼 수 있다. 다체계는 몇 개의 **상태변수**(state variable)들로 묘사할 수 있다. 가장 간단한 계인 **이상기체**(ideal gas)를 살펴본다. 이상기체는 분자들 사이의 상호작용이 없는 기체를 말한다. 밀도가 매우 작고, 온도가 매우 높은 **희박기체**(dilute gas)는 이상기체에 매우 가깝다.

17~19세기에 걸쳐서 여러 물리, 화학자들에 의해서 희박기체의 성질이 실험적으로 관찰되었으며 여러 가지 실험법칙을 얻었다. 어떤 이상기체가 부피 V인 용기에 담겨있고, 압력이 P, 온도 T, 총분자수 N, 기체의 몰수 n, 기체 분자의 분자량 M이고, 평형상태에 있다. 이 기체의 총질량 m은

$$m = nM \tag{1.5}$$

이다. 압력과 온도가 일정할 때 기체의 부피는 몰수에 비례한다.

$$V \propto n \tag{1.6}$$

온도와 입자수를 일정하게 유지하면서 (계가 열저장체와 열 접촉해 있고 계가 가역적으로 변함) 기체를 압축하거나 팽창하면 부피는 압력에 반비례한다. 즉,

$$PV = 일정 \tag{1.7}$$

이다. 이러한 성질은 로버트 보일(Robert Boyle, 1627~1691, 영국, 화학자, 물리학자)이 처음 발견하였으며, **보일의 법칙**(Boyle's law)이라 부른다. 로버트 보일은 근대화학의 기초를 놓았다. 게리케의 공기펌프에 대한 책을 읽고 1659년에 자신이 고안한 공기펌프인 '보일기계'를 이용하여 여러 가지 공기 실험을 하였으며, 1662년에 보일의 법칙을 발견한다. 또한 보일은 리트머스 시험지를 발명하였는데, 그는 프랑스 염색공들이 식물의 즙을 이용하여 염료를 만든다는 것을 알고 있었다. 보라색 식물즙에 산을 넣으면 빨간색으로, 염기를 넣으면 청록색으로 변함을 발견하였다. 보일은 산과 염기의 지시약으로 쓸 수 있는 식물을 찾던 중에 "리트머스이끼"에서 추출한 용액에 종이를 담갔다가 말린 리트머스 시험지를 만들었다. 이 리트머스 시험지는 쉽게 산과 염기를 구별하는데 사용할 수 있었다.

기체의 부피와 입자수를 일정하게 유지하면 압력은 온도에 비례한다. 즉,

$$\frac{P}{T} = 일정 \tag{1.8}$$

이다. 이 관계는 1787년에 쟈크 샤를(Jacques Alexandre César Charles, 1764~1823, 프랑스, 과학자, 발명가)이 발견하였고, **샤를의 법칙**(Charle's law)이라 한다. 사실 샤를은 자신의 발견을 발표하지 않았다. 1802년에 조제프 루이 게이뤼삭(Joseph Louis Gay-Lussac, 1778~1850, 프랑스, 화학자, 물리학자)이 동일한 법칙을 발견하였는데 게이뤼삭의 법칙이라고도 한다. 게이뤼삭은 자신이 발견한 법칙의 업적을 샤를에게 돌렸으며 지금은 샤를의 법칙이라 부른다. 게이뤼삭은 1804년 기구를 타고 7,000 m 상공까지 올라가서 지구자기와 대기의 성분을 조사하였으며 산소와 수소가 1 : 2의 비율로 화합함을 발견하였다. 1808년에 기체 반응의 법칙을 발표하였다.

계의 입자수가 일정(N = 일정)할 때 이상기체에 대한 실험 결과를 종합하면

$$\frac{PV}{T} = 일정 \tag{1.9}$$

이고, 이를 **보일-샤를의 법칙**(Boyle-Charle's law)이라 한다. 위 식에서 일정한 상수값은

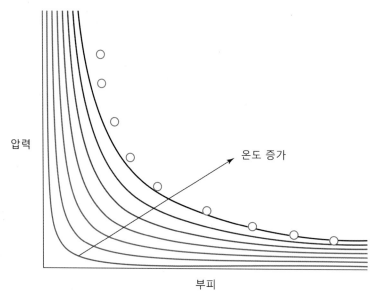

그림 **1.5** 보일-샤를의 법칙을 나타내는 그래프. 동그라미는 희박기체이 실제 데이터를 나타낸다. 각 실선은 온도를 일정하게 고정할 때 압력이 부피에 반비례함을 나타낸다.

nR임이 관찰되었고, R를 **기체상수**(gas constant)라 한다. 실험으로 측정한 기체상수는

$$R = 8.31465 \quad \text{J/mol} \cdot \text{K} \tag{1.10}$$

이다.

이 결과를 종합하면 이상기체는

$$\frac{PV}{T} = nR$$

또는

$$PV = nRT \tag{1.11}$$

인 관계를 만족한다. 이를 이상기체의 **상태 방정식**(equation of state)이라 한다. 여기서 이상기체의 P, V, T는 모두 독립적이지 않고, 단지 두 개의 거시변수만이 독립적이다. 이상기체의 상태 방정식은 통계역학의 방법을 사용하면 이론적으로 구할 수 있다. 몰수는

$$n = \frac{N}{N_A} \tag{1.12}$$

이다. N_A는 **아보가드로의 수**(Avogadro's number)로

$$N_A = 6.02214076 \times 10^{23}/\text{mol} \tag{1.13}$$

이다.

아보가드로(Amedeo Avogadro, 1776~1856, 이탈리아, 물리학자, 화학자)는 1811년에 아보가드로의 법칙을 발견하였다. 아보가드로의 법칙은 "기체의 종류가 다를지라도 온도와 압력이 같다면 일정 부피 안에 들어있는 입자 수는 같다"는 법칙으로 이상기체에서 정확히 성립하는 법칙이다. 아보가드로는 1811년에 물, 질산, 아질산, 암모니아, 일산화탄소, 염화수소의 분자식을 발견하였고, 1814년에는 이산화탄소, 이황화탄소, 이산화황, 황화수소의 분자식을 발견하였다. 장 바티스트 페랭(Jean Baptiste Perrin, 1870~1942, 프랑스, 물리학자, 화학자)은 19세기 말에 아보가드로 상수를 처음 도입하였다. 페랭은 콜로이드 용액을 연구하여 분자의 존재를 입증하였으며, 물 분자를 처음으로 측정하였다. 1865년 요한 요제프 로슈미트(Johann Josef Loschmidt, 1821~1895, 오스트리아, 과학자)는 이상기체 법칙

을 이용해 처음으로 아보가드로 수를 계산해 냈으며, 독일어권에서는 이 값을 '로슈미트 수' 라고 부르기도 한다. 이 상수는 표준 온도와 표준 압력, 즉 STP 상태에서 $1\,cm^3$ 안에 2.69×10^{19}개의 분자가 존재한다는 것이다. 현재의 아보가드로 수와 비슷한 값이다.

이상기체의 상태 방정식을 다시 쓰면

$$PV = nRT = N\left(\frac{R}{N_A}\right)T$$

이므로

$$PV = NkT \tag{1.14}$$

이다. 여기서 k는 **볼츠만 상수**(Boltzmann's constant)로

$$k = \frac{R}{N_A} = 1.380649 \times 10^{-23}\ \text{J/K} \tag{1.15}$$

이다. 많은 책에서 볼츠만 상수를 k_B로 표기한다. 이 책에서는 편의상 볼츠만 상수를 k로 표기한다. 볼츠만 상수는 자연에서 나타나는 가장 기본적인 상수의 하나이고 나중에 공부할 엔트로피의 단위를 가지고 있다.

1.4 부분압력

그림 1.6과 같이 하나의 용기에 여러 종류의 기체들이 섞여 있는 혼합기체의 전체 압력을 P라 하자. 각 기체의 **부분압력**(partial pressure)을 P_1, P_2, …이라 한다. 돌턴(Dolton)의 부분압력의 법칙에 따르면 전체 압력은 각 기체의 부분압력의 합이다. 존 돌턴 (John Dalton, 1766~1844, 영국, 물리학자, 화학자)은 원자설을 주장한 것으로 유명하다. 돌턴은 1801년 부분압력의 법칙을 발표하였고, 1803년에 원자설을 주장하였으며, 같은 해에 배수 비례의 법칙을 발표하였다. 배수 비례의 법칙은 두 종류 이상의 원소가 화합하여 두 종 이상의 화합물을 만들 때, 한 원소의 일정량과 결합하는 다른 원소의 질량비는 항상 간단한 정수비를 나타낸다는 법칙이다. 우리가 화학책에서 보는 분자 의 반응식을 생각해보면 배수 비례의 법칙을 알 수 있다. 돌턴의 원자론은 다음과 같다. ① 같은 원소의 원자는 같은 크기와 질량, 성질을 가진다. ② 원자는 더 이상 쪼갤 수 없다.

③ 원자는 다른 원자로 바뀔 수 없으며 없어지거나 생겨날 수 없다.
④ 화학반응은 원자와 원자의 결합 방법만 바뀌는 것으로, 원자가 다른 원자로 바뀌지는 않는다. 따라서 질량이 보존된다. 현대 물리학과 화학에 따라 돌턴의 주장이 어디까지 옳은지 생각해보아라. 혼합기체에서 부분압력의 법칙은

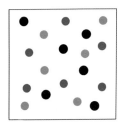

그림 **1.6** 혼합기체의 총압력은 각 성분의 부분압력의 합이다.

$$P = P_1 + P_2 + \cdots \tag{1.16}$$

이다.

온도 T, 부피 V인 용기에 기체 1과 기체 2가 담겨있는 혼합기체에서 각 기체가 이상기체의 상태 방정식을 따른다면,

$$P_1 V = n_1 RT \tag{1.17}$$

$$P_2 V = n_2 RT \tag{1.18}$$

이고, 여기서 n_1, n_2는 각각 각 기체의 몰수이다. 따라서 전체 압력은

$$P = P_1 + P_2 = (n_1 + n_2)\frac{RT}{V} \tag{1.19}$$

이다. 부분압력을 다시 쓰면,

$$\frac{P_1}{n_1} = \frac{P}{n_1 + n_2}$$

이므로

$$P_1 = \left(\frac{n_1}{n_1 + n_2}\right)P = x_1 P \tag{1.20}$$

이다. 여기서 x_1은 기체 1의 **몰분율**(mole fraction)로

$$x_1 = \frac{n_1}{n_1 + n_2} \tag{1.21}$$

이고,

$$\sum_i x_i = 1 \tag{1.22}$$

이다.

예제 1.3

산소중독증

대기압에서 공기의 구성은 약 80%의 질소(N_2)와 20%의 산소(O_2)로 구성되어 있다. (좀 더 정확하게는 78%의 질소, 21%의 산소, 1%의 아르곤(Ar) 등으로 구성되어 있다.) 따라서 대기압에서 산소의 분압은 $P_{O_2} = 0.2$ atm 이다. 그러나 산소의 분압이 $P_{O_2} > 0.8$ atm 이면 **산소중독증**(O_2 poisoning)이 발생한다. 스킨 스쿠버 다이버가 잠수할 때 산소중독증은 수심 몇 m 이상에서 발생할 수 있는가?

물속으로 잠수할 때 압력은 10 m마다 약 1 atm씩 증가한다. 산소분압이 0.8 atm 이상이 되는 깊이는 30 m 이상일 때이다. 따라서 잠수할 때 산소중독증이 일어날 수 있는 잠수 깊이는 30 m 이상일 때 일어난다. 산소중독증이 생기면 폐의 허파꽈리에서 부종이 생긴다. 이러한 산소중독을 예방하기 위해서 스쿠버 다이버가 메고 가는 산소통에 인체에 무해한 헬륨가스를 주입하여 산소분압을 낮춘다.

1.5 온도계

계의 온도는 측정하려는 대상에 온도계를 열접촉한 후 온도계와 계가 열평형 상태에 도달했을 때 온도계의 눈금을 측정한다. 일상 생활에서 사용하는 수은 또는 알코올 온도계는 액체의 팽창을 이용하여 온도를 측정한다. 즉, 지름이 매우 작은 (대개 지름이 0.1 mm 이하) 유리관의 끝에 액체가 담겨있는 유리공이 붙어있다. 유리공에 들어있는 수은은 온도가 0℃에서 100℃로 증가할 때 약 1.8% 팽창한다. 온도가 올라갈 때 이러한 팽창을 눈으로 보기 위해서 지름이 매우 작은 모세관을 사용하고, 눈금을 잘 읽기 위해서 유리막대의 한쪽 면을 볼록렌즈 모양으로 만들고(렌즈의 초점에 모세관이 지나간다),

반대쪽에는 거울처럼 흰 칠을 해놓았다. **섭씨온도계**는 물의 어는점 온도를 0℃로 정하고, 물이 끓을 때의 온도를 100℃로 하여, 이를 100등분한 온도계이다. 섭씨온도계는 1742년에 스웨덴 천문학자 쎌시우수(Celcius)가 발명하였다. **화씨온도계**는 물의 어는점 온도를 32℉, 끓는점의 온도를 212℉로 하여, 두 온도 사이를 180등분한 온도계이다. 이 온도계는 파렌하이트(Fahrenheit)가 1724년에 제안하였다. 섭씨와 화씨 온도계라는 이름은 두 사람의 성을 중국에서 한자로 표현할 때 섭씨(攝氏)와 화씨(華氏)로 표현하였기 때문이다.

온도계는 일상생활에서 정확하고 실용적이어야 한다. 체온을 재려면 체온계를 겨드랑이에 꽂거나, 입에 물고 체온계 액체의 팽창이 멈출 때까지 기다려야 한다. 즉, 체온계와 신체가 열평형 상태에 도달할 때까지 기다린다. 물체에 열을 가해서 물체의 온도를 한 눈금(1℃) 올리는데 필요한 열을 **열용량**(heat capacity)이라 한다. 이상적인 경우는 물체의 열용량이 온도계의 열용량에 비해서 매우 커야 한다. 즉, 계가 매우 커서 계에 온도계를 열 접촉했을 때 온도계에는 거의 열 흐름이 없이 열적 평형상태에 도달해야 한다. 좋은 온도계가 가져야 하는 조건들을 나열해 보면 다음과 같다.

(1) 온도계의 물리적 성질(부피팽창, 선팽창, 자화율의 변화 등)이 온도에 따라서 변해야 한다.

(2) 온도계의 열용량이 작아야 한다. 즉, 온도계 자체가 온도를 측정하려는 대상의 온도에 영향을 적게 주어야 한다.

(3) 열적평형에 도달하는 **완화시간**(relaxation time)이 짧아야 한다.

(4) 같은 대상의 온도를 측정했을 때 항상 같은 온도를 가리키는 **재현성**(reproducibility)이 있어야 한다.

(5) 온도를 읽을 수 있는 범위가 넓어야 한다.

수은 온도계는 평형에 도달하는 시간이 빠르지 않고, 온도를 읽을 수 있는 범위가 넓지 못하다. 그러나 온도 변화가 느리고 큰 물체의 온도를 측정하는 데는 실용적이다. 온도를 측정하는데 사용하는 물리량은 매우 다양하다. 백금과 같은 금속의 전기저항, 구리와 니켈의 두 접촉점 사이에 온도 차가 있을 때 유도되는 전위차를 측정하는 **열전쌍**(thermocouple), 실리콘과 같은 반도체의 전기저항, 세슘 또는 마그네슘 질화물 격자의 자성특성, 흑체의 복사 등을 사용하여 온도를 측정할 수 있다. 특히 온도에 따라서 색깔이 변하는 **액정**(liquid crystal)의 성질을 이용하여 온도계를 만들 수 있다. 이처럼 온도계로 사용할 수 있는 물리량

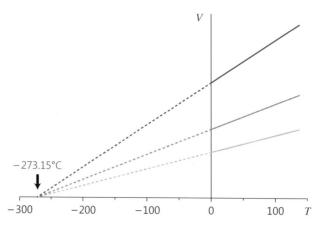

그림 **1.7** 불활성 기체의 부피에 대한 온도 그래프. 보일-샤를의 법칙에서 $PV/T=$일정하므로 부피는 온도에 비례한다. 점선은 측정 값인 실선을 외삽한 것이며 기울기가 다른 것은 기체의 압력 또는 몰수가 다른 것을 나타낸다. 부피가 영일 때 직선은 한 점에 수렴한다.

을 그 온도계의 **온도계 변수**(thermometric parameter)라 한다. 즉 전기저항, 전위차, 자화율, 수은 기둥의 높이 등이 온도계 변수들이다.

절대온도에 대한 스케일은 1848년 켈빈경(Lord Kelvin, William Thomson, 1824~1907)이 쓴 《On an Absolute Thermometric Scale》이란 제목의 논문에서 제시되었다. 그는 보일-샤를의 법칙 $PV/T=$일정 식에서 그림 1.7과 같이 기체의 부피 대 온도 그래프를 그려보았다. 실험에서 구한 데이터를 외삽하여 부피가 영이 되는 점에서 기체의 온도를 구했더니 약 $-273℃$였다. 켈빈은 $-273℃$를 기준점으로 하는 온도계를 제안하였다. 이 온도 계는 $-273℃$가 $0\,K$에 해당하는 온도계이고 **켈빈 온도계**(Kelvin temperature scale) 또는 **절대 온도계**(absolute temperature)라 한다. 오늘날 정밀한 측정에 서 절대온도는 $-273.16\,K$이다.

일반적으로 온도계의 눈금을 정의할 때 수은 온도계처럼 기준점 이 필요하다. 세계적으로 사용하는 온도의 표준에 대해서 살펴보자. 표준 온도를 정의하는 온도계로 **기체 온도계**(gas thermometer)를 사용한다. 그림 1.8과 같이 부피가 변할 수 없는 용기에 기체를 채 우고 압력계기를 부착한다. 부피가 변하지 않으므로 이런 기체 온 도계를 **일정 부피 기체 온도계**(constant volume gas thermometer) 라 한다. 용기에 들어있는 기체는 아르곤, 네온, 제논과 같은 불활 성 기체(inert gas)를 사용한다. 가장 좋은 기체는 기체들 사이의

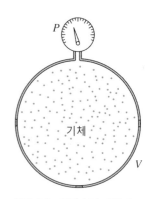

그림 **1.8** 일정 부피 기체 온도 계. 온도가 높아지면 기체의 압력 이 증가하며 압력은 압력계로 측정 한다.

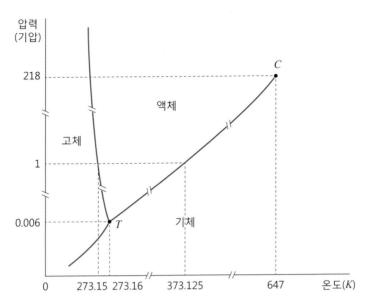

그림 **1.9** 물의 상 도표와 물의 삼중점. 삼중점을 기준으로 온도의 눈금을 정의한다.

상호작용이 없는 이상기체(ideal gas)에 가까운 기체이다.

온도를 측정하고 싶은 물체에 기체 온도계를 열 접촉하면, 물체의 온도에 따라서 기체의 압력이 변한다. 이상기체는 기체의 압력 P를 온도 T로 나눈 값이 일정한 성질이 있다. 즉, 부피가 일정하면 $P/T=$일정이다. 따라서 표준 점의 온도를 T^*, 압력을 P^*이라 하고, 물체의 온도가 T이고 압력이 P이면

$$T = T^*\left(\frac{P}{P^*}\right) \tag{1.23}$$

이다. 그림 1.9와 같이 **물의 삼중점**(triple point; 물, 얼음, 수증기가 공존하는 상태)을 표준상태 (T^*, P^*)로 약속하며, 이 표준상태의 온도와 압력은 $(T^* = 273.16\ \text{K},\ P^* = 0.006\ \text{atm})$이다.

표준 온도(standard temperature)의 단위는 K(켈빈, Kelvin)를 사용하며, 0 K와 273.16 K을 등분하여 온도 눈금을 매긴다. "1 K은 물의 삼중점 온도의 1/273.16배로 정의한다." 기체 온도계에서 사용하는 기체의 종류에 따라서 물의 삼중점을 제외한 모든 점에서 온도는 일반적으로 일치하지 않는다. 그러나 기체의 밀도가 매우 작아 밀도가 0에 접근하는 극한에서는 기체의 종류에 따른 온도 차이가 거의 없어진다.

한편 일상생활에서 많이 사용하는 섭씨온도계와 화씨온도계의 눈금은 절대 온도계의 눈금

과 다르게 매긴다. 1기압에서 물이 어는점의 절대온도는 273.15 K이므로 절대온도와 섭씨온도의 관계는

$$T_K = T_C + 273.15 \tag{1.24}$$

이다.

화씨온도(Fahrenheit temperature)는 1기압에서 물의 어는점을 32°F로 정하고, 물의 끓는점을 212°F로 정한 다음 32와 212 사이를 180등분하여 온도 눈금을 매긴다. 따라서 섭씨온도와 화씨온도의 관계는

$$T_F = \frac{9}{5}T_c + 32 \tag{1.25}$$

$$T_C = \frac{5}{9}(T_F - 32) \tag{1.26}$$

이다.

2019년 기본 단위에 대한 정의가 새로 제정됨으로써 열역학적 온도에 대한 정의도 달라졌다. 2018년 CGPM(Conférence générale des poids et mesures, 국제도량형총회)에서 기본 단위 4개(kg, A, mol, K)를 물리학의 기본상수와 연계하여 재정의하였다. 질량 단위인 kg은 플랑크 상수를 기반으로 정의하고, 전류 단위인 A는 기본전하량에 바탕을 두어 정의한다. 몰량 단위인 mol은 아보가드로 수를 고정함으로써 재정의하였다. 온도의 단위인 K은 볼츠만 상수를 고정함으로써 재정의하였다. 켈빈(K) 단위의 크기는 볼츠만 상수의 단위를 $J/K = kgm^2s^{-2}K^{-1}$로 표현할 때 $k = 1.380649 \times 10^{-23}$ J/K으로 고정함으로써 재정의한다. 또한 kg, m, s는 각각 h, c, Δv_{Cs}을 사용하여 재정의한다. 여기서 Δv_{Cs}는 세슘133의 두 미세준위 사이의 전이 진동수를 나타낸다. 이상기체의 상태 방정식을 사용할 때 온도의 재정의는 그림 1.10과 같이 기본상수와 측정값으로 정의한다.

열역학적 온도계는 앞에서 살펴보았듯이 물리적 계의 열역학적 방정식을 사용하여 측정할 수 있다. 이상기체에 가까운 희박기체는 이상기체 상태 방정식을 따르므로 그림 1.10과 같이 측정 가능한 양들을 물리적으로 측정함으로써 온도를 결정할 수 있다. 표 1.2는 열역학 온도계와 관련된 몇 가지의 열역학 방정식들을 열거하였다. 물체에서 복사하는 전자기파의 총복사 에너지는 온도의 네 제곱에 비례한다. 기본상수들은 결정하였으므로 온도 T인 물체의 총복사 에너지를 측정하면 온도를 결정할 수 있다. 비슷하게 물체의 복사 에너지 중 특정

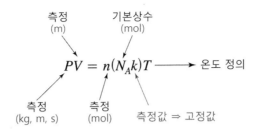

그림 **1.10** 열역학적 온도는 기본상수인 몰을 고정하고 나머지 측정 가능한 양을 실제 측정함으로써 온도를 측정할 수 있다.

표 **1.2** 열역학적 온도계와 열역학 방정식의 관계. 열역학적 대상의 물리적 성질에 따라서 온도와 관련된 열역학 방정식을 나타내었다.

열역학 온도계	열역학 방정식
가스 온도계 (gas thermometer)	$PV = NkT$
복사 온도계 (total radiation thermometer)	$U = \dfrac{2\pi^5 k^4}{15c^2 h^3} T^4$
스펙트럼 밴드 복사 온도계 (spectral band radiation thermometer)	$U_\lambda = \dfrac{2hc^2}{\lambda^5}\left[\exp\left(\dfrac{hc}{\lambda kT}\right)-1\right]^{-1}$
음향 온도계 (acoustic thermometer)	$v_s = \dfrac{\gamma RT}{M}$
잡음 온도계 (noise thermometer)	$\overline{V_T^2} = 4kTR\Delta f$
유전상수 온도계 (dielectric constant thermometer)	$\dfrac{\varepsilon_r - 1}{\varepsilon_r + 2} = \dfrac{A_s P}{N_A kT}$

출처: 양인석, "KRISS", 2019

한 파장의 빛이 내는 에너지를 측정하면 온도를 결정할 수 있다. 기체에서 음속의 제곱은 온도에 비례한다. 기체의 몰 질량을 알고 정압비열과 정적비열의 비인 $\gamma = c_p/c_V$를 알면 음속을 측정함으로써 온도를 결정할 수 있다. 전기저항과 축전기가 직렬로 연결된 전기회로가 온도 T인 열저장체에 놓여있을 때 존슨 노이즈(Johnson noise)에 의한 전압요동은 온도에 비례한다. 압력 P인 기체의 유전상수는 표 1.2와 같이 온도에 반비례하는 관계를 따른다. 이와 같이 다양한 열역학 관계식을 사용하여 온도를 측정할 수 있다. 이 표에 나오는 열역학 관계식은 이 책에서 일부 유도할 것이다. 유도하지 않는 식은 고체물리학 책을 참고한다.

1.6
온도계의 종류

온도를 측정하는 변수에 따라 다양한 온도계가 존재한다. 액체의 팽창을 이용한 수은주 온도계 또는 알코올 온도계(체온계)는 일상생활에서 많이 사용하는 온도계이다. 온도에 따른 물질의 팽창률의 차이를 이용하는 온도계로 **바이메탈 온도계**가 있다. 온도에 따른 물질의 저항 변화를 이용한 **저항 온도계**도 널리 쓰인다. 두 금속을 접합한 **열전쌍**에서 두 금속의 온도가 다르면 접합점에서 전위차가 발생한다. 이러한 전위차를 측정하여 온도를 측정할 수 있다. 열전쌍 온도계는 저온과 고온을 측정하는데 사용할 수 있다. 용광로와 같은 높은 온도를 측정할 때는 물체에서 방사되는 복사의 강도를 측정함으로써 온도를 재는 **광학 온도계**를 사용한다. 수족관이나 맥주병에 붙어있는 플라스틱 띠 온도계는 **액정**(liquid crystal)의 온도에 따른 빛의 선택적 반사를 이용한 것이다.

1) 액체 온도계

대부분의 물질은 온도가 올라가면 부피가 팽창한다. 이러한 현상을 열팽창이라 한다. 흔히 사용하는 유리관 온도계의 유리 모세관의 지름은 약 0.1 mm 정도이다. 온도계를 뜨거운

그림 **1.11** 수은주와 알코올 온도계

물에 담그면 온도계의 액체(수은 또는 알코올)가 팽창한다. 이때 유리관의 팽창보다 액체의 팽창이 훨씬 크다. 온도가 1도 올라갈 때 $\dfrac{\text{부피변화량}}{\text{원래 부피}}$의 비인 부피 팽창계수는 유리에서 $10^{-6}/℃$ 이고, 액체(알코올)에서 $10^{-4}/℃$ 이다. 0℃에서 100℃까지 증가할 때 수은은 부피가 1.8% 증가한다. 그림 1.11과 같이 부피 증가와 온도를 일대일로 대응시켜서 온도계에 눈금이 매겨져 있다. 체온계는 눈금이 매겨진 반대쪽에 빛을 반사하는 물질이 발라져 있고 유리관의 모양이 볼록렌즈 모양으로 되어 있어 눈금을 쉽게 읽을 수 있다.

2) 바이메탈 온도계

바이메탈 온도계는 두 금속의 온도에 따른 팽창률 차이를 이용한 온도계이다. 그림 1.12는 철과 구리를 접합한 바이메탈이다. 구리의 선팽창률이 철의 선팽창률보다 크기 때문에 온도에 따라서 바이메탈이 구부러지는 정도와 방향이 다르다. 바이메탈 온도계는 바이메탈을 나선 모양으로 꼬고 끝에 바늘이 달려있다. 바이메탈은 냉·난방기구의 온도 조절장치, 다리미의 온도 조절장치, 토스터, 이동식 실내 난로 등에 사용된다.

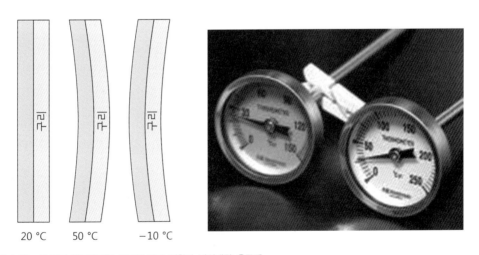

그림 **1.12** 철-구리 바이메탈의 온도에 따른 팽창과 바이메탈 온도계

3) 액정필름 온도계

맥주병에 붙어있는 **액정필름 온도계**는 맥주병의 온도가 낮을 때와 높을 때 색깔이 다르게

나타난다. 수족관에서 사용하는 플라스틱 띠 온도계는 수족관의 온도에 따라서 온도 눈금이 표시된다. 플라스틱 띠 온도계는 액체와 고체의 중간적인 성질을 가진 **액정**(liquid crystal) 의 온도에 따른 성질을 이용한 온도계이다. **결정**(crystal)의 고체는 격자구조를 가지고 있어서, **위치 질서**(translational order)와 **방향 질서**(rotational order)를 가지고 있다. 반면 액체는 위치와 방향 질서가 없다. 액정은 위치 질서는 없으나 방향 질서를 가지는 고분자 물질이다. 표 1.3은 위치와 방향 대칭성에 따른 물질의 상을 분류한 것을 나타낸다.

표 **1.3** 대칭성에 따른 물질의 상 분류

	위치 질서 (병진 대칭성)	방향 질서 (회전 대칭성)
고체	O	O
액체	X	X
액정	X	O

그림 1.13 (a)는 막대 모양의 고분자가 방향 질서는 가지나 고분자의 중심이 질서 없이 배열된 **네마틱 상**(nematic phase)의 액정을 나타낸다. 액정의 분자들은 액체처럼 움직이지만 방향 질서를 유지한다. 이러한 고분자들이 가지는 방향 질서는 액정의 광학적 특성을 결정한다. 플라스틱 띠 온도계에 쓰이는 **카이랄 네마틱 액정**(chiral nematic liquid crystal)은 그림 1.13 (b)와 같은 나선형의 방향 질서를 가지고 있다. 한 나선의 길이를 **피치**(pitch)라 하며, 수십 nm에서 수 μm까지 온도에 따라 변한다. 나선의 피치가 가시광선의 파장과 같아지는 온도에서 그 파장의 빛을 반사한다. 즉, 특정한 파장의 빛이 선택적으로 반사되는데 이를 **선택반사**라 한다. 이러한 선택반사를 이용하면 온도를 색깔로 나타낼 수 있다.

(a) 네마틱 액정

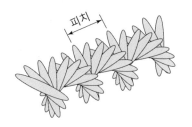
(b) 카이랄 네마틱 상의 액정

(c)액정필름 온도계

그림 **1.13** 액정의 상과 액정필름 온도계

1.7
온도의 동역학적
의미

온도의 물리적 의미를 다체계의 운동에너지로 알아보자. 그림 1.14는 부피 V인 용기에 단위 부피당 n개의 단원자 분자가 들어있는 상태를 나타낸다. 입자 하나의 질량은 m이다. 이 기체의 압력과 질량중심에서 본 입자들의 평균 에너지와의 관계를 생각해 보자. 용기에 들어있는 기체들은 피스톤에 대해서 여러 속도를 가진다. 일반적으로 평형상태에서 기체는 맥스웰 속도 분포함수를 따른다(나중에 논의함). 오른쪽이 진공이고 피스톤에 아무런 힘이 작용하지 않으면, 왼쪽의 기체는 피스톤을 오른쪽으로 밀어낼 것이다. 따라서 기체의 부피가 V인 상태를 유지하려면, 왼쪽으로 피스톤을 지탱하는 힘 F를 가해야 한다. 피스톤의 단면적이 A이면, 기체의 압력은

$$P = F/A \tag{1.27}$$

이다.

한 분자의 속도를 v라 하면, 속도의 x축 성분은 v_x이고, $+x$방향의 선운동량은 mv_x이다. 분자가 벽과 탄성 충돌한다면, 벽과 충돌한 후 분자는 $-mv_x$의 x방향 운동량 성분을 갖는다. 따라서 분자가 한 번 충돌한 후 피스톤에 전달하는 충격량의 크기는 $2mv_x$이다. 부피 V인 용기에 들어있는 총분자의 개수를 N이라 하면, 단위 부피당 분자수는 $n = N/V$이다. 짧은 시간 간격 dt 동안에 피스톤과 충돌하는 분자를 생각해보자. 분자가 피스톤과 충돌하려면 분자는 피스톤 쪽으로 움직여야 하며 또한 피스톤에 가까이 있어야 한다. 너무 멀리 떨어져 있으면 dt 시간 동안에 분자는 피스톤에 도달하지 못한다. 시간 간격 dt 동안 피스톤에 충돌할 수 있는 분자는 피스톤으로부터 적어도 $v_x dt$ 거리 내에 있어야 한다. 피스톤의 단면적이 A이므로 피스톤과 충돌할 수 있는 분자들이 들어있는 총부피는 $v_x dt A$이다. 따라서 피스톤과 충돌할 수 있는 분자수는 $nv_x dt A$가 된다. 시간 간격 dt 동안 피스톤에 전달된 총 선운동량은 $\Delta p_x = (nv_x dt A)(2mv_x)$이다. 따라서 이 시간 간격 동안에 피스톤이 받는 힘은

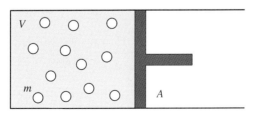

그림 **1.14** 부피 V인 용기에 들어있는 기체. 기체는 마찰이 없는 피스톤과 한 면을 접하고 있다.

$$F = \frac{\Delta p_x}{\Delta t} = (nv_x A)(2mv_x) \tag{1.28}$$

이고, 압력은

$$P = \frac{F}{A} = 2nmv_x^2 \tag{1.29}$$

이다. 그런데 모든 분자가 같은 속도로 움직이지 않을 뿐만 아니라 또한 같은 방향으로 움직이지도 않는다. 즉, 각 분자의 v_x^2 값은 모두 다를 것이다. 따라서 v_x^2 대신에 모든 분자에 대해서 평균값을 취한 $\langle v_x^2 \rangle$을 사용하면 더 좋은 결과를 기대할 수 있다. 즉,

$$P = nm\langle v_x^2 \rangle \tag{1.30}$$

이다. 여기서 상수 2가 사라진 이유는 평균적으로 보면 분자 중의 반은 피스톤 쪽으로 움직이고, 반은 반대 방향으로 움직이기 때문에 1/2을 곱하면 상수 2가 사라진다. 또한 분자들은 특별한 한 방향을 선택적으로 움직이지 않고 모든 방향을 똑같은 확률로 움직이므로

$$\langle v_x^2 \rangle = \langle v_y^2 \rangle = \langle v_z^2 \rangle \tag{1.31}$$

이 성립한다. 속도 크기의 제곱의 평균값은

$$\langle v^2 \rangle = \langle v_x^2 + v_y^2 + v_z^2 \rangle = 3\langle v_x^2 \rangle \tag{1.32}$$

이다. 따라서 피스톤이 받는 압력은

$$P = \frac{1}{3}nm\langle v^2 \rangle = \frac{2}{3}n\left\langle \frac{1}{2}mv^2 \right\rangle \tag{1.33}$$

이다. 여기서 $\left\langle \frac{1}{2}mv^2 \right\rangle$은 분자들의 질량중심에서 본 분자의 운동에너지에 해당한다. 다시 표현하면,

$$PV = N\left(\frac{2}{3}\right)\left\langle \frac{1}{2}mv^2 \right\rangle \tag{1.34}$$

또는

$$PV = \frac{2}{3}N\langle K \rangle \tag{1.35}$$

이고, 여기서 기체 분자 하나의 평균 운동에너지는

$$\langle K \rangle = \frac{1}{2}m\langle v^2 \rangle \tag{1.36}$$

이다.

이상기체의 상태 방정식과 상자 속에서 충돌하는 기체가 상자에 작용하는 압력에 대한 식 (1.14)를 결합하면

$$PV = \frac{2}{3}N\langle K \rangle = NkT \tag{1.37}$$

이므로, 기체 분자 하나의 평균 운동에너지는

$$\langle K \rangle = \frac{3}{2}kT \tag{1.38}$$

이다. 즉, 기체 분자 하나의 평균 운동에너지는 온도에만 의존한다. 이상기체 분자들 사이에는 퍼텐셜 에너지가 없으므로 전체계의 에너지인 내부에너지 E는

$$E = N\langle K \rangle = \frac{3}{2}NkT \tag{1.39}$$

이다. 즉, 계의 전체 에너지는 온도만의 함수임을 알 수 있다.

1.8 실제기체

실제기체(real gas)는 이상기체와 다른 상태 방정식을 따른다. 이상기체는 기체 분자의 크기를 무시하고 분자 간의 상호작용이 없다고 생각한 이상적인 경우이다. 이상기체의 상태 방정식은 온도가 높고, 압력이 낮은 희박기체에 대해서 유용하다. 반면 기체의 밀도가 커지고 온도가 낮아지면 실제기체의 상태 방정식은 이상기체 상태 방정식에서 벗어난다.

실제기체가 이상기체의 상태 방정식에서 벗어나는 정도는 **기체의 압축인자**(compressi-

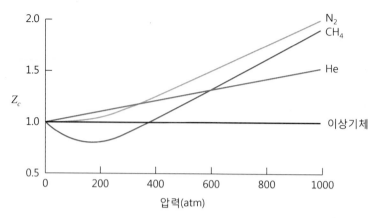

그림 **1.15** 실제기체의 압축인자. 이상기체의 압축인자는 $Z_c = 1$이며, 실제기체의 압축인자는 이상기체에서 벗어난다.

bility factor) Z_c를 압력의 함수로 그려보면 쉽게 파악할 수 있다. 기체의 압축인자는

$$Z_c = \frac{PV}{nRT} = \frac{Pv}{RT} \tag{1.40}$$

로 정의하며, $v = V/n$는 몰부피이다. 이상기체의 압축인자는 $Z_c = 1$이다. 실제기체의 압축인자를 그림 1.15에 나타내었다. 메테인(CH_4)의 압축인자는 압력이 증가하면 $Z_c < 1$이 되고 압력을 더 증가시키면 $Z_c > 1$인 경향을 나타낸다. 압축인자가 $Z_c < 1$인 영역에서 기체는 이상기체보다 더 쉽게 압축된다. 압축인자가 $Z_c > 1$인 영역에서는 이상기체보다 압축하기 어렵다. 이러한 현상은 그림 1.16에 나타낸 기체의 유효 퍼텐셜 그래프에서 유추할 수 있는 성질이다. 압력이 낮으면 기체 사이의 평균 거리는 크고, 따라서 분자 사이에 약한 인력이 작용한다. 따라서 기체는 이상기체보다 쉽게 압축할 수 있다. 반면 압력이 높아지면 분자 사이의 거리가 가까워지고, 이때는 분자 사이에 강한 반발력이 작용한다. 이는 기체를 더욱 압축하기 어렵게 한다.

1) 판데르발스(van der Waals) 상태 방정식

실제기체는 분자들이 충돌할 때 강한 반발력이 작용하고, 두 분자가 멀리 떨어져 있으면 약한 인력을 받는다. 그림 1.16은 두 분자 사이의 유효 퍼텐셜 에너지를 나타낸 것이다.

r는 두 분자의 중심 사이의 거리를 나타낸다. 그림 1.16은 유효 퍼텐셜 에너지를 고려하

고, 기체의 밀도가 작을 때 상태 방정식은 판데르발스 상태 방정식으로 수정된다.

$$\left(P + \left(\frac{n}{V}\right)^2 a\right)(V - nb) = nRT \qquad (1.41)$$

이다. 여기서 상수 a, b는 판데르발스 상호작용 퍼텐셜에 포함되는 상수들이다. 상수 a는 분자 간의 힘, 상수 b는 분자 1몰의 부피를 나타낸다. 따라서 nb는 분자의 총부피이다. 따라서 분자가 움직일 수 있는 유효 공간은 $(V - nb)$가

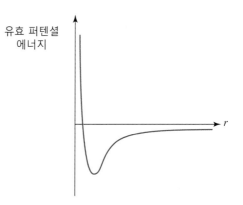

그림 **1.16** 실제기체에서 두 분자 사이의 유효 퍼텐셜 에너지

된다. 그림 1.16에서 두 분자가 서로 가까이 왔을 때 강한 반발력 효과를 나타낸다. 즉, 입자 사이의 거리가 아주 가까워지면 유효 퍼텐셜의 기울기가 음수이므로 힘은 양수가 되어 두 분자는 서로 반발한다. 판데르발스 상태 방정식에서 압력 항의 수정 항은 실제기체가 용기의 벽 근처에 있을 때와 벽에서 떨어져 있을 때 분자들이 느끼는 상호작용의 차이에 기인한다. 그림 1.17은 기체분자가 벽 근처에 있을 때와 그렇지 않을 때의 느끼는 상호작용을 나타낸다.

이러한 상태 방정식들은 다체계의 상태변수들 사이의 관계를 규정한다. 기체가 벽에서 떨어져 있으면 주변의 분자들로부터 균일한 힘을 받기 때문에 분자는 평균적으로 영의 힘을

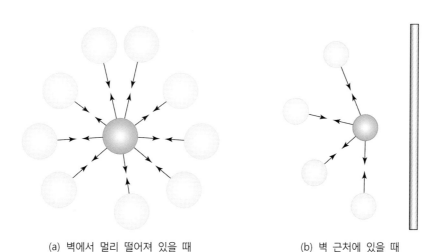

(a) 벽에서 멀리 떨어져 있을 때   (b) 벽 근처에 있을 때

그림 **1.17** 실제기체 분자가 용기의 벽 근처에 있을 때 (b)와 벽에서 멀리 떨어져 있을 때 (a) 느끼는 상호작용. 벽에서 멀리 떨어진 곳에서 분자는 평균적으로 모든 방향에서 같은 힘을 받는다. 반면 벽 근처에서 당겨주는 분자가 없으므로 용기 안쪽으로 알짜 힘을 받으므로 압력이 줄어든다.

받는다. 그에 비해서 벽 주변에 있는 분자는 벽 쪽에서 당기는 분자 짝이 없기 때문에 평균적으로 용기의 안쪽으로 힘을 받는다. 이러한 이웃한 분자의 인력은 분자의 속력을 벽이 없을 때보다 감소시킬 것이다. 따라서 기체가 벽과 충돌할 때 충격량의 감소를 초래함으로 이상기체 보다 작은 압력을 받을 것이다. 즉,

$$P_{이상기체} = P_{실제기체} + P_{벽근처} \tag{1.42}$$

로 쓸 수 있다. 여기서 $P_{벽 근처}$는 벽 근처의 기체에 의한 압력효과를 나타내며, 그 크기는 분자 사이의 평균 거리와 벽 근처에 머무는 분자 수의 곱으로 나타낼 수 있다. 즉,

$$P_{벽 근처} \sim (분자 사이의 평균 거리) \times (벽 근처에 머무는 분자의 수) \tag{1.43}$$
$$\sim a\left(\frac{N}{V}\right)\left(\frac{N}{V}\right)$$

이다. 따라서 이상기체 상태 방정식에서 $P_{이상기체}$를 $\left(P + a\left(\frac{N}{V}\right)^2\right)$으로 수정한다. 여기서 P는 실제기체에서 측정한 기체의 압력을 의미한다. 실제기체의 판데르발스 상수와 끓는점을 표 1.4에 나타내었다.

판데르발스 상태 방정식 또한 모든 조건에서 성립하는 방정식은 아니다. 기체의 압력이 매우 높고, 온도가 매우 낮은 상태에서 판데르발스 상태 방정식은 맞지 않는다. 이때는 분자

표 **1.4** 실제기체의 판데르발스 상수와 끓는점

기체	$a(\mathrm{atm} \cdot \mathrm{L}^2/\mathrm{mol}^2)$	$b(\mathrm{L/mol})$	끓는점(K)
He	0.0341	0.0237	4.2
Ne	0.214	0.0174	27.2
Ar	1.34	0.0322	87.2
H_2	0.240	0.0264	20.3
N_2	1.35	0.0386	77.4
O_2	1.34	0.0312	90.2
CO_2	3.60	0.0427	195.2
H_2O	5.47	0.0305	373.15
CH_4	2.26	0.0430	109.2

사이의 상호작용을 엄밀하게 고려해야 하고, 양자역학적 효과를 고려하여야 한다. 열역학에서는 상태 방정식을 해석적으로 구할 수 없다. 상태 방정식을 이론적으로 구하기 위해서 통계역학을 사용해야 한다.

예제 1.4

온도는 600℃인 1000몰의 질소가 1000 L 용기에 담겨있다.
1) 질소를 이상기체로 취급할 때 압력을 구하여라.
2) 질소가 판데르발스 상태 방정식을 따를 때 압력을 구하여라.

 풀이

판데르발스 상수는 표 1.4를 참조하여 압력을 구한다.
1) 이상기체의 상태 방정식을 이용하면

$$P = \frac{nRT}{V} = \frac{(1000 \text{ mol}) \cdot (0.0820 \text{ Latm/Kmol}) \cdot (873 \text{K})}{1000 \text{ L}} = 72.6 \text{ atm}$$

2) 판데르발스 상태 방정식을 이용하면

$$P = \frac{nRT}{V - nb} - a\left(\frac{n}{V}\right)^2$$

$$= \frac{(1000 \text{ mol}) \cdot (0.0820 \text{ L atm/Kmol}) \cdot (873 \text{ K})}{1000 \text{ L} - (1000 \text{ mol} \cdot 0.0386 \text{ L/mol})} - \left\{1.35 \text{ atmL}^2/\text{mol}^2 \cdot \left(\frac{1000 \text{ mol}}{1000 \text{ L}}\right)^2\right\}$$

$$= 73.1 \text{ atm}$$

이상기체의 상태 방정식를 따를 때 보다 판데르발스 상태 방정식을 따를 때 압력이 약간 더 크다.

2) 비리얼 상태 방정식

기체 분자 사이의 유효 퍼텐셜 모양을 고려한 좀 더 정확한 실제기체의 상태 방정식은 비리얼 상태 방정식(virial equation of state)이다. 기체의 몰 부피를 $v = V/n$이라 하면, 비리얼

상태 방정식은

$$Z_c = 1 + \frac{b}{v} + \frac{c}{v^2} + \frac{d}{v^3} + \cdots \qquad (1.44)$$

이다. 상수 b, c, d를 각각 2차, 3차, 4차 **비리얼 계수**(virial coefficient)라 한다. 이상기체인 경우 $b = c = d = \cdots = 0$이다. 비리얼 상태 방정식을 압력에 대해서 표현하면

$$Z_c = 1 + BP + CP^2 + DP^3 + \cdots \qquad (1.45)$$

이다. 상수 B, C, D는 각각 2차, 3차, 4차 비리얼 계수이다. 비리얼 계수는 온도의 함수이며 $b \gg c \gg d \gg \cdots$이다. 기체의 압력이 $P \ll 10\,\text{atm}$이면,

$$Z_c \approx 1 + BP \qquad (1.46)$$

로 근사된다.

예제 1.5

CH_4의 2차 비리얼 계수는 $b = -0.042\,\text{L/mol}$이다. 온도 300 K이고, 압력이 50 atm일 때, 메테인의 몰부피를 이상기체 상태 방정식과 비리얼 상태 방정식을 이용하여 구하여라.

 풀이

1) 이상기체의 상태 방정식에 의하면

$$v = \frac{RT}{P} = \frac{(0.08206)(300\,\text{K})}{50\,\text{atm}} = 0.49\,\text{L/mol}$$

이다.

2) 비리얼 상태 방정식에 의하면

$$Z_c \approx 1 + \frac{b}{v} = 1 + \frac{nb}{V} = 1 + \frac{bP}{RT}$$

$$= 1 + \frac{(-0.042\,\text{L/mol})(50\,\text{atm})}{(0.08206\,\text{L} \cdot \text{atm} \cdot \text{K}^{-1}\text{mol}^{-1})(300\,\text{K})}$$

$$= 1 - 0.085 = 0.915$$

따라서

$$v = \frac{Z_c RT}{P} = \frac{(0.915)(0.08206)(300)}{50} = 0.45 \ \text{L/mol}$$

이다. 실제기체의 몰부피가 이상기체보다 약간 작다. ▪▪▪

1.9 기체의 속력분포

온도 T에서 상자 속에 갇힌 기체들은 매우 다양한 속력으로 움직인다. 어떤 분자는 아주 빨리 움직이지만, 또 다른 분자는 느리게 움직인다. 기체의 온도가 올라가면 빠르게 움직이는 기체 분자의 평균수가 증가한다. 이와 같이 어떤 온도에서 상자 속에는 느린 입자들과 빠른 입자들이 다양하게 섞여 있다. 그러면 상자에 갇힌 기체의 속력은 어떤 분포를 하고 있을까? 기체의 속력분포를 측정하는 간단한 장치를 그림 1.18에 나타내었다. 상자에 작은 구멍이 있고 구멍에서 나온 기체는 두 개의 슬릿을 통과하면서 방향성을 갖는 입자 흐름이 된다. 두 슬릿을 통과한 기체는 거리가 L만큼 떨어진 두 개의 원판을 통과한다. 첫 번째 원판과 두 번째 원판은 같은 축에 연결되어 있고 각속도 ω

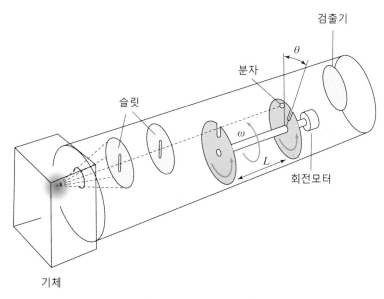

그림 **1.18** 기체의 속력분포를 측정하는 장치. 원판 사이를 진행한 시간($t = L/v$)과 검출기 앞의 원판이 돌아가는데 걸리는 시간($t = \theta/\omega$)이 같은 입자들이 구멍을 빠져나와 검출기에 도달한다.

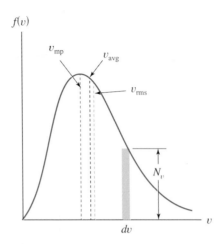

그림 **1.19** 이상기체의 맥스웰-볼츠만 속력분포함수. 분자의 특성 속력을 나타내는 값들은 $v_{mp} < v_{avg} < v_{rms}$ 인 관계를 갖는다.

로 회전한다. 첫 번째 원판을 통과한 속력 v인 기체가 두 번째 원판에 도달하는 데 걸리는 시간은 $t = L/v$이다. 첫 번째 원판과 두 번째 원판이 처음에 $\theta = \omega t$ 만큼 어긋나 있었다면, 속력 v인 기체가 두 번째 원판에 도달했을 때 두 번째 원판의 구멍을 통과하여 검출기에서 검출된다. 따라서 검출기에서 검출되는 입자의 속력은 $v = L/(\theta/\omega)$이다. θ와 ω로 검출되는 기체 분자의 속력을 선택할 수 있으며, 검출기에서 단위 시간당 속력 v인 기체분자의 검출되는 수를 측정하면 상자 안에 들어있는 기체분자의 속력분포를 결정할 수 있다.

실험과 정밀한 이론을 통해서 구한 기체분자의 속력분포 함수의 모양은 그림 1.19와 같다. 기체 분자의 속력이 v와 $v+dv$ 사이의 값을 가질 확률을 $f(v)dv$라 하자.

검출기에서 검출한 총기체분자수가 N이고, v와 $v+dv$ 사이의 속력을 가진 기체분자의 수를 dN이라 하면

$$dN = 총기체분자수 \times 확률 = N(f(v)dv) \tag{1.47}$$

이다. 여기서 $f(v)dv = dN/N$이다. 따라서 기체 분자의 평균속력은

$$\langle v \rangle = \int_0^\infty v f(v)dv \tag{1.48}$$

로 정의한다. 기체 분자의 **제곱평균제곱근**(root mean square) **속력**은

$$v_s = \sqrt{\langle v^2 \rangle} = \sqrt{\int_0^\infty v^2 f(v)dv} \tag{1.49}$$

로 정의한다.

기체의 속력분포 함수를 실험과 통계역학의 정확한 계산을 통해서 구할 수 있다. 맥스웰과 볼츠만은 기체 분자를 구형의 탄성 강체로 생각하여 기체의 속력분포함수를 구하였다. 온도 T이고, 기체 분자 하나의 질량이 m일 때 기체 분자의 속력분포함수는

$$f(v) = 4\pi \left(\frac{m}{2\pi kT} \right)^{3/2} v^2 e^{-mv^2/2kT} \tag{1.50}$$

이고, 이를 기체의 **맥스웰-볼츠만**(Maxwell-Boltzmann) **속력분포함수**라 한다. 이 분포함수에서 지수함수의 꼴 $e^{-mv^2/2kT}$을 처음 발견한 사람이 볼츠만이다. 이 지수함수 꼴을 **볼츠만 인자**(Boltzmann factor)라 하며 통계역학의 시작을 알리는 발견이었다. MB-속력분포함수의 모양은 그림 1.19와 같다. 맥스웰-볼츠만 분포는 원자의 본성을 이해하는데 중요한 변화를 가져온다.

맥스웰(James Clerk Maxwell, 스코틀랜드, 1831~1879)은 고전 전자기학을 완성하였고 맥스웰 방정식으로 유명하다. 20세기 초까지 많은 과학자들은 원자론을 믿지 않았다. 이러한 분위기에서 맥스웰은 기체를 충돌하는 알갱이(원자)로 생각하였으며, 주어진 온도에서 특정 속력으로 움직이는 기체의 비율을 생각했다. 기체 운동론(kinetic theory)로 알려진 그의 이론에 따르면 온도와 열이 기체의 무작위한 운동에 직접적인 영향을 주는 요소이다. 1859년부터 1866년 사이에 맥스웰은 기체 운동론을 바탕으로 기체 분자의 속력분포함수를 제안하였다. 이후 맥스웰의 이론을 발전시킨 과학자가 루드비히 볼츠만(Ludwig Eduard Boltzmann, 오스트리아, 1844~1906)이다. 볼츠만은 통계역학의 기반을 닦은 과학자로 "통계역학의 아버지"라 불린다. 볼츠만은 맥스웰의 기체 운동론을 발전시켜서 기체의 분포함수를 정확히 유도하였으며, 기체 분자들은 주어진 온도에서 정확히 맥스웰-볼츠만 분포를 따른다. 볼츠만의 이러한 주장은 기체가 원자라는 가정을 바탕으로 한 것이었다.

19세기 말에 대부분의 과학자들은 원자론을 믿지 않았다. 오스트발트(Ostwald)와 마하(Mach)를 위시한 많은 과학자들이 에너지론을 믿었다. 특히 당대의 최고 명성을 날리고 있던 과학자이며 철학자였던 마하는 볼츠만의 원자론을 격렬하게 비판하였다. 1808년에 돌턴(John Dalton)이 제안한 원자론은 그다지 지지를 받지 못했다. 일부 화학자, 맥스웰, 볼츠만, 깁스 정도가 원자론을 발전시켰다. 20세기 초에 러더퍼드(Rutherford)가 알파선 산란실험으로 원자핵을 발견하여 원자의 존재가 규명된 이후에 비로소 사람들은 원자를 믿었다.

맥스웰은 기체 운동론의 개념에 따라 일정한 온도의 기체분자들이 무질서한 충돌을 한다고 착안하였다. 기체가 알갱이 모양의 원자 또는 분자로 구성되어 있다면 그들이 서로 충돌할 때 에너지와 운동량을 서로 교환할 것이다. 또한 평형상태에서 특정한 속력을 갖는 기체분 자들은 확실히 어떤 비율로 존재해야 하기 때문에 속력분포함수를 생각해야 한다. 분포함수 는 확률을 의미하며, 이것이 열역학에 확률을 도입한 최초의 예라고 할 수 있다. 맥스웰과 볼츠만은 기체와 같이 많은 입자들로 이루어진 다체계를 확률적으로 취급할 수 있음을 처음 으로 깨달은 것이다. 이러한 확률적 사고를 아인슈타인을 비롯한 많은 과학자들이 받아들이 지 않았지만, 볼츠만은 이에 굴하지 않고 다체계의 확률적 기술을 밀고 나갔다. 오늘날 우리 가 다체계를 확률적 방법으로 이해하는데 볼츠만의 노력이 결정적인 기여를 하였다. 그러나 마하를 위시한 에너지론자들의 비판에 볼츠만은 불행하게도 1906년 이탈리아의 트리에스트 에서 여름 휴가를 보내던 중에 자살한다.

속력분포가 최댓값을 가지는 속력인 **최대 확률속력**(most probable speed) v_{mp}는 df/dv $= 0$으로 구한다.

$$\frac{df}{dv} = 4\pi\left(\frac{m}{2\pi kT}\right)^{3/2} \frac{d}{dv}(v^2 e^{-mv^2/2kT})$$

$$= 4\pi\left(\frac{m}{2\pi kT}\right)^{3/2} (2v)\left(1 - v^2\frac{m}{2kT}\right)e^{-mv^2/2kT} = 0$$

이므로

$$v_{\mathrm{mp}} = \sqrt{\frac{2kT}{m}} \tag{1.51}$$

이다.

기체분자의 평균속력은

$$\langle v \rangle = \int_0^\infty v f(v)dv = \sqrt{\frac{8kT}{\pi m}} \tag{1.52}$$

이다.

1.10
미시상태와
거시상태

고전역학에서 입자의 초기 상태와 입자계의 상호작용를 알면 미래의 입자 상태를 예측할 수 있다. 고전역학에서 입자의 상태는 입자의 위치와 운동량으로 나타낸다. 입자의 위치와 운동량 공간을 **위상공간**(phase space) 또는 **상태공간**(state space)이라 한다. 스프링에 매달려서 진동하는 단진자를 생각해보자. 임의의 시간 t에서 입자의 상태는 입자의 위치 $q(t)$와 운동량 $p(t)$로 나타낸다. 입자의 총에너지를 알면 입자의 운동은 해밀턴 운동 방정식

$$\frac{dq}{dt} = \frac{\partial H}{\partial p} \tag{1.53}$$

$$\frac{dp}{dt} = -\frac{\partial H}{\partial q} \tag{1.54}$$

에서 구한다. 여기서 H는 해밀토니안(Hamiltonian)이다. 입자의 상태를 위상공간에서 나타내면 그림 1.20과 같이 위상공간 위의 한 점으로 나타낼 수 있다.

즉, 임의의 시간에서 위치와 선운동량을 알면, 해밀턴 방정식에서 다음 순간 입자의 위치와 선운동량을 예측할 수 있다. 3차원 공간에 N개의 입자가 있을 때는 입자의 상태를 위상공간에서 한 점$(q_1, \cdots, q_{3N},$ $p_1, \cdots, p_{3N})$으로 나타낼 수 있다. 입자들 사이의 상호작용을 알면 고전역학에서 입자들의 운동 방정식은

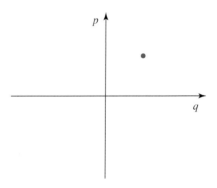

그림 **1.20** 일차원에서 운동하는 입자의 위상공간 표현

$$\dot{q_i} = \frac{\partial H}{\partial p_i} \tag{1.55}$$

$$\dot{p_i} = -\frac{\partial H}{\partial q_i} \ (i = 1, \cdots, 3N) \tag{1.56}$$

이다. 여기서 H는 3차원 공간 입자계의 해밀토니안이다.

고전역학이나 양자역학에서 상태를 결정할 때 항상 불확실도를 가지게 된다. 이 불확실도는 측정하는 장치의 오차에서 기인하거나 하이젠베르크의 양자역학적 불확정성 원리에 의한 고유한 불확정성에서 기인한다. 불확실성을 고려하여 상태를 위상공간에서 표현하면 그림

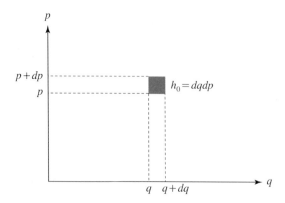

그림 **1.21** 불확실도를 고려한 위상공간에서 상태

1.21과 같다. 즉, 위상공간에서 작은 부피 $dqdp = h_0$가 계의 한 상태에 해당한다. 위치는 q와 $q+dq$ 사이에 놓이고, 운동량은 p와 $p+dp$ 사이에 놓이는 면적이 상태 (p, q)에 대응한다.

N개의 입자가 있는 계에서 한 상태는 $dq_1 \cdots dq_{3N}dp_1 \cdots dp_{3N} = h_0^{3N}$인 6N 차원 위상공간의 초부피가 계의 상태 하나를 나타낸다. 양자역학의 불확정성 원리에 의하면 $\delta q \delta p \geq \hbar$이므로 $h_0 \geq \hbar$이어야 한다. 미시 상태의 불확실성은 거시량에 불확실성을 초래한다. 계의 총에너지가 E인 상태는 불확실성 때문에 실제로는 에너지가 E와 $E+dE$ 사이에 놓이는 계를 말한다. 이때 dE는 거시적으로 작은 양을 의미한다.

예제 1.6

에너지가 E인 일차원 단조화 진자의 상태수를 그림으로 나타내어라.

1차원 단조화 진자의 해밀토니안은

$$H(q, p) = \frac{p^2}{2m} + \frac{1}{2}kq^2 \tag{1.57}$$

이고, 여기서 m은 입자의 질량이고, k는 스프링의 힘 상수이다. 계의 총에너지는 보존되므로

$$H(q, p) = \frac{p^2}{2m} + \frac{1}{2}kq^2 = E \qquad (1.58)$$

이다. 이때 입자들이 가질 수 있는 상태를 그림 1.22에 나타내었다. 즉, 계의 상태는 위상공간에서 에너지가 E와 $E+dE$ 사이에 놓이는 띠 모양에 놓이는 모든 점들이다.

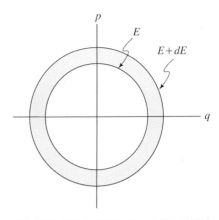

그림 **1.22** 단조화 진자의 상태. 이차원 위상공간 (q, p)에서 에너지 E와 $E+dE$ 사이 공간에 놓인 상태들은 같은 에너지를 갖는 상태들이다.

1.11
상태수와 온도

N개의 기체 입자들이 고립된 용기에 들어있으며, 이 계의 총에너지를 E라 하자. 이 계의 미시상태는 6N 차원의 위상공간에서 에너지가 E와 $E+dE$ 사이에 놓이는 모든 상태를 말한다. 즉, 그림 1.23과 같이 6N 차원 위상공간에서 색칠한 부분의 초부피가 기체의 미시상태를 나타낸다. 계의 초기 상태가 주어지면, 입자들의 위치와 운동량은 운동 방정식에 따라서 변한다. 그러나 입자계의 총에너지가 E이므로 입자들의 상태는 그림 1.23에서 색칠한 부분을 벗어날 수 없다.

따라서 입자의 상태는 그림 1.23의 색칠한 부분 내에서 움직이게 된다. 이 색칠한 부분에 놓이는 모든 상태들은 에너지가 E이고 외부조건(부피, 압력 등)이 모두 동일하다. 매 순간마다 입자들의 상태를 사진으로 찍어서 늘어놓는다고 생각해 보자. 매 사진의 입자 배치와 입자들의 속도는 모두 다를 것이다. 그렇지만 이 사진 위에 찍혀있는 입자 상태는 모두 에너지가 E이고 외부조건도 모두 같다. 이와 같이 "거시적 조건이 같을 때 계가 가질 수 있는 가능한 미시상태들을 모두 모아 놓은 것"을 **앙상블**(ensemble)이라 한다. 즉, 주어진 구속 조건(부피, 온도, 압력

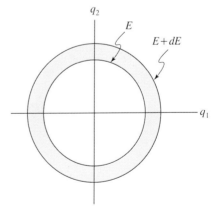

그림 **1.23** N 입자계의 위상공간. 6N 차원의 위상공간을 2차원 공간에 그릴 수 없기 때문에 (q_1, q_2)로 이루어진 2차원 공간의 투영을 나타내었다. 미시상태는 6N 차원의 위상공간에서 에너지가 E와 $E+dE$ 사이에 놓이는 모든 상태를 말한다.

등)에서 계가 가질 수 있는 모든 미시적 상태를(그림 1.23의 위상공간에서 색칠한 영역의 모든 상태) 모아 놓은 것을 앙상블이라 한다. 이러한 앙상블이 거시계의 물리적 성질을 규정한다. 주어진 외부변수들에 대해서 계가 가질 수 있는 가능한 상태들을 **계의 허용상태**(states accessible to the system)라 한다. 앙상블에 대한 개념은 "통계역학(statistical mechanics)"이란 용어를 처음 사용한 미국의 물리학자 윌러드 깁스(Josiah Willard Gibbs, 1839~1903)가 처음 창안하였다.

주어진 에너지에서 계의 미시상태(microstate)의 상태수를 $\Omega(E)$라 하자. 미시상태는 다체계에서 계가 가질 수 있는 모든 가능한 상태의 수를 의미한다. 이제 고립계(closed system)를 생각하고, 계의 허용된 상태의 상대적 발견 확률을 생각해보자. 고립계는 환경과 입자와 에너지를 교환하지 않는 계를 말한다. 계가 고립되어 있으므로 총에너지는 일정하다. 주어진 총에너지에 대해서 계가 가질 수 있는 상태들이 결정된다. 고립계가 평형 상태에 있을 때 계의 허용된 상태들의 존재 확률은 얼마이겠는가?

"고립계에서 허용상태는 확률이 서로 같다."

즉, "고립계의 선험적 확률은 서로 같다(equal a priori probabilities)". 선험적이란 우리가 경험해 보기 이전에 이미 결정되어 있다는 뜻이다. 이것을 **통계역학의 근본 가정**(fundamental postulate)이라 한다.

입자들이 많은 거시계의 접근 가능한 상태수는 어떻게 계산할 수 있을까? 거시계에서 에너지가 E인 총상태수 $\Omega(E)$는 에너지가 E와 $E + \delta E$ 사이에 놓이는 모든 허용상태를 말한다. 여기서 δE는 계의 미시적 에너지 준위 사이의 간격보다는 매우 크고, 거시적으로는 작은($\delta E \ll E$) 값이다. 이제 $\omega(E)$를 단위 에너지 간격 당 상태수 또는 상태밀도(density of states)라 하자. 그러면 총상태수는

$$\Omega(E) = \omega(E)\delta E \tag{1.59}$$

이다.

총입자수가 N인 이상기체의 총상태수를 구해보자. 3차원 공간에서 입자수가 N이므로 이 계의 총자유도는 $f = 3N$이다. 그리고 이상기체는 부피 V인 용기에 들어있다. 이상기체의 총에너지는

$$E = \sum_{i=1}^{3N} \frac{p_i^2}{2m} \tag{1.60}$$

또는

$$p_1^2 + \cdots + p_{3N}^2 = (\sqrt{2mE})^2 \tag{1.61}$$

이다. 즉, 3N 차원 운동량 초공간에서 반지름 $\sqrt{2mE}$ 인 초공이다. 따라서 총상태수는

$$\Omega(E) = \int \cdots \int_{E \leq\, <\, E' \leq\, <\, E + \delta E} dr_1 \cdots dr_{3N} dp_1 \cdots dp_{3N} = V^N \int dp_1 \cdots dp_{3N} \tag{1.62}$$

이다. 즉 그림 1.23과 같이 반지름 $R = \sqrt{2mE}$ 와 $R = \sqrt{2m(E+\delta E)}$ 사이의 초부피가 에너지 E 인 총상태수이다. 반지름 R 인 3N 차원 **초공**(hypersphere)의 부피는

$$V_{3N}(R) = AR^{3N} = A(2mE)^{3N/2} \tag{1.63}$$

이다. 여기서 상수 A 는 초공간의 각도에 대한 적분값이고 에너지에는 무관하다. 따라서

$$\begin{aligned}
\Omega(E) &= V^N \left[V_{3N}(R = \sqrt{2m(E+\delta E)}) - V_{3N}(R = \sqrt{2mE}) \right] \\
&= V^N A \left[(2m(E+\delta E))^{3N/2} - (2mE)^{3N/2} \right] \\
&\approx V^N A \left[2mE \right]^{\left(\frac{3N}{2} - 1 \right)} \delta E
\end{aligned} \tag{1.64}$$

상태수에 대한 다른 예로 1차원 격자 위에 놓여 있는 N 개의 상호작용하지 않는 자기 쌍극자 시스템의 상태수를 살펴보자. 그림 1.24와 같이 자기장 B가 $+z$ 축으로 걸려있고 자기 쌍극자는 $+z$ 축을 향하는 up 상태와 $-z$ 축을 향하는 down 상태가 가능하다. 이러한 자기 쌍극자 배열은 두 상태를 갖는 **상자성**(paramagnet) 상태를 나타낸다. 계의 총자기 쌍극자의 수는 N 이고, up 상태의 개수를 N_+, down 상태의 개수를 N_- 라 하자. 총쌍극자의 개수는

$$N = N_+ + N_- \tag{1.65}$$

이다. 계의 up 상태의 개수가 N_+ 일 때 계의 총에너지는

$$E(N_+) = -\mu B(N_+ - N_-) \tag{1.66}$$

이다. 여기서 μ 는 자기 쌍극자의 **자기 쌍극자 모멘트**(magnetic dipole moment)이다. 계의

그림 **1.24** 일정한 자기장에 놓여 있는 두 상태(up, down)를 갖는 자기 쌍극자. 각 자기 쌍극자는 외부 자기장 $\vec{B}$와 상호작용하고 자기 쌍극자 사이의 상호작용은 무시한다. 이러한 자기 쌍극자 배열을 상자성(paramagnet) 물질의 상태를 설명하는 미시상태를 나타 낸다.

up 상태가 N_+개인 미시상태의 총수는

$$\Omega(N_+) = \binom{N}{N_+} = \frac{N!}{N_+!N_-!} \tag{1.67}$$

이다.

예제 1.7

이상기체의 앙상블

4개의 이상기체 분자가 부피 V인 상자에 들어있다. 이 이상기체의 앙상블을 나열하여라.

4개의 이상기체가 부피 V인 상자에 들어있을 때 앙상블 중 몇 가지 상태를 나타내 보자. 계의 총에너지는

$$E = \frac{1}{2}m(v_1^2 + v_2^2 + v_3^2 + v_4^2) \tag{1.68}$$

이다. 이상기체는 벽과 탄성충돌하므로 속도의 방향은 변하지만 속도의 크기는 변하지 않는 다. 그림 1.25는 4개 입자가 가지는 가능한 상태 2가지를 나타내었다.

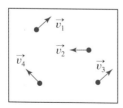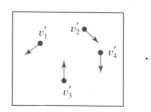

그림 **1.25** 상자에 갇혀있는 네 분자가 가질 수 있는 속도의 상태들

앞에서 온도에 대한 운동학적 의미와 온도가 기체의 속력분포함수에 영향을 준다는 것을 이해하였다. 이제 미시적인 측면에서 온도의 의미를 알아보자. 이제 두 개의 계가 **열접촉**(thermal contact)하여 있는 경우를 생각해 보자. 열접촉이란 계와 환경 사이에 열이 전달될 수 있는 상태를 말한다. 두 계를 포함한 전체계는 고립되어 있고, 전체계의 에너지는 $E = E_1 + E_2$이다. 계 1의 미시 상태수를 $\Omega_1(E_1)$, 계 2의 미시 상태수를 $\Omega_2(E_2)$이라 하면, 전체계의 전체 상태수는 $\Omega(E) = \Omega_1(E_1)\Omega_2(E_2)$이다. 전체계가 **평형상태**(equilibrium state)에 있을 때 계의 허용상태수는 최대이다. 이러한 상태를 평형상태라 한다. 평형상태에서 계의 상태수가 최대인 조건을 평형 통계역학의 근본 가정이라 한다. 계 1의 에너지를 변수로 생각하여 전체계의 상태수가 최대인 조건은

$$\frac{d}{dE_1}\left(\Omega_1(E_1)\Omega_2(E_2)\right) = 0 \tag{1.69}$$

이다. 왼쪽을 미분하면

$$\Omega_2\frac{d\Omega_1}{dE_1} + \Omega_1\frac{d\Omega_2}{dE_2}\frac{dE_2}{dE_1} = 0 \tag{1.70}$$

이다. 그런데 전체계의 에너지는 일정하므로

$$dE_1 = -dE_2 \tag{1.71}$$

이다. 식 (1.71)을 식 (1.70)에 대입하면,

$$\frac{1}{\Omega_1}\frac{d\Omega_1}{dE_1} - \frac{1}{\Omega_2}\frac{d\Omega_2}{dE_2} = 0 \tag{1.72}$$

이다. 이 식을 로그함수 형태로 표현하면

$$\frac{d\ln\Omega_1}{dE_1} = \frac{d\ln\Omega_2}{dE_2} \tag{1.73}$$

이다.

식 (1.73)은 바로 평형상태를 나타내는 식이다. 열역학 제0법칙에서 두 계가 평형상태에 있으면 두 계의 온도는 같다. 즉, $T_1 = T_2$이다. 식 (1.73)은 바로 평형상태에서 온도에 대한 조건과 같은 식이다. 따라서 온도의 미시적 정의는

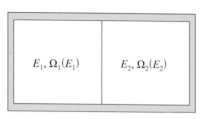

그림 **1.26** 열접촉한 두 계. 두 계 사이에 에너지 교환이 일어나서 계는 평형상태에 도달한다.

$$\frac{1}{kT} = \frac{d \ln \Omega}{dE}$$ (1.74)

이다. 여기서 k는 볼츠만 상수이다. 두 계의 온도가 같다는 것은 계의 에너지에 따른 상태수의 변화가 같다는 뜻이다.

1.12
작은 바른틀 앙상블

총에너지가 일정한 고립계를 생각해보자. 이 계가 허용한 총상태수를 Ω라 하자. 평형상태에서 계의 각 상태들은 동등한 확률로 존재한다. 계가 허용한 모든 상태들은 계를 제한하는 특정한 구속조건 (예를 들면 총에너지, 부피, 입자수 등)을 만족한다. 예를 들어 부피 V인 용기에 들어있는 이상기체의 접근가능 상태수들은 부피 V에 의존함을 앞에서 증명하였다. 이와 같이 계를 구속하는 **구속변수**(constraint parameter)들을 $(x_1, x_2, x_3, \cdots)$라 하자. 일반적으로 계의 허용상태수는 이들 구속변수의 함수이다.

$$\Omega = \Omega(x_1, x_2, \cdots)$$ (1.75)

평형상태에서 주어진 구속조건을 만족하는 초기상태에서 계의 총허용상태수를 Ω_i라 하자. 이제 구속조건을 완화한 후, 충분한 시간을 기다리면 계는 새로운 평형상태에 도달한다. 이것을 열역학에서는 엔트로피가 증가한다고 하였다. 따라서 나중 상태의 총허용상태수 Ω_f는 일반적으로

$$\Omega_f \geq \Omega_i$$ (1.76)

이다. 예를 들어 자유 팽창하는 이상기체를 생각해보자. 처음에 이상기체는 부피 V인 왼쪽 칸에 갇혀 있고 오른쪽 칸은 부피가 V인 진공상태이다. 이제 칸막이를 제거하여 부피가 $2V$

인 상태가 되었다고 하자. 이때 총상태수의 변화는 얼마나 되겠는가? 자유 팽창하는 기체는 고립계이므로 계의 총에너지는 변하지 않는다. 따라서 처음 상태에서 허용된 총상태수는 $\Omega_i \sim V^N$이다. 여기서 N은 총입자수이다. 칸막이를 제거한 나중상태의 허용된 총상태수는 $\Omega_f \sim (2V)^N$이다. 따라서 1몰의 기체에 대해서

$$\frac{\Omega_f}{\Omega_i} = 2^N = 2^{6 \times 10^{23}} \tag{1.77}$$

이므로 $\Omega_f \gg \Omega_i$이고, 이것은 나중상태가 된 후 계가 다시 원래상태(모든 기체가 다시 칸막이 왼쪽에 스스로 모이는 상태)로 되돌아 갈 확률 $P_i = \Omega_i/\Omega_f \sim 2^{-6 \times 10^{23}} \sim 0$임을 의미한다. 즉, 계의 구속조건이 제거되면 계의 더 있음직한 평형상태는 계의 총상태수가 최대가 되는 상태이다. 고립계에서 구속조건을 제거하면 계의 상태는 총상태수가

$$\Omega(x_1, x_2, \cdots) = 최대 \tag{1.78}$$

인 상태로 자발적으로 진화한다. 이 상태가 계의 **최빈상태**(most probable state), 즉 평형상태이다.

부피 V이고, 입자수 N인 고립계를 생각해보자. 계가 고립되어 있으므로 총에너지 E는 일정하고 E와 $E + \delta E$ 사이에서 놓이게 된다. 이 계가 평형상태에 있을 때 앙상블을 고려하여 보자. 계가 허용한 상태 중에서 상태가 r(r는 계의 상태를 나타내는 양자수들의 나열을 나타냄)일 때, 에너지는 E_r이라 하자. 계가 상태 r에 있을 확률은

$$P_r = C, \quad E \le E_r < E + \delta E \tag{1.79}$$
$$= 0, \quad \text{otherwise}$$

이다. 즉, 모든 가능한 상태들은 동등한 확률을 가지므로 각 상태들은 같은 확률에 해당하는 상수를 부여할 수 있다. 여기서 상수 C는 확률의 규격화 조건

$$\sum_r P_r = 1 \tag{1.80}$$

에서 구한다. 평형상태에 있는 고립계의 앙상블이 이와 같은 확률 분포를 가질 때, 이 앙상블을 **작은 바른틀 앙상블**(microcanonical ensemble)이라 하고, P_r을 **작은 바른틀 분포** (microcanonical distribution)라 한다. 이 작은 바른틀 분포는 통계역학의 근본가정을 잘 표

현하는 분포이며, 이 분포함수가 통계역학의 다른 분포함수를 유도할 때 기본이 된다.

1.13
볼츠만 인자와
통계역학

기체의 속력분포함수에서 기체 분자 하나의 에너지는 $E_1 = \dfrac{1}{2}mv^2$ 이므로, 맥스웰 속력분포함수에서 $e^{-E_1/kT}$와 같은 인자가 나타남을 보았다. 이러한 인자를 **볼츠만 인자**(Boltzmann factor)라 한다.

사실 볼츠만 인자는 열저장체와 열접촉해 있는 작은 계에서 특정 에너지 상태를 발견할 확률인 바른틀(정준) 앙상블(canonical ensemble)에서 **볼츠만 분포**(Boltzmann distribution)가 자연스럽게 나타난다. 그림 1.27에서 계 1은 **열저장체**(heat reservoir) 또는 **열원**(heat bath)이다. 열저장체는 그 크기가 계에 비해서 아주 커서 열저장체로 열이나 입자가 조금 들어오거나 나가더라도 열저장체의 거시적 물리량인 온도, 압력 등이 변하지 않는 계를 말한다. 계 2는 우리의 관심의 대상인 작은 계라고 하자. 전체계의 에너지는 $E = E_1 + \varepsilon_r$이고, 계 2의 에너지는 $E_2 = \varepsilon_r$이라 하자. 열저장체의 미시 상태수는 $\Omega_1(E_1 = E - \varepsilon_r)$이고, 계가 미시적인 에너지 ε_r인 상태에 있을 상태수는 $\Omega(\varepsilon_r) = 1$이라 하자.

계가 에너지 ε_r인 상태에 있을 확률 $P(\varepsilon_r)$은 이 에너지 상태에서 전체계의 총상태수에 비례한다.

$$P(\varepsilon_r) \propto \Omega_1(E_1 = E - \varepsilon_r) \times 1 \qquad (1.81)$$

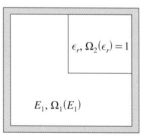

그림 **1.27** 열저장체와 열접촉해 있는 작은 계의 평형

이다. 열저장체의 상태수는 매우 큰 수이고, 계의 에너지 ε_r은 전체 에너지 E에 비해서 매우 작다. $E \gg \varepsilon_r$이므로 $\ln \Omega_1(E_1)$ 함수를 테일러 전개하면,

$$\ln \Omega_1(E_1 = E - \varepsilon_r) = \ln \Omega_1(E_1 = E) - \varepsilon_r \left. \frac{d \ln \Omega_1}{dE_1} \right|_{E_1 = E} + \cdots \qquad (1.82)$$

이다. 앞에서 정의한 미시적인 온도의 정의를 사용하면

$$\ln \Omega_1(E_1 = E - \varepsilon_r) = \ln \Omega_1(E) - \frac{\varepsilon_r}{kT} \qquad (1.83)$$

이고, 여기서 T는 평형상태에서 계와 열저장체의 온도이다.

열저장체의 상태수는

$$\Omega_1(\varepsilon_r) = \Omega_1(E)\exp(-\varepsilon_r/kT) \tag{1.84}$$

이므로, 온도 T에서 열저장체와 열접촉해 있는 계가 에너지 상태 ε_r인 상태에 있을 확률은

$$P(\varepsilon_r) = C\ e^{-\frac{\varepsilon_r}{kT}} \tag{1.85}$$

이다. $e^{-\varepsilon_r/kT}$를 **볼츠만 인자**(Boltzmann factor)라 한다. 여기서 상수 C는 확률의 규격화 조건으로 구한다.

$$\sum_{\varepsilon_r} P(\varepsilon_r) = C\sum_{\varepsilon_r} e^{-\varepsilon_r/kT} = 1 \tag{1.86}$$

따라서 상수 C는

$$C = \frac{1}{\sum_{\varepsilon_r} e^{-\varepsilon_r/kT}} \tag{1.87}$$

이다.

열저장체와 열접촉해 있는 계가 온도 T에서 미시상태 r인 상태에 있을 확률은

$$P(\varepsilon_r) = \frac{e^{-\varepsilon_r/kT}}{\sum_r e^{-\varepsilon_r/kT}} \tag{1.88}$$

이다. 이러한 분포함수를 **바른틀**(정준) **분포함수**(canonical distribution function)라 한다. 미시상태 확률을 사용하여 계의 물리적 성질을 기술하는 학문은 **통계역학**(statistical mechanics)이라 한다. 통계역학은 이 책의 중반부에서 자세히 다룰 것이다. 각 미시상태에서 볼츠만 인자의 합을 **분배함수**(partition function)라 한다. 분배함수는

$$Z = \sum_r e^{-\varepsilon_r/kT} \tag{1.89}$$

로 정의한다. 미시상태가 연속적이면 합은 적분으로 표현될 것이다. 통계역학은 거시계의 미시적 에너지 상태 ε_r에 대한 정보로부터 거시계의 분배함수를 구하는 문제로 귀결된다. 일단

분배함수를 구하면 계의 거시적 물리량들에 대한 정보를 얻을 수 있다. 미시상태에 있을 확률을 알면 계의 평균 에너지는

$$\overline{E} = \sum_r \varepsilon_r P(\varepsilon_r) \tag{1.90}$$

으로 구한다. 온도인자를 $\beta = 1/k_B T$라 하자. 분배함수는 $Z = \sum_r e^{-\beta \varepsilon_r}$로 쓸 수 있다. 평균 에너지를 다시 쓰면

$$\overline{E} = \frac{1}{Z} \sum_r \varepsilon_r e^{-\beta \varepsilon_r} \tag{1.91}$$

이다. 분배함수의 로그를 온도인자로 미분해 보면

$$\frac{\partial \ln Z}{\partial \beta} = \frac{1}{Z} \frac{\partial Z}{\partial \beta} = -\frac{1}{Z} \sum_r \varepsilon_r e^{-\beta \varepsilon_r} \tag{1.92}$$

이다. 따라서 평균 에너지는 로그 분배함수의 미분으로 표현된다.

$$\overline{E} = -\frac{\partial \ln Z}{\partial \beta} \tag{1.93}$$

이 식에서 알 수 있듯이 분배함수는 계의 정보를 모두 담고 있다. 분배함수를 계산할 때 어려운 점은 ① 거시계의 미시적 에너지 상태 ε_r를 모두 알아야 함, ② 에너지 상태를 모두 알더라도 볼츠만 인자의 합을 구하는데 어려움이 있다. 앙상블 이론을 바탕으로 통계역학의 분포함수는 9장 이후에 좀 더 자세히 다룰 것이다. 그러나 2장부터 7장 사이의 열역학에 대한 논의를 할 때 통계역학적 관련성을 살펴볼 것이다.

계의 에너지가 불연속적이지 않고 운동에너지처럼 연속적인 값을 가질 경우 상호작용하는 N 입자의 분배함수 표현은

$$Z = \frac{1}{N! h^{3N}} \int \cdots \int \exp(-\beta E) d^3 r_1 \cdots d^3 r_N d^3 p_1 \cdots d^3 p_N \tag{1.94}$$

으로 주어진다. 이 표현은 뒤에서 자세히 다룰 것이다. 특히 $N!$은 양자입자의 구별 불가능성 때문에 나타난다.

두 준위 시스템

온도 T인 열저장체와 열접촉해 있는 한 시스템은 에너지 $-\varepsilon$인 상태와 $+\varepsilon$인 상태, 두 에너지 상태를 가질 수 있다. 계가 열저장체와 평형상태에 있다.

1) 계가 각 에너지 상태에 있을 확률 $P(+\varepsilon)$와 $P(-\varepsilon)$을 구하여라.

2) 계의 평균 에너지를 구하여라.

 풀이

1) 계가 각 에너지 상태에 있을 확률은

$$P(+\varepsilon) = \frac{\exp(-\varepsilon/kT)}{\exp(\varepsilon/kT) + \exp(-\varepsilon/kT)} \tag{1.95}$$

이고,

$$P(-\varepsilon) = \frac{\exp(\varepsilon/kT)}{\exp(\varepsilon/kT) + \exp(-\varepsilon/kT)} \tag{1.96}$$

이다.

2) 계의 평균 에너지는

$$
\begin{aligned}
\overline{\varepsilon} &= (-\varepsilon)P(-\varepsilon) + (\varepsilon)P(+\varepsilon) \\
&= \frac{1}{\exp(\varepsilon/kT) + \exp(-\varepsilon/kT)} \left[-\varepsilon \exp(\varepsilon/kT) + \varepsilon \exp(-\varepsilon/kT) \right] \\
&= -\varepsilon \tanh\left(\frac{\varepsilon}{kT}\right)
\end{aligned}
\tag{1.97}
$$

이다.

좁은-세상망(small-world network)

여러분은 "세상이 좁다"라는 말을 들어보았을 것이다. 작은-세상망 또는 좁은-세상망(small-world network)은 1967년에 사회학자 스탠리 밀그램(Stanley Milgram)이 설계한 실험에서 최초로 알려졌다. 밀그램은 미국 네브라스카주의 주민 몇 명을 무작위로 선택한 후에 특별히 만든 우편물 꾸러미를 주민들에게 주었다. 우편물 꾸러미는 네브라스카 주민이 전혀 알 수 없는 보스턴에 살고 있는 사람이 수취인으로 적혀 있었다. 우편물 꾸러미를 받은 사람은 수취인을 알고 있을 만한 자신의 친구들에게 우편물 꾸러미를 보내도록 하였다. 또 보낼 때 우편물 꾸러미에 자신의 이름과 주소를 적도록 하였다. 우편물을 받은 사람은 다시 자신이 아는 사람에게 꾸러미를 계속적으로 배달하도록 하였을 때 목표 인물인 보스턴 근교에 살고 있는 증권 중개업자에게 몇 번 만에 도달하는지 조사하였다. 밀그램의 실험에 의하면 평균적으로 5.2단계 만에 우편물이 목적지에 배달되었다. 이를 밀그램의 **6단계의 분리**(six degree of separation)이라고 하며 이는 사람들의 사회 연결망이 매우 좁음을 의미하며 인간 사이의 서로 아는 관계는 좁은 세상망을 형성하고 있음을 알 수 있다. 한국에서는 연세대학교 김용학 교수의 실험에 의하면 한국은 평균 4.6단계 만에 우편물이 배달되었다. 즉, 한국은 미국보다 좀 더 좁은 세상을 형성하고 있다.

1998년에 왓츠와 스트로가츠(Watts and Strogatz)는 전력망, 예쁜 꼬마선충(C-Elegans)의 신경망, 영화배우의 연결망이 좁은-세상망의 성질을 가지고 있음을 발견하였다. 두 노드 사이의 평균거리(average distance)와 결집계수(clustering coefficient)를 측정하였을 때 이들 네트워크가 좁은-세상망의 성질을 가지고 있음을 발견하였다. 왓츠와 스트로가츠는 그림 1.28과 같이 링 모양의 정규격자(regular lattice)에서 연결된 두 노드의 연결선을 끊은 다음 한 노드에서 다른 노드로 p의 확률로 연결하여 **지름길**(short cut)을 형성하는 네트워크 모형을 제안하였다. 이 네트워크는 어떤 p 영역에서 좁은-세상망의 특징을 나타내었다. 즉, 좁은-세상망은 지름길의 형성이 결정적인 요소임을 발견한 것이다.

네트워크 연구는 통계물리학의 한 분야로써 활발하게 연구하고 있는 분야이다. 네트워크는 점과 선이 연결된 구조를 의미한다. 고체물리학에서 잘 알려져 있는 사각격자, 입방체구조, 그래핀 등의 격자구조도 네트워크 구조의 일종이다. **복잡계 네트워크**(complex network)에 대한 연구는 **무작위망**(random network), 좁은-세상망, **축척없는 망**(scale-free network), 신경세포망 등 규칙성이 없는 다양한 망의 구조와 망구조가 시스템에 미치는 영향을 통계물리학적 방법을 이용하여 연구하는 분야이다.

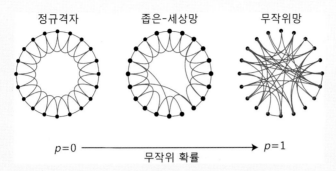

그림 1.28 정규격자구조에서 연결선을 끊고 다른 노드에 새로 연결할 확률을 증가시키면 좁은-세상망을 얻게 된다. 모든 연결선을 끊은 다음, 다른 노드와 멋대로 연결하면 무작위 네트워크를 얻게 된다.

질문 일상생활에서 좁은-세상망 구조를 가지는 예를 제시해 보시오.

1.1 볼츠만 상수 k의 단위는 무엇이고, 어떤 물리량의 단위와 같은가?

1.2 1기압은 단위 면적 위에 질량 100 kg인 물체를 몇 개 쌓아놓은 것과 같은가? 단, 중력가속도는 $g = 10 \, \mathrm{m/s^2}$이라 하자.

1.3 토리첼리 실험에서 수은은 76 cm 올라간다. 이를 이용하여 대기압의 크기를 Pa로 구하여라.

1.4 토리첼리의 실험에서 관에 수은 대신 물로 채우면 물기둥의 높이는 몇 m 올라갈까?

1.5 지면에서 공기의 압력이 p_1, 온도가 T_1, 밀도가 ρ_1이다. 어떤 산의 정상에서 공기의 압력이 p_2, 온도가 T_2일 때 밀도 ρ_2를 구하여라. 단, 양쪽의 공기 조성은 같고 기체는 이상기체의 상태 방정식을 따른다.

1.6 뚜껑이 없는 플라스크가 30℃의 공기에 놓여있다. 이 플라스크를 70℃의 공기 속으로 이동시켰다. 오랜 시간이 지난 후, 플라스크 안과 바깥의 공기가 똑같은 온도로 되었다. 원래의 플라스크 안으로부터 몇 %의 공기가 흘러나갔는지 구하여라.

1.7 수심 50 m(온도 10℃)에서 발생한 부피 1 $\mathrm{cm^3}$의 기포가 천천히 수면까지 떠올랐다. 수면의 온도가 20℃일 때 기포의 부피는 얼마가 되겠는가?

1.8 일정한 단면적 S인 가는 유리관의 일부를 막아 공기를 모아두고 수은으로 막았다. 수은은 피스톤의 역할을 하며 유리관 속을 매끄럽게 움직일 수 있다고 하자. 이 유리관을 절대온도 T, 압력 P인 대기 중에 수평으로 놓았더니 수은주의 길이는 l, 공기 기둥의 길이는 l_0였다. 수은의 밀도는 ρ이다. (단, 수은 및 유리관의 부피 변화는 무시한다. 또한 공기는 이상기체이며 기체상수는 R, 중력가속도는 g라 한다.)
1) 유리관에 갇힌 공기의 몰수는 얼마인가?
2) 유리관의 막힌 부분을 위로하고 수직으로 세워 놓았을 때의 공기 기둥의 길이는 l_0의 몇 배인가?

1.9 맥스웰-볼츠만 분포에서 이상기체의 평균속력을 구하여라.

1.10 온도 300 K에서 공기분자의 평균속력을 구하여라. 공기분자는 대부분 질소로 이루어져 있다고 가정한다.

1.11 산소와 수소의 혼합기체가 있다. 그 온도가 300 K일 때, 산소분자의 제곱평균제곱근속도는 4.8×10^2 m/s이다. 이 기체에 혼합되어 있는 수소분자의 제곱평균제곱근속도를 구하여라.

1.12 0.5몰의 수소 기체가 온도 300 K의 상태에 있다고 할 때, 수소분자의 평균속력, rms속력, 최대 확률 속력을 구하고 속력이 400 ~ 401 m/s 사이에 있는 수소분자의 개수를 구하여라.

1.13 외부 자기장이 $+y$축으로 가해졌다. 이차원 평면에 놓인 세 개의 스핀이 가질 수 있는 상태를 생각해 보자. 스핀 사이의 상호작용은 무시하고 스핀과 외부 자기장만 상호작용한다. 스핀은 x 또는 y축 상에만 놓일 수 있다고 할 때 계의 에너지에 따른 가능한 상태를 열거하여라.

1.14 동전을 던졌을 때 앞면이 나오면 $+1$, 뒷면이 나오면 -1이라 하자. 동전 5개를 동시에 던져서 면의 합이 $S = +1$인 앙상블을 모두 열거하여라.

1.15 N개의 이상기체가 한 변의 길이가 L인 이차원$(d = 2)$ 면에 놓여있다. 이상기체의 총상태수 $\Omega(E)$를 구하여라.

1.16 온도 T인 열저장체와 열접촉해 있는 계는 N개의 기체 분자로 이루어져 있다. 각 기체가 가질 수 있는 에너지 상태는 0, ε이다.
   1) 기체가 높은 에너지 상태에 있을 확률 $P(\varepsilon)$를 구하여라.
   2) 계의 평균 에너지를 구하여라.

1.17 온도 T인 열저장체와 열접촉해 있는 한 시스템은 에너지 $-\varepsilon$, 0, $+\varepsilon$인 세 에너지 상태를 가질 수 있다.

   1) 계의 분배함수를 구하여라.

   2) 계의 평균 에너지를 구하여라.

1.18 온도 T인 열저장체와 열접촉해 있는 한 시스템은 에너지는 0, ε, 2ε, $\cdots$, $n\varepsilon$의 에너지 상태를 가질 수 있다.

   1) 계의 분배함수를 구하여라.

   2) 계의 평균 에너지를 구하여라.

CHAPTER 2

열역학 제1법칙

CHAPTER 2
열역학 제1법칙

다체계를 이해하는 방법에는 두 가지 접근 방법이 있다. 하나는 열과 온도와 관련된 실험 관측을 통해 얻은 고전적인 법칙을 기반으로 한 **열역학**(thermodynamics)이고, 다른 하나는 통계역학적 근본 가정과 계의 미시적인 상호작용을 바탕으로 출발한 **통계역학**(statistical mechanics)이다. 물론 통계역학이 보다 근본적이며, 열역학의 예측 결과와 열역학이 설명하지 못하는 것을 설명한다. 통계역학의 발전은 열역학의 이해에 기반을 두고 있으므로, 먼저 열역학을 살펴보자. 열역학은 계의 열역학적 거시변수들 사이의 관계를 열역학 법칙으로 설명한다. 켈빈, 줄, 카르노, 클라우지우스, 헬름홀츠 등 여러 과학자들이 열역학 발전에 기여하였다. 열역학 법칙은 네 가지 법칙으로 구성되어 있다. 열역학 제0법칙은 평형과 온도계를 정의할 수 있게 한다. 열역학 제1법칙은 에너지 보존 법칙을 표현한 것이다. 열역학 제2법칙은 뜨거운 물체와 차가운 물체를 접촉하면 자연스러운 열 흐름은 뜨거운 곳에서 차가운 곳으로 흐르는 성질과 관련되어 있다. 마지막으로 열역학 제3법칙은 절대영도와 같은 지극히 낮은 온도에서 계가 가지는 상태를 설명한다.

열역학 제1법칙은 에너지 보존 법칙의 다른 이름이다. 열역학 제1법칙은 다체계(구성 입자가 많은 시스템)에서 에너지 보존 법칙을 뜻한다. 율리우스 로베르트 마이어(Julius Robert von Mayer, 1814~1878, 독일, 물리학자, 의사)는 에너지 보존 법칙에 대한 논문을 1842년에 발표하였다. 그는 운동과 열이 자연에서 동일한 실체이며 서로 바뀌어 나타나지만 그 양은 변환과정에서 보존된다는 이론을 확립했다. 마이어는 1840년에 동인도 자카르타로 항해하는 네덜란드 상선에서 의사로 1년을 보냈다. 그는 적도의 항구에 입항한지 얼마 되지 않은 선원들의 혈액이 매우 붉은 색깔을 띰을 발견하였다. 선원들의 피 색깔이 붉은 이유는 열대기후의 열 때문이라고 추정하였다. 무더운 열대기후에서 신진대사가 느려도 체온을 유지할 수 있으므로 동맥의 피가 산소를 덜 사용할 것이다. 마이어는 음식의 산화가 동물이 열을 얻은 방법임을 알고 있었으며 음식의 화학 에너지는 음식의 산화로부터 얻는 열의 양과 같다고 생각했다. 따라서 근육이 사용하는 에너지와 체온의 열은 음식에 들어 있는 화학 에너지로부터 오며 동물의 음식불섭취량과 에너지 소모가 평형을 이룬다면 이 에너지는 보존될 것이라고 생각하였다.

    1845년에 마이어는 보존 원리를 자기 에너지, 전기 에너지, 화학 에너지로 확장하였다. 태양 에너지가 식물에서 화학 에너지로 바뀌고, 이 에너지가 음식을 섭취한 동물에게 전달되어 사용된다. 그 결과로 동물은 체온을 유지하고 움직이는데 필요한 역학적 에너지를 얻는다고 주장하였다. 마이어가 발표한 논문은 그 당시에 주목을 끌지 못했다. 당시의 물리학자들은 그의 주장에 주목하지 않았다. 그의 주장은 헬름홀츠 코일(Helmholtz coil)로 유명한 헤르만 폰 헬름홀츠(Herman von Helmholtz)가 마이어의 초기 논문을 읽고서 그 중요성을 물리학계에 널리 홍보하면서 알려졌다. 헬름홀츠는 1854년 2월 7일 쾨니스베르크 강연에서 마이어의 1842년도 에너지 보존 법칙을 소개하고 그의 발견이 1843년 줄의 주장보다 앞선다고 주장하였다. 그 후에 마이어의 에너지 보존 원리는 과학계에 확고한 틀을 잡게 되었지만, 마이어의 논문은 수학적으로 표현되지 않았기 때문에 다른 과학자들에게 별로 유용하지 않았다. 역사적으로 열역학 제1법칙은 열역학 제2법칙보다 나중에 발견되었다.

    이 장에서는 열역학 제1법칙과 거시계의 열역학적 변수들이 만족해야 하는 식들을 유도해 본다. 더 나아가서 왜 통계역학 개념이 필요하게 되었는지 알아본다.

2.1 열, 일 그리고 내부에너지

역학에서 내부 구조가 없는 입자의 총에너지는 입자의 운동에너지와 같다. 서로 상호작용하는 두 입자계의 총에너지는 두 입자의 총운동에너지와 입자들 사이의 위치에너지를 더한 값이다. 아보가드로 수 만큼 많은 입자들이 모여 있는 고립계의 총에너지는 어떻게 될까? 거시계의 총에너지를 **내부에너지**(internal energy)라 한다. 내부에너지는 기호 E로 표현하며, 어떤 책에서는 U로 표현하기도 한다. 거시계의 내부에너지는 온도가 높으면 크고, 낮으면 작다. 온도가 다른 두 물체를 열접촉해 보자. 예를 들면 차가운 물속에 뜨거운 물병을 넣어 놓았다고 생각해보자. 시간이 오래 지나면, 뜨거운 물병은 차가워지고, 차가운 물은 뜨거워진다. 결국 물과 물병의 온도는 같아진다. 이것은 뜨거운 물병에서 차가운 물로 무엇인가가 전달된 것으로 생각할 수 있다.

19세기 초까지 과학자들은 뜨거운 물체에는 칼로릭(caloric)이라는 물질이 많이 들어있는 것으로 생각했다. 칼로릭이란 개념은 연소현상이 산화라는 것을 발견한 라부아지에(Antoine-Laurent de Lavoisier, 1743~1794, 프랑스, 화학자)가 생각해냈는데, 이 개념은 틀린 개념이다. 옳은 사실(산화) 하나를 발견하고 틀린 개념(칼로릭) 하나를 만들어냈다. 라부아지에는 뜨거운 물체와 차가운 물체를 접촉하면 칼로릭이 뜨거운 물체에서 차가운 물체로 흘러간다고 생각하였다. 그러나 19세기 중반에 줄(James Prescott Joule, 1818~1889, 영국, 물리학자) 등 여러 물리학자들에 의해서 뜨거운 물체에서 차가운 물체로 전달되는 것은 칼로릭이라는 물질이 아니라 에너지의 한 형태라는 것을 알게 되었으며 이 에너지를 **열**(heat)이라 하였다. 열은 기호 Q로 표현한다. 계가 흡수한 열을 양(+)의 열로 정의한다. 열은 항상 높은 온도에서 낮은 온도로 전달된다. 따라서 온도가 다른 두 물체를 열접촉하면 높은 온도의 물체는 열을 방출하여 온도가 내려가고 낮은 온도의 물체는 열을 흡수하여 온도가 올라간다. 그런데 물체의 내부에너지는 온도에 비례하므로 열이 전달되면 물체의 내부에너지가 변하게 된다. 즉, 열을 잃은 물체의 내부에너지는 줄어들고, 열을 얻은 물체의 내부에너지는 증가한다. 에너지의 전달, 즉 열은 엔트로피의 전달과 관련되어 있다(3장 참조).

에너지를 전달하는 다른 방법으로 **일**(work)이 있다. 일은 계와 관련된 **외부변수**(external parameters)의 변화에 의해서 생기는 에너지 전달이며, 외부변수는 부피, 자기장, 전기장, 힘 등을 포함한다. 현대 문명은 열을 일로 바꾸는 과정과 더불어서 발전하였다. 산업혁명은 증기를 이용하여 열을 일로 바꾸는 증기기관의 출현으로 급속히 일어났다. **열역학**(thermodynamics)은 증기기관의 한계를 이해하기 위한 노력으로 탄생하였다. 1705년 영국의 발명가 토머스 뉴커먼(Thomas Newcomen, 1663~1729, 영국, 발명가)은 증기로 작동하는 엔진을 생각해 냈으며 1712년 최초의 뉴커먼 증기기관을 발명하였다. 1733년까지 100여개의 뉴커먼 증기관이 설치되었고 주로 광산에서 물을 배수시키는데 사용되었다. 그러나 뉴커먼 증기기관은 성능이 좋지 못했다.

1769년 제임스 와트(James Watt, 1736~1819, 스코틀랜드, 발명가)가 증기기관을 개량하여 와트의 증기기관의 특허를 냈다. 1775년 사업가인 매튜 볼턴과 합작으로 볼턴앤드와트 합작사를 만들어 1776년 **와트 증기기관**(Watt's steam engine)을 만들었다. 산업혁명의 대량 생산은 방적기에서 촉발되었다. 1765년 하그리브스(James Hargreaves, 1702~1778, 영국,

발명가)가 발명한 **제니방적기**(Jenny spinner)는 대량생산의 가능성을 열었다. 1769년 아크라이트(Richard Arkwright, 1732~1792, 영국, 발명가, 사업가)는 **수력 방적기**(water frame)를 개발하여 수력을 이용한 대량생산 시대를 열었다. 1779년 크롬프턴(Samuel Crompton, 1753~1827, 영국, 발명가)은 **뮬 방적기**(spinning mule)를 발명하였다. 1790년에는 증기기관을 이용한 뮬 방적기를 만들어 면사의 대량생산 시대를 열었다. 1825년에는 광산의 광물을 먼 거리까지 운송하는 철도운송에 와트의 증기관이 이용되었다. 이러한 일련의 발명들이 산업혁명 시대를 열었다. 결국 산업혁명은 열기관을 어떻게 개선하고 활용하느냐가 관건이었다. 인간과 동물의 동력을 열기관을 이용하여 기계 동력으로 대체하여 대량생산 시대를 열었으며 이것이 제1차 산업혁명이다.

다체계(거시계)에서 일을 어떻게 정의하는지 살펴보자. 가장 간단한 경우로 기체가 들어 있는 용기를 생각해보자. 단면적 A인 단면에 작용하는 힘의 수직 방향 성분을 F라 하자. 힘과 압력의 관계는

$$F = PA \qquad (2.1)$$

이다. 그림 2.1과 같이 기체가 들어 있는 용기의 압력은 P이고 부피는 V이다. 용기에 들어 있는 기체는 피스톤에 접해있고 기체가 피스톤을 미는 힘은 $F_i = PA$이다. 여기서 A는 위쪽 면의 단면적이다. 만약 외부에서 위쪽 면에 힘이 작용하지 않으면 힘 F_i는 피스톤을 위쪽으로 밀어낼 것이다. 만약 외부에서 $\overrightarrow{F_a} = -\overrightarrow{F_i}$인 외력을 가하면 피스톤은 균형을 이루어 정지해 있을 수 있다.

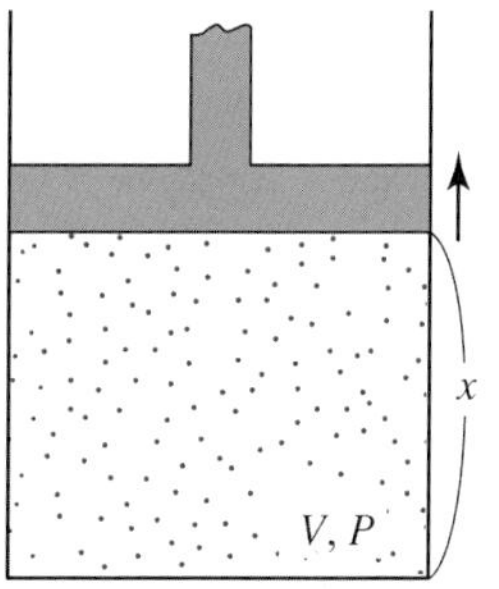

이제 이 피스톤이 아주 서서히 팽창하여 기체가 항상 열적 평형상태를 유지하면서 변하는 **열역학 과정**(thermodynamic process)

그림 **2.1** 가역적으로 팽창하는 기체

을 생각해보자. 열역학 과정은 기체의 상태변수가 한 값에서 다른 값으로 변하는 것을 의미한다. 평형상태가 항상 유지되는 열역학 과정을 **준정적 과정**(quasistatic process)이라 하고, 준정적 과정은 **가역 과정**(reversible process)의 한 과정이다. 준정적 과정의 장점은 과정이 진행되는 동안 항상 평형상태를 유지할 수 있다는 것이지만, 매 순간 평형을 유지하기 위해서는 매우 느리게 진행되기 때문에 시간이 무한히 길게 걸린다는 것이다. 가역 과정이 아닌 모든 열역학 과정은 **비가역 과정**(irreversible process)이라 한다. 팽창하기 전의 기체의 부피는 $V = Ax$이고 피스톤이 받는 힘은 $F_i = PA$이다. 이제 기체가 가역적으로 팽창하여 원래

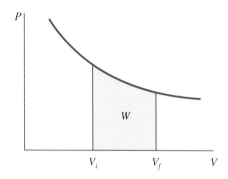

그림 **2.2** 가역적으로 팽창하는 기체가 한 일

상태에서 미소 변위 dx 만큼 피스톤을 밀어 올렸다. 이때 기체가 한 일(work done by the gas)은

$$dW = F_i dx = PA dx = PdV \tag{2.2}$$

이다. 기체가 처음 부피 V_i에서 나중 부피 V_f까지 가역적으로 팽창할 때 기체가 한 일은 그림 2.2와 같은 P－V 곡선에서 곡선이 둘러싼 색칠한 부분의 면적과 같다. 일반적으로 압력은 부피의 함수 $P = P(V)$이므로

$$W = \int dW = \int_{V_i}^{V_f} PdV \tag{2.3}$$

가 된다.

그림 2.3과 같이 기체가 처음 부피 V_i에서 나중 부피 V_f로 가역적으로 팽창하였다. 경로1과 경로2에 대해서 기체가 한 일을 계산하여라.

 풀이

경로1을 따라서 팽창할 때 한 일은, 경로1이 둘러싼 면적이므로

$$W_1 = \int_{V_i}^{V_f} PdV = P_i(V_f - V_i) + \frac{1}{2}(P_f - P_i)(V_f - V_i) \tag{2.4}$$

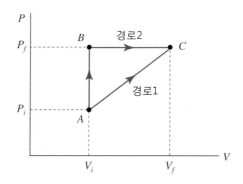

그림 **2.3** 경로에 의존하는 일

이다. 경로2를 따라서 팽창할 때의 일은 다음과 같이 두 단계로 생각해보자. 먼저 $A \rightarrow B$로 가는 열역학 과정에서는 부피 변화가 없으므로 한 일은 0이다. $B \rightarrow C$로 가는 열역학 과정에서 한 일이 경로2의 총일이다. 따라서

$$W_2 = W_{B \rightarrow C} = P_f(V_f - V_i) \tag{2.5}$$

이다. 열역학 과정에서 처음 상태와 나중 상태가 같더라도 경로가 다르면 계가 한 일이 다르다. 즉, 일은 열역학 경로에 의존한다. 열도 일과 같이 열역학 경로에 의존한다. ▪▪

2.2
열역학 제1법칙

2.2.1 열역학 제1법칙이란?

열이 에너지의 한 형태라는 것은 1842년에 마이어(R. J. Mayer)에 의해서 발견되었다. 제임스 줄(J. Joule)은 일을 열로 전환할 수 있음을 발견하였다. 다양한 형태의 에너지(역학적 에너지, 전기 에너지, 열)는 본질적으로 같고, 한 에너지에서 다른 에너지로 변할 수 있다는 것을 입증했다. 그 결과 열역학 제1법칙인 에너지 보존 법칙의 기초를 세웠다. 1840년에 "볼타 전기에 의한 열의 생성에 관하여(On the Production of Heat by Voltaic Electricity)"라는 논문에서 '줄 효과(Joule effect)'를 발견했다. 도선에 흐르는 전류에 의해 생성되는 열은 전류의 제곱과 도선의 저항의 곱에 비례한다는 사실을 발견하였다. 1843년 단위 열량을 생성하는 데 요구되는 일의 양, 즉 열의 일당량을 발표했으며, 측정 방법을 개량하여 1850년에 물의 일당량이 4.159 J/cal임을 발표하였다. 그는 여러 다른 물질을 사용하여 열은 가열되는 물질과는

무관한 에너지의 형태라는 것도 입증했다. 즉, 칼로릭 이론을 배격하였다. 1852년 줄과 윌리엄 톰슨(후에 켈빈 경)은 기체가 외부에 대해 일을 하지 않으면서 팽창할 때 그 기체의 온도가 낮아진다는 것을 발견했다. 이 '줄-톰슨 효과'는 19세기 동안 대규모 냉동산업을 일으키는 데 이용되었다(5장 참조).

다체계의 열역학 과정에서 여러 가지 형태의 에너지가 전달된다. 역학에서 입자의 에너지는 보존되는 물리량임을 배웠다. 에너지 보존 법칙은 다체계에서 또한 성립한다. 계가 외부에 일을 하거나 계에 일이 행해지거나 또는 계가 주위 환경과 열을 주고받게 되면 계에 에너지의 출입이 생긴다. 거시계의 상태는 내부에너지 E로 표현할 수 있다. 주위 환경으로부터 고립된 계는 열과 일을 잃거나 얻을 수 없다. 따라서 계의 내부에너지는 역학 또는 전자기학에서 구한 계의 총에너지가 내부에너지이다. 계가 주위 환경과 열과 일을 교환할 수 있게 되면 어떻게 되겠는가? 계가 외부 환경에서 얻은 열을 Q라 하고, 외부에서 계에 행하여진 일을 W'이라 하자. 앞에서 계가 외부에 한 일을 W라 하였으므로, $W = -W' > 0$이다. 계가 외부에서 일과 열로 에너지를 얻었으므로 계의 내부에너지는 변하게 된다. 계의 내부에너지 변화 $\Delta E = E_f - E_i$는 에너지 보존 법칙에 의해서

$$\Delta E = Q + W' = Q - W \tag{2.6}$$

이다. 이 식을 **열역학 제1법칙**(first law of thermodynamics)이라 한다. 열역학 과정이 미소 변위(infinitesimal displacement)만큼 변한 경우를 생각해보자. 이때 계가 한 미소 일(infinitesimal work)을 đW라 하고, 계가 얻은 미소 열을 đQ라 하자. 계의 내부에너지 변화는 dE이다. 미소 열역학 과정(infinitesimal thermodynamic process)에서 열역학 제1법칙은

$$dE = đQ - đW \tag{2.7}$$

이다. đ는 변화가 경로에 의존함을 의미한다. 열역학 제1법칙에서 내부에너지 E는 **상태함수**(state function)이며, 상태함수란 열역학 경로(열역학 역사 thermodynamic history)에 의존하지 않는 물리량을 뜻한다. 그러나 열과 일은 앞에서 보았듯이 열역학 경로에 의존한다. 이것을 달리 표현하면 내부에너지는 임의의 미소 열역학 변화에 대해서 완전 미분(total or exact differential)이란 뜻이다.

열역학 제1법칙을 표현할 때 계가 받은 일 W'(work done on the system)을 $+$ 값으로

정하는 책이 많이 있다. 특히 많은 물리화학 교재들에서 계가 받은 일을 양의 값으로 표현한다. 일의 부호를 이렇게 약속하면 열역학 제1법칙은

$$\Delta E = Q + W' \tag{2.8}$$

로 표현된다. 이 표현은 계가 받은 열과 일을 +로 표현하기 때문에 편리한 점이 있다. 다른 교재에서 이렇게 표현된 열역학 제1법칙이 틀린 것이 아니므로 주의하기 바란다. 우리는 식 (2.6)의 표현을 따를 것이다.

2.2.2 완전 미분

두 개의 독립변수 x와 y를 갖는 어떤 함수 $F(x, y)$를 고려해 보자. 함수 F의 미소변화는 다음과 같다.

$$dF = F(x+dx, \ y+dy) - F(x, \ y)$$
$$= \left(\frac{\partial F(x, \ y)}{\partial x} \right)_y dx + \left(\frac{\partial F(x, \ y)}{\partial y} \right)_x dy \tag{2.9}$$

여기서 $(\partial F(x, \ y)/\partial x)_y$는 y를 일정하게 유지하면서 $F(x, \ y)$를 x에 대해서 미분하는 것을 뜻하며 이를 **편미분**(partial derivative)이라 한다. 이 표현을 다르게 표현하면,

$$dF = A(x, \ y)dx + B(x, \ y)dy \tag{2.10}$$

여기서

$$A(x, \ y) = \left(\frac{\partial F(x, \ y)}{\partial x} \right)_y \tag{2.11}$$

그리고

$$B(x, \ y) = \left(\frac{\partial F(x, \ y)}{\partial y} \right)_x \tag{2.12}$$

이다. 어떤 함수가 상태함수이려면 모든 점 $(x, \ y)$에서 편미분이 잘 정의되고, 연속 (continuous)이고 매끄러워야(smooth)한다. 연속인 함수가 모든 점에서

$$\left(\frac{\partial B(x, y)}{\partial x} \right)_y = \left(\frac{\partial A(x, y)}{\partial y} \right)_x \tag{2.13}$$

즉,

$$\left(\frac{\partial}{\partial x} \left(\frac{\partial F}{\partial y} \right)_x \right)_y = \left(\frac{\partial}{\partial y} \left(\frac{\partial F}{\partial x} \right)_y \right)_x \tag{2.14}$$

을 만족하면, 함수 $F(x, y)$를 **해석적**(analytic)이라 한다. 함수가 해석적이면 그 함수의 미분 dF를 **완전 미분**(exact differential)이라 한다. 완전 미분인 함수는 상태함수이다. 즉, 인접한 두 점 사이의 차이는 두 점 사이의 경로에 의존하지 않는다. 임의의 두 점 사이에서 F의 변화는

$$\Delta F = F_f - F_i = \int_i^f dF = \int_i^f (Adx + Bdy) \tag{2.15}$$

이다. 여기서 i는 처음 점 (x_i, y_i)이고, f는 나중 점 (x_f, y_f)를 뜻한다. 위 식에서 오른쪽의 적분은 두 점 사이의 경로에 의존하지 않는다. 두 지점 사이의 적분이 경로에 의존하는 함수의 미소변화는 완전 미분이 아니다. 완전 미분이 아닌 미소변화를 đG로 나타내자. 앞에서 보았듯이 내부에너지는 완전 미분이고, 상태함수이다. 그러나 일과 열은 열역학 경로에 의존하는 완전 미분이 아니며, 상태함수가 아니다. 상태함수가 아닌 두 함수의 차이가 완전 미분이 되는 열역학 제1법칙을 음미해 보아라. 열역학의 목표는 열역학 법칙들을 이용하여 다체계의 열역학 상태변수들 사이의 관계를 규정하는 것이다. 열역학 상태변수들 사이의 관계를 **상태 방정식**(equation of state)이라 한다. 예를 들면 이상기체의 상태 방정식은 $PV = NkT$ 이다.

예제 2.2

....

다음 함수가 완전 미분이 아님을 보이라. 어떤 적분인자(integrating factor)를 곱해야 완전 미분이 되는가?

$$đG = adx + b\frac{x}{y}dy = adx + bxd(\ln y) \tag{2.16}$$

여기서 a와 b는 상수이다. 그림 2.4와 같이 경로1과 경로2에 대해서 경로적분을 구해보자.

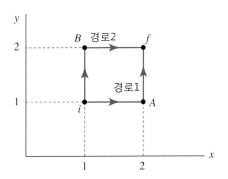

그림 **2.4** 처음 위치 $(1, 1)$에서 나중 위치 $(2, 2)$까지의 경로적분

풀이

경로1은 $i \to A \to f$를 따라간다. 그러므로

$$\int_1 dG = a + 2b\ln 2 \tag{2.17}$$

이고, 경로2는 $i \to B \to f$를 따라간다.

따라서

$$\int_2 dG = b\ln 2 + a \tag{2.18}$$

이다.

즉, 두 결과는 다르다. 따라서 đG는 완전 미분이 아니고, G는 상태함수가 아니다. 이제 상태함수가 아닌 đG를 x로 나눈 함수를 생각해보자.

$$dF = \frac{\text{đ}G}{x} = \frac{a}{x}dx + \frac{b}{y}dy = d\left[a\ln x + b\ln y\right] \tag{2.19}$$

이다. $F = a\ln x + b\ln y$이고, 경로1과 경로2를 따라서 dF를 적분하면,

$$\int_i^f dF = \int_i^f \frac{1}{x}\text{đ}G = (a+b)\ln 2 \tag{2.20}$$

이다. 두 경로에 대해서 적분이 같다. 불완전 미분에 적당한 **적분인자**(integrating factor)를 곱하면, 그 결과가 완전 미분이 된다. 여기서 적분인자는 $1/x$이다. 열의 미소변화 đQ 는 불완전 미분이지만 đ$Q/T = dS$는 완전 미분이고, 엔트로피 S는 상태함수이다(3장 참조). ▪▪

내부에너지는 상태함수이고, 처음과 나중의 거시상태(macrostate)에 의존하며 열역학 경로에 의존하지 않는다. 열과 일은 항상 열역학 변화(열역학 변위)가 있어야만 의미 있는 값을 갖는다. 예를 들면 일은 항상 변위가 있어야만 0이 아니다. 일반적으로 미소 일 $đW$와 미소 열 $đQ$는 불완전 미분이다. 따라서 어떤 열역학 과정에서 열과 일을 알려면 열역학 경로(thermodynamic history)를 알아야만 값을 구할 수 있다. 가역적인 경우에는 열역학 경로를 상그림(phase diagram)에서 나타낼 수 있고, 일을 계산할 수 있다. 그러나 비가역 과정에서는 정확한 열역학 경로를 알 수 없기 때문에 일을 계산하기가 매우 어렵다. 비가역 과정은 기체의 P − V 그림에서 열역학 경로를 그래프로 그릴 수 없다.

이제 매우 특별한 열역학 과정을 생각해보자. 먼저 열적으로 단열된 고립계를 생각해보자. 고립계란 계가 외부와 완전히 단절되어 있어서 열과 입자의 교환이 없는 계이다. 계가 단열되어 있으므로 열의 출입이 없다. 즉 $Q = 0$이다. 따라서 열역학 제1법칙에 의하면

$$W_{i \to f} = -\Delta E \tag{2.21}$$

즉, 열적으로 단열된 고립계에서 계가 한 일은 열역학 과정에 의존하지 않는다. (내부에너지는 상태함수이다.) 이때 일은 완전 미분이고, 상태함수이다.

다음으로 계의 모든 외부변수가 고정되어 있는 경우를 생각해보자. 외부변수가 고정되어 있으므로, 계는 일을 하지 않는다. 즉 $W = 0$이므로

$$Q = \Delta E \tag{2.22}$$

가 되어 열은 완전 미분이고, 계가 흡수한 열은 열역학 과정에 무관하다.

2.3 열역학적 일

압력 P, 부피 V인 기체가 팽창할 때 기체가 외부에 한 일은 $dW = PdV$이다. 기체계가 아닌 경우에 열역학적 일(thermodynamic work)은 압력과 부피변화로 표현되지 않는다. 계의 외부변수(external parameter)를 $x_i, \cdots, x_n$이라 하자. 계가 미시적 상태 r에 있을 때 계의 에너지는

$$E_r = E_r(x_1, \cdots, x_n) \tag{2.23}$$

이다. 계의 외부변수가 $x_i \rightarrow x_i + dx_i$로 변할 때 계의 에너지 변화는

$$dE_r = \sum_{i=1}^{n} \frac{\partial E_r}{\partial x_i} dx_i \tag{2.24}$$

이다. 이때 계가 상태 r에 있을 때 계가 한 일은

$$dW_r = -dE_r = \sum_i Y_{i,r} \, dx_i \tag{2.25}$$

이다. 계가 외부에 일을 하면 계의 내부에너지는 감소한다. 여기서 $Y_{i,r}$은

$$Y_{i,r} = -\frac{\partial E_r(x_i)}{\partial x_i} \tag{2.26}$$

이고, 상태 r에서 외부변수 x_i 변화에 대한 **일반화 힘**(generalized force)이라 한다. 준정적 과정에서 모든 미시적 상태에 대해서 평균하면 거시적인 일을 구할 수 있다. 즉,

$$dW = \sum_{i=1}^{n} \overline{Y_i} \, dx_i \tag{2.27}$$

이고, 거시적 일반화 힘은

$$\overline{Y_i} = -\overline{\frac{\partial E_r}{\partial x_i}} \tag{2.28}$$

이다. 하나의 외부 변수에 대해서 계가 한 거시적 일 dW는

$$dW = \frac{\sum_r \exp(-\beta E_r)\left(-\dfrac{\partial E_r}{\partial x} dx\right)}{\sum_r \exp(-\beta E_r)} \tag{2.29}$$

이다. 이 식의 분자를 분배함수 $Z = \sum_r \exp(-\beta E_r)$로 표현하면,

$$\sum_r \exp(-\beta E_r)\frac{\partial E_r}{\partial x} = -\frac{1}{\beta}\frac{\partial}{\partial x}\left(\sum_r \exp(-\beta E_r)\right) = -\frac{1}{\beta}\frac{\partial Z}{\partial x} \tag{2.30}$$

이다. 따라서 계가 한 일은

$$dW = \frac{1}{\beta Z} \frac{\partial Z}{\partial x} dx = \frac{1}{\beta} \frac{\partial \ln Z}{\partial x} dx \qquad (2.31)$$

이다. 이 식을 외부변수 x에 대응하는 일반화 힘(generalized force)의 평균 $\overline{Y}$로 표현하면

$$dW = \overline{Y} dx \qquad (2.32)$$

이고, 여기서

$$\overline{Y} \equiv \overline{\left(-\frac{\partial E_r}{\partial x}\right)} = \frac{1}{\beta} \frac{\partial \ln Z}{\partial x} \qquad (2.33)$$

이다. 계의 외부변수가 부피 $x = V$이면, 일반화 힘은 압력 p이므로, 계의 평균 압력은

$$dW = \overline{p} dV = \frac{1}{\beta} \frac{\partial \ln Z}{\partial V} dV \qquad (2.34)$$

즉,

$$\overline{p} = \frac{1}{\beta} \frac{\partial \ln Z}{\partial V} \qquad (2.35)$$

이다. 기체로 이루어진 계의 경우에, 계의 상태 에너지 E_r이 부피에 의존하므로 분배함수는 온도 T와 부피 V의 함수이다. 따라서 압력에 대한 위 식은 압력을 온도와 부피의 함수로 표현하게 되는데, 이를 계의 상태 방정식이라 한다. 위 식에서 이상기체의 상태 방정식 $pV = NkT$를 얻는다(2.4절 참조). 이 일반화 힘은 외부변수 x_i의 변화에 대응하는 힘이다. 기체계에서 기체가 한 일은 $dW = PdV$이므로, 거시적 일반화 힘은 $\overline{Y} = P$이고 대응하는 외부변수는 $x = V$이다.

2.4 이상기체의 상태 방정식

부피 V인 닫힌 용기에 N개의 단원자 이상기체가 들어있다. 단원자 이상기체 하나의 질량은 m이다. i번째 이상기체 분자의 위치를 $\vec{r}_i$, 선운동량을 $\vec{p}_i$라 하자. 계의 총에너지는

$$E = \sum_{i=1}^{N} \frac{\vec{p}_i^{\,2}}{2m} + U(\vec{r}_1, \vec{r}_2, \cdots, \vec{r}_N) \qquad (2.36)$$

이다. 위 식의 첫째 항은 분자들의 운동에너지이고, 둘째 항은 분자들 간의 상호작용 에너지이다. 분자들 간의 상호작용 에너지가 없는 $(U = 0)$ 기체를 이상기체라 한다. 분자들을 고전적인 입자들로 취급하면, $Z = \sum_r \exp(-\beta E_r)$인 분배함수는 아래와 같이 적분형태로 나타낸다.

$$Z = \int \exp\left[-\beta\left\{\frac{1}{2m}(\vec{p}_1^2 + \cdots + \vec{p}_N^2) + U(\vec{r}_1, \cdots, \vec{r}_N)\right\}\right]\frac{d^3\vec{r}_1 \cdots d^3\vec{r}_N d^3\vec{p}_1 \cdots d^3\vec{p}_N}{h_0^{3N}} \quad (2.37)$$

또는

$$Z = \frac{1}{h_0^{3N}}\int e^{-(\beta/2m)p_1^2}d^3\vec{p}_1 \cdots \int e^{-(\beta/2m)p_N^2}d^3\vec{p}_N \int e^{-\beta U(\vec{r}_1, \cdots, \vec{r}_N)}d^3\vec{r}_1 \cdots d^3\vec{r}_N \quad (2.38)$$

이상기체인 경우에 상호작용 에너지가 영$(U = 0)$이므로, 상호작용 에너지 부분은

$$\int e^{-\beta U(\vec{r}_1, \cdots, \vec{r}_N)}d^3\vec{r}_1 \cdots d^3\vec{r}_N\bigg|_{U=0} = \int d^3\vec{r}_1 \cdots d^3\vec{r}_N = V^N \quad (2.39)$$

이고, 각 분자의 운동에너지 부분은 모두 같은 형태이므로

$$Z_1 = \frac{V}{h_0^3}\int_{-\infty}^{\infty} e^{-(\beta/2m)p^2}d^3\vec{p} \quad (2.40)$$

로 놓자. 따라서 분배함수는

$$Z = \left[\frac{V}{h_0^3}\int_{-\infty}^{\infty} e^{-(\beta/2m)p^2}d^3\vec{p}\right]^N = Z_1^N \quad (2.41)$$

또는

$$\ln Z = N\ln Z_1 \quad (2.42)$$

이다. 식 (2.38)에서 운동에너지 부분의 적분은

$$\int_{-\infty}^{\infty} e^{-(\beta/2m)p^2}d^3\vec{p} = \int\int\int_{-\infty}^{\infty} e^{-(\beta/2m)(p_x^2 + p_y^2 + p_z^2)}dp_x dp_y dp_z$$

$$= \left(\sqrt{\frac{2\pi m}{\beta}}\right)^3 \quad (2.43)$$

이다. 따라서

$$Z_1 = V\left(\frac{2\pi m}{h_0^2 \beta}\right)^{3/2} \tag{2.44}$$

이다. 나중에 양자역학을 사용하면 위상공간에서 구별할 수 있는 상태의 면적 $h_0 = h$이다. 여기서 h는 플랑크 상수이고, $\beta = \frac{1}{kT}$이다. 따라서 단일입자의 분배함수는

$$Z_1 = V\left(\frac{2\pi mkT}{h^2}\right)^{3/2} \tag{2.45}$$

이다. 그런데 위 식에서 괄호 안의 값은 길이의 제곱에 반비례하는 차원을 가지므로

$$\lambda_T = \frac{h}{\sqrt{2\pi mkT}} \tag{2.46}$$

로 정의하고, 이 값을 **열파장**(thermal wavelength)라 한다. 따라서 단일입자 분배함수는

$$Z_1 = \frac{V}{V_T} = \left(\frac{L}{\lambda_T}\right)^3 \tag{2.47}$$

이다. 분배함수는 마치 한 변의 길이가 L인 정육면체 전체 부피를 열파장 부피로 나눈 값과 같다. 각 열파장 부피 $V_T = \lambda_T^3$는 고전적으로 하나의 상태에 해당하고, 전체 부피에 그 부피가 몇 개나 있는지가 이상기체 단일입자의 분배함수와 같다. 입자수가 N인 전체계의 분배함수는 $Z = Z_1^N$이므로

$$\ln Z = \ln Z_1^N = N \ln Z_1 = N\left[\ln V - \frac{3}{2}\ln\beta + \frac{3}{2}\ln\left(\frac{2\pi m}{h^2}\right)\right] \tag{2.48}$$

또는

$$\ln Z = \ln Z_1^N = N\ln\left(\frac{L}{\lambda_T}\right)^3 = N[\ln V - 3\ln\lambda_T] \tag{2.49}$$

이다. 분배함수를 거시변수가 분명히 들어나게 쓰면

$$\ln Z = \frac{3}{2}N\left[\ln\left(TV^{2/3}\right) + \ln\left(\frac{2\pi mk}{h^2}\right)\right] \tag{2.50}$$

이고

$$Z = \left[(TV^{2/3}) \left(\frac{2\pi mk}{h^2} \right) \right]^{3N/2} \tag{2.51}$$

이다. 이 식이 부피 V, 입자수 N, 온도 T인 이상기체의 고전적 분배함수이다.

그런데 이상기체를 양자역학적 입자라고 할 경우에 이 분배함수는 정확하지 않다. 9장에서 양자입자의 분배함수를 구할 때 입자들의 구별 불가능을 고려할 것이다. 식 (2.51)은 고전 이상기체에서 이상기체 입자를 구별할 수 있다고 생각하여 계산한 분배함수이다. 구별 불가능한 양자입자의 분배함수를 구할 때 식 (2.51)에 $1/N!$항을 곱해 주어야 한다. 따라서 정확한 분배함수는

$$Z_Q = \frac{1}{N!} Z^N \tag{2.52}$$

이다. 그런데 $N!$항은 아래에서 상태 방정식을 구할 때는 기여를 하지 않기 때문에 고전적 분배함수나 양자적 분배함수의 상태 방정식의 결과는 변함이 없다.

식 (2.35)에 의해 이상기체의 평균 압력은

$$\bar{p} = \frac{1}{\beta} \frac{\partial \ln Z}{\partial V} = \frac{1}{\beta} \frac{N}{V} \tag{2.53}$$

즉,

$$\bar{p}V = NkT \tag{2.54}$$

이다. 이 식이 바로 이상기체의 **상태 방정식**(equation of state)이다.

이상기체의 평균 에너지는

$$\bar{E} = -\frac{\partial}{\partial \beta} \ln Z = \frac{3}{2} \frac{N}{\beta} = \frac{3}{2} NkT = N\bar{\varepsilon} \tag{2.55}$$

여기서

$$\bar{\varepsilon} = \frac{3}{2} kT \tag{2.56}$$

이다. 이상기체의 상태 방정식과 평균 에너지를 통계역학의 분배함수로부터 정확하게 유도

하였다. 이렇듯 통계역학은 계를 구성하고 있는 입자들 사이의 상호작용을 바탕으로 계의 분배함수를 구함으로써 거시적 열역학 변수들을 이론적으로 구할 수 있게 한다.

2.5 이상기체의 열용량

열은 열역학 경로에 의존한다. 따라서 일정한 부피 열용량(C_V)과 일정한 압력 열용량(C_P)은 서로 다르다. 특히 기체인 경우 두 값은 확연히 다르며, $C_P > C_V$인 관계가 있다. 부피가 일정하면 $dW = PdV = 0$이므로 계는 일을 하지 않는다. 따라서 $dE = dQ$이므로

$$C_V = \left(\frac{dQ}{dT}\right)_V = \left(\frac{\partial E}{\partial T}\right)_V \tag{2.57}$$

이다. 즉, 부피가 일정하면 계가 일을 하지 않으므로 가해준 열이 모두 내부에너지로 변하므로 계의 온도는 올라간다. 이상기체의 내부에너지는 $E = \frac{3}{2}NkT = \frac{3}{2}nRT$이므로 $C_V = \frac{3}{2}nR$이다.

압력이 일정한 경우를 생각해 보자. 압력을 일정하게 유지하는 방법은 그림 2.5와 같이 피스톤 위에 질량 m인 물체를 올려놓아 $P = mg/A = $일정이 되도록 하면 된다. 여기서 A는 피스톤의 단면적이다. 외부에서 열을 가하면 계의 압력이 일정하게 유지되어야 하므로 피스톤은 움직인다. 기체에 열을 가했을 때, 기체가 한 일은 $dW = PdV$이다. 열역학 제1법칙에서 $dQ = dE + PdV$이므로

$$C_P = \left(\frac{dQ}{dT}\right)_P = \left(\frac{\partial E}{\partial T}\right)_P + P\left(\frac{\partial V}{\partial T}\right)_P \tag{2.58}$$

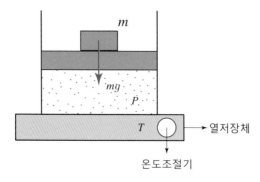

그림 **2.5** 압력이 일정한(등압) 열역학 과정

이다. 이상기체의 경우 $(\partial E/\partial T)_P = \dfrac{3}{2}nR$이고 $P(\partial V/\partial T)_P = nR$이므로

$$C_P = C_V + nR \tag{2.59}$$

이다. 몰비열은 $c_{P,몰} = c_{v,몰} + R$이다. 즉 정압(일정한 압력) 비열이 정적(일정한 부피) 비열보다 크다. 즉 정압인 경우에 가해준 열은 피스톤 위에 있는 질량 m인 물체를 밀어 올리는 일로 일부 쓰이고, 일부는 내부에너지(온도)를 변하게 한다. 따라서 정압비열이 정적비열보다 크다.

2.6 이상기체의 열역학 과정

1) 등온 과정

그림 2.6과 같이 이상기체가 들어 있는 용기가 온도 T인 열저장체와 열접촉해 있다. 이 용기에는 n몰의 이상기체가 들어 있다. 이상기체가 열저장체와 열접촉 있으므로 기체는 항상 열저장체와 같은 온도를 유지한다. 즉, 열역학 과정에서 기체의 온도는 일정한 등온 과정(isothermal process)이다. 이제 용기의 한쪽 면에 있는 피스톤에 힘을 가해서 기체를 부피 V_1에서 부피 V_2로 가역적으로 팽창해 보자. 이때 기체가 외부에 한 일 W를 계산해 보자. 이상기체 상태방정식에서 $PV = nRT$이고, 계의 온도가 일정하므로 $PV =$ 일정이다. 따라서 계가 한 일은

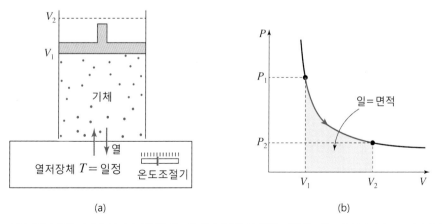

(a)　　　　　　　　　　　　(b)

그림 **2.6** 이상기체의 등온 과정과 일. (a) 일정한 온도의 열저장체와 열접촉한 기체계는 온도가 일정, (b) PV 평면에서 기체가 한 일은 열역학 과정에서 둘러싼 면적과 같음

$$W = \int_{V_1}^{V_2} P dV = nRT \int_{V_1}^{V_2} \frac{dV}{V} = nRT \ln\left(\frac{V_2}{V_1}\right) \tag{2.60}$$

이다. 즉, 그림 2.6 (b)와 같이 일은 등온 과정에서 압력 곡선의 면적과 같다. 기체가 압축되면 $V_1 > V_2$이므로 $\ln(V_2/V_1) < 0$이다. 따라서 $W < 0$이다. 반대로 기체가 팽창하면 기체가 한 일은 $W > 0$이다. 이상기체의 내부에너지는 온도만의 함수이므로, 등온 과정에서 $\Delta E = 0$이다. 열역학 제1법칙에 의하면 $\Delta E = Q - W = 0$이므로 $Q = W$이다. 기체가 압축될 때 $Q = W < 0$이므로 기체는 열을 열저장체에 방출한다. 팽창하면 반대로 기체가 열저장체에서 열을 흡수한다.

2) 단열 과정

기체가 들어 있는 용기를 단열재로 둘러싸서 열의 출입이 없는 열역학 과정을 단열 과정 (adiabatic process)이라 한다. 따라서 $Q = 0$이다. 일정부피 몰비열의 정의에 의해서

$$dE = nc_V dT \tag{2.61}$$

이다. 그리고 단열 과정에서 $dQ = 0$이므로 열역학 제1법칙에서

$$dE = -dW = -PdV \tag{2.62}$$

이다. 따라서 위 두 식을 정리하면

$$dT = -\frac{PdV}{nc_V} \tag{2.63}$$

이다. 이상기체 상태 방정식 $PV = nRT$의 양변에 미분을 취하면

$$d(PV) = PdV + VdP = nRdT \tag{2.64}$$

이다. 위 식에 dT를 대입하여 정리하면

$$\frac{dP}{P} + \left(\frac{c_V + R}{c_V}\right)\frac{dV}{V} = 0 \tag{2.65}$$

이다. 위 식을 적분하면

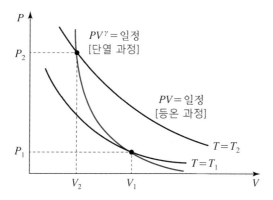

그림 **2.7** 이상기체의 등온 과정과 단열 과정 비교. 등온 과정은 $PV =$ 일정, 단열 과정은 $PV^\gamma =$ 일정인 열역학 과정이다.

$$PV^\gamma = \text{일정} \tag{2.66}$$

인 관계를 얻는다. 여기서 $\gamma = c_P/c_V = (c_V + R)/c_V$이고, γ를 단열지수(adiabatic index)라 한다. 이상기체의 단열지수는 1보다 크기 때문에 기체가 단열 팽창하면, 기체의 부피는 등온 과정에 비해서 더 빨리 감소한다.

예제 **2.3**

기체의 단열 팽창

바람이 불지 않는 대기에서 지상으로부터 고도가 높아지면 압력은 감소한다. 지상으로부터 높이 z인 위치에서 대기의 압력을 $P(z)$라 하자. 공기가 상승하면서 단열 팽창할 때 높이에 따른 온도를 구하여라.

 풀이

공기의 밀도를 ρ라 할 때 높이 z에서 대기의 압력변화는

$$dP = -\rho g dz \tag{2.67}$$

이다. 밀도는 $\rho = mN/V$이다. 여기서 m은 공기분자 하나의 질량이다. 이상기체의 상태 방정식 $PV = NkT$를 대입하면

$$dP = -\frac{mg}{kT}Pdz \tag{2.68}$$

이다. 높이에 따른 온도의 변화를 무시하면 기체의 압력은

$$P(z) = P(0)\exp\left(-\frac{mg}{kT}z\right) \tag{2.69}$$

이다. 여기서 $P(0)$는 지면에서 압력이다. 그런데 문제에서 공기는 상승하면서 단열 팽창한다고 하였으므로 온도는 일정하지 않고 높이에 따라 변할 것이다. 단열 과정에서

$$PV^\gamma = P^{(1-\gamma)}T^\gamma = 일정 \tag{2.70}$$

이다. 이 식의 양변을 미분하면

$$(1-\gamma)P^{-\gamma}T^\gamma dP + \gamma P^{(1-\gamma)}T^{\gamma-1}dT = 0 \tag{2.71}$$

이다. 이 식을 다시 정리해서 쓰면

$$(\gamma-1)\frac{dP}{P} = \gamma\frac{dT}{T} \tag{2.72}$$

가 된다.

이 식과 식 (2.68)을 결합하면

$$\frac{dT}{dz} = -\left(\frac{\gamma-1}{\gamma}\right)\frac{mg}{k} = -\Gamma_a \tag{2.73}$$

이다. 여기서 단열감소율(adiabatic lapse rate) Γ_a는

$$\Gamma_a = \left(\frac{\gamma-1}{\gamma}\right)\frac{mg}{k} \tag{2.74}$$

이다. 기체상수 $R = N_a k = 8.31 \text{ J/K}$과 분자량 $M = mN_a$를 이용하면

$$\Gamma_a = \left(\frac{\gamma-1}{\gamma}\right)\frac{Mg}{R} \tag{2.75}$$

이다.

따라서 단열 팽창하는 대기의 온도는

$$T = T(0) - \Gamma_a z \tag{2.76}$$

이다. 대기의 온도는 높이에 비례해서 감소한다. 공기가 대부분 질소로 이루어졌다고 할 때, 단열 팽창에 의한 온도 감소는 약 9.8 ℃/km이다. 실제공기의 온도 감소는 6～7 ℃/km이다. 한편 수증기로 포화된 공기인 경우 온도 감소는 5 ℃/km 정도이다.

3) 자유 팽창

그림 2.8과 같이 두 상자 전체는 단열재로 쌓여있어 외부로 부터 열을 흡수하거나, 외부로 열을 방출할 수 없다. 처음에 기체는 왼쪽 상자에 갇혀있고, 오른쪽 상자는 진공이며, 중간의 밸브는 잠겨있다. 중간의 밸브를 열면 기체는 왼쪽에서 오른쪽으로 자발적으로 **자유 팽창**(free expansion)한다. 계 전체는 단열되어 있으므로 열의 출입이 없다. 즉,

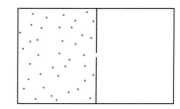

그림 **2.8** 기체의 자유 팽창

$$Q = 0 \tag{2.77}$$

이다.

또한 기체는 진공상태로 팽창하므로 기체의 운동을 방해할 반대 압력이 전혀 없으므로 기체가 한 일은

$$W = 0 \tag{2.78}$$

이다.

기체가 자유 팽창하는 과정은 비가역 과정이다. 즉, 팽창하는 동안 기체의 상태는 평형이 아니다. 밸브를 열기 전의 기체의 초기상태는 평형이고, 기체가 팽창한 후 충분한 시간을 기다리면 기체는 평형에 도달한다. 그렇지만 처음과 최종 상태 사이의 중간 단계에서 온도, 압력 등 거시적 물리량은 시간에 따라 변하는 비가역 상태에 놓인다.

열역학 제1법칙에 의해서

$$\Delta E = Q - W = 0 \tag{2.79}$$

이므로

$$E_i = E_f \tag{2.80}$$

이다. 처음 상태의 내부에너지와 나중 상태의 내부에너지는 서로 같다.

용기에 들어있는 기체를 이상기체라 가정하자. 이상기체의 내부에너지는 온도만의 함수 $E = E(T)$이므로 팽창 전과 팽창 후의 온도는 서로 같다. 즉,

$$T_i = T_f \qquad\qquad (2.81)$$

이다.

그러나 실제기체인 경우 내부에너지는 온도만의 함수가 아니다. 실제기체의 내부에너지는 $E = E(T, \bar{r}, V, \cdots)$와 같이 온도, 분자들 사이의 평균 거리, 부피 등의 함수이다. 기체가 자유 팽창하면 기체들 사이의 평균 거리가 증가한다. 즉, 분자들 사이의 유효 퍼텐셜 에너지가 증가한다. 그런데 처음과 최종 상태의 내부에너지가 서로 같기 때문에 팽창 후의 분자들의 평균 운동에너지가 감소한다($E = K + U$임을 상기하라). 실제기체는 자유 팽창할 때 냉각된다. 이러한 현상은 진공 챔버에 공기가 들어갔을 때 진공 챔버 유리에 수증기가 맺히는 현상을 설명할 수 있다. 즉, 실제기체가 자유 팽창하면서 진공 챔버 내의 온도가 이슬점 온도 이하로 내려가므로 유리 표면에 이슬이 맺힌 것이다.

축척 없는 네트워크(scale-free network)

1998년 Watts와 Strogatz가 "좁은 세상망"에 대한 연구 결과를 발표하고 1년 후인 1999년에 Barbasi와 Albert는 Science지에 "축척 없는 네트워크(scale-free network)"에 대한 데이터 분석과 "선호붙임(preferential attachment)" 방법에 의한 축척 없는 네트워크 생성 법칙을 발표하였다. 같은 해에 Barabasi, Jeong, Albert는 WWW 네트워크가 축척 없는 네트워크임을 밝히는 논문을 Nature지에 발표하였다. 논문의 제2저자는 한국인 통계물리학자이다. 사실 두 논문에서 가장 중요한 기여를 한 학자가 한국인 학자였다. 그는 노틀담대학교의 바라바시 그룹에서 연구원으로 있으면서 WWW의 데이터를 컴퓨터 프로그램으로 수집하고 분석하여 노드(node)의 도수(degree)분포가 멱법칙(power law)임을 실험적으로 구했다. 아쉽게도 첫 번째 논문에 한국인 학자는 저자에서 빠지고 Barabasi와 Albert 두 명의 이름으로 발표되었다.

축척 없는 네트워크란 무엇일까? 가장 대표적인 축척 없는 네트워크의 구조는 인터넷에서 찾을 수 있다. 우리가 어떤 웹페이지를 방문하면 내 컴퓨터와 그 웹페이지가 연결된다. 즉, 웹페이지를 노드라 하고 다른 사람이 그 웹페이지를 방문하여 연결되면 연결선(link)이 있다고 한다. 각 웹페이지를 방문한 연결선(link)의 총수를 도수(degree)라 한다. 네이버나 다음은 큰 도수를 가질 것이다. 그러나

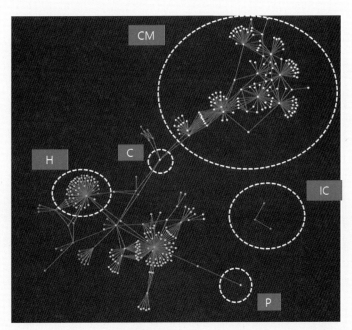

그림 **2.9** 축척 없는 네트워크의 예. 인터넷 상에서 컴퓨터 바이러스가 퍼져나갈 때 감염된 컴퓨터를 이차원 공간에 표시하면 컴퓨터의 연결망이 드러난다. 인터넷 상의 컴퓨터 연결은 대표적인 축척 없는 네트워크이다. 그림에서 H는 허브(Hub), C는 연결자(Connector), CM은 커뮤니티(Community), IC는 고립된 클러스터(Isolated Cluster), P는 변방 노드(Peripheral node)를 나타낸다.

저자의 웹페이지는 아주 적은 수의 사람이 방문함으로 도수가 작다. 그림 2.9는 축적 없는 네트워크의 한 예시이다. 인터넷 상에서 컴퓨터 바이러스가 퍼져나가는 모습을 이차원에서 표현한 것이다. 네트워크에서 모든 노드의 도수분포(degree distribution)을 생각해 보자. 도수는 한 노드에 연결된 연결선수(link)의 총수를 뜻한다. 그림 2.9의 네트워크에서 노드에 연결된 도수의 값은 매우 다양한 값을 갖는 것을 볼 수 있다. 대부분의 노드들은 도수가 작지만 어떤 노드에는 많은 연결선이 있어서 도수가 매우 크다. 이제 도수를 k라 하고 도수분포 함수를 $P(k)$라 하자. 축적 없는 네트워크는

$$P(k) \sim k^{-\gamma}$$

의 멱법칙(power law)를 따른다. 많은 실제 네트워크에서 멱법칙의 지수는 $\gamma > 2$이다.

질문 축적 없는 네트워크의 실제 예들을 조사해 보자.

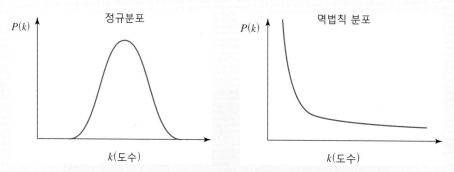

그림 **2.10** 무작위망(random network)과 축적 없는 네트워크의 도수분포. 무작위망은 왼쪽 정규분포의 도수분포를 따르는 반면 축적 없는 네트워크의 도수분포는 멱법칙을 따른다.

축적 없는 네트워크는 전체 시스템을 디자인하는 디자이너가 없음에도 불구하고 자연적으로 네트워크 구조가 발전하면서 멱법칙의 도수분포를 갖는 것이 특징이다. 인터넷은 컴퓨터, 컴퓨터간 통신기술, 소프트웨어의 발전에 따라 자연스럽게 만들어졌다. 인터넷의 웹문서를 연결하는 규약에 따라 WWW가 만들어지고 사람들은 자연스럽게 다른 컴퓨터의 웹문서를 방문하거나 자신의 웹페이지를 링크하였다. 웹사이트는 정보의 제공, 선호도 등에 따라서 어떤 사이트는 방문자가 많아지고 인기가 없는 사이트는 사람들이 거의 방문하지 않는다. 우리가 컴퓨터를 켜면 네이버, 다음, 구글, 유튜브 등은 쉽게 접근하지만 저자의 웹사이트는 거의 방문하지 않을 것이다. 알버트와 바라바시는 인터넷의 진화를 선호붙임(preferential attachment) 이론으로 설명할 수 있음을 발견하였다. 선호연결은 새로운 컴퓨터가 인터넷에 접속할 때 이미 연결선을 많이 가지고 있는 컴퓨터에 더 우선적으로 연결하려는 경향성을 말한다. 여러분이 컴퓨터를 새로 구입한 후 최초로 접속하는 웹페이지는 거의 네이버, 다음, 구글 중의 하나일 것이다. 선호붙임 원리는 경제학에서 80-20법칙으로 알려진 법칙과 비

숫하며 "부자가 더욱 부자가 된다(Rich get richer)"는 법칙과 유사하다. 선호연결 이론으로 인터넷의 연결 구조를 만들어보면 도수분포가 $P(k) \sim k^{-3}$임을 증명할 수 있다.

그림 2.9와 같은 축척 없는 네트워크 구조를 그려놓고 살펴보면 많은 정보를 얻을 수 있다. 그림 2.9에서 H로 표현된 노드는 연결선이 아주 많은 노드로 이러한 노드들을 허브(hub)라 한다. 네트워크의 연결선을 인간관계에 비유하면 허브는 '마당발'이다. 아는 사람이 많기 때문에 연결된 다른 노드가 많다. 그림에서 P는 변방 노드(peripheral node)이며 연결선수가 매우 작다. 그림의 CM은 Community를 뜻하며 그 자체로 강한 결속력을 가지고 있는 집단을 의미한다. 그림을 정치 집단의 연결망이라 하면 진보집단, 보수집단, 중도집단 등으로 나눌 수 있을 것이며, 각 집단들은 강한 결속력을 갖는다. IC는 Isolated Cluster로 유한한 크기로 쪼개져 있는 고립된 덩어리를 뜻한다. 그림은 IC가 하나 떨어져 있다. 대부분은 큰 덩어리에 붙어있다. 그림에서 C는 Connector Node로써 두 커뮤니티를 연결하는 다리 역할을 하는 노드를 뜻한다.

좁은 세상망, 축척 없는 네트워크, 무작위망 등의 네트워크를 복잡계 네트워크(Complex Network)라 한다. 복잡계 네트워크는 2000년 이후 과학기술 분야 특히 통계물리학 분야에서 폭넓게 연구하고 있다.

2.1 이상기체가 단열 팽창하여 부피가 V_1에서 부피 V_2로 증가하였다. 이때 기체가 한 일이

$$W = \frac{P_1 V_1}{\gamma - 1}\left[1 - \left(\frac{V_1}{V_2}\right)^{(\gamma-1)} \right]$$

임을 증명하여라.

2.2 기체 n몰이 처음에 부피 V_1, 압력 P_1이었다. 기체가 온도 T인 상태로 등온 팽창하여 부피가 2배로 늘어났다.
  1) 팽창 후의 기체의 압력은?
  2) 이 열역학 과정에서 기체가 한 일을 구하여라.
  3) 이 열역학 과정에서 기체가 흡수한 열을 구하여라.

2.3 어떤 기체의 상태 방정식이

$$P = \frac{aT + bT^3}{V}$$

와 같다. 일정한 압력하에 온도 T에서 온도 $2T$로 변했을 때 계가 한 일을 구하여라.

2.4 그림과 같이 부피가 $2V$인 상자 안에 동일한 기체가 칸막이로 분리되어 나누어져 있다. 칸막이를 제거한 후 평형상태의 압력 P와 온도 T를 구하여라. 단, 전체계는 단열재로 덮여있어서 열의 출입이 없다.

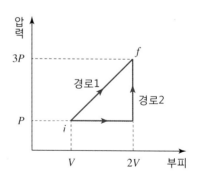

2.5 다음과 같이 이상기체가 시작상태 i에서 최종상태 f까지 각각 열역학 경로1과 경로2를 따라서 팽창하였을 때 기체가 한 일의 비를 구하여라.

2.6 다음과 같이 $1 \rightarrow 2 \rightarrow 3 \rightarrow 1$의 순환 과정에서 단원자 이상기체가 한 일을 구하여라.

1) 2인 상태에서 압력을 구하여라.

2) 순환 과정에서 기체가 한 일을 구하여라.

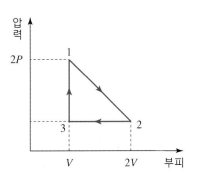

2.7 내부에너지 E를 온도 T와 부피 V의 함수로 표현하면 $E = E(T, V)$이다. 이상기체의 정적 열용량을 C_V라 하자.

1) $\left(\dfrac{\partial E}{\partial V}\right)_T = 0$임을 보여라.

2) $dE = C_V dT$임을 보여라.

2.8 이상기체의 단열지수는 $\gamma = C_P / C_V$이다. n몰의 이상기체에 대해서 다음을 증명하여라.

1) $C_V = nR \dfrac{1}{(\gamma - 1)}$을 유도하여라.

2) $C_P = nR \dfrac{\gamma}{(\gamma - 1)}$을 유도하여라.

3) 기체의 내부에너지는

$$E = \frac{nRT}{\gamma - 1}$$

임을 보여라.

2.9 자유도 5인 이원자 이상기체의 정적 열용량과 정압 열용량을 구하고, 단열지수 $\gamma = C_P / C_V$를 구하여라. (단, 내부에너지는 $E = \dfrac{f}{2} NkT$이다.)

2.10 단열 과정과 등온 과정에 대해서 다음을 증명하여라.

1) 단열 과정에 대해서

$$\left(\frac{\partial P}{\partial V}\right)_{단열} = -\gamma \frac{P}{V}$$

임을 보여라.

2) 등온 과정에 대해서

$$\left(\frac{\partial P}{\partial V}\right)_T = -\frac{P}{V}$$

임을 보여라.

2.11 온도 300 K, 압력 1기압의 단원자 이상기체 1몰이 단열 팽창하여 부피가 2배가 되었을 때 기체의 온도를 구하여라.

2.12 판데르발스 상태 방정식을 따르는 기체가 부피 V에서 부피 $2V$로 등온 팽창하였을 때 기체가 한 일을 구하여라.

2.13 이상기체가 준정적 단열 과정(quasistatic adiabatic process)에 의해서 온도 T_1, 부피 V_1, 압력 P_1인 상태에서 온도 T_2, 부피 V_2, 압력 P_2인 상태로 팽창하였다.

1) 열역학 과정에서 이상기체의 내부에너지 변화는 $dE = C_V dT$이다. 준정적 단열 과정에 의해서 기체가 한 일이

$$W = C_V(T_2 - T_1)$$

임을 보여라.

2) 이 과정에서 기체가 한 일은

$$W = \frac{P_2 V_2 - P_1 V_1}{\gamma - 1}$$

임을 보여라.

2.14 공기에서 음파의 속력은

$$v_s = \sqrt{\frac{B}{\rho}}$$

이다. 여기서 ρ는 기체의 밀도이고, B는 부피 탄성율(bulk modulus)로

$$B = -V\left(\frac{dP}{dV}\right)_T$$

이다.

1) 공기를 이상기체로 취급하고 단열 과정에서 부피 탄성율을 구하여라.

2) 음파가 전파할 때 공기의 압축은 근사적으로 단열 과정이다. 공기를 이상기체로
   취급할 때 음파의 속력이

$$v_s = \sqrt{\frac{\gamma RT}{M}}$$

임을 보여라. 여기서 M은 기체의 분자량이다.

2.15 그림과 같이 단열되어 있는 실린더에 단원자 이상기체가 담겨
     있다. 기체는 온도 T, 압력 P인 평형상태에 있다. 실린더 위쪽
     뚜껑의 단면적은 A이고 질량은 m이다. 실린더의 위쪽의 압력
     은 대기압이다. 평형상태에서 위쪽 뚜껑을 살짝 눌렀다 놓으면
     뚜껑은 단진동한다.

1) 뚜껑의 운동 방정식을 구하여라.

2) 단열지수 γ를 단진동의 주기로 나타내어라.

CHAPTER 3

열역학 제2법칙과 엔트로피

CHAPTER 3
열역학 제2법칙과 엔트로피

뜨거운 물체와 차가운 물체를 열 접촉하면, 두 물체 사이에 열 흐름이 생기고, 결국 두 물체의 온도는 같아진다. 주전자에서 끓은 수증기는 한참 후에 방안에 골고루 퍼진다. 향수 한 방울을 손등에 떨어뜨리면 향수의 향기는 방 전체로 퍼져나간다. 이러한 현상에서 왜 반대 방향으로 물리현상이 진행되지 않을까? 왜 열은 차가운 물체에서 뜨거운 물체로 자연스럽게 흐르지 않을까? 실제로 차가운 물체는 더욱 차가워지고, 뜨거운 물체는 더욱 뜨거워지는 현상이 자연스럽게 일어나지 않는다. 또한 방안에 골고루 퍼진 향수는 아무리 오래 기다려도 처음 향수의 모양으로 되돌아오지 않는다.

외부의 간섭이 없을 때 다체계에서 자연스러운 현상들은 **방향성**(preferred direction)을 가지고 일어난다. 마치 시간이 과거에서 미래로 한 쪽 방향으로 흘러가는 것처럼 다체계의 자연현상도 **시간의 화살**(arrows of time)을 가진다. 이러한 현상은 열역학 제2법칙으로 설명할 수 있다. 열역학 제2법칙으로부터 엔트로피를 정의하고, 고립된 계에서 무질서도를 나타내는 엔트로피는 항상 증가하는 방향으로 자연현상이 진행됨을 알게 될 것이다.

열역학 제2법칙은 19세기에 열기관의 효율을 높이는 방법을 연구하면서 발견되었으며, 카르노, 켈빈, 클라우지우스 등이 열역학 제2법칙을 확립하는데 기여하였다. 열역학 제2법칙을 이해하기 위해서 먼저 **열저장체**(heat reservoir) 또는 **열원**(heat bath)을 정의해 보자. 열저장체와 열원은 같은 뜻의 용어인데 우리는 열저장체를 사용하겠다. 열저장체는 열용량이 매우 커서, 열을 조금 잃거나 얻어도 온도의 변화가 없는 저장체를 말한다. 예를 들면 거대한 용기에 담겨있는 물이 작은 물컵과 열접촉하고 있을 때, 거대한 용기에 담긴 물은 열저장체이다. 사디 카르노(Nicolas Léonard Sadi Carnot, 1796~1832, 프랑스, 물리학자)는 열역학의 아버지(Father of Thermodynamics)라 하며 1824년에 출판한《열의 능력과 그 능력을 개선시킬 수 있는 기계에 대한 고찰(Reflections on the Motive Power of Fire)》에서 열기관의 최대 효율에 대한 이론을 발표하였다. 카르노의 책은 좋은 평판을 받았지만, 그 당시 대부분 과학자는 별로 관심을 보이지 않았다. 카르노는 1824년의 책에서 증기기관의 동작 효율을 판단하는 보편적인 기준을 선정하는 세 가지 전제 조건을 제시하였다. 첫째,

"영구적 운동은 불가능하다." 둘째, "물리계가 흡수하거나 방출하는 열의 양은 그 계의 처음 상태와 마지막 상태를 조사하면 측정할 수 있다." 셋째, "온도 차이가 존재하면 언제든지 유용한 일을 만들어낼 수 있다." 카르노가 열기관에 관심을 가지게 된 것은 19세기 초의 열기관 발전과 관련이 크다. 특히 기계역학에서 많은 업적을 남긴 공학자였던 그의 아버지 라자레 카르노(Lazare Carnot)의 영향을 많이 받았다. 1712년 피스톤으로 작동하는 뉴커먼 기관이 발명되었고, 1776년에 와트는 증기기관을 발명하였다. 18세기 초에 두 단계의 폭발 과정을 갖는 초보적인 복합기관이 발명되었고, 열기관의 효율을 높이려는 노력이 활발하였다. 카르노는 열기관에 대해서 두 가지 의문을 가졌다. 첫 번째 질문은 "열저장체에서 얻을 수 있는 일은 제한이 없을까?"이고, 두 번째 질문은 "열기관의 동작 물질인 증기를 다른 물질인 유체나 기체로 대체함으로써 열효율을 향상시킬 수 있을까?"였다. 카르노는 동작 물질로써 공기의 이점을 논했으며 열기관의 원리를 근본적으로 이해할 수 있는 이상적인 엔진을 제안하였다. 카르노의 이상적인 열기관은 두 열저장체 사이에서 작동하며, 엔진 벽과 동작 물질에 의한 열손실이 없는 이상적인 기관이다. 카르노 엔진은 등온 과정과 단열 과정으로 팽창하고, 압축하는 가역적인 사이클로 동작한다. 카르노는 카르노 엔진의 효율은 두 열저장체의 온도만의 함수임을 보였지만, 엔진의 효율이 $\eta = \dfrac{T_1 - T_2}{T_1}$ 으로 주어짐을 보이지 못했다. 이 결과는 후에 켈빈(Kelvin)이 유도하였다. 카르노 엔진은 두 열저장체 사이에서 작동하는 가장 효율이 좋은 엔진임을 보였다. 카르노는 카르노 엔진에 대한 발견 후 36세의 젊은 나이에 콜레라로 사망하였다.

열역학 제2법칙은 카르노의 저술 이후 19세기 마지막 25년 동안 관심을 끌었다. 특히 자연에서 거꾸로 갈 수 없는 과정(**비가역 과정**, irreversible process)이 존재함을 발견하였으며 이를 발전시켰다. 비가역 과정은 너무나 자연스럽게 일어난다. 예를 들면 칸막이가 있는 용기의 한쪽에 기체를 채우고 다른 쪽은 진공상태로 유지한다. 이제 칸막이를 치우면 기체는 용기의 전체에 골고루 퍼져서 평형 상태에 도달한다. 이러한 과정의 역과정은 불가능하다. 또한 물컵에 설탕 덩어리를 넣으면 설탕은 녹아서 물에 골고루 퍼진다. 뜨거운 물체에 찬 물체를 열접촉하면 열은 뜨거운 곳에서 차가운 곳으로 흘러간다. 이러한 일련의 과정들은 모두 비가역 과정이다. 다체계에서 일어나는 현상의 방향성, 즉 **시간의 화살**(arrow of time)의 존재를 느낄 수 있다. 또한 저절로 일어나는 비가역 과정은 계의 무질서를 높이는 방향으로 일어나며, 뒤에서 이것을 엔트로피의 증가로 나타낼 수 있다. 비가역 과정은 정보를 잃어버리는 과정이다. 칸막이로 분할된 용기에 기체가 채워진 예를 생각해 보자. 기체가 왼쪽 칸에 채워져 있으면 기체분자가 어느 쪽에 있는지 안다. 이제 칸막이를 제거하면 기체는 팽창하여 용기 전체를 채우게 된다. 우리는 더이상 어떤 특정한 기체가 어떤 순간에 부피의 어느 쪽에 있는지 알 수 없다. 즉, 우리는 분자들의 위치 정보에 대해 전보다 절반밖에 알지 못하게 된다.

루돌프 에마누엘 클라우지우스(Rudolf Julius Emanuel Clausius, 1822~1888, 독일, 물리학자)는 열역학을 수학적으로 표현하는데 큰 기여를 하였다. 1850년 열역학 제2법칙의 기본 생각을 담고 있는 《열의 동력과 열의 법칙에 관하여(On the Moving Force of Heat and the Laws of Heat)》를 발표하였다. 이 논문은 "어떤 계가 포함한 열과 그 계의 온도와의 비는 닫힌계의 모든 과정에서 증가한다"는 발견을 담고 있으며, 완전한 효율로 동작하는 이상적인 계에서 이 비가 변하지 않는다. 1865년에 열과 온도의 비는 **엔트로피**(entropy)를 측정하는 기준이라고 주장하였으며, 엔트로피는 계의 에너지를 일로 바꿀 수 있는 정도를 알려주는 기준으로 정의하였다. 클라우지우스는 한 계의 엔트로피는 비가역적으로 증가하며, 완전히 닫힌 계인 우주의 엔트로피는 계속 증가하여 엔트로피가 최댓값에 이르고 모든 곳이 열평형에 도달할 때까지 일로 바꿀 수 있는 에너지가 계속 감소할 것이라고 주장하였다. 우주가 열평형에 도달하면 열의 흐름이 더이상 일어날 수 없으므로 어떤 종류의 물리적 변화도 불가능한 **열죽음**(heat death) 상태가 될 것이다.

클라우지우스는 기체의 운동론에도 관심을 가져서 분자의 병진 운동 뿐만 아니라 회전과 진동 운동을 포함하여 당시에 유행하던 당구공 모형을 개선하였다. 또한 분자들 사이의 충돌이 한 형태의 운동을 다른 형태의 운동으로 바꿀 수 있음을 보이고, 모든 분자들이 동일한 속도로 움직인다는 생각이 틀렸음을 증명하였다. 1857년에 기체의 운동론에서 **평균자유거리**(mean free path) 개념을 창안하였다. 클라우지우스는 기체와 액체의 **공존선**(coexistence line)에 대한 클라우지우스–클라페이롱 방정식을 유도하였다. 클라우지우스는 수학적인 방법을 도입하여 열역학을 정량화하고 열역학 제2법칙의 발전에 커다란 기여를 하였지만, 다른 과학자들의 발견에는 관심을 두지 않았다. 그는 볼츠만의 엔트로피가 비가역적으로 최댓값에 이르는 경향에 대한 역학적 설명에 관심을 두지 않았으며, 화학적 평형에 대한 깁스의 연구에도 관심을 두지 않았다.

윌리엄 톰슨(William Thomson, 후에 작위를 받아 Sir Kelvin, 1824~1907, 영국, 물리학자)은 1846년 스코틀랜드의 그래스고 대학교의 자연철학 교수가 되었다. 1845년에 톰슨은 패러데이의 유도법칙을 수학적으로 표현하였으며, 이것은 후에 맥스웰이 맥스웰 방정식을 확립하는데 지대한 영향을 주었다. 톰슨은 교수에 취임한 후 지구가 태양에서 떨어져 나와 그 후로 꾸준히 식는다고 가정하여 지구의 나이가 약 1억 년쯤 된다고 발표하였으며, 이는 지질학자들 사이에서 많은 논쟁을 불러일으켰다. 그의 주장은 방사능 붕괴 현상이 발견되기 전의 주장으로 방사능 붕괴에 의한 지구 자체의 발열 현상이 있기 때문에 틀린 주장이었지만, 당시의 생물학자들로 하여금 생명이 출현하는데 필요한 시간을 짧게 하는 방법을 생각하게 하였다. 결국 드 브리스의 돌연변이 이론과 다윈의 진화론 발전에 원동력을 부여하였으며, 다윈은 1859년에 "종의 기원"을 발표하였다.

톰슨은 1장에서 소개했던 절대 온도계를 제안하였고 −273℃가 절대 0도로 우주에서 가장 낮은 온도라고 결론지었다. 1847년 그는 영국과학진흥협회의 연례회의에 참석하여 제임스 줄의 열과 역학적 일 사이의 상호적 변환 가능성과 동등성에 대한 주장을 듣고 흥미를 가졌으며, 카르노의 이론에 불만족하고 줄의 주장을 받아들였다. 톰슨은 1851년 열역학 제2법칙에 대한 이론을 발표하였으며, 카르노의 이론에서 열을 잃는다는 것은 완전히 사라지는 것이라고 하였지만 그는 열이 사라지는 것처럼 보이지만 완전히 없어지는 것이 아니라고 생각하였다. 톰슨은 "온도가 일정한 하나의 열저장체로부터 열을 추출하여 이것을 전부 일로 바꾸고 그 외에 어떤 변화도 남기지 않도록 하는 것은 불가능하다"는 것을 발견하였다. 1852년부터 1856년까지 줄과 톰슨은 협력 연구를 하여 기체가 팽창하면서 냉각되는 **줄-톰슨 효과**(Joule-Thomson effect)를 발견하였다.

일상 경험에 의하면 열은 높은 온도의 열저장체에서 낮은 온도의 열저장체로 흐른다. 열역학 제2법칙은 이러한 경험을 법칙화한 것이다. 카르노가 발견한 열역학 제2법칙은 켈빈과 클라우지우스 두 사람에 의해서 좀 더 이해하기 쉽게 표현되었다.

1851년에 켈빈은 열역학 제2법칙을 다음과 같이 표현하였다.

"어떤 계에서 일정량의 열을 추출하여 모두 일로 바꿀 수 있는 단일한 열역학 과정은 존재하지 않는다."

클라우지우스의 열역학 제2법칙에 대한 표현은 1850년에 독일에서 발표되었다.

> "낮은 온도의 열저장체에서 높은 온도의 열저장체로 열이 저절로 흘러가는 단일한 열역학 과정은 불가능하다."

이 두 가지 표현은 사실상 동등한 표현이며, 이 법칙을 열역학 제2법칙이라 한다. 물리학에서 어떤 법칙이 수학적으로 표현되지 않고 문장으로 표현되는 경우는 매우 드문데 열역학 제2법칙은 "문장"으로 표현된 법칙으로 발표되었다. 열역학 제2법칙을 이해하기 위해서 카르노가 제안한 카르노 순환 과정을 알아보자. **순환 과정**(cyclic process)란 어떤 열역학 과정을 겪은 후 다시 처음 상태로 완벽하게 되돌아오는 과정을 뜻한다. 이런 순환 과정 동안 열엔진은 일을 한다. 가솔린 기관의 연소 과정은 순환 과정에 매우 가깝다.

3.1
카르노 사이클과 절대온도

열역학 제2법칙은 이상적인 가역 엔진인 카르노 사이클을 통해서 이해하여 보자. 카르노 엔진은 온도 T_1인 높은 온도의 열저장체와 온도 T_2인 낮은 온도의 열저장체 사이에서 작동하는 **가역 순환**(reversible cycle) 엔진이다. 카르노는 가장 효율이 좋은 증기기관을 찾는 과정에서 매우 이상적으로 동작하는 카르노 엔진을 제안하였다. 이 엔진은 뜨거운 열저장체에서 열을 흡수하여 일을 하고 일부의 열을 차가운 열저장체로 방출한다. 엔진은 처음 상태에서 출발하여 4가지 열역학 과정 후에 다시 처음 상태로 되돌아오는 순환 과정을 반복한다. 카르노 순환 과정을 단계로 나누어서 살펴보자. 그림

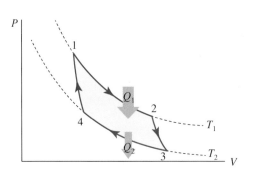

그림 **3.1** 카르노 순환 과정. 1→2는 높은 온도 T_1인 등온 팽창, 2→3은 단열 팽창, 3→4는 낮은 온도 T_2인 등온 압축, 4→1은 단열 압축 과정이다. 계는 등온 팽창할 때 높은 온도 T_1인 열저장체로부터 열 Q_1을 흡수하고 등온 압축할 때 온도 T_2인 낮은 온도의 열저장체로 열 Q_2를 방출한다. 계는 한 번의 순환 과정 동안에 순환 과정이 둘러싸고 있는 면적만큼의 일을 한다.

3.1에 $P-V$ 도표에서 카르노 순환 과정을 나타내었다. 이 엔진의 동작 물질로 이상기체를 사용하자.

1) 단계1 $(1 \rightarrow 2)$

등온 팽창(isothermal expansion): 엔진은 높은 온도 T_1의 열저장체에서 열 $Q_{1 \rightarrow 2} = Q_1$을 흡수한다. 이 과정은 등온 팽창 과정이므로 내부에너지의 변화는 없다. 즉, $\Delta E = E_2 - E_1 = 0 = Q_{1 \rightarrow 2} - W_{1 \rightarrow 2}$이므로 $Q_{1 \rightarrow 2} = W_{1 \rightarrow 2}$이다.

2) 단계2 $(2 \rightarrow 3)$

단열 팽창(adiabatic expansion): 단열 팽창이므로 $Q_{2 \rightarrow 3} = 0$이다. 따라서 열역학 제1법칙에서 $\Delta E = E_3 - E_2 = -W_{2 \rightarrow 3}$이다. 팽창하는 동안 엔진이 일을 하므로 $W_{2 \rightarrow 3} > 0$이다. 따라서 내부에너지가 줄어들고 엔진의 온도는 T_2로 내려간다.

3) 단계3 $(3 \rightarrow 4)$

등온 압축(isothermal compression): 엔진은 낮은 온도 T_2의 열저장체와 열접촉하여 있고, 열저장체에 열 $Q_2 = Q_{3 \rightarrow 4} = -|Q_2|$를 방출한다. 등온 과정이므로 내부에너지의 변화는 없다. 즉, $\Delta E = E_4 - E_3 = Q_{3 \rightarrow 4} - W_{3 \rightarrow 4} = 0$이므로 $Q_2 = W_{3 \rightarrow 4}$이다.

4) 단계4 $(4 \rightarrow 1)$

단열 압축(adiabatic compression): 단열 과정이므로 $Q_{4 \rightarrow 1} = 0$이고 $\Delta E = E_1 - E_4 = -W_{4 \rightarrow 1}$이다. 그런데 엔진이 한 일은 $W_{4 \rightarrow 1} < 0$이므로 내부에너지는 증가하고 최종상태가 처음 시작상태 1로 되돌아가고 최종온도가 T_1으로 높아진다.

이 네 단계의 카르노 순환 과정 동안에 엔진이 한 일은 그림 3.1의 $P-V$ 도표에서 사이클로 둘러싸인 부분의 면적과 같다. 즉 $1 \rightarrow 2 \rightarrow 3$ 과정 동안에 계는 팽창하므로 외부에 양

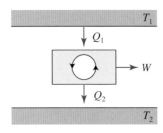

그림 **3.2** 카르노 엔진의 모형도. 엔진은 높은 온도 T_1인 열저장체로부터 열 Q_1을 흡수하고 낮은 온도 T_2인 열저장체로 열 Q_2를 방출한다. 흡수한 열의 일부를 일 W로 변환하여 외부에 일을 한다.

$(+)$의 일을 하고, $3 \rightarrow 4 \rightarrow 1$ 과정 동안에 계는 압축되므로 외부에 음$(-)$의 일을 한다. 따라서 알짜 일은 사이클이 둘러싼 면적이 된다. 그림 3.2는 카르노 사이클로 동작하는 카르노 엔진의 개념도를 그린 것이다. 카르노 엔진은 높은 온도 T_1인 열저장체로부터 열 Q_1을 흡수하고 낮은 온도 T_2인 열저장체로 열 Q_2를 방출한다. 흡수한 열의 일부를 일 W로 변환하여 외부에 일을 한다.

엔진의 효율 η(efficiency)는 한 사이클 당 엔진이 한 일과 높은 열저장체에서 얻은 열의 비로 정의한다.

$$\eta = \frac{W}{Q_1} \tag{3.1}$$

그런데 열역학 제1법칙에서

$$\Delta E_{cycle} = Q_1 - |Q_2| - W = 0 \tag{3.2}$$

이다. 여기서 W는 한 사이클 당 엔진이 한 알짜 일이다. 그러므로 효율은

$$\eta = \frac{Q_1 - |Q_2|}{Q_1} = 1 - \frac{|Q_2|}{Q_1} \tag{3.3}$$

이다. 엔진의 효율이 가장 좋으려면 엔진이 흡수한 열 Q_1이 엔진이 한 일과 같은 경우이다. 즉, $Q_1 = W$ 또는 $Q_2 = 0$로서, $\eta = 1$이다. 그러나 열역학 제2법칙에 의하면 자연에서 이것은 불가능하며, 자연에 존재하는 엔진 중에서 효율이 1인 완전엔진(또는 영구엔진)은 존재하지 않는다. 따라서 모든 엔진의 효율은 항상 1보다 작다. 즉, $\eta < 1$이다. 좋은 엔진이란 효율이 1보다는 작지만 효율이 1에 가까운 엔진을 말한다.

카르노 엔진은 가역 순환 과정이므로 역과정도 가능하다. 즉, 한 사이클 동안 엔진이 일을

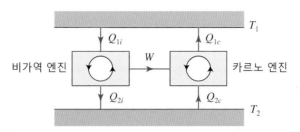

그림 **3.3** 비가역 엔진으로 작동하는 카르노 엔진. 비가역 엔진에서 생산한 일 W는 카르노 엔진에서 소모한 일 $-W$로 사용된다. 이 복합엔진에서 알짜 일은 영이다.

하여, 낮은 열저장체에서 Q_2의 열을 흡수하여 높은 열저장체로 $Q_1 = -|Q_1|$의 열을 방출할 수 있다. 이제 카르노 엔진이 자연에 존재하는 엔진 중에서 가장 효율이 좋다는 것을 증명하여 보자. 그림 3.3과 같이 임의의 비가역 엔진과 카르노 엔진이 결합된 계를 생각해 보자. 카르노 엔진은 비가역 엔진이 한 일에 의해서 역과정으로 작동한다.

비가역 엔진의 효율 η_i는

$$\eta_i = \frac{W}{Q_{1i}} \tag{3.4}$$

이다. 여기서 Q_{1i}는 높은 온도 T_1인 열저장체에서 비가역 엔진이 얻은 열이다. 카르노 엔진의 효율 η_c는

$$\eta_c = \frac{W}{|Q_{1c}|} \tag{3.5}$$

이다. 여기서 $Q_{1c} = -|Q_{1c}|$는 높은 온도의 열저장체로 카르노 엔진이 방출하는 열이다. 이제 비가역 엔진의 효율이 카르노 엔진의 효율보다 좋다고 가정하여 보자.

$$\eta_i > \eta_c \ (가정) \tag{3.6}$$

그러면

$$\frac{W}{Q_{1i}} > \frac{W}{|Q_{1c}|} \tag{3.7}$$

이다. 즉,

$$|Q_{1c}| \quad > \quad Q_{1i} \tag{3.8}$$

이다. 비가역 엔진과 카르노 엔진을 전체 시스템으로 취급하면 전체 시스템이 한 일은 영이다. 비가역 엔진이 한 일은 카르노 엔진이 전부 사용한다. 그럼에도 불구하고 위 식은 낮은 온도의 열저장체에서 높은 온도의 열저장체로 열이 흘러감을 의미한다. 이것은 열역학 제2법칙에 위배된다. 따라서 처음에 했던 가정이 옳지 않다. 그러므로 항상

$$\eta_i \leq \eta_c \tag{3.9}$$

이다. 즉,

"카르노 엔진(가역 엔진)의 효율이 다른 어떤 엔진보다 효율이 높다."

자연에 존재하는 모든 엔진은 카르노 엔진보다 효율이 낮다. 이 표현은 열역학 제2법칙의 다른 표현이라고 할 수 있다.

3.2 이상기체와 카르노 사이클

카르노 엔진의 동작 물질(working substance)로 이상기체를 사용하자. 카르노 사이클이 네 단계를 거치는 동안 엔진이 흡수 또는 방출한 열과 일을 구해보자. 이상기체의 내부에너지는 기체의 온도와 기체의 몰수에만 의존한다.

카르노 사이클의 단계1 $(1 \to 2)$은 등온 과정이므로 $Q_1 = W_{1 \to 2}$이다. 가역 과정에서 $dW = PdV$이므로

$$Q_1 = W_{1 \to 2} = \int_1^2 PdV = \int_{V_1}^{V_2}\left(\frac{nRT_1}{V}\right)dV = nRT_1 \int_{V_1}^{V_2}\frac{dV}{V} = nRT_1 \ln\left(\frac{V_2}{V_1}\right) \tag{3.10}$$

이다. 여기서 T_1은 기체의 온도이고 Q_1은 기체가 흡수한 열이다.

단계2 $(2 \to 3)$는 단열 과정이므로 $Q_{2 \to 3} = 0$이다. 따라서 $\Delta E_{2 \to 3} = -W_{2 \to 3}$이다. 단열 과정에서 이상기체는 $T_1 V_2^{\gamma - 1} = T_2 V_3^{\gamma - 1}$을 만족하므로

$$\frac{T_1}{T_2} = \left(\frac{V_3}{V_2}\right)^{\gamma - 1} \tag{3.11}$$

이다.

단계3 $(3 \to 4)$은 등온 과정이므로 $\Delta E_{3 \to 4} = Q_2 - W_{3 \to 4} = 0$이다. 따라서

$$Q_2 = W_{3 \to 4} = nRT_2 \int_{V_3}^{V_4} \frac{dV}{V} = nRT_2 \ln\left(\frac{V_4}{V_3}\right) \tag{3.12}$$

이다. 여기서 T_2는 이상기체의 온도(또는 낮은 온도 열저장체의 온도)이고 Q_2는 엔진이 방출하는 열이다.

단계4 ($4 \to 1$)는 단열 과정이므로 $Q_{4 \to 1} = 0$이고, $\Delta E_{4 \to 1} = -W_{4 \to 1}$이다. 또한 단열 과정에서 이상기체는 $T_2 V_4^{\gamma-1} = T_1 V_1^{\gamma-1}$을 만족한다. 따라서

$$\frac{T_1}{T_2} = \left(\frac{V_4}{V_1}\right)^{\gamma-1} \tag{3.13}$$

이다. 열흐름의 비는 절대온도의 비와 같으므로

$$\frac{|Q_2|}{Q_1} = \frac{nRT_2 \ln\left(\frac{V_3}{V_4}\right)}{nRT_1 \ln\left(\frac{V_2}{V_1}\right)} = \left(\frac{T_2}{T_1}\right) \frac{\ln\left(\frac{V_3}{V_4}\right)}{\ln\left(\frac{V_2}{V_1}\right)} \tag{3.14}$$

이다. 그런데 단열 과정에서

$$\frac{T_1}{T_2} = \left(\frac{V_3}{V_2}\right)^{\gamma-1} = \left(\frac{V_4}{V_1}\right)^{\gamma-1} \Rightarrow \frac{V_2}{V_1} = \frac{V_3}{V_4} \tag{3.15}$$

이다. 따라서

$$\frac{|Q_2|}{Q_1} = \left(\frac{T_2}{T_1}\right) \frac{\ln\left(\frac{V_3}{V_4}\right)}{\ln\left(\frac{V_2}{V_1}\right)} = \frac{T_2}{T_1} \tag{3.16}$$

이다.

두 열저장체 사이에서 동작하는 카르노 엔진의 동작 물질이 이상기체이면 카르노 엔진의 효율은

$$\eta_c = 1 - \frac{|Q_2|}{Q_1} = 1 - \frac{T_2}{T_1} \tag{3.17}$$

이다.

3.3
열역학 엔트로피

1857년에 루돌프 클라우지우스(Rudolf Julius Emanuel Clausius, 1822~1888)는 열이 계의 입자들에 대해 통계적으로 분포되어 있다는 개념을 확립하였으며, 열역학에 절대온도, 엔트로피, 엔탈피 개념을 도입하였다. 1850년 그의 가장 중요한 논문인 "On the mechanical theory of heat"을 통해 열역학 제 2법칙을 발표하였고, 1854년에 열역학 제2법칙에 대한 클라우지우스 버전을 발표하였다(서론 부분 참조). 1865년에 처음으로 엔트로피 개념을 소개했는데, 클라우지우스가 도입한 열역학 엔트로피를 살펴보자. 카르노 엔진에서 흡수한 열과 방출한 열의 비가 두 열저장체의 온도 비와 같았다.

$$\frac{|Q_2|}{Q_1} = \frac{T_2}{T_1} \tag{3.18}$$

이 식을 다시 쓰면

$$\frac{Q_1}{T_1} - \frac{|Q_2|}{T_2} = \frac{Q_1}{T_1} + \frac{Q_2}{T_2} = 0 \tag{3.19}$$

이다. 여기서 $Q_2 = -|Q_2|$ 이다. 즉, 카르노 순환 과정(가역 과정)에서

$$\sum_{\text{카르노 순환 과정}} \frac{Q_i}{T_i} = 0 \tag{3.20}$$

이다. 이제 그림 3.4와 같이 임의의 가역 순환 과정을 생각해 보자.

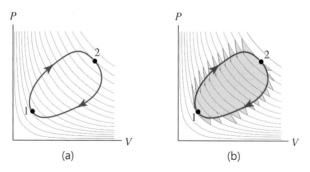

그림 **3.4** 가역 순환 과정. (a)의 모든 가역 순환 과정은 (b)와 같이 미소 카르노 순환 과정의 조합으로 나타낼 수 있다. 가는 실선은 등온선을 나타낸다.

이 가역 순환 과정은 그림과 같이 매우 작은 카르노 순환 과정의 집합으로 볼 수 있다. 특히, 등온곡선의 간격이 매우 작으면, 지그재그 곡선은 원래 가역 과정 곡선과 일치한다. 두 이웃한 카르노 사이클에서 등온곡선을 따라갈 때 열역학 과정이 서로 반대 방향으로 동작하므로 등온곡선과 관련된 열은 서로 상쇄된다. 작은 카르노 사이클에서 열의 전달이 있으므로, 매우 작은(미소) 카르노 사이클에 대해서

$$\frac{\text{đ}Q_1}{T_1} + \frac{\text{đ}Q_2}{T_2} = 0 \tag{3.21}$$

이다. 여기서 $\text{đ}Q_1$은 미소 카르노 사이클에서 높은 온도 T_1인 열저장체에서 흡수한 미소 열이고, $|\text{đ}Q_2|$는 낮은 온도 T_2인 열저장체로 방출한 미소 열이다. 따라서 전체 가역 과정은 미소 카르노 사이클의 집합이므로

$$\sum_i \frac{\text{đ}Q_i}{T_i} = 0 \tag{3.22}$$

이다. 등온곡선 사이의 간격을 영에 접근하도록 하면 위 식은

$$\oint \frac{\text{đ}Q}{T} = 0 \tag{3.23}$$

이다.

즉 가역 순환 과정에서 한 사이클 동안 $\text{đ}Q/T$를 적분하면 영이 된다. 이것이 의미하는 것은 $\text{đ}Q/T$가 **완전 미분**(exact differential)임을 뜻한다. 2장에서 살펴보았듯이 불완전 미분인 열을 적분인자 $1/T$로 나누면 완전 미분이 된다. 즉, 시작점과 끝점이 같은 닫힌 경로 적분을 하면 적분값이 열역학 경로에 상관없이 무관함을 의미한다. 따라서

$$dS = \frac{\text{đ}Q}{T} \tag{3.24}$$

로 쓸 수 있고, S를 **엔트로피**(entropy)라 부른다. 엔트로피는 열역학 경로에 의존하지 않는 상태함수이다. 클라우지우스가 정의한 이 엔트로피는 순수하게 열과 온도만으로 정의되는 양으로써 열역학 엔트로피(thermodynamic entropy)라 하고, 일반적으로 엔트로피라 부른다. 그림 3.5와 같이 두 점 a와 b를 지나가는 가역 과정을 생각해 보자.

한 점 a에서 출발하여 $a \rightarrow$ 경로1 $\rightarrow b \rightarrow$ 경로2 $\rightarrow a$로 되돌아오는 순환 과정에서

$$\left(\int_a^b \frac{dQ_{가역}}{T}\right)_{경로1} + \left(\int_b^a \frac{dQ_{가역}}{T}\right)_{경로2} = 0$$

이므로

$$\left(\int_b^a \frac{dQ_{가역}}{T}\right)_{경로2} = -\left(\int_a^b \frac{dQ_{가역}}{T}\right)_{경로1} \tag{3.25}$$

이다. 따라서

$$\left(\int_a^b \frac{dQ_{가역}}{T}\right)_{경로1} = \left(\int_a^b \frac{dQ_{가역}}{T}\right)_{경로2} \tag{3.26}$$

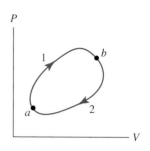

그림 **3.5** 두 점 a와 b를 지나가는 가역 순환 과정. 점 a에서 출발하여 경로1을 거쳐서 점 b에 도착한 다음 경로2를 거쳐서 다시 점 a로 되돌아오는 가역 순환 과정이다.

이다. 즉, 가역 과정에서 임의의 두 점 a와 b 사이의 $dS = dQ/T$의 경로 적분은 경로에 의존하지 않고, 단지 두 끝점 a와 b에만 의존한다. 따라서 경로에 무관하고, 열역학 상태에만 의존하는 엔트로피의 차이는

$$\Delta S = S(b) - S(a) = \int_a^b \frac{dQ_{가역}}{T} \tag{3.27}$$

이다. 가역 과정에서 계가 흡수한 열은

$$dQ = TdS \tag{3.28}$$

이므로 열역학 제1법칙을 다시 쓰면

$$dE = dQ - PdV$$
$$= TdS - PdV \tag{3.29}$$

로 쓸 수 있다. 이 방정식을 **열역학 기본 방정식**(fundamental thermodynamic equation) 또는 **열역학 항등식**(thermodynamic identity)이라 한다. 이 방정식이 열역학에서 가장 중요한 방정식이다. 이 방정식은 열역학 제1법칙과 열역학 제2법칙을 모두 포함하는 식이다. 따라서 열용량은

$$C_V = \left(\frac{dQ}{dT}\right)_V = T\left(\frac{\partial S}{\partial T}\right)_V \tag{3.30}$$

$$C_P = \left(\frac{\mathrm{d}Q}{dT}\right)_P = T\left(\frac{\partial S}{\partial T}\right)_P \tag{3.31}$$

로 쓸 수 있다.

물체의 엔트로피를 실제로 계산할 때는 정적 열용량을 사용하면 편리하다. 실험실에서 온도와 열의 양은 쉽게 측정할 수 있으므로 엔트로피 변화량을 쉽게 측정할 수 있다. 부피가 일정한 정적 과정에서 계가 dQ만큼의 열을 얻으면 엔트로피 증가량은

$$dS = \frac{dQ}{T} \tag{3.32}$$

이다.

계의 정적 열용량을 C_V라 하면 미소 정적 과정에서 엔트로피 변화량은

$$dS = \frac{C_V}{T}dT \tag{3.33}$$

이다.

따라서 유한한 열역학 과정에서 계의 엔트로피는

$$\Delta S = S_f - S_i = \int_{T_i}^{T_f} \frac{C_V}{T}dT \tag{3.34}$$

이다. 많은 물질은 어떤 온도 영역에서 C_V가 일정한 경우가 많다. 정적 열용량 C_V가 온도에 무관한 경우에

$$\Delta S = C_V \int_{T_i}^{T_f} \frac{1}{T}dT = C_V \ln\left(\frac{T_f}{T_i}\right) \tag{3.35}$$

이다.

예제 3.1

그림 3.6과 같이 질량이 각각 m이고, 온도가 각각 $3T$, T, (질량) 비열 c인 동일한 재질의 물체를 열접촉하고 있다. 두 물체가 새로운 평형 상태에 도달하였을 때 전체 엔트로피 변화

량을 구하여라.

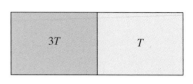

그림 **3.6** 온도가 각각 $3T$, T이고 질량은 m 으로 같다. 두 물체는 동일한 재질로 만들어 졌고 질량 비열은 c이다.

먼저 두 물체가 열접촉하여 새로운 평형 상태에 도달하였을 때 온도 T_f를 구해보자. 높은 온도의 물체가 잃은 열과 낮은 온도의 물체가 얻은 열이 같으므로

$$cm(3T - T_f) = cm(T_f - T) \tag{3.36}$$

이다. 따라서 물체의 최종 온도는

$$T_f = 2T \tag{3.37}$$

이다.

각 물체의 엔트로피 변화량은

$$\Delta S_1 = \int_{3T}^{T_f} \frac{cm}{T} dT = cm \int_{3T}^{2T} \frac{dT}{T} = cm \ln\left(\frac{2}{3}\right) \tag{3.38}$$

$$\Delta S_2 = \int_{T}^{T_f} \frac{cm}{T} dT = cm \int_{T}^{2T} \frac{dT}{T} = cm \ln 2 \tag{3.39}$$

따라서 전체 엔트로피 변화량은

$$\Delta S_t = \Delta S_1 + \Delta S_2 = cm \ln\left(\frac{2}{3}\right) + cm \ln 2 = cm \ln\left(\frac{4}{3}\right) \tag{3.40}$$

이다. 계의 전체 엔트로피 변화량 $\Delta S_t > 0$이므로, 두 물체를 열접촉하여 새로운 평형 상태에 도달하였을 때 계의 전체 엔트로피는 증가한다.

3.4
이상기체의
엔트로피

2장에서 열은 완전 미분이 아니고 열역학 경로에 의존하였다. 그러나 불완전 미분도 적당한 적분요소를 곱해주면 완전 미분이 된다. 가역 과정에서 열역학 제1법칙은 $dQ = dE + PdV$이다. 이상기체 n 몰의 내부에너지 변화는 $dE = 3nRdT/2$이고, 이상기체 상태 방정

식 $P = nRT/V$이므로

$$\text{d}Q = dE + PdV = \frac{3}{2}nRdT + nRT\frac{dV}{V} \tag{3.41}$$

이다. 이 식에 적분요소 $1/T$를 곱해주면

$$dS = \frac{\text{d}Q}{T} = \frac{3}{2}nR\frac{dT}{T} + nR\frac{dV}{V}$$

$$= d\left(\frac{3}{2}nR\ln T\right) + d\left(nR\ln V\right) = d\left[\frac{3}{2}nR\ln T + nR\ln V\right] \tag{3.42}$$

이다. 처음 상태 i에서 나중 상태 f까지 위 식을 적분하면

$$\Delta S = S_f - S_i = \int_i^f \frac{\text{d}Q}{T} = \frac{3}{2}nR\int_{T_i}^{T_f} d\left(\ln T\right) + nR\int_{V_i}^{V_f} d\left(\ln V\right)$$

$$= \frac{3}{2}nR\ln\left(\frac{T_f}{T_i}\right) + nR\ln\left(\frac{V_f}{V_i}\right) \tag{3.43}$$

이다. 이 결과에 의하면 엔트로피 차이는 열역학 경로에 상관없고, 오로지 처음 상태와 나중 상태에만 의존한다.

예제 3.2

자유 팽창의 엔트로피

그림 3.7과 같이 부피가 $2V$ 단열 용기의 가운데에 칸막이가 있고 왼쪽에 단원자 이상기체 n몰이 담겨있다. 이상기체의 온도는 T이다. 오른쪽은 진공상태이다. 칸막이를 제거하여 기체가 자유 팽창하여 새로운 평형 상태에 도달에 도달하였을 때 엔트로피 증가량을 구하여라.

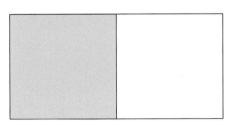

그림 **3.7** 이상기체의 자유 팽창. 온도 T인 이상기체가 단열용기에 담겨있고 처음 부피는 V이고 칸막이를 제거한 후 기체가 자유 팽창한 후의 부피는 $2V$이다.

풀이

용기가 단열되어 있으므로 기체가 팽창하는 동안 열 흡수는 없으므로 $Q=0$이다. 또한 기체가 자유 팽창하므로 기체는 일을 하지 않는다. 즉, $W=0$이다. 따라서 $\Delta E=Q-W=0$이고 기체의 온도는 처음 온도 T와 같다. 그런데 엔트로피 변화량은 $\Delta S=Q/T$이므로 자유 팽창 과정에서 $\Delta S=0$이라고 생각할 수 있다. 그러나 이러한 결론은 잘못되었다. 기체가 팽창하면 기체가 가질 수 있는 상태수가 증가하였으므로 엔트로피는 증가한다. 이러한 엔트로피 증가는 비가역적으로 일어난다.

사실 기체가 자유 팽창하는 과정은 그림 3.8(a)와 같이 비가역 과정이다. 따라서 팽창하는 동안 엔트로피는 항상 증가한다. 그렇다면 자유 팽창 과정에서 엔트로피 증가량을 어떻게 구할까? 엔트로피는 상태함수이므로 처음 상태와 나중 상태의 엔트로피 차이는 열역학적 과정에 상관없이 항상 같다. 기체가 처음 상태 (T, V)에서 나중 상태 $(T, 2V)$로 변하는 가역 과정을 생각해 보자.

그림 3.8(b)와 같이 온도가 일정한 등온 과정이므로 온도 T인 등온 과정으로 부피가 V에서 부피 $2V$가 되는 가역 과정을 고려한다. 또한 기체가 팽창할 때 질량이 있는 칸막이를 오른쪽으로 민다고 생각하자. 질량이 있는 칸막이를 밀기 때문에 등온 팽창하는 동안에 기체는 일을 하게 된다. 이때 이상기체가 한 일은

$$W=\int_{V_1}^{V_2}PdV=\int_{V_1}^{V_2}\frac{NkT}{V}dV=NkT\ln\left(\frac{V_2}{V_1}\right) \tag{3.44}$$

이다. 계가 팽창하는 동안 온도가 일정하게 유지되므로 $\Delta E=Q-W=0$이다. 따라서 기체가

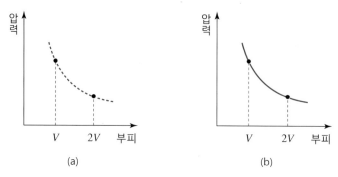

그림 **3.8** (a) 자유 팽창하기 전과 후의 열역학적 상태. 점선은 비가역 과정으로 부피 V에서 $2V$로 팽창한 것을 나타냄. (b) 처음 상태와 나중 상태가 (a)와 동일하고, 온도 T로 등온 팽창하는 가역 과정을 나타냄.

해준 일만큼 온도 T인 열저장체로부터 $Q = W$의 열을 흡수한다. 따라서 엔트로피 변화량은

$$\Delta S = \frac{Q}{T} = \frac{1}{T} NkT \ln\left(\frac{V_2}{V_1}\right) = Nk \ln\left(\frac{V_2}{V_1}\right) \tag{3.45}$$

이다. 그런데 $V_1 = V$, $V_2 = 2V$이므로

$$\Delta S = Nk \ln 2 \tag{3.46}$$

이다.

3.5
엔트로피 증가의 법칙

열역학 제2법칙을 엔트로피로 표현해 보자. 그림 3.9와 같이 열저장체 사이에서 동작하는 카르노 사이클과 비가역 엔진을 생각해 보자. 높은 온도 T_1과 낮은 온도 T_2인 열저장체 사이에서 동작하는 가역 엔진의 효율은 비가역 엔진의 효율보다 좋으므로

$$\eta_c > \eta_i \tag{3.47}$$

이다. 두 열저장체에서 흡수한 열과 방출한 열을 각각 Q_1과 $Q_2 = -|Q_2|$라 하면

$$\eta_c = 1 - \frac{|Q_2|}{Q_1} > \eta_i = 1 - \frac{|Q_2'|}{Q_1'} \tag{3.48}$$

이다. 여기서 Q_1'과 $Q_2' = -|Q_2'|$은 비가역 엔진이 흡수한 열과 방출한 열이다.

카르노 사이클에서 $|Q_2|/Q_1 = T_2/T_1$이므로

$$\frac{|Q_2'|}{Q_1'} > \frac{|Q_2|}{Q_1} = \frac{T_2}{T_1} \tag{3.49}$$

이다. 즉,

$$\frac{Q_1'}{T_1} + \frac{Q_2'}{T_2} < 0 \tag{3.50}$$

이다.

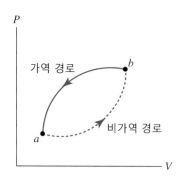

그림 **3.9** 가역 과정과 비가역 과정의 열역학 경로. 점 a에서 출발하여 비가역 경로를 거쳐서 점 b에 도착한 다음 가역 경로를 거쳐서 다시 점 a로 되돌아오는 순환 과정이다.

　매우 작은 사이클에서

$$\frac{dQ'_1}{T_1} + \frac{dQ'_2}{T_2} < 0 \tag{3.51}$$

이다. 그림 3.4(b)처럼 전체 사이클을 작은 사이클들의 합으로 생각하면

$$\oint \frac{dQ_{비가역}}{T} < 0 \tag{3.52}$$

이다. 그림 3.9와 같이 전체 사이클을 가역 경로와 비가역 경로로 나누면

$$\int_a^b \frac{dQ_{비가역}}{T} < \int_a^b \frac{dQ_{가역}}{T} \tag{3.53}$$

이다. 따라서

$$\int_a^b \frac{dQ_{비가역}}{T} < \varDelta S = S(b) - S(a) \tag{3.54}$$

이다. 이 부등식을 **클라우지우스 부등식**이라 한다. 비가역 과정에서 엔트로피 증가는 항상 $\int_a^b \frac{dQ_{비가역}}{T}$ 보다 크다. 이 클라우지우스 부등식은 바로 열역학 제2법칙의 결과의 다른 표현이다.

　전체계가 열적으로 고립되어 있으면 전체계가 흡수한 열이 없다. 즉, $dQ_{비가역} = 0$이므로

$$\varDelta S \geq 0 \tag{3.55}$$

이다. 즉, 고립계의 엔트로피는 열역학 과정에서 항상 증가한다. 등식은 가역 과정일 때 성립한다. 고립계는 최종적으로 평형 상태에 도달하므로, 평형 상태에서 계의 엔트로피는 최대이다. 엔트로피가 최대인 상태에 도달하면 더이상 엔트로피의 변화는 일어나지 않는다.

고립계에서 엔트로피가 항상 증가하는 방향으로 시스템이 변하는 것은 시간에 방향성이 있다는 것을 뜻한다. 고립계에서 엔트로피가 증가하는 방향이 시간이 증가하는 방향이다. 뉴턴의 역학 법칙은 시간 반전 $t \rightarrow -t$에 대해서 대칭이다. 임의의 계에서 구성 입자들의 운동은 뉴턴의 역학 법칙으로 표현할 수 있으므로 물리계를 미시적으로 보면 시간 반전이 성립한다. 즉, 미시계는 가역적이다. 그러나 다체계는 **시간의 화살**(arrows of time)이 있어서 시간 반전이 성립하지 않는다. 즉, 열역학 제1법칙에 의하면 고립계의 엔트로피는 항상 증가하는 함수이다. 미시적으로 볼 때 시간 반전이 있는 다체계가 거시적으로 시간 반전이 깨지는 현상은 앞으로 물리학자들이 해결해야 할 근본적 문제에 속한다.

예제 3.3

혼합 엔트로피(entropy of mixing)

그림 3.10과 같이 동일한 온도 T와 압력 P를 가진 두 기체가 칸막이로 분리되어 있다. 왼쪽 기체 1은 부피 V_1, 입자수 N_1이고 오른쪽 기체 2는 부피 V_2, 입자수 N_2이다. 가운데 칸막이를 제거하여 기체가 균일하게 혼합되어 평형을 이룰 때 엔트로피 증가량을 구하여라. 단, 기체 1과 2는 이상기체의 상태 방정식을 따른다.

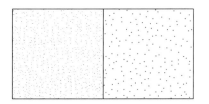

그림 **3.10** 칸막이로 분리된 두 종류의 기체

풀이

칸막이를 제거하였을 때 계의 전체 부피는 $V = V_1 + V_2$이고, 전체 입자수는 $N = N_1 + N_2$이다. 섞이기 전에 두 기체의 온도와 압력이 같기 때문에 혼합 기체의 온도와 압력 역시 같다. 따라서 열역학 과정은 등압력, 등온 과정이다. 온도의 변화가 없기 때문에 열역학 과정에서 내부에너지의 변화는 없다. 즉, $\Delta E = 0$이다. 열역학 과정에서 각 기체의 열과 일은

$$dE = dQ - dW = 0 \tag{3.56}$$

이다. 가역적인 열역학 과정을 생각하면

$$dQ - dW = TdS - PdV = 0 \qquad (3.57)$$

이다. 이상기체의 상태 방정식을 이용하면

$$dS = \frac{P}{T}dV = Nk\frac{dV}{V} \qquad (3.58)$$

이다.

각 기체가 팽창할 때 엔트로피 변화량은

$$\Delta S_1 = N_1 k \ln \frac{V}{V_1} \qquad (3.59)$$

$$\Delta S_2 = N_2 k \ln \frac{V}{V_2} \qquad (3.60)$$

이다. 두 기체가 팽창할 때 전체 엔트로피 변화량은

$$\Delta S = \Delta S_1 + \Delta S_2$$
$$= N_1 k \ln \frac{V}{V_1} + N_2 k \ln \frac{V}{V_2} \qquad (3.61)$$

이다. 기체는 등압력, 등온 과정으로 팽창하므로 $PV_1 = N_1 kT$, $PV_2 = N_2 kT$이므로

$$\frac{V_1 + V_2}{V_1} = \frac{N_1 + N_2}{N_1} \qquad (3.62)$$

$$\frac{V_1 + V_2}{V_2} = \frac{N_1 + N_2}{N_2} \qquad (3.63)$$

이다. 기체 1의 몰수를 n_1, 기체 2의 몰수를 n_2라 하면 $N_1 k = n_1 R$, $N_2 k = n_2 R$이다.

전체 엔트로피 변화를 몰수로 나타내면,

$$\Delta S = n_1 R \ln \frac{n_1 + n_2}{n_1} + n_2 R \ln \frac{n_1 + n_2}{n_2} \qquad (3.64)$$

이다. 각 기체의 몰분율을

$$x_1 = \frac{n_1}{n_1 + n_2} \tag{3.65}$$

$$x_2 = 1 - x_1 = \frac{n_2}{n_1 + n_2} \tag{3.66}$$

이라 하면, 전체 엔트로피 변화량은

$$\Delta S = -R[n_1 \ln x_1 + n_2 \ln(1 - x_1)] \tag{3.67}$$

이다. 이와 같이 두 종류의 기체가 혼합될 때 엔트로피 증가량을 혼합 엔트로피라 한다. 만약 혼합되기 전에 양쪽 기체의 부피가 서로 같다면, 즉 $V_1 = V_2 = V/2$이면 기체의 입자수 역시 $N_1 = N_2 = N/2$이고 $x_1 = x_2 = 1/2$이다. 이 경우에 혼합 엔트로피는

$$\Delta S = nR \ln 2 = Nk \ln 2 \tag{3.68}$$

이다.

3.6
엔트로피의 의미와 미시적 엔트로피

앞에서 열역학 엔트로피는 주어진 온도에서 계가 흡수하거나 방출한 열의 양에 의해서 결정된다. 그림 3.11과 같이 온도가 다른 두 물체가 열접촉한 경우를 생각해 보자. 왼쪽 물체의 온도는 $T_1 = 400\,\mathrm{K}$이고 오른쪽 물체의 온도는 $T_2 = 200\,\mathrm{K}$이다. 두 물체를 열접촉시켜 $Q = 2000\,\mathrm{J}$의 열이 흘러갈 때 엔트로피 변화량을 생각해 보자. 두 물체의 온도가 일정한 경우에 왼쪽과 오른쪽 물체의 엔트로피 변화량은 각각

$$\Delta S_1 = -\frac{Q}{T_1} = -\frac{2000\,\mathrm{J}}{400\,\mathrm{K}} = -5\,\mathrm{J/K} \tag{3.69}$$

$$\Delta S_2 = \frac{Q}{T_2} = \frac{2000\,\mathrm{J}}{200\,\mathrm{K}} = 10\,\mathrm{J/K} \tag{3.70}$$

이다. 같은 양의 열이 높은 온도를 떠날 때 엔트로피 감소보다 같은 양의 열이 낮은 온도로 유입될 때 엔트로피 증가량이 더 크다. 즉 낮은 온도로 열이 유입될 때 엔트로피가 더 많이 생성된다.

따라서 두 물체의 총엔트로피 변화량은

$$\Delta S = \Delta S_1 + \Delta S_2 = 5 \text{ J/K} \tag{3.71}$$

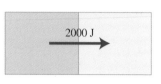

이 되어 열역학 제2법칙을 만족한다.

클라우지우스가 정의한 열역학 엔트로피 $dS = dQ/T$는 어떤 미시적인 양과 관련이 있을까? 엔트로피는 입자수에 비례하는 크기변수이고 열접촉해 있는 두 계의 총엔트로피는 각 계의 엔트로피의 합과 같다. 이러한 성질을 만족하는 엔트로피의 미시적 정의는

그림 **3.11** 온도 $T_1 = 400$ K 물체와 온도 $T_2 = 200$ K인 두 물체를 열접촉 하였더니 $Q = 2000$ J의 열이 높은 온도의 물체에서 낮은 온도의 물체로 이동하였다.

$$S = k \ln \Omega \tag{3.72}$$

이다. 여기서 Ω는 1장에서 소개한 계의 총 미시적 상태수이다. 열접촉해 있는 두 계의 총상태수는 $\Omega_t = \Omega_1 \Omega_2$이므로 전체계의 엔트로피는

$$S_t = k \ln \Omega_1 \Omega_2 = k \ln \Omega_1 + k \ln \Omega_2 = S_1 + S_2 \tag{3.73}$$

이므로 엔트로피의 더하기 성질을 만족한다.

그림 3.12와 같이 부피 V_1에서 부피 V_2로 등온 팽창하는 이상기체의 엔트로피를 생각해 보자. 이상기체의 상태수는 각 입자가 차지할 수 있는 공간의 부피에 비례한다. 계의 입자수가 N이면 처음 상태의 상태수는

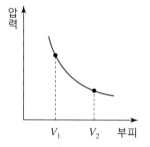

$$\Omega_1 = aV_1^N \tag{3.74}$$

이다. 여기서 a는 입자수 N과 부피 V_1의 함수가 아닌 상수이다. 나중 상태의 상태수는

그림 **3.12** 입자수 N인 이상기체가 초기 부피 V_1에서 부피 V_2로 등온 팽창하면 계가 가질 수 있는 상태수가 급격히 증가한다.

$$\Omega_2 = aV_2^N \tag{3.75}$$

이다. 따라서 엔트로피의 변화량은

$$\Delta S = k \ln \Omega_2 - k \ln \Omega_1 = k \ln\left(\frac{\Omega_2}{\Omega_1}\right) = k \ln\left(\frac{V_2}{V_1}\right)^N = kN \ln\left(\frac{V_2}{V_1}\right) \tag{3.76}$$

이다. 이 결과는 식 (3.29)에서 구한 등온 과정에서 구한 엔트로피 변화량과 같다.

이제 열역학 제3법칙에 대해서 살펴보자. 열역학 제3법칙은 독일의 물리학자이며 화학자인 월터 네른스트(Walther Hermann Nernst, 1864~1941, 1920년 노벨화학상 수상)에 의해서 발견되었으며, 그는 1905년 현재 열역학 제3법칙으로 알려진 "새로운 열이론(New Heat Theorem)"을 발표하였다. 네른스트는 1897년에 희토류 산화체를 사용한 네른스트 전구(Nernst Glower)를 발명하였고 1901년에 미국인 조지 웨스팅하우스(George Westinghouse)에게 네른스트 전구의 특허권을 1백만 마르크에 팔아서 거부가 되었다.

네른스트는 1911년에 막스 플랑크와 함께 부르셀에서 제1회 솔베이학회(Solvay conferrence)를 조직하여 열었다. 솔베이 학회는 벨기에의 거부 솔베이가 거액을 출원하여 당대의 최고 과학자들만을 초청하여 개최한 학회로 20세기 초의 양자역학, 상대론 등 당시 첨단과학의 발전을 이끌었다. 그림 3.13에서 보듯이 참석자의 면면만 보아도 그 무게감을 알 수 있다. 열역학 제3법칙을 발견한 네른스트가 막스 플랑크와 함께 조직한 제1회 솔베이 학회의 주제는 "The Theory of Radiation and Quanta"였고, 헨들릭 로렌츠(Hendrik Lorentz, Leiden 대학교 교수)가 좌장을 맡았다. 참석자 29명 중에서 17명이 노벨상을 수상하였다.

제5회 솔베이 학회의 주제는 "Electrons and Photons"이고 좌장은 헨들릭 로렌츠(Hendrik Lorentz)가 맡았다. 참석자 중 유일한 여성인 마리 퀴리(Marie Curie)는 물리학과 화학 분야에서 각각 노벨상을 수상하였다. 그림 3.13(b)의 제5회 솔베이 학회의 참석자는 두 편으로 갈라져 철학적 견해를 피력하였다. 한 편은 아인슈타인과 과학적 사실주의자(scientific realists)인 찰스 퍼스(Charles Peirce)와 칼 포퍼(Karl Popper)와 같은 과학적 방법론(scientific method)을 추구하는 철학자들이며, 이들은 나중에 논리실증주의(logical positivism)로 발전한다. 반면 닐스 보어(Niels Bohr)와 도구주의자들(instrumentalists)이 다른 편이었다. 아인슈타인과 보어의 대립으로 생각할 수 있으며, 이는 아인슈타인과 보어의 양자역학 논쟁으로 유명하다. 아인슈타인은 양자론의 확률적 해석을 달가워하지 않았다. 반면 보어는 입자와 파동의 상보성 이론을 주장하여 양자역학의 확률적 해석을 지지하였다. 솔베이 학회는 지금도 계속되고 있다.

열역학 제3법칙은 다음과 같다.

"온도가 절대 영도에 가까워지면 엔트로피가 계의 변수에 의존하지 않고, 영이 되거나 어떤 상수값이 된다."

(a)　　　　　　　　　　　　　　　　　　(b)

그림 **3.13** 솔베이학회 참석자. (a) 1911년 호텔 메트로폴(the Hotel Metropole)에서 열린 제1회 솔베이학회 참석자 사진. 앉은 사람(좌에서 우로): W. Nernst, M. Brillouin, E. Solvay, H. Lorentz, E. Warburg, J. Perrin, W. Wien, M. Curie, and H. Poincaré. 서있는 사람(좌에서 우로) R. Goldschmidt, M. Planck, H. Rubens, A. Sommerfeld, F. Lindemann, M. de Broglie, M. Knudsen, F. Hasenöhrl, G. Hostelet, E. Herzen, J. H. Jeans, E. Rutherford, H. Kamerlingh Onnes, A. Einstein and P. Langevin. (b) 가장 유명한 제5회 솔베이학회 참석자: 가장 윗줄(좌에서 우로) A. Piccard, E. Henriot, P. Ehrenfest, E. Herzen, Th. de Donder, E. Schrödinger, J. E. Verschaffelt, W. Pauli, W. Heisenberg, R. H. Fowler, L. Brillouin; 가운데 줄(좌에서 우로) P. Debye, M. Knudsen, W. L. Bragg, H. A. Kramers, P. A. M. Dirac, A. H. Compton, L. de Broglie, M. Born, N. Bohr; 앉은 줄(좌에서 우로) I. Langmuir, M. Planck, M. Curie, H. A. Lorentz, A. Einstein, P. Langevin, Ch.-E. Guye, C. T. R. Wilson, O. W. Richardson.

계의 온도가 절대 영도에 접근할 때 계의 상태수가 $\Omega(T=0)=1$이면 엔트로피는

$$S = k \ln \Omega(0) = 0, \quad T \to 0 \tag{3.77}$$

이 된다. 온도가 절대 영도에 접근할 때 계가 가질 수 있는 상태의 수가 Ω_0로 유한한 값을 가지면

$$S = k \ln \Omega_0 = S_0, \quad T \to 0 \tag{3.78}$$

이 된다. 즉, 절대온도 영도에서 계는 바닥상태(ground state)에 있고, 이 바닥상태에서 중복 도(degeneracy)가 상수 S_0를 결정한다.

3.7 통계역학 엔트로피

식 (3.67)에서 계의 상태수 $\Omega(E)$로부터 엔트로피를 정의하였으며, 계가 열저장체와 열접촉하고 있는 바른틀 앙상블에서 엔트로피를 미시적 상태로부터 얻을 수 있다. 1장의 바른틀 분포에서 계가 상태 r에 있을 확률을 P_r이라 하면

$$P_r = \frac{\exp(-\beta E_r)}{Z} \tag{3.79}$$

이다. 식 (1.89)의 분배함수는 $Z = \sum_r \exp(-\beta E_r)$이다. 계의 평균 에너지는

$$\overline{E} = \sum_r P_r E_r \tag{3.80}$$

이다. 준정적 과정에서

$$d\overline{E} = \sum_r (E_r dP_r + P_r dE_r) \tag{3.81}$$

이다. 열역학 과정에서 계가 한 일은

$$dW = \sum_r P_r(-dE_r) = -\sum_r P_r dE_r \tag{3.82}$$

이다. 열역학 과정 동안에 흡수한 열은

$$dQ = d\overline{E} + dW = \sum_r E_r dP_r \tag{3.83}$$

이다.

열역학에서 계의 거시적 변수들 간의 관계는 열역학 제1법칙과 제2법칙으로 주어진다. 계의 평균 에너지를 $\overline{E}$라 하자. 열역학적 과정에서 계가 행한 미소 일을 dW, 내부에너지의 변화를 $d\overline{E}$라 하자. 일반적으로 분배함수는 온도변수 β와 외부변수 x의 함수이다. 따라서 $Z = Z(\beta, x)$이다. 준정적 과정에서 분배함수의 변화량은

$$d\ln Z = \frac{\partial \ln Z}{\partial x}dx + \frac{\partial \ln Z}{\partial \beta}d\beta \tag{3.84}$$

이다. 준정적 과정에서 계는 여전히 평형상태에 있으므로 계는 바른틀 분포함수를 따른다. 일과 평균 에너지에 대한 표현을 이용하면

$$d\ln Z = \beta dW - \overline{E}d\beta \tag{3.85}$$

이다. 이 표현을 다시 쓰면

$$d \ln Z = \beta dW - d(\beta \overline{E}) + \beta d\overline{E} \tag{3.86}$$

$$d(\ln Z + \beta \overline{E}) = \beta(dW + d\overline{E}) \equiv \beta dQ \tag{3.87}$$

이다. 여기서 dQ는 계가 흡수한 열이다. dQ는 완전 미분(exact differential)은 아니지만 온도변수 βdQ는 완전 미분이다. 열역학 제2법칙에서 열과 엔트로피의 관계는

$$dS = \frac{dQ}{T} \tag{3.88}$$

이므로 엔트로피를 분배함수로 표현하면

$$S \equiv k(\ln Z + \beta \overline{E}) \tag{3.89}$$

이다.

열을 흡수하는 동안에 각 상태의 에너지는 변하지 않고, 각 상태에 점유될 확률이 변한다. 따라서

$$\begin{aligned}
S &= k\left[\ln Z + \beta \sum_r P_r E_r\right] \\
&= k\left[\ln Z - \sum_r P_r \ln(ZP_r)\right] \\
&= k\left[\ln Z - \ln Z\left(\sum_r P_r\right) - \sum_r P_r \ln P_r\right]
\end{aligned} \tag{3.90}$$

여기서 $\displaystyle\sum_r P_r = 1$이므로 엔트로피는

$$S = -k \sum_r P_r \ln P_r \tag{3.91}$$

이다. 이 식을 **깁스 엔트로피**(Gibbs entropy)라 한다. 이 깁스 엔트로피는 앞에서 정의한 작은 바른틀 앙상블의 상태수로 정의한 $S = k \ln \Omega$와 동등하다.

예제 3.4

분배함수를 이용한 엔트로피 표현이 일반적인 엔트로피의 정의인 $S \equiv k \ln \Omega(\overline{E})$와 같음을 증명하여라.

풀이

계의 에너지가 E와 $E+\delta E$ 사이에 놓일 때, 분배함수를 구해보자. 분배함수에서 합은 계의 모든 상태 r에 대한 합이다. 계가 이 에너지 영역에 놓여 있을 때 같은 에너지를 갖는 상태 수는 $\Omega(E)$이므로 분배함수는

$$Z = \sum_r \exp(-\beta E_r) = \sum_E \Omega(E)\exp(-\beta E) \tag{3.92}$$

로 쓸 수 있다. 위 식에서 계의 양자 상태 r에 대한 합을 에너지 E에 대한 합으로 다시 표현하였다. $\Omega(E)$는 에너지가 증가할 때 매우 빨리 증가하는 함수이므로, $\Omega(E)\exp(-\beta E)$는 최댓값 $\bar{E}$ 근처에서 매우 뾰족한 함수이다. 따라서 위 식의 에너지에 대한 합을 전 구간에서 합하지 말고, 근사적으로 최댓값 근처의 $\Delta^* E$에서만 합해도 좋다. 최댓값 근처에서 가질 수 있는 에너지 상태는 $(\Delta^* E/\delta E)$만큼 있으므로

$$Z = \Omega(\bar{E})\exp(-\beta\bar{E})\frac{\Delta^* E}{\delta E} \tag{3.93}$$

가 된다. 여기서 δE는 에너지 레벨을 구분할 수 있는 최소 해상도이다. 따라서

$$\ln Z = \ln\Omega(\bar{E}) - \beta\bar{E} + \ln\left(\frac{\Delta^* E}{\delta E}\right) \tag{3.94}$$

가 된다. 계의 총자유도를 f라 하면, 마지막 항의 크기는 $\ln f$ 정도이다. 따라서 마지막 항은 앞의 두 항에 비해서 매우 작다. 그러므로

$$\ln Z \approx \ln\Omega(\bar{E}) - \beta\bar{E} \tag{3.95}$$

이고, 이 식은

$$S = k\ln\Omega(\bar{E}) \tag{3.96}$$

와 같다.

2장에서 구한 이상기체의 분배함수

$$\ln Z = N\left[\ln V - \frac{3}{2}\ln\beta + \frac{3}{2}\ln\left(\frac{2\pi m}{h_0^2}\right)\right] \tag{3.97}$$

와 엔트로피에 대한 분배함수 표현

$$S \equiv k\left(\ln Z + \beta \bar{E}\right) \tag{3.98}$$

을 결합하면 이상기체의 엔트로피를 구할 수 있다. 평균 에너지는 $\bar{E} = 3NkT/2$이므로

$$S = kN\left[\ln V + \frac{3}{2}\ln(kT) + \frac{3}{2}\ln\left(\frac{2\pi m}{h_o^2}\right)\right] + k\beta \frac{3}{2}NkT$$

$$= kN\left[\ln(VT^{3/2}) + \frac{3}{2}\ln\left(\frac{2\pi mk}{h_o^2}\right) + \frac{3}{2}\right] \tag{3.99}$$

이 식을 이상기체에 대한 **새큘-테드로드 방정식**(Sackur-Tedrode equation)이라 한다.

3.8 맥스웰의 도깨비

1867년에 제임스 맥스웰(James Clerk Maxwell)은 다음과 같은 사고 실험(Gedanken experiment, thought experiment)을 제안하였다. 그림 3.14와 같이 기체가 줄 팽창(Joule expansion)하는 경우를 생각해 보자. 그림 3.14에서 셔터의 문을 열면 A에 간혀있던 기체가 줄 팽창하여 A와 B에 골고루 퍼진다. 이것은 자연스러운 열역학 과정이며 이때 엔트로피는 증가한다. 이제 그림 3.15와 같이 셔터를 열고 닫는 맥스웰의 도깨비(Maxwell's demon)가 있어서 셔터의 문을 열고 닫을 수 있다. 도깨비는 모든 기체의 위치와 속도에 대한 정보를 가지고 있기 때문에, 기체 분자가 A에서 B로 지나갈 때와 B에서 A로 지나갈 때를 정확히 알고 있다. 그림 3.14에서 셔터가 열려서 기체가 전체로 퍼진 다음에 평형을 이루었다. 이제 맥스웰의 도깨비가 기체 분자가 B에서 A로 지나갈 때는 셔터 문을 열고, 반대로 A에서 B로 지나갈 때는 문을 닫을 수 있다고 가정해 보자. 도깨비가 셔터의 문을 열고 닫으면, 결국 B의 기체는 A로 이동하고 A의 기체는 B로 갈 수 없게 된다. 충분한 시간이 흐르면 B의 모든 기체는 A로 다시 모일 것이다. 이러한 과정에서 기체의 전체 내부에너지는 변함이 없고, 기체는 일을 하지 않았으므로 열의 전달도 없다. 따라서 줄 팽창한 기체는 다시 원래 상태로 되돌아 올 수 있다. 엔트로피가 감소하는 과정이 저절로 일어난 것이 아닌가? 따라서 열역학 제2법칙이 틀린 것이 아닐까하고 생각할 수 있다. 이러한 사고 실험을 맥스웰의 도깨비라 한다. 이러한 사고 실험에서 잘못된 것이 무엇일까? 사실 열역학 제2법칙은 항상 성립한다. 따라서 저절로 엔트로피가 감소하는 일은

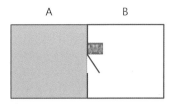

그림 **3.14** 맥스웰의 도깨비 사고 실험. 실험장치는 A와 B로 나누어져 있고 중간 칸막이에 셔터가 설치되어 있다. 도깨비는 기체분자의 위치와 속도의 방향을 모두 알고 있기 때문에, 기체 분자가 B에서 A로 지나갈 때는 셔터의 문을 열고, 그렇지 않을 때는 셔터 문을 닫는다. 줄 팽창으로 균일하게 퍼져있던 기체에서 도깨비가 있으면 확산된 기체를 전부 다시 A에 가둘 수 있다. 그렇다면 이것은 열역학 제2법칙에 위배되지 않는가?

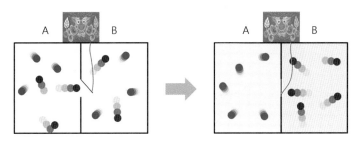

그림 **3.15** 맥스웰의 도깨비는 평균 속력보다 큰 입자만 A에서 B로 선별적으로 통과시킨다. 따라서 열이 저절로 낮은 온도 A에서 높은 온도 B로 흐른다. 이것은 열역학 제2법칙에 위배되는 것처럼 보인다.

스스로 발생할 수 없다. 맥스웰 도깨비의 문제는 엔트로피와 정보에 대한 이해가 정확히 이루어지기 전까지 논란거리였다. 맥스웰 도깨비의 문제에서 우리가 생각하지 못한 것이 무엇일까?

맥스웰 도깨비의 다른 버전은 그림 3.15와 같이 도깨비는 분자의 평균속도보다 큰 입자가 A에서 B로 지나갈 때는 셔터 문을 열어 입자를 통과시키고, 그렇지 않으면 셔터 문을 닫는다. 시간이 충분히 지나면 그림과 같이 B쪽은 평균속도보다 큰 입자만 모이고, A에는 평균속도 이하인 입자만 남게 된다. 그런데 입자의 제곱 속도 평균이 계의 온도에 비례하므로 B의 온도는 높고 A의 온도는 낮아진다. 즉 낮은 온도 쪽에서 높은 온도 쪽으로 입자가 저절로 흘러간 꼴이 된다. 즉, 열이 낮은 온도에서 높은 온도로 저절로 흘러간 것이다. 이것 역시 열역학 제2법칙에 위배된다.

맥스웰 도깨비 문제에 대한 해답은 1929년 레오 실라드(Leo Szilard)가 제안하였다. 실라드는 도깨비가 분자의 속도를 알기 위해서는 측정을 해야 하며, 측정 과정에서 정보를 습득하기 위해서 에너지를 소모해야 한다는 것이다. 도깨비가 기체분자와 상호작용을 해야 하기 때문에 우리는 도깨비와 기체 시스템이 결합된 전체계를 생각해야 한다. 도깨비의 에너지

소모는 도깨비의 엔트로피를 증가시킬 것이며 이 엔트로피 증가는 기체분자를 이동시킬 때의 엔트로피 감소보다 커야 한다. 따라서 전체계의 엔트로피는 증가하므로 열역학 제2법칙이 여전히 성립한다. 열역학 엔트로피와 정보 엔트로피(새넌 엔트로피, Shannon entropy)와 서로 연관되어 있기 때문에, 맥스웰의 도깨비는 정보의 입장에서 이해할 수도 있다. 유한한 크기의 정보저장 공간을 가지고 있는 도깨비가 기체의 상태를 알기 위해서는 기존에 저장되어 있던 정보를 지워야 한다. 이렇게 정보를 지우고 저장하는 과정에서 엔트로피 증가를 동반하게 된다. 1982년에 베넷(Bennet)은 도깨비가 모든 정보저장 공간을 다 채우면 기존에 모아두었던 정보를 지워야 하며, 정보를 지우는 과정은 비가역 과정이기 때문에 엔트로피 증가를 동반함을 발견하였다. 따라서 전체계의 엔트로피는 증가하여 열역학 제2법칙이 여전히 성립함을 보였다.

3.9 열기관

자동차에 사용하는 가솔린 엔진 또는 디젤 엔진은 대표적인 열기관이다. 대부분의 열기관은 4단계 순환 과정(4행정기관)을 가진다. 그림 3.16과 같이 4단계 순환 과정은 다음과 같다.

① 흡입과정(흡입행정): 피스톤이 아래로 움직여서 실린더 내부에 부분적인 진공이 생긴다. 이때 흡입밸브가 열려 연료와 공기의 혼합기체가 실린더 내부로 들어온다.

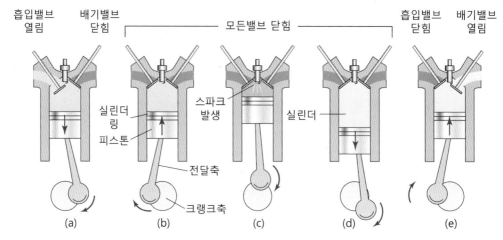

그림 **3.16** 내연기관의 4단계 순환 과정(4행정 순환)

② 압축과정(압축행정): 흡입밸브가 닫히고, 피스톤이 위로 움직여서 기체가 압축된다.

③ 점화(폭발): 스파크 플러그(spark plug)에서 방전이 일어나면서 기체가 점화되어 폭발한다. 이때 연료의 화학적 에너지가 역학적 에너지로 변환된다.

④ 출력과정(출력행정): 타버린 연료 혼합물이 피스톤을 아래로 밀면서 단열 팽창하면서 일을 한다.

⑤ 배기과정(배기행정): 배기 밸브가 열리고, 피스톤이 위로 움직이면서 타버린 혼합물을 실린더 밖으로 배출한다. 기관은 다음 흡입과정을 시행할 준비가 되고, 전체 과정이 순환된다.

이와 같은 4행정 내연기관의 순환은 많은 내연기관에서 사용된다. 행정(行程)이란 일련의 과정이 순서대로 진행됨을 뜻한다. 대표적인 4행정 순환인 오토순환과 디젤순환을 살펴보자.

3.9.1 오토순환

그림 3.17은 이상적인 가솔린 기관의 4행정 순환 과정을 나타낸다. 이와 같은 순환 과정을 **오토순환**(otto cycle)이라 한다. 4행정 내연기관에서 점 1에서 연료 혼합물(가솔린-공기 혼합물)이 실린더 내부로 흡입된다. 혼합물은 $1 \rightarrow 2$의 과정 동안에 단열 압축된 다음 점화된다. $2 \rightarrow 3$ 과정 동안 가솔린이 폭발하면서 방출된 열 Q_H가 계에 더해진다. $3 \rightarrow 4$ 과정은 출력과정을 나타내고, 실린더는 팽창하면서 일을 한다. $4 \rightarrow 1$ 과정에서 배기과정(배기행정)

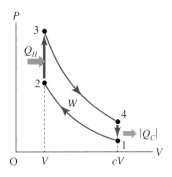

그림 **3.17** 이상적인 가솔린 기관인 오토순환. $1 \rightarrow 2$ 과정은 단열 압축과정이고, $2 \rightarrow 3$ 과정은 등부피 과정이고 가솔린이 폭발하면서 열 Q_H를 방출한다. $3 \rightarrow 4$ 과정은 출력과정으로 단열 팽창하고, $4 \rightarrow 1$ 과정은 배기과정으로 연소한 기체를 배출한다. 이때 Q_C만큼의 열이 외부로 배출된다.

이 일어나면서 연소한 기체를 배출한다. 이때 Q_C만큼의 열이 외부로 빠져나간다. 흡입밸브가 열리면서 배출한 양과 거의 같은 양의 연료 혼합물이 들어오므로 전체 과정은 순환 과정(cyclic process)으로 취급할 수 있다.

오토순환 과정에서 열효율을 계산해 보자. 연료 혼합기체를 이상기체라 가정하자. 오토순환 과정에서 흡수한 열 Q_H와 방출한 열 Q_C는 각각

$$Q_H = nC_V(T_3 - T_2) \tag{3.100}$$

$$Q_C = -nC_V(T_4 - T_1) \tag{3.101}$$

이다.

$1 \to 2$ 과정과 $3 \to 4$ 과정은 단열 과정이므로

$$T_1(cV)^{\gamma-1} = T_2 V^{\gamma-1} \tag{3.102}$$

$$T_4(cV)^{\gamma-1} = T_3 V^{\gamma-1} \tag{3.103}$$

이다.

순환 과정의 열효율은

$$\eta = \frac{Q_H - |Q_C|}{Q_H} = \frac{T_3 - T_2 + T_1 - T_4}{T_3 - T_2} \tag{3.104}$$

이다.

단열 과정에서 구한 관계를 대입하면

$$\eta = 1 - \frac{1}{c^{\gamma-1}} \tag{3.105}$$

이다.

오토순환 과정의 열효율은 항상 $\eta < 1$이다. 공기에 대해서 $\gamma = 1.4$이고, 팽창한 부피비를 $c = 8$이라 하면, 열효율은 $\eta = 0.56$이다. 약 56%의 열효율을 갖는다. 이것은 매우 이상적인 경우의 효율이고, 실제로 연료 혼합물은 이상기체가 아니고, 실린더 벽의 마찰, 실린더 벽의 열 흡수, 연료 혼합물의 난류, 불완전 연소 등은 기관의 효율을 떨어뜨린다. 실제 가솔린 기관의 열효율은 약 20% 정도이다.

3.9.2 디젤순환

디젤순환(diesel cycle)은 4단계 순환으로 가솔린 기관의 순환과 비슷하며, 그림 3.18에 디젤순환 과정을 나타내었다. 디젤순환은 압축과정을 시작할 때 실린더에 연료를 분사하지 않는다. 출력과정이 시작되기 바로 전에 흡입밸브가 열려 연료가 분사된다. 연료 분사는 매우 빨리 일어나므로 압력은 거의 일정하다. 3→4 과정의 단열 팽창 과정에서 온도가 높아지므로 연료는 자발적으로 폭발하므로 점화플러그가 필요 없다.

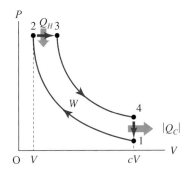

그림 **3.18** 디젤순환 과정. 1→2 과정 동안에 실린더의 기체는 단열압축한다. 이때 연료는 흡입되지 않는다. 2→3 과정 동안에 연료가 흡입되며, 압력은 일정하다. 3→4 과정동안에 실린더는 단열 팽창하면서 연료는 자발적으로 폭발한다. 4→1 과정 동안에 가스는 배출되고, 다시 원래 상태로 되돌아온다.

그림 3.18에서 1→2 과정 동안에 실린더의 기체는 단열압축한다. 이때 연료는 흡입되지 않는다. 2→3 과정 동안에 연료가 흡입되며, 압력은 일정하다. 3→4 과정 동안에 실린더는 단열 팽창하면서 연료는 자발적으로 폭발한다. 4→1 과정 동안에 가스는 배출되고, 다시 원래 상태로 되돌아온다. 디젤순환에서 압축과정은 실린더 내부에 연료가 없는 상태로 일어나기 때문에, 가솔린 기관보다 열효율이 높다. 디젤기관의 팽창률은 $c = 15 \sim 20$ 사이의 값을 가지며 $\gamma = 1.4$인 이상기체를 사용한 이상적인 디젤순환에서 열효율은 $\eta = 0.56$과 0.7 사이의 값을 갖는다. 실제 디젤 기관의 효율은 이상적인 값보다 작다. 디젤 기관은 엔진이 무겁고, 정밀한 제어가 필요하다. 전자 제어 기술의 발달은 열효율이 좋은 디젤엔진을 승용차 및 레저용 차에 장착할 수 있게 하였다.

3.10 냉동기관

열기관은 높은 온도의 열저장체에서 열을 얻어 열기관이 일을 하고 일부의 열을 낮은 온도의 열저장체로 버린다. **냉장고**(refrigerator)는 열기관과 반대로 차가운 열저장체에서 열을 빼앗아 높은 열저장체로 열을 전달한다. 이때 외부에서 일을 해준다. 그림 3.19는 냉장고의 열흐름을 나타낸 그림이다.

냉장고에서 열과 일의 부호를 생각해 보면 Q_C는 양(냉장고가 열을 흡수)이고, 일 W는 음(외부에서 일을 받음)이고, 열 Q_H는 음(외부로 열을 방출)이다. 따라서 $W = -|W|$이

고, $Q_H = -|Q_H|$ 이다. 냉장고의 순환 과정에 열
역학 제1법칙을 적용하면

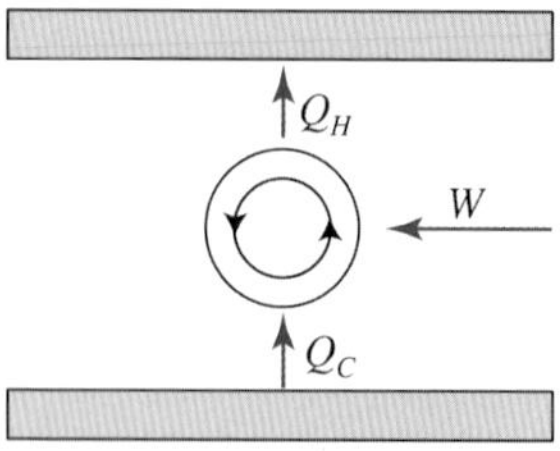

그림 **3.19** 냉장고의 열흐름도

$$Q_H + Q_C - W = 0 \qquad (3.106)$$

또는

$$|Q_H| = Q_C + |W| \qquad (3.107)$$

이다.

냉장고 내의 동작 물질(냉매)이 뜨거운 열저장체로 방출하는 열은 차가운 열저장체에서
추출한 열보다 항상 크다. 냉장고의 효율은 냉장고가 한 일과 차가운 열저장체에서 추출한
열 Q_C의 비인 **성능계수**(performance coefficient) K로 나타낸다.

$$K = \frac{Q_C}{|W|} \qquad (3.108)$$

그런데 식 (3.107)에 의해 $|W| = |Q_H| - Q_C$이므로

$$K = \frac{Q_C}{|W|} = \frac{Q_C}{|Q_H| - Q_C} \qquad (3.109)$$

이다.

가정용 냉장고의 개략적인 동작 구조는 그림 3.20과 같다. **냉매**(refrigerant)가 관을 따라
서 냉장고 내부의 **증발기**(evaporator)를 순환하면서 열을 흡수한 다음 증발하여 기화된다.
이때 냉매는 낮은 온도와 낮은 압력 상태이다. **압축기**(compressor)에 도달한 냉매는 기계적
으로 압축된다. 이때 압축기는 일(외부 일)을 한다. 압축된 냉매의 일부는 액화된다. **응축기**
(condenser)에서 냉매는 액체와 증기 상태로 존재한다. 압축기에 의해서 냉매가 압축되므로
응축기 내부는 온도와 압력이 높다. 이때 발생한 열은 방열판을 통해서 외부(주위 공기)로
배출된다.

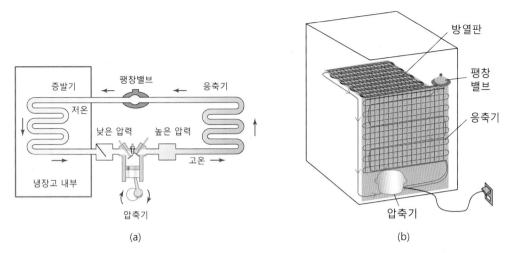

(a)

(b)

그림 **3.20** 냉장고의 구조. (a) 냉장고 내부와 주변 장치 모식도. 차가운 냉매가 냉장고 내부에서 기화하면 압축기에서 기체를 압축하여(이때 열 발생) 팽창밸브를 거치면서 다시 액화된 냉매가 냉장고 내부를 순환한다. (b) 압축기와 응축기를 거치면서 열을 외부에 버린다.

분자 모터(molecular motor)와 모터 단백질(motor protein)이란 무엇인가?

일상생활에서 모터는 전기나 화석 연료의 에너지를 기계적인 일(mechanical work)로 바꾸어 주는 장치를 의미한다. 바람개비 선풍기에 붙어 있는 전기모터는 전기 에너지를 자기유도 현상을 이용하여 모터의 축을 돌리는 기계적인 일로 바꾸어 준다. 가정으로 송전되어 온 전기 에너지는 화력 발전소에서 화석연료를 태워서 발전기를 돌리거나, 원자력 발전소에서 핵에너지를 열로 변화하고 그 열로 발전기를 돌리거나, 태양열 발전소에서 태양의 빛 에너지를 전기로 변환하여 우리에게 송전되어 온 것이다. 이러한 거시적인 세계의 일도 일상생활에서 매우 중요하지만, 생명체의 분자 수준에서의 미시적인 일도 생각해 볼 수 있다.

세포 내에서 작은 크기의 물질들은 확산에 의해서 전달된다. 폐포의 조직에서 산소나 모세혈관의 벽에서 글루코스와 같은 물질은 농도가 높은 곳에서 낮은 곳으로 확산되어 전달된다. 반면 상대적으로 큰 분자의 운송은 **분자 모터**(molecular motor)로 전달되기도 한다. 그림 3.21은 **마이크로튜블**(microtuble) 필라멘트를 따라 움직이는 **키네신**(kinesin) 단백질을 나타낸 것이다. 키네신은 **모터 단백질**(motor protein)의 한 종류이다. 키네신은 ATP를 가수분해하여 에너지를 얻음으로써 마이크로튜블에서 물질을 운송한다. 마이크로튜블은 극성을 띠고 있기 때문에 키네신 분자는 한쪽 방향으로만 움직인다.

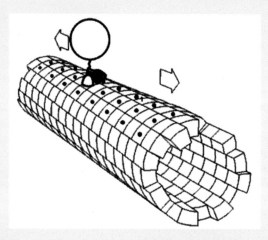

그림 **3.21** 마이크로튜블(microtuble)을 따라서 걷고 있는 키네신(kinesin) 분자의 분자 모터 모형. 걷고 있는 키네신 분자는 수송할 물질(원형)을 머리에 이고서 마이크로튜블 위에서 한쪽 방향으로 이동하는 것에 비유할 수 있다.

[참고사이트]
- https://www.youtube.com/watch?v=-7AQVbrmzFw
- https://www.youtube.com/watch?v=JX2MdZX6Bys

3.1 1몰의 이상기체가 다음과 같은 열역학 과정으로 부피가 2배로 늘어났다.

1) 기체가 등온 팽창할 때 엔트로피 변화량을 구하여라.

2) 기체가 단열 팽창할 때 엔트로피 변화량을 구하여라.

3.2 카르노 냉장고에서 성능계수가

$$K = \frac{T_C}{T_H - T_C}$$

임을 증명하여라.

3.3 발전소에서 600℃의 수증기로 터빈을 돌려 전기를 생산한다. 터빈을 돌린 수증기는 40℃의 냉각탑으로 배출한다. 이 열 엔진을 카르노 사이클로 취급할 때 열효율은 얼마인가?

3.4 온도가 T인 방이 있다. 방의 외부온도는 T_0이며, 일률 P로 동작하는 카르노 엔진이 방의 외부에서 내부로 열을 전한다. 그리고 방은 $a(T - T_0)$의 비율로 열을 잃어버린다. 이때 평형온도를 구하여라.

3.5 카르노 엔진이 높은 온도 T에서 300 J의 열을 추출하여 한 사이클 당 W의 일을 하고 100 J의 열을 20℃의 낮은 온도의 열저장체로 방출한다.

1) 카르노 엔진의 효율을 구하여라.

2) 온도 T를 구하여라.

3.6 고체의 열용량은 온도에 상관없이 거의 일정하다. 고체의 온도가 T에서 $2T$로 증가하였다. 고체의 열용량을 C_V라 할 때 엔트로피 변화량을 구하여라.

3.7 단원자 이상기체가 P－V 도표에서 다음과 같이 순환한다.

1) 순환 과정의 알짜 일을 구하여라.

2) 순환 과정의 효율을 구하여라.

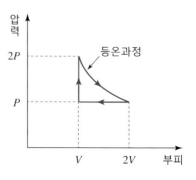

3.8 온도가 T_1이고 열용량이 C_s인 고체를 온도는 T_2이고 열용량이 C_l인 단열용기에 담긴 유체에 넣었더니 두 물체의 온도가 T로 평형상태가 되었다.

1) 온도 T를 구하여라.

2) 전체계의 엔트로피 증가량 ΔS를 구하여라.

3.9 단원자 이상기체가 그림과 같이 순환한다. $1 \rightarrow 2$는 등온 과정, $2 \rightarrow 3$은 등부피과정, $3 \rightarrow 1$은 단열 과정이다.

1) 압력 P_1을 구하여라.

2) 한 사이클 당 계가 한 일 W와 흡수하고 방출한 열을 구하여라.

3) 순환 과정의 효율을 구하여라.

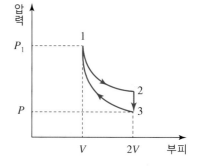

3.10 카르노 냉장고가 200 J의 일을 사용하여 냉장고 내부에서 600 J의 열을 제거한다.

1) 냉장고의 성능계수를 구하여라.

2) 한 사이클 당 외부로 방출하는 열은 얼마인가?

3.11 성능계수가 3.0인 카르노 냉장고가 한 사이클 당 냉장고 내부의 열 60 kJ을 추출한다.

1) 냉장고가 외부로 방출하는 열은 얼마인가?

2) 한 사이클 당 한 일은 얼마인가?

3.12 동작물질이 단원자 이상기체인 카르노 사이클을 $S-T$ 공간에서 고려한다.

    1) $S-T$ 공간에서 카르노 사이클을 그려라.

    2) 각 단계에서 열을 구하여라.

    3) 순환 과정 동안에 한 일을 구하여라.

    4) 순환 과정의 효율을 구하여라.

3.13 온도 $T_1 > T_2 > T_3$ 인 열저장체 사이에서 카르노 엔진이 직렬로 연결되어 동작한다. 전체 엔진의 효율을 구하여라.

CHAPTER 4

열역학 퍼텐셜과 열역학 관계식

CHAPTER 4
열역학 퍼텐셜과 열역학 관계식

열역학 관계식과 열역학 퍼텐셜의 개념은 맥스웰, 볼츠만, 헬름홀츠, 깁스 등에 의해서 발전하였다. 맥스웰(James Clerk Maxwell, 1831~1879, 영국, 물리학자)은 맥스웰 방정식을 1865년《전자기장의 역학이론》이란 저서에서 처음 발표하였다. 윌리엄 톰슨(켈빈)이 패러데이의 유도법칙을 수학적으로 표현한 것에 자극받아 그 때까지 알려진 전자기학의 이론들을 집대성하고 축전기에서 변위전류 개념을 도입하여 20개의 맥스웰 방정식을 발표하였다 (Thomson 1874). 1884년에 올리버 헤비사이드(Oliver Heaviside, 1850~1925, 영국, 물리학자, 전리층 발견, 헤비사이드 함수 발견)는 맥스웰 방정식을 4개로 다시 표현하였다. 이것이 오늘날 우리가 알고 있는 4개의 맥스웰 방정식이다.

맥스웰은 1866년에 기체 분자의 속도 분포에 대한 이론을 발표했으며 나중에 볼츠만에 의해서 완성된 맥스웰-볼츠만 속력분포함수를 발견하였다. 1871년에 열역학 퍼텐셜의 해석적 특성으로부터 맥스웰 관계식을 발견하였다. 맥스웰은 사고 실험을 통해서 1867년에 피터 테이트(Peter Guthrie Tait)에게 쓴 편지에서 맥스웰 도깨비(Maxwell's demon)를 제안하였으며, 1872년 저서《열이론(Theory of Heat)》에서 맥스웰 도깨비를 소개하였다. 사실 맥스웰 도깨비란 말을 처음 사용한 사람은 윌리엄 톰슨(켈빈)으로 1874년 Nature지에 발표한 논문에서 처음 사용하였다(Thomson 1874).

헤르만 폰 헬름홀츠(Hermann Ludwig Ferdinand von Helmholtz, 1821~1894, 독일, 물리학자, 의사)는 전자기학, 열역학, 인간의 시각과 청각에 대한 선구적인 연구에서 많은 업적을 남겼다. 전자기학에서 헬름홀츠 방정식(Helmholtz equation)과 헬름홀츠 코일은 널리 알려진 업적이다. 1847년 발표한 "힘의 보존에 관하여(On the conservation of force)"에서 에너지 보존 법칙을 명쾌하게 설명하였으며, 논문에서 힘은 현재의 에너지에 해당한다. 당시에는 힘과 에너지의 개념이 혼재하여 쓰였다. 그는 일정한 온도에서 닫힌계의 "쓸모 있는 일"을 나타내는 헬름홀츠 자유에너지 개념을 제시하였다.

조시아 윌라드 깁스(Josiah Willard Gibbs, 1839~1903, 미국, 물리학자)는 볼츠만과 함께 고전 통계역학(statistical mechanics)을 완성한 미국의 과학자이다. 특히 통계역학

(statistical mechanics)이라는 말을 처음 사용하였다. 깁스는 미국 예일대학이 있는 매사추세츠주의 뉴헤이븐에서 태어나 전 생애를 그곳에서 보냈으며 평생을 예일대학에서 봉직하였다. 1863년 박사학위를 취득한 후 1863~1866년까지 예일대에서 튜터(tutor)를 지낸 후 1866~1869년까지 여동생들과 함께 유럽을 여행하였다. 이 기간 동안에 깁스는 유럽의 첨단 물리학을 연구하는 과학자들과 교류하였다. 파리에 머무르는 동안 소르본대학과 파리대학에서 조셉 리우빌(Joseph Liouville)의 강의를 들었으며, 베를린에서 수학자 칼 바이에르스트라스(Karl Weierstrass), 크로네커(Leopold Kronecker), 화학자 마그누스(Heinrich Gustav Magnus)의 강의를 들었다. 하이델베르크에서 물리학자 키르히호프(Gustav Kirchhoff), 헬름홀츠(Hermann von Helmholtz), 화학자 분센(Robert Bunsen) 등과 교류하였고 그들의 영향을 받았다.

1871년에 예일대학교 수리물리학 교수로 임명되었고 그 이후에 그는 주옥같은 논문들을 발표하였다. 1873년에 코네티컷 학술원 회보(Transactions of Connecticut Academy)에 열역학적 양들을 기하학적으로 표현하는 내용의 논문을 발표하였다. 이를 그래프 열역학(graphical thermodynamics)이라 한다. 열역학에서 기체를 기술할 때 기체의 상태를 (P, V) 또는 (P, T) 좌표로 나타내는 데 바로 깁스가 최초로 사용한 기하학적 표현법이었다. 깁스는 열역학 방법을 더욱 발전시켜서 그의 방법을 다중–상 화학계(multi-phase chemical systems)에 열역학 방법을 적용한 논문인 "불균질한 물질의 평형에 대해서(On the Equilibrium of Heterogeneous Substances)"를 코네티컷 학술원 회보에 2부로 나누어 1875년과 1878년에 각각 게재하였다. 이 논문은 열역학 제1법칙과 클라우지우스의 열역학 제2법칙을 기반으로 열역학을 다루고 있으며 물리화학(Physical Chemistry)이란 분야를 처음 개척한 논문이었다.

1880년부터 1884년까지 깁스는 헬만 그로스만(Hermman Grossman)의 벡터외적(external product of vector)을 발전시켜서 벡터의 내적(dot product)과 외적(cross product)을 포괄하는 벡터해석(vector analysis)을 발표하였다. 벡터해석은 올리버 헤비사이드도 비슷한 시기에 독립적으로 발견한다. 깁스의 벡터미적분(Vector Calculus)은 1881년부터 1884년까지 예일대학의 학생들을 위한 강의 노트에 소개되었으며, 1901년에 깁스의 제자인 에드윈 윌슨 (Edwin Bidwell Wilson)에 의해서 《벡터해석(Vector Analysis)》이란 책으로 출판되었다. 이 책에는 델(del) 미분을 포함하고 있다. 1876년에는 화학 퍼텐셜(chemical potential) 개념을 도입했으며 1902년에는 통계적 앙상블(statistical ensemble) 개념을 소개하였다. 1902년에 출판한 《통계역학의 기본원리(Elementary Principles in Statistical Mechanics)》는 다체계의 통계적 특성으로부터 열역학의 법칙을 유도하는 내용을 담고 있다(Klein and Martin 1990). 깁스는 앙상블 개념, 물질의 상(phase) 표현, 미시상태(microstate), 미시 바른틀 앙상블(microcanonical ensemble), 바른틀 앙상블(canonical ensemble), 큰 바른틀 앙상블 (grand canonical ensemble) 등의 통계역학의 주요한 개념을 발견하였다. 깁스는 1903년 뉴헤이븐에서 사망하였다.

일반적으로 열역학 변수들은 서로 독립적이지 않다. 이상기체 상태 방정식 $PV = NkT$에서 두 변수를 알면 나머지 하나는 상태 방정식에서 알 수 있다. 다체계의 거시변수들 사이의 관계를 열역학 법칙으로부터 유도해 보자. 입자수 N이 고정된 PVT계(기체계)에서 임의의 특정한 변수 쌍을 독립변수로 택하면 그 변수의 공액변수(conjugate variables)들은 열역학 퍼텐셜의 미분으로 자연스럽게 표현된다. 열역학 변수들 사이의 관계에서 자연스럽게 자유에너지, 엔탈피 등의 개념이 나타나게 된다. 본 장에서는 계의 평형상태를 열역학 변수로 어떻게 규정하는지 알아본다. 또한 계가 평형 상태에 있을 조건이 무엇인지 알아본다.

4.1 열역학 퍼텐셜과 열역학 관계식

부피가 V인 균일한 기체계를 생각해 보자. 기체계는 열역학 변수인 압력, 부피, 온도로 잘 표현할 수 있으므로 PVT계라 부른다. 다른 계(자성계, 유전체계 등)는 다른 열역학 변수들로 표현된다. 계가 가역적으로 변하면 열역학 제1법칙과 열역학 제2법칙에 의해서

$$\text{d}Q = TdS = dE + PdV \tag{4.1}$$

또는

$$dE = TdS - PdV \tag{4.2}$$

인 관계를 만족한다. 이 식을 **열역학 기본 방정식**(fundamental thermodynamic equation) 또는 **열역학 항등식**(thermodynamic identity)이라 한다. 이 식은 깁스(Gibbs)가 처음 썼으며 **깁스의 상태 방정식**(Gibbs' equation of state)이라고 불린다. 이 식을 사용해서 여러 가지 독립변수 쌍에 대한 열역학 관계식을 구해보자.

4.1.1 내부에너지와 (S, V) 독립변수

엔트로피 S와 부피 V를 독립변수로 택해보자. 내부에너지는 독립변수의 함수이므로

$$E = E(S, V) \tag{4.3}$$

로 쓸 수 있다. 임의의 **미소 열역학 과정**(infinitesimal thermodynamic process)에서 내부에너지 변화는

$$dE = \left(\frac{\partial E}{\partial S} \right)_V dS + \left(\frac{\partial E}{\partial V} \right)_S dV \tag{4.4}$$

이다. 식 (4.2)의 열역학 기본 방정식과 이 식을 비교하면

$$T = \left(\frac{\partial E}{\partial S} \right)_V \tag{4.5}$$

$$P = -\left(\frac{\partial E}{\partial V} \right)_S \tag{4.6}$$

이다. 상태함수 E는 편미분의 순서를 바꾸어도 같으므로

$$\frac{\partial}{\partial V} \left[\left(\frac{\partial E}{\partial S} \right)_V \right]_S = \frac{\partial}{\partial S} \left[\left(\frac{\partial E}{\partial V} \right)_S \right]_V \tag{4.7}$$

이다. 따라서

$$\left(\frac{\partial T}{\partial V} \right)_S = -\left(\frac{\partial P}{\partial S} \right)_V \tag{4.8}$$

이다. 이 관계식을 **맥스웰 관계식**(Maxwell relation)이라 한다.

이상기체의 엔트로피

이상기체의 엔트로피를 내부에너지 E와 부피 V로 나타내 보자. 부피 V_0, 온도 T_0, 내부에너지 E_0인 초기 상태에서 계가 가역적으로 나중 상태 V, T, E인 상태가 되었을 때 엔트로피 S를 구해보자.

 풀이

열역학 기본 방정식에서

$$dS = \frac{dE}{T} + \frac{PdV}{T} = \frac{3}{2}Nk\frac{dT}{T} + Nk\frac{dV}{V} \tag{4.9}$$

이고, 양변을 적분하면

$$S - S_0 = \frac{3}{2}Nk\ln\frac{T}{T_0} + Nk\ln\frac{V}{V_0} \tag{4.10}$$

이고, 여기서 S_0는 초기 상태의 엔트로피이다. 따라서

$$S = S_0 + Nk\ln\left[\left(\frac{T}{T_0}\right)^{3/2}\left(\frac{V}{V_0}\right)\right] \tag{4.11}$$

이다. 이상기체의 상태 방정식 $PV = NkT$와 내부에너지 $E = 3NkT/2$를 사용해서 엔트로피를 다시 쓰면

$$S(E, V) = S_0 + Nk\ln\left[\left(\frac{E}{E_0}\right)^{3/2}\left(\frac{V}{V_0}\right)\right] \tag{4.12}$$

이다.

4.1.2 엔탈피(enthalpy)와 (S, P) 독립변수

PVT계에서 엔트로피 S와 압력 P를 독립변수로 택해보자. 열역학 기본 방정식을 엔트로피와 압력을 독립변수로 표현하기 위해서 PdV항을 다시 쓰면

$$PdV = d(PV) - VdP \tag{4.13}$$

이고, 이 식을 열역학 기본 방정식에 대입하면,

$$dE = TdS - PdV = TdS - d(PV) + VdP \tag{4.14}$$

또는

$$d(E + PV) = TdS + VdP \tag{4.15}$$

이다. **엔탈피**(enthalpy) H를

$$H = E + PV \tag{4.16}$$

로 정의한다. 엔탈피는 내부에너지와 같이 완전 미분이고 열역학 과정의 경로에 상관없이 열역학적인 상태에만 의존하는 상태함수이다. 계의 독립변수가 (S, P)이므로 엔탈피 역시 독립변수의 함수로 표현할 수 있다.

$$H = H(S, P) \tag{4.17}$$

미소 열역학 과정에서

$$dH = \left(\frac{\partial H}{\partial S}\right)_P dS + \left(\frac{\partial H}{\partial P}\right)_S dP \tag{4.18}$$

이다. 따라서

$$T = \left(\frac{\partial H}{\partial S}\right)_P \tag{4.19}$$

$$V = \left(\frac{\partial H}{\partial P}\right)_S \tag{4.20}$$

이다. 상태함수 H는 해석적이므로, 두 편미분을 교환해도 변함이 없다. 즉,

$$\frac{\partial^2 H}{\partial P \partial S} = \frac{\partial^2 H}{\partial S \partial P} \tag{4.21}$$

이다. 그러므로

$$\left(\frac{\partial T}{\partial P}\right)_S = \left(\frac{\partial V}{\partial S}\right)_P \tag{4.22}$$

이다. 이 관계는 또 하나의 맥스웰 관계식이다.

엔탈피는 화학반응에서 자주 사용한다. 그 이유를 알아보자. 전하를 띠지 않은 화학 반응을 고려해 보자. 부피가 일정하면 계가 한 일은 $W = P\varDelta V = 0$이므로, 내부에너지의 변화는 바로 일정 부피에서 계가 흡수한 열 Q_V와 같다. 즉,

$$\varDelta E = Q_V \tag{4.23}$$

이다. 대기압 상태에서 일어나는 화학반응은 압력이 일정하므로 열역학 과정에서 부피 변화가 일어난다. 그러므로 내부에너지 변화 $\varDelta E$는 화학변화를 기술하는 적절한 양이 되지 못한다. 압력이 일정하고 계의 부피가 V_1에서 V_2로 변할 때 내부에너지 변화는

$$\varDelta E = E_2 - E_1 = Q_P - P(V_2 - V_1) \tag{4.24}$$

이고, Q_P는 일정한 압력에서 계가 흡수한 열이다. 위 식을 다시 쓰면

$$(E_2 + PV_2) - (E_1 + PV_1) = Q_P \tag{4.25}$$

이다. 왼쪽 괄호 안의 값은 **엔탈피**(enthalpy) H

$$H = E + PV \tag{4.26}$$

이므로

$$\varDelta H = H_2 - H_1 = Q_P \tag{4.27}$$

이다. 즉, 엔탈피 증가는 일정 압력에서 계가 흡수한 열과 같다. 한편, 정압 열용량 C_P는

$$C_P = \left(\frac{\mathrm{d}Q}{dT}\right)_P = \left(\frac{dH}{dT}\right)_P \tag{4.28}$$

와 같이 쓸 수 있다.

일을 하지 않는 과정에서 내부에너지 변화는 계가 흡수하거나 방출하는 열과 같다. 여러 가지 물리적 변화(녹음, 끓음 등)와 생물화학적 변화(화학반응, 대사과정)는 일을 수반하지 않는다. 반면 일정 압력의 열역학 과정에서 엔탈피 변화는 계가 흡수하거나 방출한 열과 같

다. 엔탈피가 감소하는 ($\Delta H < 0$) 화학반응을 **발열반응**(exothermic reaction)이라 하고 계는 열을 방출한다. 반대로 엔탈피가 증가하는 ($\Delta H > 0$) 화학반응을 **흡열반응**(endothermic reaction)이라 하고 계는 반응하는 동안 열을 흡수한다. 어떤 화학반응에서 반응물과 생성물의 엔탈피를 각각 계산하여 그 차이 ΔH를 알면, 반응이 일어날 때 어느 정도의 열이 발생하는지 예측할 수 있다. 만약 많은 양의 열이 발생한다면, 반응할 때 계를 냉각시켜야 한다.

화학반응에서 "전체 반응을 이론적인 몇 개의 반응으로 나눌 수 있을 때 그 반응의 엔탈피 변화는 각 부분의 엔탈피 변화를 합한 것과 같다." 이 사실을 **헤스의 법칙**(Hess' law)이라 한다. 헤스의 법칙은 열역학 법칙의 결과이다. 열도 일종의 에너지이므로 반응과정에서 스스로 생성되거나 소멸되지 않기 때문이다. 예를 들어 이산화탄소의 생성과정을 생각해 보자. 탄소의 산화 과정은

$$C + O_2 \ \rightarrow \ CO_2 \ \Delta H = -394 \ kJ/mol$$

이다. 이 반응은 2개의 화학반응의 합으로 나타낼 수 있다.

$$C + \frac{1}{2}O_2 \ \rightarrow \ CO \ \Delta H = -111 \ kJ/mol$$

$$CO + \frac{1}{2}O_2 \ \rightarrow \ CO_2 \ \Delta H = -283 \ kJ/mol$$

$$\overline{\phantom{CO + \frac{1}{2}O_2 \ \rightarrow \ CO_2 \ \Delta H = -283 \ kJ/mol}}$$

$$C + O_2 \ \rightarrow \ CO_2 \ \Delta H = -394 \ kJ/mol$$

이다.

예제 4.2

이상기체의 엔탈피

이상기체의 엔탈피를 구해보자. (S, P)를 독립변수로 하여 엔탈피를 표현해 보자. 예제 4.1에서 구한 엔트로피를 내부에너지에 대해서 다시 쓰면

$$E = E_0 \left(\frac{V_0}{V} \right)^{2/3} \exp \left[\frac{2}{3} \frac{(S - S_0)}{Nk} \right] \tag{4.29}$$

이다. 따라서

$$P = -\left(\frac{\partial E}{\partial V}\right)_S = \left(\frac{2}{3}E_0\frac{V_0^{2/3}}{V^{5/3}}\right)\exp\left[\frac{2}{3}\frac{(S-S_0)}{Nk}\right] \tag{4.30}$$

이다. 이 식을 다시 쓰면

$$\frac{V}{V_0} = \left(\frac{2E_0}{3PV_0}\right)^{3/5}\exp\left[\frac{2}{5}\frac{(S-S_0)}{Nk}\right] \tag{4.31}$$

이다. 이 식을 엔탈피 식에 대입하면

$$H(S,\,P) = \frac{3}{2}PV + PV = \frac{5}{2}PV$$

$$= \frac{5}{2}PV_0\left(\frac{2E_0}{3PV_0}\right)^{3/5}\exp\left[\frac{2}{5}\frac{(S-S_0)}{Nk}\right] \tag{4.32}$$

이다.

4.1.3 헬름홀츠 자유에너지와 $(T,\,V)$ 독립변수

온도 T와 부피 V를 독립변수로 택하여 보자. 열역학 기본 방정식을 이 두 독립변수로 표현하면

$$dE = TdS - PdV = d(TS) - SdT - PdV \tag{4.33}$$

이고,

$$d(E-TS) = dF = -SdT - PdV \tag{4.34}$$

로 쓸 수 있다. **헬름홀츠 자유에너지**(Helmholtz free energy) F는

$$F = E - TS \tag{4.35}$$

로 정의한다. 헬름홀츠 자유에너지는 내부에너지와 같이 완전 미분이고, 열역학적 경로에 의존하지 않는 상태함수(state function)이다. 온도 T와 부피 V가 독립변수이므로

$$F = F(T,\,V) \tag{4.36}$$

이다. 헬름홀츠 자유에너지는 온도와 부피를 독립변수로 가지면서 내부에너지와 같은 정보를 포함하고 있다. 미소 열역학 과정에 대해서

$$dF = \left(\frac{\partial F}{\partial T}\right)_V dT + \left(\frac{\partial F}{\partial V}\right)_T dV \tag{4.37}$$

이다. 따라서

$$S = -\left(\frac{\partial F}{\partial T}\right)_V \tag{4.38}$$

$$P = -\left(\frac{\partial F}{\partial V}\right)_T \tag{4.39}$$

이다. 헬름홀츠 자유에너지 F는 상태함수이므로

$$\frac{\partial^2 F}{\partial V \partial T} = \frac{\partial^2 F}{\partial T \partial V} \tag{4.40}$$

이므로

$$\left(\frac{\partial S}{\partial V}\right)_T = \left(\frac{\partial P}{\partial T}\right)_V \tag{4.41}$$

인 또 다른 맥스웰 관계식을 얻는다. 헬름홀츠 자유에너지는 일반적으로 자유에너지라 부른다.

예제 4.3

이상기체의 헬름홀츠 자유에너지

이상기체의 헬름홀츠 자유에너지를 구해보자. 예제 4.1에서 구한 이상기체의 내부에너지는

$$E(S, V) = E_0 \left(\frac{V_0}{V}\right)^{2/3} \exp\left[\frac{2}{3}\frac{(S-S_0)}{Nk}\right] \tag{4.42}$$

이다. 그런데 $F = F(T, V)$이므로, 엔트로피를 온도 T의 함수로 표현해야 한다.

$$T = \left(\frac{\partial E}{\partial S}\right)_V = E_0 \frac{2}{3Nk}\left(\frac{V_0}{V}\right)^{2/3}\exp\left[\frac{2}{3}\frac{(S-S_0)}{Nk}\right] \tag{4.43}$$

이다. 따라서 엔트로피는

$$S = S_0 + \frac{3}{2}Nk\ln\left[\left(\frac{3NkT}{2E_0}\right)\left(\frac{V}{V_0}\right)^{2/3}\right] \tag{4.44}$$

이다. 자유에너지는

$$F = E - TS = \frac{3}{2}NkT - TS_0 - \frac{3}{2}NkT\ln\left[\left(\frac{3}{2}\frac{NkT}{E_0}\right)\left(\frac{V}{V_0}\right)^{2/3}\right] \tag{4.45}$$

이다. 그런데 $E_0 = 3NkT_0/2$이므로

$$F = E - TS = \frac{3}{2}NkT - TS_0 - \frac{3}{2}NkT\ln\left[\left(\frac{T}{T_0}\right)\left(\frac{V}{V_0}\right)^{2/3}\right] \tag{4.46}$$

이다.

4.1.4 깁스 자유에너지와 독립변수 (T, P)

거시계의 독립변수를 온도 T와 압력 P로 택하자. 열역학 기본 방정식을 온도와 압력을 독립변수로 하여 나타내면,

$$dE = TdS - PdV = d(TS) - SdT - d(PV) + VdP \tag{4.47}$$

이고,

$$d(E - TS + PV) = dG = -SdT + VdP \tag{4.48}$$

이다. **깁스(Gibbs) 자유에너지** G는

$$G = E - TS + PV = F + PV = H - TS \tag{4.49}$$

로 정의한다. 온도 T와 압력 P가 독립변수이므로

$$G = G(T, P)$$

이고, 미소 열역학 과정에 대해서

$$dG = \left(\frac{\partial G}{\partial T}\right)_P dT + \left(\frac{\partial G}{\partial P}\right)_T dP \tag{4.50}$$

이다. 따라서

$$S = -\left(\frac{\partial G}{\partial T}\right)_P \tag{4.51}$$

$$V = \left(\frac{\partial G}{\partial P}\right)_T \tag{4.52}$$

이다. 깁스 자유에너지 역시 상태함수이므로

$$\frac{\partial^2 G}{\partial P \partial T} = \frac{\partial^2 G}{\partial T \partial P} \tag{4.53}$$

이다. 따라서

$$-\left(\frac{\partial S}{\partial P}\right)_T = \left(\frac{\partial V}{\partial T}\right)_P \tag{4.54}$$

인 맥스웰 관계식을 얻는다.

예제 4.4

이상기체의 깁스 자유에너지

예제 4.3에서 구한 헬름홀츠 자유에너지와 이상기체의 상태 방정식을 사용하여 깁스 자유에너지 $G = G(P, T)$를 구하면

$$G = F + PV = \frac{3}{2}NkT - TS_0 - NkT\ln\left[\left(\frac{T}{T_0}\right)^{5/2}\left(\frac{P_0}{P}\right)\right] + NkT \tag{4.55}$$

$$= \frac{5}{2}NkT - TS_0 - NkT\ln\left[\left(\frac{T}{T_0}\right)^{5/2}\left(\frac{P_0}{P}\right)\right] \tag{4.56}$$

이다.

4.1.5 화학 퍼텐셜과 큰 퍼텐셜

기체계에서 입자수를 늘리면 함께 커지는 **크기변수**(extensive variable)는 입자수 N, 내부에너지 E, 부피 V, 엔트로피 S 등이다. 이제 엔트로피를 크기변수의 함수로 표현해 보면

$$S = S(E, V, N) \tag{4.57}$$

이다.

미소 열역학 과정에서 엔트로피의 변화는

$$dS = \left(\frac{\partial S}{\partial E} \right)_{V,N} dE + \left(\frac{\partial S}{\partial V} \right)_{E,N} dV + \left(\frac{\partial S}{\partial N} \right)_{E,V} dN \tag{4.58}$$

이다. 앞에서 정의한 온도와 압력에 대한 식을 사용하면

$$\frac{1}{T} = \left(\frac{\partial S}{\partial E} \right)_{V,N} \tag{4.59}$$

$$\frac{P}{T} = \left(\frac{\partial S}{\partial V} \right)_{E,N} \tag{4.60}$$

이다. 마지막 항은 계의 입자수 변화 때문에 발생하는 엔트로피 증가량에 해당하며 **화학 퍼텐셜**(chemical potential)을 다음과 같이 정의한다.

$$\frac{\mu}{T} = -\left(\frac{\partial S}{\partial N} \right)_{E,V} \tag{4.61}$$

화학 퍼텐셜에 대한 물리적 의미는 나중에 상세히 다룰 예정이다. 온도, 압력, 화학 퍼텐셜에 대한 표현을 사용하면 엔트로피 변화량은

$$dS = \frac{1}{T} dE + \frac{P}{T} dV - \frac{\mu}{T} dN \tag{4.62}$$

이고, 이 식을 다시 쓰면

$$dE = TdS - PdV + \mu dN \tag{4.63}$$

이 된다. 이 식은 입자수 변화를 포함하는 일반적인 열역학 기본 방정식이다.

만약 내부에너지를 크기변수로 표현하면

$$E = E(S, V, N) \tag{4.64}$$

이고 미소 열역학 과정에서

$$dE = \left(\frac{\partial E}{\partial S}\right)_{V,N} dS + \left(\frac{\partial E}{\partial V}\right)_{S,N} dV + \left(\frac{\partial E}{\partial N}\right)_{S,V} dN \tag{4.65}$$

이 된다. 앞에서 구한 일반적인 열역학 기본 방정식과 비교하면

$$T = \left(\frac{\partial E}{\partial S}\right)_{V,N} \tag{4.66}$$

$$P = -\left(\frac{\partial E}{\partial V}\right)_{S,N} \tag{4.67}$$

$$\mu = \left(\frac{\partial E}{\partial N}\right)_{S,V} \tag{4.68}$$

이다.

열역학 변수 T, V, μ로 표현되는 열역학 퍼텐셜은 매우 유용하다. 기체의 경우에 온도와 부피는 쉽게 조절할 수 있는 변수이기 때문이다. **란다우 퍼텐셜**(Landau potential) 또는 **큰 퍼텐셜**(Grand potential)은

$$\begin{aligned} \Omega(T, V, \mu) &= F - \mu N \\ &= E - TS - \mu N \end{aligned} \tag{4.69}$$

으로 정의한다.

헬름홀츠 자유에너지의 변화량은

$$dF = dE - d(TS) = dE - TdS - SdT \tag{4.70}$$

이고, 열역학 기본 방정식 $dE = TdS - PdV + \mu dN$을 대입하면

$$\begin{aligned} dF &= (TdS - PdV + \mu dN) - TdS - SdT \\ &= -SdT - PdV + \mu dN \end{aligned} \tag{4.71}$$

이다.

따라서 큰 퍼텐셜의 미소 변화량은

$$dΩ = dF - μdN - Ndμ$$

$$= -SdT - PdV + μdN - μdN - Ndμ$$

$$= -SdT - PdV - Ndμ \tag{4.72}$$

이다.

  그러므로

$$S = -\left(\frac{\partial Ω}{\partial T}\right)_{V,μ} \tag{4.73}$$

$$P = -\left(\frac{\partial Ω}{\partial V}\right)_{T,μ} \tag{4.74}$$

$$N = -\left(\frac{\partial Ω}{\partial μ}\right)_{T,V} \tag{4.75}$$

이다. 한편 미소 가역 과정에 대해서 엔탈피와 깁스 자유에너지에서 입자수 변화를 포함하도록 표현하면

$$dH = TdS + VdP + μdN \tag{4.76}$$

이고

$$dG = -SdT + VdP + μdN \tag{4.77}$$

이다. 이 두 식은 일반화된 열역학 기본 방정식을 이용하여 쉽게 유도할 수 있다. 깁스 퍼텐셜 G를 독립변수 (T, P, N)으로 표현해 보자. 깁스 퍼텐셜은 다른 퍼텐셜과 같이 입자수에 비례하는 크기변수이므로 깁스 퍼텐셜을 입자수에 비례하게 표현하면,

$$G = Ng(T, P) \tag{4.78}$$

로 쓸 수 있다. 여기서 $g(T, P)$는 입자수를 변수로 갖지 않고 (T, P)만의 함수이다. $g(T, P)$의 의미는 입자 당 깁스 자유에너지이다. 따라서

$$\left(\frac{\partial G}{\partial N}\right)_{T,P} = g(T, P) \tag{4.79}$$

이고

$$\left(\frac{\partial G}{\partial N}\right)_{T,P} = \mu \tag{4.80}$$

이다. 따라서

$$\mu = \frac{G}{N} = g(T, P) \tag{4.81}$$

이다. 즉, 화학 퍼텐셜은 입자 당 깁스 자유에너지와 같다. 즉,

$$G = \mu N \tag{4.82}$$

이다.

깁스 자유에너지에 대한 표현 $G = F + PV$와 큰 퍼텐셜의 정의 $\Omega = F - \mu N$을 결합하면

$$\Omega = F - \mu N = F - G = F - (F + PV) = -PV \tag{4.83}$$

이다.

즉, 큰 퍼텐셜은 단순히

$$\Omega = -PV \tag{4.84}$$

이다.

4.1.6 맥스웰 관계식과 열역학 함수

앞의 네 절에서 열역학 기본 방정식으로부터 열역학 변수 (T, S, P, V) 사이의 관계를 얻었다. 이 관계식들은 각각 (S, V), (S, P), (T, V) 그리고 (T, P) 등을 독립변수로 택했을 때 얻은 식이다. 즉, **맥스웰 관계식**(Maxwell relation)은

$$\left(\frac{\partial T}{\partial V}\right)_S = -\left(\frac{\partial P}{\partial S}\right)_V \tag{4.85}$$

$$\left(\frac{\partial T}{\partial P}\right)_S = \left(\frac{\partial V}{\partial S}\right)_P \tag{4.86}$$

$$\left(\frac{\partial S}{\partial V}\right)_T = \left(\frac{\partial P}{\partial T}\right)_V \tag{4.87}$$

$$-\left(\frac{\partial S}{\partial P}\right)_T = \left(\frac{\partial V}{\partial T}\right)_P \tag{4.88}$$

이다.

이 관계식은 네 개의 열역학 변수 중에서 오로지 두 개만이 독립변수라는 사실에 근거를 두고 있다. 다른 두 개의 가능한 조합 (T, S)와 (P, V)에 대한 맥스웰 관계식도 같은 방법으로 유도할 수 있다. 네 개의 변수 중에서 두 개의 변수만이 독립적인 이유는 엔트로피가 내부에너지 E와 부피 V의 함수이기 때문이며, 온도 T와 압력 P는 각각 엔트로피를 내부에너지와 부피에 대한 편미분으로 표현된다. 앞 절에서 내부에너지, 엔탈피, 헬름홀츠 자유에너지 그리고 깁스 자유에너지 등이 열역학 변수의 편미분으로 표현되었다. 이 함수들을 열역학 퍼텐셜(thermodynamics potential)이라고 부르며 각각의 독립변수는 다음과 같다.

$$E = E(S, V) \tag{4.89}$$

$$H = H(S, P) = E + PV \tag{4.90}$$

$$F = F(T, V) = E - TS \tag{4.91}$$

$$G = G(T, P) = E - TS + PV \tag{4.92}$$

$$= \mu N \tag{4.93}$$

$$\Omega = F - \mu N = E - TS - \mu N \tag{4.94}$$

$$= -PV \tag{4.95}$$

이고, 미소 열역학 과정에 대해서

$$dE = TdS - PdV \tag{4.96}$$

$$dH = TdS + VdP \tag{4.97}$$

$$dF = -SdT - PdV \tag{4.98}$$

$$dG = -SdT + VdP \tag{4.99}$$

이다.

미소 열역학 과정에서 입자수의 변화를 포함하면

$$dH = TdS + VdP + \mu dN \tag{4.100}$$

$$dF = -SdT - PdV + \mu dN \tag{4.101}$$

$$dG = -SdT + VdP + \mu dN \tag{4.102}$$

$$d\Omega = -SdT - PdV - Nd\mu \qquad (4.103)$$

이다.

4.2
르장드르 변환과
열역학 퍼텐셜

물리학에서 **르장드르 변환**(Legendre transformation)은 빈번히 사용되며, 열역학 퍼텐셜을 정의할 때 르장드르 변환이 자연스럽게 나타난다. 4.1절에서 우리는 이미 르장드르 변환을 사용하였다. 르장드르 변환은 한 변수를 다른 변수로 변환하는 수학적 방법의 하나이다. 임의의 함수 $y = f(x)$를 생각해 보자. 이 함수가 어떤 영역에서 잘 정의되는 함수이고, 도함수 $f'(x) = df/dx$가 존재한다. 또한 $f(x)$는 아래로 볼록한 함수(convex down)이다. 즉, $f''(x) > 0$이다. 그림 4.1과 같이 임의의 x에서 함수의 기울기

$$p = f'(x) \qquad (4.104)$$

와 점 $(x, f(x))$를 지나는 접선이 유일하게 정의된다.

르장드르 변환은 $(x, f(x)) \to (p, g(p))$로 변환을 의미한다. 즉, 각 점 x에서 접선의 기울기 p를 새로운 변수로 택한다. 그림 4.1과 같이 접선의 방정식은

$$f(x) = px - g \qquad (4.105)$$

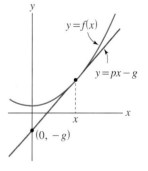

그림 **4.1** 르장드르 변환은 함수 $f(x)$를 임의의 x 점에서 접선의 기울기 p로 변환한다.

이다. 여기서 g는 접선의 y 절편이다. 르장드르 변환을 구하는 과정을 다시 정리하면 $f(x)$가 잘 정의되는 함수이고 아래로 볼록한 함수임을 확인한 후, 임의의 점에서 기울기를 새로운 변수 $p = f'(x)$로 택한다. 르장드르 변환 함수

$$g = px - f(x) \qquad (4.106)$$

를 구한다. 기울기 $p = f'(x)$의 역함수를 구하여 기존의 변수를 새 변수로 표현한다. 즉,

$$x = x(p) \qquad (4.107)$$

를 구한다. 르장드르 변환 함수를 변수 p로

$$g(p) = px(p) - f(x(p)) \tag{4.108}$$

표현한다. 보통 함수 g를 르장드르 변환의 **생성함수**(generating function)이라 부른다.

예제 4.5

$f(x) = \dfrac{1}{2}x^2$의 르장드르 변환을 구하여라.

함수 $f(x)$는 실수 공간에서 잘 정의되는 함수이고 아래로 볼록한 함수이다. 이 함수의 도함수는

$$p = f'(x) = x \tag{4.109}$$

이다. 르장드르 변환 생성함수는

$$g(p) = px - f(x) = px - \frac{1}{2}x^2 \tag{4.110}$$

인다. 그런데 $x = p$이므로 르장드르 변환 함수를 새 변수 p로 표현하면

$$g(p) = p^2 - \frac{1}{2}p^2 = \frac{1}{2}p^2 \tag{4.111}$$

이다. 함수 $f(x)$는 르장드르 변환에 의해서 함수의 꼴이 변하지 않는다.

예제 4.6

길이 R인 질량을 무시할 수 있는 막대의 끝에 질량 m인 입자가 달려있는 진자를 생각해보자. 이 진자가 수직축과 이루는 각을 θ라 할 때 이 진자의 라그랑지안은

$$\mathcal{L}(\theta, \omega) = \frac{1}{2}I\omega^2 - mgR\cos\theta \tag{4.112}$$

이다. 각속력 ω에 대한 르장드르 변환을 구하여라.

풀이

라그랑지안은 회전 운동에너지 $K = \dfrac{1}{2}I\omega^2 = \dfrac{1}{2}mR^2\omega^2$ 과 위치 에너지 $V = mgR\cos\theta$ 의 차이로 나타난다. 즉

$$\mathcal{L}(\theta, \omega) = K - V = \frac{1}{2}mR^2\omega^2 - mgR\cos\theta \tag{4.113}$$

이다. 라그랑지안을 르장드르 변환해 보자. 새로운 변수를 p 라 하면

$$p(\omega) = \frac{d\mathcal{L}}{d\omega} = mR^2\omega \tag{4.114}$$

이다. 이 식의 역함수는

$$\omega = \frac{p}{mR^2} \tag{4.115}$$

이다. 르장드르 변환 함수는

$$g(p) = p\omega(p) - \mathcal{L}(\omega(p)) = p\omega - \frac{1}{2}mR^2\omega^2 + mgR\cos\theta \tag{4.116}$$

이고, ω 를 대입하면

$$g(p) = p\omega - \frac{1}{2}mR^2\omega^2 + mgR\cos\theta = \frac{p^2}{mR^2} - \frac{1}{2}mR^2\left(\frac{p}{mR^2}\right)^2 + mgR\cos\theta$$

$$= \frac{p^2}{2mR^2} + mgR\cos\theta \tag{4.117}$$

이다. 그런데 $p = mR^2\omega = I\omega = L$ 이다. 즉, p 는 사실 계의 각운동량 L 과 같다. 또한 르장드르 생성함수를 $g = H$, 즉 해밀토니안으로 표현하면

$$H = \frac{L^2}{2mR^2} + mgR\cos\theta \tag{4.118}$$

이 된다. 즉 라그랑지안의 르장드르 변환의 생성함수는 해밀토니안

$$H = K + V \tag{4.119}$$

이 된다.

4.1절에서 살펴보았듯이 열역학 퍼텐셜은 다변수 함수이다. 다변수 함수의 르장드르 변환은 다음과 같다. 두 변수함수 $f(x, y)$의 미소 변화량은

$$df = \left(\frac{\partial f}{\partial x}\right)_y dx + \left(\frac{\partial f}{\partial y}\right)_x dy$$
$$= u dx + v dy \tag{4.120}$$

이다. 여기서

$$u = \left(\frac{\partial f}{\partial x}\right)_y \tag{4.121}$$

$$v = \left(\frac{\partial f}{\partial y}\right)_x \tag{4.122}$$

이다. 이제 두 변수 (x, y)를 새 변수 (u, y)로 르장드르 변환은

$$g = f - ux \tag{4.123}$$

이다. 앞에서 정의한 르장드르 변환과 부호가 바뀌어 있지만 차이는 없다. 기체계의 내부에너지는 $E = E(S, V, N)$의 함수이다. 열역학 기본 방정식에 의하면

$$dE = TdS - PdV + \mu dN \tag{4.124}$$

이다.

이제 엔트로피 S 대신에 온도 T로 르장드르 변환을 통해 헬름홀츠 자유에너지에 대해 살펴 보자. 열역학 기본 방정식에서

$$T = \left(\frac{\partial E}{\partial S}\right)_{V, N} \tag{4.125}$$

이므로 온도 T는 V, N을 고정한 상태에서 내부에너지 E의 엔트로피 S에 대한 기울기이다. 또한 내부에너지는 엔트로피에 대해서 아래로 볼록한 함수이다. 즉,

$$\left(\frac{\partial^2 E}{\partial S^2}\right)_{V, N} = \left(\frac{\partial T}{\partial S}\right)_{V, N} = \left(\frac{\partial S}{\partial T}\right)_{V, N}^{-1} > 0 \tag{4.126}$$

을 만족한다. 따라서 $S \rightarrow T$로 르장드르 변환을 할 수 있다. 먼저 엔트로피를 온도의 함수

$S = S(T)$로 변환한다. 르장드르 변환 함수

$$g(T) = TS(T) - E(S(T), V, N) \tag{4.127}$$

를 구한다. 이 르장드르 변환 함수는 사실 헬름홀츠 자유에너지 $F = -g$이다. 헬름홀츠 자유에너지는 엔트로피보다는 실험적으로 조절 가능한 온도를 독립변수로 갖는 열역학 퍼텐셜로 변환되었다. 즉,

$$F = F(T, V, N) = E - TS \tag{4.128}$$

이다.

헬름홀츠 자유에너지와 비슷한 과정을 통해서 $V \to P$ 르장드르 변환하면 엔탈피를 얻으며, 내부에너지는 엔탈피

$$H(S, P, N) = E(S, V(P), N) + PV(P) \tag{4.129}$$

로 변환된다. 또한 변수 2개를 동시에 르장드르 변환하면 깁스 에너지를 얻을 수 있다. 즉, $S \to T$, $V \to P$ 르장드르 변환하면 깁스 자유에너지

$$G(T, P, N) = E - TS(T) + PV(P) \tag{4.130}$$

를 얻는다. 끝으로 깁스 자유에너지를 $N \to \mu$로 르장드르 변환하면 큰 퍼텐셜

$$\Omega(T, P, \mu) = G - \mu N \tag{4.131}$$

을 얻는다.

4.3 열역학 퍼텐셜과 화학 퍼텐셜의 의미

앞에서 소개한 자유에너지와 화학 퍼텐셜의 의미를 살펴보자. 4.1절에서 내부에너지 E와 엔탈피 H의 의미는 이미 살펴보았다. 부피가 일정한 경우에 계는 부피 팽창에 의한 일을 하지 않기 때문에 계가 흡수한 열을 모두 내부에너지로 변환시킨다. 즉, $Q_V = \Delta E$이다. 압력이 일정한 경우에 엔탈피는 계가 흡수하거나 방출하는 열과 관계된다. 엔탈피가 많이 사용되는 경우는 대기압에 노출된 상태에서 실험하는 경우이다. 계의 압력과 대기압이 평형을 이루고 있을 때, 압력이 1기압인 등압력 과정이 된다.

등압력 과정에서 기체가 팽창하는 경우에 엔탈피를 살펴보자. 압력이 일정하므로 기체가 팽창할 때 기체가 한 일은 $W = P\Delta V = \Delta(PV)$이다. 열역학 제1법칙에서 $\Delta E = Q_P - W = Q_P - \Delta(PV)$이므로 $Q_P = \Delta(E + PV) = \Delta H$이다. 즉, 등압력 과정에서 계가 흡수한 열의 일부는 기체의 내부에너지 증가에 쓰이고, 일부는 계의 부피를 늘리는 일로 쓰였다. 이는 흡수한 열이 기체가 차지하는 공간을 확보하는데 쓰인 것이다. 만약 팽창한 기체가 다시 원래 상태로 되돌아온다면, 계는 Q_P 만큼의 열을 주변 환경에 반환하여야 한다. 이때 계는 $P\Delta V$ 만큼의 에너지를 되돌려 받는다.

계가 온도 T인 열저장체와 열접촉한 상태에서 변하는 가역적인 열역학 과정에서 헬름홀츠 자유에너지를 살펴보자. 계는 열저장체와 평형을 이루고 있으므로 계의 온도 역시 T로 일정하다. 등온 과정에서 계의 내부에너지 변화는

$$\Delta E = Q - W = \Delta(TS) - W \tag{4.132}$$

이다. 계가 팽창하여 외부에 일을 하는 경우에 계의 내부에너지의 변화량은 계가 외부에 한 일 W 만큼 줄어든다. 그런데 계는 온도 T인 열저장체와 열접촉하여 일정한 온도를 유지하고 있기 때문에 계가 팽창하면서 생성된 엔트로피에 해당하는 열 $\Delta(TS) = T\Delta S$가 저절로 열저장체에서 계로 흘러들어 온다. 계는 열저장체로부터 공짜로 열을 얻게 된다. 팽창했던 계가 다시 원래 상태로 되돌아갈 때 계가 할 수 있는 최대 일은 (가역 과정으로 한 일) W이다. 열저장체에서 공짜로 얻었던 열 $\Delta(TS)$는 되돌려 주어야 하기 때문에 계가 할 수 있는 최대 일은

$$W = -\Delta(E - TS) = -\Delta F \tag{4.133}$$

이다. 즉, 등온 과정에서 계가 **할 수 있는 일**(available work)[1]은 계의 헬름홀츠 자유에너지의 변화량과 같다.

온도가 일정할 뿐만 아니라 압력까지 일정한 경우에 깁스 에너지를 살펴보자. 아무것도 없던 상태에서 부피 V이고, 내부에너지 E, 엔트로피 S인 계를 생성할 때 필요한 일은

$$G = E - TS + PV \tag{4.134}$$

---

[1] 헬름홀츠 자유에너지의 변화량이 등온 과정에서 계가 '할 수 있는 일(available work)'과 같기 때문에 많은 책에서 Helmholtz free energy를 F가 아니라 A로 표기하기도 한다.

이다. 일정한 압력 하에서 부피 V인 공간을 확보하기 위해서 PV 만큼의 일을 환경에 대항해서 해주어야 한다, 한편 계는 일정한 온도 T인 열저장체와 열접촉하고 있으므로 TS 만큼 열이 계로 저절로 흘러들어오므로 계를 생성하기 위한 일은 $G = E - TS + PV$이다. 반대로 이 계를 완전히 소멸시킨다면 공짜로 얻었던 열 TS를 환경에 반환하여야 하고, 공간을 확보하는데 환경에 해 주었던 일 PV는 되돌려 받는다. 따라서 계가 완전히 소멸될 때 우리가 얻을 수 있는 순수한 일은 G이다.

일정한 압력과 일정한 온도에서 계가 팽창할 때 계의 내부에너지 변화는 $\Delta E = Q - W = T\Delta S - P\Delta V - W_{\text{other}}$이고, W_{other}는 부피 팽창에 의한 일 이외에 계가 한 일을 의미한다. 온도와 압력이 일정하므로

$$\Delta G = \Delta(E - TS + PV) = -W_{\text{other}} \tag{4.135}$$

와 같다. 계가 부피 팽창에 의한 일 외에 다른 종류의 일을 할 때 계가 한 일은

$$W_{\text{other}} = -\Delta G \tag{4.136}$$

와 같다. 즉, 계가 부피 변화 이외의 방식으로 할 수 있는 일은 내부에너지 변화량 ΔE에서 열저장체에 되돌려 주어야하는 공짜 열 $T\Delta S$를 빼고, 부피가 줄어든 만큼 열저장체가 계로부터 되돌려 받는 일 $P\Delta V$를 더해 준 ΔG 변화량과 같다.

화학 퍼텐셜(chemical potential)은 다른 열역학 퍼텐셜에 비해서 좀 더 생소한 개념이다. 그러나 화학이나 생물학의 화학반응에서 흔히 볼 수 있는 물리량이다. 앞에서 유도한 열역학 기본 방정식 $dE = TdS - PdV + \mu dN$에서 계의 입자수가 증가하면 내부에너지는 μdN 만큼 변함을 의미한다. 이처럼 화학 퍼텐셜은 계에 입자가 더해지거나 빠져나가는 **확산 상호작용**(diffusive interaction)과 관련되어 있다. 열역학계에서 입자의 퍼텐셜 에너지는 한 입자와 그 나머지 입자들 사이의 상호작용에 의존한다. 그런데 입자의 퍼텐셜 에너지는 퍼텐셜의 기준점에 대해서 상대적으로 결정된다. 입자가 하나만 있는 경우 퍼텐셜 에너지의 기준점은 어디를 택하던지 문제가 되지 않는다. 예를 들어서 지상에서 높이 h인 지점에 있는 질량 m인 입자의 중력 위치 에너지는 지상을 기준으로 삼을 수도 있고 지구 중심으로부터 무한히 멀리 떨어져 있는 지점을 기준으로 삼을 수도 있다.

그러나 다체계들 사이에서 입자 교환이 일어나는 경우에 퍼텐셜 에너지의 기준점은 문제가 되면 퍼텐셜 에너지의 기준을 통일해 주어야 한다. 보통 퍼텐셜 에너지의 기준은 고립된

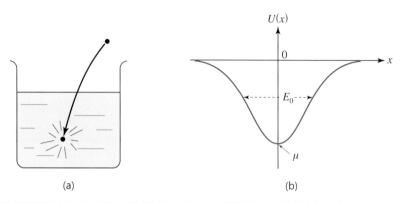

그림 **4.2** 화학 퍼텐셜의 의미. (a) 고립된 계에 있는 열적 에너지가 전혀 없는 입자의 퍼텐셜 에너지는 $E_1 = K_1 = U_1 = 0$이다. 이 입자가 새로운 환경에 놓이면 입자가 느끼는 퍼넨셜 에너지는 달라진다. (b) 다체계에 투입된 입자가 느끼는 유효 퍼텐셜 에너지 곡선. 퍼텐셜 에너지의 최소점은 μ이다. 입자들이 서로 잡아당기는(인력) 상호작용을 하면 $\mu < 0$이고, 입자의 총에너지는 $E_0 = K + U < 0$이다. 즉 입자는 계에 구속되어 있다.

입자들이 아무런 상호작용을 하지 않는 상태를 기준점으로 택한다. 즉, 모든 입자들이 무한히 멀리 떨어져 있을 때 퍼텐셜 에너지가 영이 되도록 택한다. 고립된 상태에서 열적 에너지가 영인 입자, 즉 운동에너지와 퍼텐셜 에너지가 영인($K = U = 0$) 입자가 다체계에 들어오는 경우를 생각한다. 그림 4.2(a)와 같이 자유 공간에 있던 입자가 다체계에 투입되는 경우에 입자들 사이의 인력 상호작용 때문에 들어온 입자는 새로운 계에서 새로운 퍼텐셜 환경에 놓이게 된다. 그림 4.2(b)는 다체계에 투입된 입자가 새로운 환경에서 느끼게 되는 퍼텐셜 에너지 곡선을 나타낸 것이며, 퍼텐셜 에너지는 최소 퍼텐셜 에너지 μ인 잡아당기는 상호작용을 한다. 이 입자가 계에 투입되기 전에 열적 에너지를 갖지 않는다면 입자는 모두 퍼텐셜 에너지만 가질 것이기 때문에 $E_1 = \mu$가 된다. 다체계 환경에 투입된 입자가 가지게 되는 최소 퍼텐셜 에너지를 **화학 퍼텐셜**(chemical potential)이라 하고, 보통 μ로 표현한다.

계에 열을 전혀 추가하지 않으면서($Q = W = 0$) 입자 ΔN개가 다체계에 추가될 때, 계의 내부에너지 변화량은

$$\Delta E = \mu \Delta N \tag{4.137}$$

이 된다.

그러나 입자가 낮은 퍼텐셜 에너지를 갖는 환경으로 들어올 때, 입자는 퍼텐셜 에너지 차이에 해당하는 운동에너지를 얻게 된다. 예를 들어 높이 h인 절벽 위에서 질량 m인 입자를 떨어뜨리면, 입자가 절벽의 바닥에 도착했을 때 운동에너지는 $K = -\Delta U = mgh$이다. 이 입

자가 바닥과 충돌하고 나서 운동에너지는 열에너지와 같은 다른 에너지로 변환된다. 이와 비슷하게 고립된 계에 있는 입자 하나가 퍼텐셜 에너지 깊이 μ인 계에 추가될 때 한 개의 입자가 얻은 열은

$$\Delta Q = -\mu \tag{4.138}$$

이다. 이 열은 투입된 입자와 다체계의 결합된 계에 흡수된다. 계가 인력 상호작용을 하면 $\mu < 0$이고, 척력 상호작용을 하면 $\mu > 0$이다. ΔN개의 입자가 계에 추가되면, 새로운 결합 계에서 증가한 열은

$$\Delta Q = -\mu \Delta N \tag{4.139}$$

이고,

$$\mu = -\frac{\Delta Q}{\Delta N} \tag{4.140}$$

이다.

그림 4.3은 황산(H_2SO_4)을 물에 섞을 때 화학 퍼텐셜에 의해서 열이 발생하는 상황을 나타낸 것이다. 우리는 화학 실험실에서 이러한 상황을 자주 보게 된다. 황산분자와 물분자는 모두 극성분자이므로 양전하의 중심과 음전하의 중심이 분리되어 있어서 전기쌍극자 모멘트를 가지고 있다. 따라서 황산분자가 물속에 들어오면 주변의 극성 물분자와 인력 상호작용을 하게 되어 더 낮은 퍼텐셜 에너지 상태에 놓이게 된다. 물속에 황산분자를 ΔN개 넣으면 $\Delta Q = -\mu \Delta N$에 해당하는 열이 외부로 방출되어 용액의 온도가 급격히 올라간다.

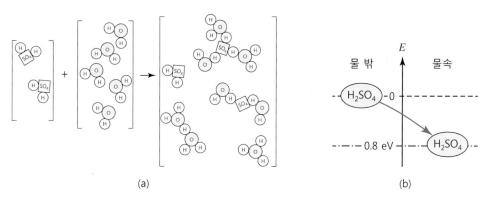

(a)　　　　　　　　　　　　　　　　　　(b)

그림 **4.3** (a) 황산(H_2SO_4) 분자가 묽은 황산용액에 추가되면 극성분자들은 서로 인력 상호작용을 한다. (b) 황산분자가 물 밖에 있을 때 에너지는 0이고 묽은 황산용액 환경에 들어오면 화학 퍼텐셜이 $\mu = -0.8$ eV인 환경에 놓이게 된다. 황산분자가 용액에 추가되면 이 화학 퍼텐셜에 해당하는 열이 발생한다.

상온에서 물 1 m^{3}에 어떤 분자 10^{22}개를 넣었더니 물의 온도가 0.5℃ 상승하였다. 물속에서 이 분자의 화학 퍼텐셜은 얼마인가?

 풀이

물의 1 m^{3}의 열용량은 약 4,200 J/℃이므로 물의 온도가 0.5℃ 상승하였을 때 발생한 열은

$$\Delta Q = (4{,}200 \text{ J/℃})(0.5℃) = 2{,}100 \text{ J}$$

의 열이 발생한다. 따라서 화학 퍼텐셜은

$$\mu = -\frac{\Delta Q}{\Delta N} = -\frac{2{,}100 \text{ J}}{10^{22}} = -2.1 \times 10^{-19} \text{ J} = -\frac{2.1 \times 10^{-19} \text{ J}}{1.6 \times 10^{-19} \text{ J}} 1 \text{ eV} = -1.3 \text{ eV}$$

이다.

　화학 퍼텐셜은 입자가 투입되는 다체계의 물리적 상태에 의존한다. 계의 온도, 압력, 입자의 농도 등은 화학 퍼텐셜에 영향을 주는 대표적인 물리적 변수이다. 온도가 올라가면 다체계에서 입자들의 움직임이 빨라지므로 열적 운동이 계를 더 무질서하게 한다. 따라서 다체계에서 분자들 사이의 결합이 약해진다. 분자들이 인력 상호작용을 할 때, 분자가 느끼는 퍼텐셜 에너지의 깊이가 낮아진다. 즉, 화학 퍼텐셜은 더 큰 음수값을 갖게 된다(화학 퍼텐셜이 증가함). 계의 압력이 커지면 분자들의 거리가 평균적으로 더 가까워지므로 상호작용의 크기가 증가한다. 분자들이 인력 상호작용을 할 때, 압력이 증가하면 화학 퍼텐셜이 더 작은 음수값을 갖게 된다(화학 퍼텐셜이 감소함). 입자의 농도가 증가할 때 화학 퍼텐셜은 입자들 사이의 상호작용 속성에 따라 증가할 수도 있고 감소할 수도 있다. 같은 종류의 분자들이 서로 인력 상호작용할 때, 같은 종류의 입자를 더 투입하면 입자의 농도가 증가하게 되고 분자들 사이의 거리가 더 가까워진다. 따라서 화학 퍼텐셜은 작은 음수가 된다(화학 퍼텐셜은 감소함). 투입되는 분자가 서로 다른 종류의 분자이고 다른 종류의 분자와 인력 상호작용하는 경우를 고려해 보자. 투입하는 입자를 증가시키면, 다른 분자와의 상호작용이 더 강해짐으로 화학 퍼텐셜은 더 작은 음수가 될 것이다(화학 퍼텐셜은 감소함).

4.4
열역학 변수의 통계역학 표현

헬름홀츠 자유에너지와 깁스 자유에너지를 분배함수를 이용하여 표현할 수 있다. 2장과 3장에서 분배함수가 Z일 때 내부에너지는 $E = -\partial \ln Z/\partial \beta$이고, $\beta = \dfrac{1}{kT}$이다. 내부에너지를 온도가 분명히 나타나게 표현하면

$$E = -\frac{\partial T}{\partial \beta}\frac{\partial \ln Z}{\partial T} = kT^2 \frac{\partial \ln Z}{\partial T} \tag{4.141}$$

이다. 앞에서 계의 엔트로피는 $S = k(\beta E + \ln Z)$임을 유도하였다. 따라서 엔트로피는

$$S = \frac{E}{T} + k \ln Z \tag{4.142}$$

로 쓸 수 있다.

헬름홀츠 자유에너지가 $F = E - TS$이므로

$$F = -kT \ln Z = -\frac{1}{\beta} \ln Z \tag{4.143}$$

이다. 계의 분배함수를 구했으면 단순히 분배함수에 로그를 취함으로써 쉽게 헬름홀츠 자유에너지를 구할 수 있다. 분배함수를 헬름홀츠 자유에너지로 표현하면

$$Z = \exp(-\beta F) \tag{4.144}$$

이다. 앞에서 엔트로피는 자유에너지의 온도 미분으로 표현하였다. 따라서

$$S = -\left(\frac{\partial F}{\partial T}\right)_V = -\left(\frac{\partial(-kT \ln Z)}{\partial T}\right)_V$$
$$= k \ln Z + kT\left(\frac{\partial \ln Z}{\partial T}\right)_V \tag{4.145}$$

이다. 열용량은 정의에 의해서

$$C_V = T\left(\frac{\partial S}{\partial T}\right)_V$$
$$= kT\left[2\left(\frac{\partial \ln Z}{\partial T}\right)_V + T\left(\frac{\partial^2 \ln Z}{\partial T^2}\right)_V\right] \tag{4.146}$$

이다. 압력은 헬름홀츠 자유에너지를 부피로 편미분해서 구한다.

$$P = -\left(\frac{\partial F}{\partial V}\right)_T = -\left(\frac{\partial(-kT\ln Z)}{\partial V}\right)_T$$

$$= kT\left(\frac{\partial \ln Z}{\partial V}\right)_T \tag{4.147}$$

이 식은 이미 2장에서 유도하였다. 엔탈피와 깁스 자유에너지의 정의를 사용하여 분배함수로 나타내면

$$H = U + PV = kT\left[T\left(\frac{\partial \ln Z}{\partial T}\right)_V + V\left(\frac{\partial \ln Z}{\partial V}\right)_T\right] \tag{4.148}$$

이고

$$G = F + PV = kT\left[-\ln Z + V\left(\frac{\partial \ln Z}{\partial V}\right)_T\right] \tag{4.149}$$

이다.

열역학적 상태함수를 분배함수로 표현한 열통계역학적 표현을 요약하면 표 4.1과 같다. 결국 통계역학에서 분배함수를 계산하는 것이 관건이다.

표 **4.1** 열역학 상태함수의 계산식과 통계역학 표현. 모든 상태함수는 분배함수와 분배함수의 편미분으로 표현할 수 있다.

상태함수	계산식	통계역학 표현
E		$-\left(\frac{\partial \ln Z}{\partial \beta}\right)_V$
P	$-\left(\frac{\partial F}{\partial V}\right)_T$	$kT\left(\frac{\partial \ln Z}{\partial V}\right)_T$
F	$E - TS$	$-kT\ln Z$
S	$-\left(\frac{\partial F}{\partial T}\right)_V$	$k\ln Z + kT\left(\frac{\partial \ln Z}{\partial T}\right)_V$
H	$E + PV$	$kT\left[T\left(\frac{\partial \ln Z}{\partial T}\right)_V + V\left(\frac{\partial \ln Z}{\partial V}\right)_T\right]$
G	$F + PV = E - TS + PV$	$kT\left[-\ln Z + V\left(\frac{\partial \ln Z}{\partial V}\right)_T\right]$
C_V	$\left(\frac{\partial E}{\partial T}\right)_V$	$kT\left[2\left(\frac{\partial \ln Z}{\partial T}\right)_V + T\left(\frac{\partial^2 \ln Z}{\partial T^2}\right)_V\right]$

이상기체의 분배함수를 이용하여 헬름홀츠 자유에너지와 엔트로피를 구하여라.

입자수 N, 부피 V, 온도 T인 이상기체의 분배함수는 2장에서 구했다. 분배함수의 로그는

$$\ln Z = N\left[\ln V - \frac{3}{2}\ln\beta + \frac{3}{2}\ln\left(\frac{2\pi m}{h_0^2}\right)\right]$$

$$= N\left[\ln V + \frac{3}{2}\ln T + \frac{3}{2}\ln\left(\frac{2\pi mk}{h^2}\right)\right] \tag{4.150}$$

이다.

따라서 헬름홀츠 자유에너지는

$$F = -kT\ln Z = -NkT\left[\ln V + \frac{3}{2}\ln T + \frac{3}{2}\ln\left(\frac{2\pi mk}{h^2}\right)\right] \tag{4.151}$$

이다.

엔트로피는 헬름홀츠 자유에너지의 온도 미분이므로

$$S = -\left(\frac{\partial F}{\partial T}\right)_V$$

$$= Nk\left[\ln V + \frac{3}{2}\ln T + \frac{3}{2}\ln\left(\frac{2\pi mk}{h^2}\right)\right] + \frac{3}{2}Nk$$

$$= Nk\left[\ln V + \frac{3}{2}\ln T + \frac{3}{2}\ln\left(\frac{2\pi mk}{h^2}\right) + \frac{3}{2}\right] \tag{4.152}$$

이다. 이 식은 4.11에서 구한 식과 일치한다. ▪▪■

4.5 열역학 변수와 편미분 관계식

네 변수 x, y, z, w는 상태변수이고

$$F(x, y, z) = 0 \tag{4.153}$$

을 만족하고, w는 x, y, z 세 변수 중에서 두 개의 변수를 독립변

수로 갖는다. 이 경우에 네 상태변수는 다음과 같은 편미분 방정식을 만족한다.

$$\left(\frac{\partial x}{\partial y}\right)_z = \frac{1}{\left(\frac{\partial y}{\partial x}\right)_z} \tag{4.154}$$

$$\left(\frac{\partial x}{\partial y}\right)_z\left(\frac{\partial y}{\partial z}\right)_x\left(\frac{\partial z}{\partial x}\right)_y = -1 \tag{4.155}$$

$$\left(\frac{\partial x}{\partial w}\right)_z = \left(\frac{\partial x}{\partial y}\right)_z\left(\frac{\partial y}{\partial w}\right)_z \tag{4.156}$$

$$\left(\frac{\partial x}{\partial y}\right)_z = \left(\frac{\partial x}{\partial y}\right)_w + \left(\frac{\partial x}{\partial w}\right)_y\left(\frac{\partial w}{\partial y}\right)_z \tag{4.157}$$

첫 번째와 두 번째 식은 쉽게 증명할 수 있다. (y, z)를 독립변수로 택하면 $x = x(y, z)$이고, (x, z)를 독립변수로 택하면 $y = y(x, z)$이다. 두 경우에 대해서 미소 변화는

$$dx = \left(\frac{\partial x}{\partial y}\right)_z dy + \left(\frac{\partial x}{\partial z}\right)_y dz \tag{4.158}$$

$$dy = \left(\frac{\partial y}{\partial x}\right)_z dx + \left(\frac{\partial y}{\partial z}\right)_x dz \tag{4.159}$$

이다. 이 두 식에서 dy를 제거하면,

$$\left[\left(\frac{\partial x}{\partial y}\right)_z\left(\frac{\partial y}{\partial x}\right)_z - 1\right]dx + \left[\left(\frac{\partial x}{\partial y}\right)_z\left(\frac{\partial y}{\partial z}\right)_x + \left(\frac{\partial x}{\partial z}\right)_y\right]dz = 0 \tag{4.160}$$

인 관계식을 얻는다. 따라서 첫 번째 항과 두 번째 항이 영이 되어야 한다.

$$\left(\frac{\partial x}{\partial y}\right)_z\left(\frac{\partial y}{\partial x}\right)_z = 1 \tag{4.161}$$

이므로

$$\left(\frac{\partial x}{\partial y}\right)_z = \frac{1}{\left(\frac{\partial y}{\partial x}\right)_z} \tag{4.162}$$

이다. 한편 두 번째 항에서

$$\left(\frac{\partial x}{\partial y}\right)_z\left(\frac{\partial y}{\partial z}\right)_x = -\left(\frac{\partial x}{\partial z}\right)_y \tag{4.163}$$

이므로

$$\left(\frac{\partial x}{\partial y}\right)_z\left(\frac{\partial y}{\partial z}\right)_x\left(\frac{\partial z}{\partial x}\right)_y = -1 \tag{4.164}$$

이다.

4.6 응답함수

열용량이 열역학 함수들과 어떤 관계가 있는지 살펴보고, 열역학계의 응답함수와 열용량과의 관계를 살펴보자. 정적 열용량(일정부피 열용량)과 정압 열용량(일정압력 열용량)은 다음과 같이 정의한다.

$$C_V = \left(\frac{\text{đ}Q}{dT}\right)_V = T\left(\frac{\partial S}{\partial T}\right)_V \tag{4.165}$$

$$C_P = \left(\frac{\text{đ}Q}{dT}\right)_P = T\left(\frac{\partial S}{\partial T}\right)_P \tag{4.166}$$

실험실에서 쉽게 제어할 수 있는 거시변수는 온도 T와 압력 P이다. 따라서 엔트로피를 온도와 압력의 함수 $S = S(T, P)$으로 표현해 보자. 준정적 과정에서 계가 흡수한 열은

$$\begin{aligned}
\text{đ}Q = TdS &= T\left[\left(\frac{\partial S}{\partial T}\right)_P dT + \left(\frac{\partial S}{\partial P}\right)_T dP\right] \\
&= C_P dT + T\left(\frac{\partial S}{\partial P}\right)_T dP
\end{aligned} \tag{4.167}$$

이다.

그런데 일정 부피 열용량에서 엔트로피는 온도 T와 부피 V의 함수로 표현되어 있다. 즉, $S = S(T, V)$이다. 위 식에서 압력을 $P = P(T, V)$의 함수로 표현하면,

$$\text{đ}Q = TdS = C_P dT + T\left(\frac{\partial S}{\partial P}\right)_T\left[\left(\frac{\partial P}{\partial T}\right)_V dT + \left(\frac{\partial P}{\partial V}\right)_T dV\right] \tag{4.168}$$

이다. 부피를 일정하게 놓으면 위 식에서 세 번째 항이 영이 되어, 일정 부피 열용량은

$$C_V = \left(\frac{\text{đ}Q}{dT}\right)_V = T\left(\frac{\partial S}{\partial T}\right)_V = C_P + T\left(\frac{\partial S}{\partial P}\right)_T\left(\frac{\partial P}{\partial T}\right)_V \tag{4.169}$$

이다.

열역학 변수 (T, S) 쌍은 열역학 변수 (P, V) 쌍과 맥스웰 관계식으로 연결된다. 즉,

$$\left(\frac{\partial S}{\partial P}\right)_T = -\left(\frac{\partial V}{\partial T}\right)_P \tag{4.170}$$

이고, 일정 압력하에서 온도가 증가하면 기체의 부피가 증가하므로 물질의 **부피팽창계수**(coefficient of volume expansion)를

$$\alpha \equiv \frac{1}{V}\left(\frac{\partial V}{\partial T}\right)_P \tag{4.171}$$

로 정의한다.

그러므로

$$\left(\frac{\partial S}{\partial P}\right)_T = -V\alpha \tag{4.172}$$

이다.

식 (4.169)에서 $(\partial P/\partial T)_V$는 쉽게 구할 수 없다. 온도 T와 압력 P는 쉽게 조절할 수 있으므로, 부피 V를 온도 T와 압력 P의 함수로 표현해 보자.

$$dV = \left(\frac{\partial V}{\partial T}\right)_P dT + \left(\frac{\partial V}{\partial P}\right)_T dP \tag{4.173}$$

이다.

부피가 일정한 열역학 과정에서 $dV = 0$이므로

$$\left(\frac{\partial P}{dT}\right)_V = -\frac{(\partial V/\partial T)_P}{(\partial V/\partial P)_T} \tag{4.174}$$

또는

$$\left(\frac{\partial P}{\partial T}\right)_V \left(\frac{\partial V}{\partial P}\right)_T \left(\frac{\partial T}{\partial V}\right)_P = -1 \tag{4.175}$$

이다.

기체에 압력을 가하면 부피가 줄어든다. 그러므로 **일정 온도 압축률**(등온 압축률)은

$$\kappa \equiv -\frac{1}{V}\left(\frac{\partial V}{\partial P}\right)_T \tag{4.176}$$

로 정의한다.

따라서

$$\left(\frac{\partial P}{\partial T}\right)_V = \frac{\alpha}{\kappa} \tag{4.177}$$

이다. 이 결과를 종합하면,

$$C_V = C_P + T(-V\alpha)\left(\frac{\alpha}{\kappa}\right) \tag{4.178}$$

즉,

$$C_P - C_V = TV\frac{\alpha^2}{\kappa} \geq 0 \tag{4.179}$$

이다.

엔트로피와 내부에너지가 온도, 압력, 부피와 어떤 관계를 가지는지 살펴보자. 온도 T와 부피 V를 독립변수로 택하면, 엔트로피는

$$S = S(T, V) \tag{4.180}$$

이고,

엔트로피의 변화는

$$dS = \left(\frac{\partial S}{\partial T}\right)_V dT + \left(\frac{\partial S}{\partial V}\right)_T dV \tag{4.181}$$

이다.

그런데 정적 열용량은

$$C_V = \left(\frac{đQ}{dT}\right)_V = T\left(\frac{\partial S}{\partial T}\right)_V \tag{4.182}$$

이고, 맥스웰 관계식에서

$$\left(\frac{\partial S}{\partial V}\right)_T = \left(\frac{\partial P}{\partial T}\right)_V \tag{4.183}$$

이다.

따라서

$$dS = \frac{C_V}{T} dT + \left(\frac{\partial P}{\partial T}\right)_V dV \tag{4.184}$$

이다.

온도 T를 고정하고, C_V를 부피로 미분하면

$$
\begin{aligned}
\left(\frac{\partial C_V}{\partial V}\right)_T &= \left(\frac{\partial}{\partial V}\right)_T \left[T\left(\frac{\partial S}{\partial T}\right)_V\right] = T\frac{\partial^2 S}{\partial V \partial T} \\
&= T\frac{\partial^2 S}{\partial T \partial V} = T\left(\frac{\partial}{\partial T}\right)_V \left(\frac{\partial S}{\partial V}\right)_T \\
&= T\left(\frac{\partial}{\partial T}\right)_V \left(\frac{\partial P}{\partial T}\right)_V
\end{aligned}
\tag{4.185}
$$

이므로, 다음과 같은 식이 성립한다.

$$\left(\frac{\partial C_V}{\partial V}\right)_T = T\left(\frac{\partial^2 P}{\partial T^2}\right)_V \tag{4.186}$$

한편, 내부에너지를 온도 T와 부피 V로 나타내어 보자. 열역학 제1법칙에서 $dE = TdS - PdV$이고, 식 (4.184)를 이용하여 엔트로피를 온도와 부피의 함수로 나타내면

$$dE = C_V dT + \left[T\left(\frac{\partial P}{\partial T}\right)_V - P\right] dV \tag{4.187}$$

이다. 내부에너지를 온도와 부피의 함수 $E = E(T, V)$로 나타내고, 내부에너지의 변화량을 고려하면,

$$dE = \left(\frac{\partial E}{\partial T}\right)_V dT + \left(\frac{\partial E}{\partial V}\right)_V dV \tag{4.188}$$

이다.

앞의 두 식을 비교하면

$$\left(\frac{\partial E}{\partial T}\right)_V = C_V \tag{4.189}$$

$$\left(\frac{\partial E}{\partial V}\right)_T = T\left(\frac{\partial P}{\partial T}\right)_V - P \tag{4.190}$$

이다.

4.7
기체의 액화 원리

실제기체를 액화시키는 기본적인 원리는 기체를 압축하여 좁은 관이나 구멍으로 분출시켜서 단열팽창시키면 기체의 온도가 내려가는 효과를 이용한다. 온도가 내려간 기체를 순환시켜서 계속 흡입-분출 과정을 되풀이하면 기체를 액화시킬 수 있다. 이 원리는 1852년에 줄과 톰슨이 처음 발견하였다. 기체를 응축하는 이 과정을 **줄-톰슨 과정**(Joule-Thomson process) 또는 **줄-톰슨 효과**(Joule-Thomson effect)라고 한다. 기체를 흡입하고 분출하는 과정이므로 **흡입분출 과정**(throttling process)이라고도 한다. 그림 4.4는 다공성의 물질로 분리되어 있던 기체가 다공 물질을 통해 분출되면서 단열 팽창하는 과정을 나타낸다. 기체가 팽창할 때 전체계는 단열되어 있어서 열의 출입이 없다.

팽창하기 전에 기체는 온도 T_1, 부피 V_1, 압력 P_1이었고, 팽창한 후에 기체는 온도 T_2, 부피 V_2, 압력 P_2이다. 팽창 전후의 내부에너지의 변화는

$$\Delta E = E_2(T_2, P_2) - E_1(T_1, P_1) \tag{4.191}$$

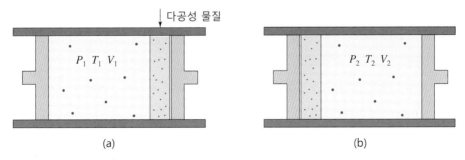

그림 **4.4** 줄-톰슨 과정의 모형. 피스톤과 실린더 벽 등 전체는 단열되어 있다. 다공성 물질로 분리되어 있는 막을 통해서 왼쪽의 기체가 오른쪽을 팽창한다. (a) 팽창하기 전 모습, (b) 팽창한 후 모습. 이 과정에서 엔탈피는 보존된다. 실제기체가 팽창하면 기체의 온도는 내려간다. 이러한 줄-톰슨 과정으로 19세기 말부터 20세기 초까지 많은 기체를 액화시킬 수 있었다.

이고, 기체가 한 일은

$$W = \int_{V_1}^{0} P_1 dV + \int_{0}^{V_2} P_2 dV = P_2 V_2 - P_1 V_1 \qquad (4.192)$$

이다. 전 과정이 단열 과정이므로

$$Q = 0 \qquad (4.193)$$

이다.

열역학 제1법칙에 의해서 $\Delta E + W = Q = 0$이고,

$$(E_2 - E_1) + (P_2 V_2 - P_1 V_1) = 0 \qquad (4.194)$$

이다. 따라서

$$E_2 + P_2 V_2 = E_1 + P_1 V_1 \qquad (4.195)$$

이다. 그런데 엔탈피는 $H = E + PV$이므로, 줄-톰슨 과정에서

$$H_2(T_2, P_2) = H_1(T_1, P_1) \qquad (4.196)$$

이다. 즉, 엔탈피는 일정한 과정이다.

용기에 들어있는 기체가 이상기체이면, 엔탈피는

$$H = E + PV = E(T) + nRT = \frac{5}{2} nRT \qquad (4.197)$$

이므로, 엔탈피는 온도만의 함수이다. 따라서

$$H(T_2) = H(T_1) \qquad (4.198)$$

이고, 흡입분출 과정에서 온도변화는 없다.

그러나 실제기체의 흡입분출 과정에서 온도 변화가 있다. 그림 4.5는 압력-온도 상도표 (phase diagram)에서 엔탈피가 일정한 실제기체를 나타낸다.

실제기체에서 등엔탈피 곡선(엔탈피가 일정한 곡선)은 최댓값을 가지는 곡선이다. 등엔탈피 과정에서 기체가 팽창할 때 온도가 낮아지는지 혹은 높아지는지를 판별하는 기준은 $T = T(P)$ 곡선의 기울기에 의해서 결정된다. 등엔탈피 곡선의 기울기

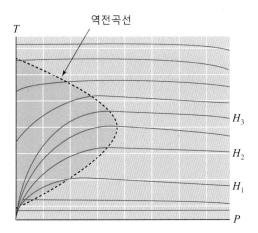

그림 **4.5** 실제기체의 압력-온도 그림. 줄-톰슨 계수 μ는 역전곡선의 왼쪽에서 양수이고 오른쪽에서 음수이다. 기체의 냉각은 역전곡선의 왼쪽에서 일어난다.

$$\mu \equiv \left(\frac{\partial T}{\partial P} \right)_H \tag{4.199}$$

를 **줄-톰슨 계수**(Joule-Thomson coefficient)라 한다.

$\mu > 0$이면 기체가 팽창($P_1 > P_2$)할 때, 온도는 감소($T_1 > T_2$)한다. 반대로 $\mu < 0$이면 기체가 팽창($P_1 > P_2$)할 때, 온도는 높아($T_1 < T_2$)진다. 이제 줄-톰슨 계수와 응답함수의 관계를 살펴보자. 열역학 기본 방정식을 $dE = TdS - PdV$을 이용하여 엔탈피 변화를 표현하면

$$dH = dE + d(PV) = TdS + VdP \tag{4.200}$$

이다. 엔탈피가 일정한 과정에서 $dH = 0$이므로

$$TdS + VdP = 0 \tag{4.201}$$

이다. 엔트로피를 온도와 압력의 함수 $S = S(T, P)$로 나타내면

$$T\left[\left(\frac{\partial S}{\partial T} \right)_P dT + \left(\frac{\partial S}{\partial P} \right)_T dP \right] + VdP = 0 \tag{4.202}$$

이고, 이 식을 다시 쓰면

$$C_P dT + \left[T \left(\frac{\partial S}{\partial P} \right)_T + V \right] dP = 0 \tag{4.203}$$

이다. 따라서

$$\mu = \left(\frac{\partial T}{\partial P}\right)_H = -\frac{\left[T\left(\frac{\partial S}{\partial P}\right)_T + V\right]}{C_P} \tag{4.204}$$

이다. 맥스웰 관계식

$$\left(\frac{\partial S}{\partial P}\right)_T = -\left(\frac{\partial V}{\partial T}\right)_P = -V\alpha \tag{4.205}$$

를 사용하면

$$\mu = \frac{V}{C_P}(T\alpha - 1) \tag{4.206}$$

이 된다.

이상기체인 경우 $\alpha = 1/T$이므로 $\mu = 0$이다. 즉, 흡입분출 과정에서 온도 변화가 없다. 실제기체에서 $\mu > 0$이 되려면, $\alpha > 1/T$이어야 하고, 반대로 $\mu < 0$이려면 $\alpha < 1/T$이어야 한다. 이와 같이 흡입분출 과정은 실제기체를 냉각하는 실질적인 방법이다. $\mu = 0$이 되는 온도를 **최대 반전 온도**(maximum inversing temperature) $T_{최대}$라 한다. 질소의 최대 반전 온도는 $T_{최대}(질소) = 625\,\text{K}$이고, 수소는 $T_{최대}(수소) = 202\,\text{K}$이다.

혼돈현상과 로렌츠 끌개

뉴턴의 운동 법칙이 발표된 이후 17세기 말부터 19세기 말까지 고전역학은 눈부신 발전을 거듭하였다. 오일러, 라플라스, 해밀턴, 라그랑주 등 기라성 같은 물리학자 및 수학자들이 고전역학 체계를 다듬었다. 뉴턴역학과 그 후 200년 동안 이루어진 역학체계를 고전역학이라 한다. 고전역학 체계는 결정론적(deterministic) 역학 또는 기계론적(mechanical) 역학이라 한다. 뉴턴의 역학 체계로부터 행성의 운동, 일식과 월식의 정밀한 예측을 할 수 있게 되었다. 결정론적 역학이란 한 물체가 받는 힘을 정확히 알고 물체가 운동을 시작하는 초기 상태를 알게 되면 물체의 미래 운동을 정확히 알 수 있다는 뜻이다. 물체의 초기 상태란 보통 시간이 영일 때 물체의 위치와 속도를 의미한다. 여러분이 공중으로 던진 물체의 위치와 초속도를 알고 물체가 중력만 받고 운동한다고 하면 지상에서 물체의 운동은 정확히 포물선을 그리게 되고 여러분은 임의의 시간에 물체의 미래 운동 상태를 정확히 알 수 있다. 그림 4.6은 일차원에서 움직이는 물체의 위상공간에서 궤도를 나타내며, 위상공간은 위치와 속도를 좌표축으로 하는 공간을 말한다. 시간이 영일 때 물체의 위치와 속도를 정확히 알고 있다면 물체의 미래는 뉴턴의 운동 방정식에 의해서 알 수 있다.

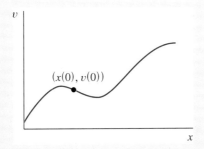

그림 **4.6** 일차원 운동하는 입자의 위상공간(위치, 속도 공간)에서 궤도 모습. 초기 상태를 알면 결정론적 뉴턴역학에 의해서 미래를 알 수 있다.

이러한 결정론적 세계관은 17세기 이후 유럽의 철학적 사조에도 큰 영향을 주었다. 뉴턴역학의 틀이 완성되자 피에르시몽 드 라플라스(Pierre-simon de Laplace, 1749~1827, 프랑스, 수학자, 물리학자)는 다음과 같이 주장하였다. "우주의 모든 입자의 초기 상태를 알고 있으면 우주의 과거와 미래는 정확히 알 수 있다." 이것은 뉴턴역학에서 얻은 자신감이었다. 그런데 고전역학에서도 어려운 문제가 있었다. 그것은 소위 "삼체문제(three body problem)"이라고 불리는 문제이다. 가령 행성의 운동에서 태양, 지구, 달 세 개의 행성을 동시에 다룰 경우에 지구나 달의 궤도를 정확히 계산할 수 있을까? 사실 이 문제는 고전역학을 연구하는 연구자들에게 굉장히 골치 아픈 문제였다.

라플라스와 라그랑주(Lagrange) 등이 연구하였지만 정확한 해를 구할 수 없었다. 1890년에 앙리 푸앵카레(Henry Poincare)가 "삼체문제에서 일반해를 구하는 것은 불가능함"을 증명하였다. 삼체문제는 전형적인 "비선형 동력학(nonlinear dynamics)" 문제이며, 비선형은 어떤 양의 증가나 감소가 비례관계에서 벗어나는 항을 가지고 있음을 말한다. 20세기 중반까지 고전역학은 과학자들의 관심에서 벗어나게 된다. 20세기 초는 양자역학이라는 새로운 물리학의 분야가 출현하여 대부분의 과학자들이 이 분야에 집중하고 있었으며 고전역학은 더이상 연구할 문제가 남아 있지 않다고 생각했다.

1960년대 초에 기상학자인 에드워드 노턴 로렌츠(Edward Norton Lorenz, 1917~2008)는 대기의 기상 현상을 세 개의 변수로 표현되는 세 개의 결합된 비선형 미분방정식(coupled nonlinear ordinary differential equation)을 유도하였다. 변수 x, y, z는 대기의 상태를 나타내는 변수들이다.

$$\frac{dx}{dt} = \sigma(y-x)$$

$$\frac{dy}{dt} = x(\rho-z) - y$$

$$\frac{dz}{dt} = xy - \beta z$$

조절 매개변수(control parameter) σ, ρ, β는 상수이고 대기의 조건을 나타내는 조절변수이다. 이 방정식은 오른쪽의 비선형 항 xy 또는 xz 때문에 해석적인 해를 구할 수 없었기 때문에 컴퓨터를 사용해서 답을 구하려 하였다. 그림 4.7은 조절변수를 $\sigma = 10$, $\rho = 28$, $\beta = 8/3$으로 놓고 수치적으로 푼 것을 나타낸다.

당시의 컴퓨터의 성능은 매우 형편없어서 지금의 퍼스널 컴퓨터보다 계산 성능이 훨씬 떨어졌다. 로렌츠는 로렌츠 방정식이라 부르는 기상모형을 매우 많은 공을 들여서 컴퓨터로 풀었다. 로렌츠는 계산결과를 검증하기 위해서 똑같은 데이터를 초기값으로 여러 차례 반복 계산해 보았다. 어느 날 컴퓨터에 계산을 시켜 놓고 얼마 후에 출력된 값을 점검하고 막 끝난 계산의 마지막 결과를 새로운 초기값으로 하여 기상모형을 다시 계산했다. 그런데 초기값의 미세한 차이는 계산 결과에 큰 영향을 주지 않을 것이라 생각하고 소수점 아래 몇 자리는 입력하지 않고 계산을 다시 돌렸다. 로렌츠는 새로 계산한 결과와 과거에 나온 결과를 하나의 그림에 같이 그려 보았다. 로렌츠는 두 결과의 차이가 별로 나지 않을 것이라고 예상했다. 그러나 두 결과는 전혀 다른 모습을 보여주었다.

이것이 인류 최초로 비선형 결정론적인 동력학 방정식에서 혼돈현상의 한 특징인 "나비효과(butterfly effect)"를 최초로 관찰한 것이다. 로렌츠는 이 결과를 1963년 《대기과학》이란 잡지에 〈결정론적인 비주기적 유동(deterministic nonperiodic flow)〉이란 제목의 논문으로 발표하였다. 그림 4.7은 로렌츠 방정식에서 관찰한 "로렌츠 끌개(Lorentz attractor)"를 보여준다. 위상공간에서 끌개의 모습이 마치 나비의 두 날개 모양으로 생겼다. 로렌츠는 1969년에 이 로렌츠 끌개를 "나비효과"라고 불렀다. 이것이 비선형 동력학 시스템에서 혼돈현상의 가장 큰 특징 중의 하나인 "초기조건의 민감성(initial condition sensitivity)"을 보여준 첫 연구이다.

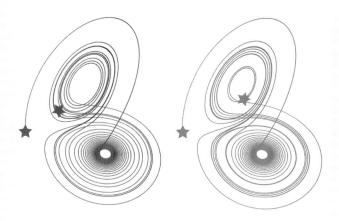

그림 **4.7** 로렌츠가 처음 관찰했던 로렌츠 방정식의 나비효과를 보여주는 그림. 초기조건의 사소한 차이는 비선형 동력학 시스템에서 미래에 크게 증폭되어 전혀 다른 결과를 준다.

이러한 작은 초기값 차이가 미래에 지수 함수적으로 증폭되는 것이 혼돈현상의 특징이다. 이러한 현상은 선형 시스템에서 일어나지 않는다. 선형 시스템에서 초기조건의 차이는 미래에도 그 차이가 유지된다. 나비효과의 예를 들면서 "브라질 우림의 나비 한 마리의 날개 짓이 일주일 후에 뉴욕에 폭풍우를 발생시킬 수 있다"는 것은 비선형 효과를 강조하기 위한 문장일 뿐이다. 사실 혼돈현상이 일어나기 위해서는 비선형 동력학 방정식의 조절 변수가 혼돈현상이 일어나는 영역에 있어야 한다.

4.1 이상기체 n몰이 온도 T_1에서 T_2로 변하였다. 이상기체의 엔탈피 변화를 정압 열용량
과 온도로 표현하면

$$\Delta H = C_P(T_2 - T_1)$$

임을 보여라.

4.2 이상기체 n몰이 초기 온도, 부피, 압력 (T_1, V_1, P_1)인 상태에서 나중 상태
(T_2, V_2, P_2)로 가역적으로 변하였다.
1) 엔트로피 변화량을 온도와 부피로 표현하면

$$\Delta S = C_V \ln\left(\frac{T_2}{T_1}\right) + nR \ln\left(\frac{V_2}{V_1}\right)$$

이 됨을 보여라.
2) 엔트로피 변화량을 온도와 압력으로 표현하면

$$\Delta S = C_P \ln\left(\frac{T_2}{T_1}\right) - nR \ln\left(\frac{P_2}{P_1}\right)$$

이 됨을 보여라.

4.3 이상기체 n몰의 깁스 자유에너지는

$$G = ng(T, P)$$

로 쓸 수 있다. 여기서 $g(T, P)$는 몰 당 깁스 자유에너지이다. 기체가 초기 온도와
압력 (T_0, P_0)인 상태에서 나중 상태 (T, P)로 가역적으로 변하였다. 예제 4.4의 결
과를 활용하여

$$g = R \ln P + R\phi(P_0, T)$$

임을 보여라.

4.4 단원자 이상기체의 헬름홀츠 자유에너지로부터 압력을 구하여라. 단

$$P = -\left(\frac{\partial F}{\partial V}\right)_T$$

식을 사용하여라.

4.5 이상기체의 화학 퍼텐셜을 구하여라.

4.6 함수 $f(x) = x \ln x$는 $x > 0$인 실수공간에서 정의된다. 이 함수의 르장드르 변환을 구하여라.

4.7 x, y, z, w가 모두 열역학 변수이고, (y, z)를 독립변수로 가질 때 $x = x(y, z)$이다. dx를 구하고, z를 고정하여($dz = 0$)

$$\left(\frac{\partial x}{\partial w}\right)_z = \left(\frac{\partial x}{\partial y}\right)_z \left(\frac{\partial y}{\partial w}\right)_z$$

임을 증명하여라.

4.8 x, y, z, w가 모두 열역학 변수이고, (y, w)를 독립변수로 가질 때 $x = x(y, w)$이다. dx를 구하고, z를 고정하여

$$\left(\frac{\partial x}{\partial y}\right)_z = \left(\frac{\partial x}{\partial y}\right)_w + \left(\frac{\partial x}{\partial w}\right)_y \left(\frac{\partial w}{\partial y}\right)_z$$

임을 증명하여라.

4.9 상온에서 물 $1\,m^3$에 황산분자를 ΔN개 넣었더니 용액의 온도가 0.2℃ 상승하였다. 황산분자가 물속에 들어갔을 때 화학 퍼텐셜은 $\mu = -0.8$ eV이다. 황산분자의 개수 ΔN은 얼마인가?

4.10 이상기체에 대해서 $\alpha = 1/T$, $\kappa = 1/P$ 그리고 $C_P - C_V = nR$임을 증명하여라.

4.11 이상기체의 줄-톰슨 계수 $\mu = 0$임을 보여라.

4.12 이상기체의 분배함수로부터 일정 부피 열용량(C_V)을 계산하여라.

4.13 이상기체의 분배함수로부터 깁스 자유에너지를 계산하여라.

CHAPTER 5

열역학계의 안정성과 상평형

CHAPTER 5
열역학계의 안정성과 상평형

열역학계가 주어진 열역학적 상태에서 안정 상태를 유지하기 위한 조건은 무엇일까? 계의 열역학적 요동(thermodynamic fluctuation)에 대해서 계가 원래 평형상태로 되돌아와야 계는 안정하다고 할 수 있다. 계가 평형상태에 있고 안정하다는 조건은 열역학적인 양들 사이에 어떤 관계를 규정하게 된다. 열역학계의 평형은 열역학 제1법칙에서 계의 엔트로피가 최대인 상태, 즉 자유에너지가 최소인 상태의 조건으로부터 구할 수 있다. 클라우지우스, 볼츠만, 깁스 등은 열역학계의 평형과 안정성에 대해서 많은 기여를 하였다.

4장에서 설명했듯이 깁스는 예일대학교의 수리물리학 교수가 된 1871년부터 사망할 때까지 열역학, 물리화학, 통계역학에서 놀라운 발견들을 하였다. 1873년에 코네티컷 학술원 회보(Transactions of Connecticut Academy)에 열역학적 양들을 기하학적으로 표현하는 내용의 논문《Graphical Methods in the Thermodynamics of Fluids and A Method of Geometrical Representation of the Thermodynamic Properties of Substances by Means of Surfaces》을 발표하였다. 이를 그래픽 열역학(graphical thermodynamics)이라 한다. 열역학에서 기체를 기술할 때 기체의 상태를 (P, V) 또는 (P, T) 좌표로 나타내는 데 바로 깁스가 최초로 사용한 기하학적 표현법이었다. 이 논문은 물질의 여러 다른 상을 상그림에 나타내는 방법도 제시하였다.

논문을 발표한 코네티컷 학술원 회보는 뉴헤이븐의 지역 잡지였기 때문에 다른 과학자들이 읽을 수 없었다. 그래서 깁스는 논문 사본을 유럽의 여러 과학자들에게 보냈다. 그 중에서 맥스웰(Maxwell)은 깁스의 발견에 열광하였으며 그림 5.1과 같이 물의 열역학적인 상태를 온도(x), 엔트로피(y), 내부에너지(z)의 3차원 공간에 표시한 맥스웰의 열역학 표면(Maxwell's thermodynamic surface)을 1874년에 제안하였다. 맥스웰은 그림 5.1과 같이 맥스웰 석고 모형을 두 점 만들어서 한 점을 깁스에게 우편으로 발송하였다. 깁스는 예일대학교에 석고를 전시하였다고 한다.

깁스의 연구 결과는 당시의 많은 과학자들에게 잘 알려지지 않았으며 그의 논문을 읽은 과학자들도 그 의미를 잘 이해하지 못했다고 한다. 깁스의 연구를 열렬히 지지했던 맥스웰은 1879년에 48세의 나이에 위암으로 사망하였고, 깁스의 연구결과는 한동안 알려지지 않았다. "깁스의 논문을 이해했던 유일한 사람이었던 맥스웰이 죽어 이제 아무도 깁스를 이해할 수 없다. (Only one man lived who could understand Gibbs' papers. That was Maxwell, and now he is dead.)"라는 말이 예일대학교에서 회자되었다. 이 말은 뉴턴이 프린키피아를 발표했을 때 한 학생이 "그 자신 뿐만 아니라 어느 누구도 이해할 수 없는 책을 쓴 사람이 저기 걸어간다. (There goes a man who has written a book that neither he nor anybody else understands.)"라고 한 말을 빗댄 것이다.

깁스는 열역학 방법을 더욱 발전시켜서 열역학 방법을 다중 상 화학계(multi-phase chemical systems)에 적용한 논문인《불균질한 물질의 평형에 대해서(On the Equilibrium of Heterogeneous Substances)》를 코네티컷 학술원 회보에 2부로 나누어 1875년과 1878년에 각각 게재하였다. 이 논문은 열역학 제1법칙과 클라지우스의 열역학 제2법칙을 기반으로 열역학을 다루고 있으며, 물리화학(Physical Chemistry)이란 분야를 처음 개척한 논문이었

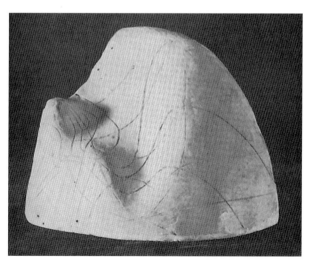

그림 **5.1** 맥스웰이 깁스의 논문을 읽고서 물의 열역학적 특징을 온도(x), 엔트로피(y), 내부에너지(z) 곡면에 나타낸 맥스웰 석고 모형(Maxwell's plaster model 또는 clay model).

다. 깁스의 논문에는 상규칙(phase rule)을 포함하고 있었다.

  C개의 성분을 갖고 P개의 상을 갖는 혼합물이 평형상태에 있을 때 조절할 수 있는 독립적인 변수의 수 F는

$$F = C - P + 2$$

이다. 깁스는 이 관계를 열역학 법칙으로부터 유도하였다. 맥스웰이 그렸던 석고모형과 같이 독립적인 열역학 변수 공간에서 상그림(phase diagram)을 그리므로써 상을 구별할 수 있다. 이 방법은 물리, 화학, 금속공학, 재료공학, 화학공학 등에서 흔히 사용되는 방법이다.

  이 장에서 상평형 조건을 살펴보고 그 결과로 파생되는 열역학적 조건들을 살펴본다. 깁스가 발견했던 상평형 조건들을 살펴보고 액체-기체 공존선인 클라지우스-크래페이롱 방정식을 유도해 본다. 마지막으로 깁스의 상규칙(phase rule)을 논의한다.

5.1 평형조건

열역학계가 평형상태에 있을 때 열역학 제2법칙에 의하면 계의 엔트로피는 최대이다. 열저장체와 열과 입자를 교환하지 않는 계를 고립계라 한다. 계가 열저장체와 열접촉하여 열은 교환하지만 입자는 교환하지 않는 계를 닫힌계라 한다. 열저장체와 열과 입자를 교환하고 있는 계를 열린계라 한다. 이제 고립계, 닫힌계, 열린계의 열역학적 평형조건을 살펴보자.

5.1.1 고립계의 평형

계가 열적으로 고립되어 있으면 계의 자발적인 열역학 과정에 대해서 계의 엔트로피는 항상 증가한다.

$$\Delta S \geq 0 \tag{5.1}$$

  계가 평형상태에 도달하면 더이상 엔트로피 변화는 없으며, 엔트로피는 최대가 된다. 즉, 고립계의 평형상태는 엔트로피가 최대인 상태이다. 그림 5.2와 같이 임의의 열역학 변수 x에 대해서 계의 엔트로피가 최대인 상태가 평형상태이다.

계가 고립되어 있으므로, 열의 출입은 없다. 즉, $Q = 0$이다. 따라서 열역학 제1법칙에 의하면

$$Q = 0 = W + \Delta E \tag{5.2}$$

또는

$$W = -\Delta E \tag{5.3}$$

이다.

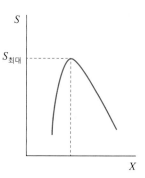

그림 **5.2** 엔트로피의 최대와 평형상태. 열역학 변수 x에 대해서 엔트로피가 최대인 상태가 평형상태이다.

계의 외부 변수가 변하여 계가 일을 하면($W > 0$), 내부에너지는 감소한다. 만약 계의 외부 변수가 변하지 않으면 $W = 0$이므로 내부에너지의 변화는 없다. 즉

$$E = \text{일정} \tag{5.4}$$

이다.

5.1.2 헬름홀츠 자유에너지와 평형

그림 5.3과 같이 열저장체 B와 접촉하고 있는 계 A를 생각해 보자. 전체계 C = A + B는 고립되어 있으므로 전체계의 엔트로피 S_C는 임의의 자발적인 과정에 대해서

$$\Delta S_C \geq 0 \tag{5.5}$$

이다. 전체계의 엔트로피는 계(A)와 열저장체(B) 엔트로피의 합이므로 엔트로피 변화는

$$\Delta S_C = \Delta S_A + \Delta S_B \tag{5.6}$$

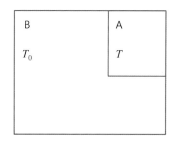

그림 **5.3** 열저장체(B)와 열접촉한 계(A). 계 A는 열저장체 B와 열접촉하고 있다. 온도가 높은 곳에서 낮은 곳으로 열이 이동하며 결국 계 A는 열저장체와 같은 온도가 된다.

이다. 여기서 ΔS_A는 A계의 엔트로피 변화이고, ΔS_B는 열저장체의 엔트로피 변화이다.

계 A가 열저장체에서 Q의 열을 흡수한다면, 열저장체는 $-Q$의 열을 방출할 것이다. 따라서 열저장체의 엔트로피 변화는

$$\Delta S_B = -\frac{Q}{T_0} \qquad (5.7)$$

이다. 열저장체의 온도는 T_0로 일정하고, 열을 조금 잃더라도 항상 열평형 상태를 유지한다. 열역학 제1법칙에 의하면

$$Q = \Delta E + W \qquad (5.8)$$

이므로

$$\begin{aligned} \Delta S_C &= \Delta S_A - \frac{Q}{T_0} \\ &= \frac{T_0 \Delta S_A}{T_0} - \left(\frac{\Delta E + W}{T_0}\right) \\ &= \frac{-\Delta F_0 - W}{T_0} \qquad (5.9) \end{aligned}$$

이고, 여기서

$$F_0 = E - T_0 S \qquad (5.10)$$

이다. 계 A가 열평형 상태에 도달하면 $T = T_0$이므로, 계 A의 헬름홀츠 자유에너지는 $F = E - TS = F_0$이다. 그러나 임의의 열역학 과정에서 계 A는 열저장체 B와 열평형 상태를 유지하지 않을 수 있으므로, 일반적으로 $T \neq T_0$이다. 전체계의 엔트로피는 항상 증가하므로

$$\Delta S_C = \frac{-\Delta F_0 - W}{T_0} \geq 0 \qquad (5.11)$$

이고,

$$-\Delta F_0 \geq W \qquad (5.12)$$

이다.

즉, 열저장체와 접촉한 계가 할 수 있는 최대일은 $-\Delta F_0$와 같다. 위 부등식에서 $-\Delta F_0 = W$인 경우는 계가 준정적 과정으로 변하는 경우에 해당한다. 이제 계 A의 외부 변수(예를 들면, 부피)를 고정하면, 계는 일을 하지 않는다. 즉, $W = 0$이므로

$$\Delta F_0 \leq 0 \tag{5.13}$$

이다. 즉, 열역학 과정에서 자유에너지는 감소한다. 외부 변수가 변하지 않는 계가 열저장체와 열접촉하면, 평형상태에서 계의 자유에너지는 최소인 상태이다. 이 표현은 열역학 제2법칙 "평형상태에서 계의 엔트로피는 최대이다"라는 표현과 동등한 표현이다.

5.2 깁스 자유에너지와 평형

계 A가 일정한 온도 T_0, 일정한 압력 P_0인 열저장체 B와 열접촉하고 있는 경우를 생각해 보자. 그림 5.4는 열저장체와 접촉한 계 A를 나타낸다. 자발적 과정에서 전체계 C = A + B의 엔트로피는

$$\Delta S_C = \Delta S_A + \Delta S_B \geq 0 \tag{5.14}$$

이다. 계 A가 열저장체에서 흡수한 열을 Q라 하면, $\Delta S_B = -Q/T_0$이다. 열역학 제1법칙에서

$$Q = \Delta E + P_0 \Delta V + W^* \tag{5.15}$$

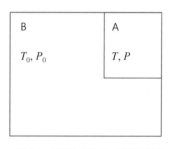

이다. 여기서 $P_0 \Delta V$는 열저장체 B의 일정한 압력 P_0에 대항하여 계 A가 한 일이고, 이 과정에서 A가 한 그 밖의 일을 (예를 들면 자기력, 전기력 등이 한 일) W^*라 하자. 그러면

$$\begin{aligned}
\Delta S_C &= \Delta S_A - \frac{Q}{T_0} \\
&= \frac{1}{T_0} \left[T_0 \Delta S_A - (\Delta E + P_0 \Delta V + W^*) \right] \\
&= \frac{1}{T_0} \left[\Delta(T_0 S_A - E - P_0 V) - W^* \right] \tag{5.16}
\end{aligned}$$

그림 **5.4** 일정한 온도 T_0, 일정한 압력 P_0인 열저장체 B와 접촉하고 있는 계 A. 계와 열저장체의 온도가 같지 않으면 높은 온도에서 낮은 온도로 열이 이동한다. 계는 결국 열저장체와 같은 온도가 된다. 두 계의 압력이 같지 않으면 높은 압력에서 낮은 압력쪽으로 압력차이 만큼의 일이 행하여진다. 평형상태에 이르면 계의 압력은 열저장체의 압력과 같아진다.

또는

$$\Delta S_C = \frac{-\Delta G_0 - W^*}{T_0} \tag{5.17}$$

이다. 여기서

$$G_0 = E - T_0 S + P_0 V \tag{5.18}$$

이고, 평형상태에서 **깁스 자유에너지**(Gibbs free energy)는 $G = G_0 = E - TS + PV$이다.

전체계의 엔트로피 변화는 항상 영보다 크거나 같으므로

$$-\Delta G_0 \geq W^* \tag{5.19}$$

이다. 계 A가 압력에 대항하여 한 일 외에, 계가 할 수 있는 최대일은 $-\Delta G_0$와 같다. 등식을 준정적 과정에서 성립한다. 부피를 제외한 계의 모든 외부 변수를 고정하면 $W^* = 0$이므로

$$\Delta G_0 \leq 0 \tag{5.20}$$

이다. 즉, 열과 압력 저장체와 접촉한 계의 깁스 자유에너지는 열역학 과정에서 감소한다. 부피를 제외한 모든 외부 변수가 고정되어 있으면, 안정한 평형상태에서 깁스 자유에너지는 최소이다.

5.3 안정조건

단일 상(single phase)으로 구성된 계의 평형상태에서 요동에 대한 안정조건을 찾아보자. 그림 5.4와 같이 온도 T_0, 압력 P_0인 열저장체 B와 열접촉한 계 A를 생각해 보자.

평형상태에서 계 A의 깁스 자유에너지는

$$G_0 = E - T_0 S + P_0 V = 최소 \tag{5.21}$$

이다. 먼저 계 A의 부피를 고정하고, 온도가 변하는 경우를 생각해 보자. 깁스 자유에너지는 온도 $T = T^*$에서 최솟값 $G_0 = G_{\min}$인 상태에 있다. 최솟값 근처에서 G를 테일러 전개하면,

$$\Delta G_0 = G_0 - G_{\min} = \left(\frac{\partial G_0}{\partial T}\right)_V \Delta T + \frac{1}{2}\left(\frac{\partial^2 G_0}{\partial T^2}\right)_V (\Delta T)^2 + \cdots \tag{5.22}$$

이고, 여기서 $\Delta T = T - T^*$이다. $T = T^*$에서 G_0의 최소 조건으로부터

$$\left(\frac{\partial G_0}{\partial T}\right)_V = 0 \tag{5.23}$$

이다. 평형상태에서 $T = T^*$에서 최솟값을 가질 조건은

$$\Delta G_0 \geq 0 \tag{5.24}$$

이어야 한다. 즉 G_0는 아래로 볼록한 함수이다. 따라서 $T = T^*$에서

$$\left(\frac{\partial^2 G_0}{\partial T^2} \right)_V \geq 0 \tag{5.25}$$

이다. 즉, 계 A가 안정 평형상태에 있으며, G_0는 그림 5.5와 같이 온도에 대해서 아래로 볼록한 함수이다.

위의 두 조건을 열역학 기본 방정식에 근거해서 다시 써 보자. 부피 V가 일정할 때

$$\left(\frac{\partial G_0}{\partial T} \right)_V = \left(\frac{\partial E}{\partial T} \right)_V - T_0 \left(\frac{\partial S}{\partial T} \right)_V = 0 \tag{5.26}$$

이다.

열역학 기본 방정식에서 $TdS = dE + PdV$이고, 부피가 일정하면 $dV = 0$이므로

$$T \left(\frac{\partial S}{\partial T} \right)_V = \left(\frac{\partial E}{\partial T} \right)_V \tag{5.27}$$

이다. 따라서

$$\left(\frac{\partial G_0}{\partial T} \right)_V = \left(1 - \frac{T_0}{T} \right) \left(\frac{\partial E}{\partial T} \right)_V = 0 \tag{5.28}$$

이므로, 깁스 에너지가 최소일 때 온도는

$$T = T_0 \tag{5.29}$$

이다. 즉, 계 A의 온도는 열저장체 B의 온도와 같다. 깁스 자유에너지의 이차 미분 조건은

$$\left(\frac{\partial^2 G_0}{\partial T^2} \right)_V = \frac{T_0}{T^2} \left(\frac{\partial E}{\partial T} \right)_V + \left(1 - \frac{T_0}{T} \right) \left(\frac{\partial^2 E}{\partial T^2} \right)_V \geq 0 \tag{5.30}$$

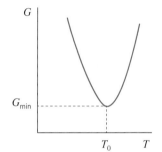

그림 **5.5** 안정평형 상태에서 깁스 자유에너지의 온도 의존성. 깁스 자유에너지는 계의 온도가 열저장체의 온도와 같은 지점에서 최소가 된다. 이 온도가 계의 평형상태의 온도이고, 깁스 자유에너지는 아래로 볼록하여 안정한 상태이다.

이므로, $T = T_0$에서 이차 미분 조건은

$$\left(\frac{\partial E}{\partial T}\right)_V \geq 0 \tag{5.31}$$

이다. 이 조건은 일정 부피에서의 열용량과 같으므로

$$C_V \geq 0 \tag{5.32}$$

과 같다.

이 조건은 다음과 같이 해석할 수 있다. 계의 요동에 의해서 계 A의 온도가 열저장체 B의 온도보다 자발적으로 증가한 경우를 생각해 보자. 계 A의 온도가 B보다 높기 때문에 열역학 제2법칙에 의해서 열은 높은 온도의 계 A에서 낮은 온도의 계 B로 흐른다. 따라서 계 A의 내부에너지는 감소 $\Delta E < 0$한다. 그런데 $\Delta C_V \geq 0$이므로, $\Delta E < 0$일 때 $\Delta T < 0$이어야 한다. 즉 계 A의 온도는 다시 감소하여 평형상태의 온도 $T^* = T_0$으로 복원된다.

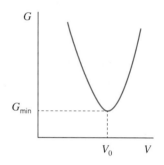

그림 **5.6** 안정평형 상태에서 깁스 자유에너지의 부피 의존성. 깁스 자유에너지는 계의 부피가 열저장체의 부피와 같은 지점에서 최소가 된다. 이 부피가 계의 평형상태의 부피이고, 깁스 자유에너지는 아래로 볼록하여 안정한 상태이다.

그림 5.6과 같이 계 A의 온도는 $T = T_0$로 고정되어있고, 계의 부피 V가 변하는 경우를 생각해 보자. 깁스 자유에너지를 최솟값 근처에서 전개하면

$$\Delta G_0 = G_0 - G_{최소}$$

$$= \left(\frac{\partial G_0}{\partial V}\right)_V \Delta V + \frac{1}{2}\left(\frac{\partial^2 G_0}{\partial V^2}\right)_V (\Delta V)^2 + \cdots \tag{5.33}$$

여기서 $\Delta V = V - V_0$이다. V_0는 깁스 자유에너지가 최소일 때 계의 부피이다. 깁스 자유에너지가 최소일 조건은

$$\left(\frac{\partial G_0}{\partial V}\right)_V = 0 \tag{5.34}$$

이다. 깁스 자유에너지를 대입하면

$$\left(\frac{\partial G_0}{\partial V}\right)_T = \left(\frac{\partial E}{\partial V}\right)_T - T_0\left(\frac{\partial S}{\partial V}\right)_T + P_0 \tag{5.35}$$

열역학 기본 방정식으로부터

$$T\left(\frac{\partial S}{\partial V}\right)_T = \left(\frac{\partial E}{\partial V}\right)_T + P \tag{5.36}$$

이므로

$$\left(\frac{\partial G_0}{\partial V}\right)_T = T\left(\frac{\partial S}{\partial V}\right)_T - P - T_0\left(\frac{\partial S}{\partial V}\right)_T + P_0 \tag{5.37}$$

이고, 평형상태에서 $T = T_0$ 이므로

$$\left(\frac{\partial G_0}{\partial V}\right)_{T_0} = -P + P_0 \tag{5.38}$$

이다. 따라서 G 가 최소일 조건은

$$P = P_0 \tag{5.39}$$

이다. 즉, 계 A의 압력 P 와 열저장체 B의 압력 P_0 가 같아야 한다. G_0 가 최소이려면, $\Delta G \geq 0$ 이어야 하므로

$$\left(\frac{\partial^2 G_0}{\partial V^2}\right)_T = -\left(\frac{\partial P}{\partial V}\right)_T \geq 0 \tag{5.40}$$

이다. 그런데 등온 압축률이

$$\kappa_T = -\frac{1}{V}\left(\frac{\partial V}{\partial P}\right)_T \tag{5.41}$$

이므로, G_0 가 최소일 조건은

$$\kappa_T \geq 0 \tag{5.42}$$

이다. 즉, 요동에 의해서 계 A의 부피가 증가하면, A의 압력 P 는 주위의 압력보다 낮아져야 한다. 즉, $\Delta P < 0$ 이다. 따라서 주위 환경이 계 A에 작용하는 압력은 계의 부피를 줄어들게 한다.

5.4
상평형

한 가지 성분으로 이루어져 있지만, 두 가지 이상의 상(phase)을 가지는 계를 생각해 보자. 예를 들면, 물과 수증기 또는 물과 얼음 등은 모두 H_2O 분자로 이루어져 있지만, 세 가지 상을 가질 수 있다. 일정한 온도 T, 일정한 압력 P인 열저장체와 열접촉하여 평형을 이루고 있는 계를 생각해 보자. 평형상태에서 두 가지 이상의 상이 서로 공존할 수 있는 조건을 알아보자. 두 가지 상을 각각 1과 2의 첨자로 표시한다. 계의 평형조건은 깁스 에너지가 최소인 조건이므로

$$G = E - TS + PV = 최소 \tag{5.43}$$

이다. 계에 존재하는 i번째-상의 몰수를 n_i라 하고, i번째-상의 몰 당 깁스 자유에너지를 $g_i(T, P)$라 하자. 따라서 깁스 자유에너지는

$$G = g_1 n_1 + g_2 n_2 \tag{5.44}$$

이고, 계 전체의 입자수는 보존되므로

$$n_1 + n_2 = n = 일정 \tag{5.45}$$

이다. 여기서 n은 총몰수이다.

그림 5.7과 같이 순수한 물질이 여러 가지 상(기체, 액체, 고체)을 가질 경우에 주어진 물리적 조건에서 깁스 자유에너지가 작은 상이 안정하다. 그림 5.7에서 공존선의 위쪽에서는 $g_1 < g_2$이므로 상1의 상태로 존재한다. 반면 공존선의 아래쪽에서는 $g_1 > g_2$이므로 상2

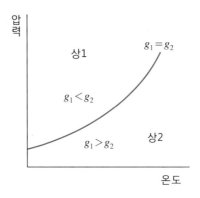

그림 **5.7** 압력-온도 도표에서 공존선과 상의 안정성. 공존선의 위쪽에서 $g_1 < g_2$이므로 상1이 안정하며, 공존선의 아래쪽에서 $g_1 > g_2$이므로 상2가 안정하다. 공존선에서 $g_1 = g_2$이므로 두 상은 서로 공존한다.

표 **5.1** 깁스 자유에너지가 낮은 상이 안정한 상이다. 두 개의 상의 입자 당 깁스 자유에너지가 같으면 두 상은 서로 공존한다.

깁스 자유에너지	상
$g_1 < g_2$	상1이 안정
$g_1 > g_2$	상2가 안정
$g_1 = g_2$	상1과 상2는 공존

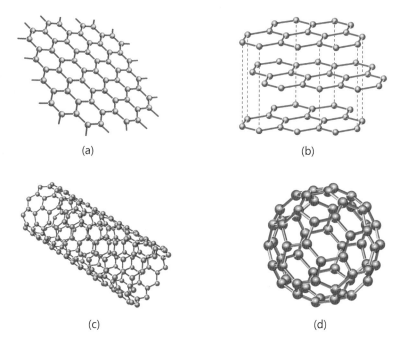

(a)   (b)

(c)   (d)

그림 **5.8** 탄소가 가지는 다양한 구조. (a) 한 층의 탄소 평면으로 구성된 그래핀(graphene), (b) 탄소의 층상구조, (c) 탄소 평면이 말려서 만들어진 탄소나노튜브(carbon nano tube), (d) 탄소가 공모양을 이룬 풀러렌(fullerene) 구조 C_{60}.

가 안정하므로 상2로 존재한다. 반면 공존선(coexistence line) 위에서 $g_1 = g_2$이므로 두 상이 공존할 수 있다. 표 5.1은 깁스 자유에너지에 따른 안정한 상의 상태를 나타낸다.

그림 5.8은 탄소가 가지는 다양한 구조를 나타낸 것이다. 탄소는 자연에 존재하는 많은 생체고분자를 구성하는 근간이 된다. 최근에 탄소나노튜브(carbon nano tube), 풀러렌 (fullerene, C_{60}), 그래핀(graphene) 등의 탄소 구조가 발견되었으며, 이러한 구조에 대한 연구가 활발하다. 그림 5.8은 탄소의 압력에 따른 상 구조를 나타낸 것이다.

낮은 압력에서 탄소는 흑연(graphite) 형태로 존재한다. 반면 높은 압력에서 탄소는 다이아몬드 구조를 가질 수 있다. 대기압 상태에서 흑연은 다이아몬드 구조에 비해서 훨씬 작은

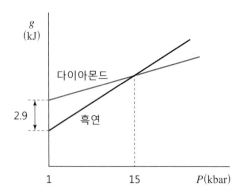

그림 **5.9** 흑연과 다이아몬드의 깁스 자유에너지 곡선. 압력이 15기압 이하에서 흑연의 몰 당 깁스 자유에너지가 다이아몬드보다 작기 때문에 탄소가 흑연 구조를 갖는 것이 안정하다. 그러나 15기압 이상이 되면 다이아몬드의 깁스 자유에너지가 흑연보다 낮으므로 다이아몬드는 고압에서 형성된다.

몰 당 깁스 자유에너지를 가진다. 1기압에서 흑연과 다이아몬드 구조 사이의 깁스 자유에너지 차이는 2.9 kJ에 달한다. 따라서 대기압과 같은 낮은 압력에서 탄소는 흑연 구조를 갖는 것이 자연스럽다. 깁스 자유에너지의 변화는 $dG = -SdT + VdP + \mu dN$이므로 부피는

$$V = \left(\frac{\partial G}{\partial P} \right)_{T,N}$$

이다. 그림 5.9에서 그래프의 기울기가 단위 몰 당 부피가 된다. 흑연의 몰 당 부피는 $V(흑연) = 5.31 \times 10^{-6} \, \text{m}^3$이고, 다이아몬드의 몰 당 부피는 $V(다이아몬드) = 3.42 \times 10^{-6} \, \text{m}^3$ 이다. 즉, 흑연의 1몰 당 부피가 다이아몬드보다 더 크다. 따라서 흑연의 깁스 자유에너지는 압력에 대해서 다이아몬드보다 더 빨리 증가한다. 따라서 약 15 kbar 정도의 압력이 되면 두 직선은 교차하게 되고, 다이아몬드의 몰 당 깁스 자유에너지는 흑연보다 작다. 다이아몬드는 깊이가 약 50 km 이상이어야 압력이 15 kbar를 넘게 되어 형성될 수 있다. 온도가 높아지면 더 쉽게 흑연에서 다이아몬드로 변형될 수 있다. 보석인 다이아몬드를 높은 온도의 불 속에 넣으면 탄소가 쉽게 산소와 반응하여 이산화탄소로 바뀔 수 있기 때문에 조심해야 한다.

공존선 상에서 상평형조건을 생각해 보자. 공존선 위에서 평형조건은

$$dG = g_1 dn_1 + g_2 dn_2 = 0 \tag{5.46}$$

이고, $dn_1 + dn_2 = 0$이므로,

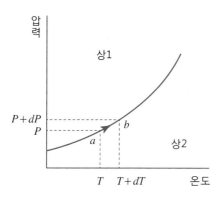

그림 **5.10** 공존선과 상평형 곡선. 상1과 상2는 공존선으로 나뉘어 있다. 상1에서 $g_1 < g_2$이고, 상2에서 $g_1 > g_2$이다. 공존선 상에서 $g_1 = g_2$이다. 계가 공존선을 따라서 상태 a에서 상태 b로 미소 변화할 때 $dg_1 = dg_2$이다.

$$(g_1 - g_2)dn_1 = 0 \qquad\qquad (5.47)$$

이다. 따라서 평형조건은

$$g_1 = g_2 \qquad\qquad (5.48)$$

이다. 이 조건을 만족하면, 한 상에서 다른 상으로 변하더라도 깁스 자유에너지 G의 변화는 없다.

그림 5.10과 같이 $P-T$ 도표에서 공존선과 상 평형상태를 나타내었다. 상1에서 $g_1 < g_2$이므로 모든 물질이 상1로 있을 때 깁스 자유에너지는 최소이다. 반면, 상2에서 $g_1 > g_2$이므로 모든 물질이 상2인 상태로 존재할 때 깁스 자유에너지가 최소이다. 한편 $g_1 = g_2$인 곡선(공존선)에서 두 상의 단위 몰 당 깁스 자유에너지가 같기 때문에, 두 상은 공존할 수 있다. 그림 5.10에서 점 a의 온도는 T이고, 압력은 P라 하자. 이 점이 공존선 위에 있으므로

$$g_1(T, P) = g_2(T, P) \qquad\qquad (5.49)$$

이다. 점 a에 매우 가까운 점 b는 공존선 위에 놓여 있으며 온도는 $(T+dT)$이고, 압력은 $(P+dP)$인 상태에 있다. 점 b 역시 공존선 위에 있으므로

$$g_1(T+dT, P+dP) = g_2(T+dT, P+dP) \qquad\qquad (5.50)$$

이다. 이 식을 테일러 전개하면

$$g_1(T, P) + \left(\frac{\partial g_1}{\partial T}\right)_P dT + \left(\frac{\partial g_1}{\partial P}\right)_T dP + \cdots = g_2(T, P) + \left(\frac{\partial g_2}{\partial T}\right)_P dT + \left(\frac{\partial g_2}{\partial P}\right)_T dP + \cdots \quad (5.51)$$

이다. 식 (5.50)에서 식 (5.49)를 빼면

$$g_1(T+dT, P+dP) - g_1(T, P) = dg_1 = dg_2 = g_2(T+dT, P+dP) - g_2(T, P) \quad (5.52)$$

이고,

$$dg_1 = g_1(T+dT, P+dP) - g_1(T, P) = \left(\frac{\partial g_1}{\partial T}\right)_P dT + \left(\frac{\partial g_1}{\partial P}\right)_T dP + \cdots \quad (5.53)$$

이다.

열역학 제1법칙에서

$$d\varepsilon = Tds - Pdv \quad (5.54)$$

이고, 여기서, ε, s, v는 각각 몰 당 내부에너지, 몰 당 엔트로피, 몰 당 부피이다. 깁스 자유에너지의 정의로부터

$$dg = d(\varepsilon - Ts + Pv) = d\varepsilon - (dT)s - T(ds) + (dP)v + d(Pv)) = -sdT + vdP \quad (5.55)$$

이다.

따라서 공존선을 따라서 깁스 자유에너지의 미소 변화는

$$dg_1 = dg_2 \Rightarrow -s_1dT + v_1dP = -s_2dT + v_2dP \quad (5.56)$$

이고, 다시 정리하면

$$s_2dT - s_1dT = v_2dP - v_1dP \Rightarrow \frac{dP}{dT} = \frac{\Delta s}{\Delta v} \quad (5.57)$$

이다. 여기서 $\Delta s = s_2 - s_1$, $\Delta v = v_2 - v_1$이다. 이 식을 **클라우지우스-클라페이롱 방정식**(Clausius-Clapeyron equation)이라 한다. 공존선 위의 한 점을 가로지를 때 물질의 엔트로피 변화 Δs와 부피 변화 Δv의 비는 압력의 온도 변화율과 같다.

이제 낮은 온도에서 높은 온도로 공존선을 가로지르는 등압과정을 생각해 보자. 이때 엔탈피 변화는

$$\Delta H = \Delta(E + PV) = \Delta E + \Delta(PV)$$

$$= (T\Delta S - P\Delta V) + P\Delta V + V\Delta P = T\Delta S + V\Delta P \qquad (5.58)$$

이고, 등압과정이므로

$$\Delta H = T\Delta S = T(S_2 - S_1) \qquad (5.59)$$

이다. 따라서

$$\Delta S = \frac{\Delta H}{T} \qquad (5.60)$$

이다. 엔탈피 변화 ΔH를 상1에서 상2로 변할 때 흡수하는 **잠열**(latent heat) $L = \Delta H$라 한다. 결과를 종합하면

$$\frac{dP}{dT} = \frac{\Delta s}{\Delta v} = \frac{L}{T\Delta V} \qquad (5.61)$$

이다. 즉, 상1에서 상2로 상변화할 때 잠열이 있는 상전이를 1차상전이(first order phase transition)라 한다.

클라우지우스-클라페이롱 방정식을 응용하는 간단한 예로 그림 5.11과 같이 액체와 기체가 공존하는 상태를 생각해 보자. 온도 T에서 기체의 압력은 얼마인가? 액체를 첨자1로 기체를 첨자2로 나타내자. 공존선 위에서 부피 차이는

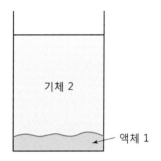

그림 **5.11** 액체와 기체의 공존. 액체가 차지하는 부피는 기체가 차지하는 부피에 비해서 매우 작은 경우를 생각한다.

$$\Delta V = V_2 - V_1 \simeq V_2 \qquad (5.62)$$

이다. 기체는 액체보다 훨씬 많은 부피를 차지하므로, $V_2 \gg V_1$ 이다. 이 기체가 이상기체라면 $PV_2 = nRT$이다. 따라서

$$\frac{dP}{dT} = \frac{L}{T\Delta V} = \frac{L}{TV_2} = \frac{PL}{(nRT)T} \qquad (5.63)$$

이고,

$$\frac{dP}{P} = \frac{L}{nR}\frac{dT}{T^2} \qquad (5.64)$$

이다. 양변을 적분하면

$$\ln P = -\frac{L}{nRT} + 상수 \tag{5.65}$$

또는

$$P = P_0 e^{-L/nRT} \tag{5.66}$$

이다.

P_0는 공존 상태에서 기체의 초기압력이다. 액체의 일부가 잠열 L을 얻어 기체가 되었을 때 기체의 압력이 P이다.

5.5 잠열과 상전이의 분류

물과 기체의 상전이에서 물은 1기압에서 수증기로 변할 때 2,260 kJ/kg = 538.8 kcal/kg의 열이 필요하다. 물질이 끓어서 기체가 될 때의 필요한 열을 **기화열**(vaporization heat)이라 한다. 얼음이 물로 변할 때에는 334 kJ/kg = 80 kcal/kg의 열이 필요하다. 물질이 녹을 때 필요한 열을 **융해열**(fusion heat)이라 한다. 이와 같이 한 상에서 다른 상으로 변할 때 필요한 열을 **잠열**(latent heat)이라 한다. 그림 5.12는 물 1 g에 가해준 열과 온도의 관계를 나타낸 그래프이다. 잠열을 1 g당 필요한 에너지로

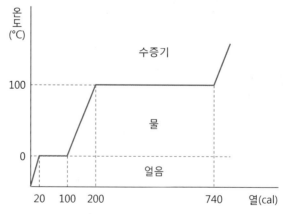

그림 **5.12** 물의 상전이 온도와 잠열. 온도 0℃에서 1 g의 얼음이 녹아서 물이 될 때 필요한 잠열은 80 cal/g이고, 100℃의 물이 끓는데 필요한 잠열은 약 540 cal/g이다.

표 **5.2** 물질의 상전이 온도와 잠열(1기압)

물질	녹는점($^\circ$C)	융해열(kJ/kg)	끓는점($^\circ$C)	기화열(kJ/kg)
물	0	334	100	2260
이산화탄소	−78	184	−57	574
질소	−210	25.7	−196	200
산소	−219	13.9	−183	213
에탄올	−114	108	78.3	855
납	325.5	24.5	1750	871

표현하면 얼음이 녹을 때 약 80 cal/g이고, 물이 끓을 때 필요한 열은 약 540 cal/g이다. 이와 같이 상이 변할 때 잠열이 필요한 상전이를 **1차 상전이**(first order phase transition) 또는 **불연속 상전이**(discontinuous phase transition)라 한다. 얼음–물의 상전이, 물–수증기의 상전이는 대표적인 1차 상전이에 해당한다. 많은 단일 구성성분의 상전이는 1차 상전이에 속한다.

표 5.2는 여러 가지 물질의 상전이 온도와 잠열을 나타낸 것이다. 표에서 볼 수 있는 것처럼 물의 기화열이 다른 물질에 비해서 상대적으로 크다. 1차 상전이에서 잠열이 필요한 이유는 상이 변하면서 물질의 구조가 변하기 때문이다. 고체에서 액체로 변할 때 특정한 회전 대칭성을 갖는 격자구조의 고체가 모든 방향의 방향 대칭성을 가지는 액체로 변할 때 구조 변화를 일으키는 에너지가 필요하다. 규칙적인 격자구조의 고체가 좀 더 무질서한 액체로 변하면서 엔트로피가 증가한다.

상이 변할 때 물질 1 kg 당 잠열을 L이라 하고, 상1과 상2의 엔트로피를 각각 S_1, S_2라 하면

$$L = \Delta Q_{\text{rev}} = T_c (S_2 - S_1) \tag{5.67}$$

이다. 여기서 T_c는 상전이가 일어나는 지점의 온도이다. 질량이 m인 물질의 잠열은

$$\Delta Q = mL \tag{5.68}$$

이다.

상전이 온도에서 잠열을 알고 있으면 상이 변할 때 엔트로피 변화량을 알 수 있다. 표

5.2에서 물의 엔트로피 변화량은

$$\Delta S(녹음) = \frac{334 \text{ kJ/kg}}{273 \text{ K}} = 1.22 \text{ kJ/K} \cdot \text{kg}$$

$$\Delta S(끓음) = \frac{2260 \text{ kJ/kg}}{373 \text{ K}} = 6.06 \text{ kJ/K} \cdot \text{kg}$$

이다.

물질의 상전이를 처음 분류한 과학자는 에른페스트(Paul Ehrenfest)로 깁스 자유에너지의 미분이 처음으로 불연속인 차수를 상전이의 차수(order)라 하였다. 그림 5.13과 같이 깁스 자유에너지를 온도로 미분하였을 때 제1차 미분$(\partial G/\partial T)$이 불연속인 상전이를 1차 상전이 (first-order phase transition)라 한다. 1차 상전이에 해당하는 대표적인 상전이는 고체-액체 상전이와 액체-기체 상전이가 이에 해당한다. 깁스 자유에너지의 2차 미분이 불연속적인 상전이를 2차 상전이(second-order phase transition)라 한다. 대표적인 2차 상전이를 상자성-강자성 상전이, 초전도 상전이, 질서-무질서 상전이(order-disorder) 등이 이에 속한다. 그림 5.13은 온도에 따른 깁스 자유에너지의 제1미분과 제2미분을 나타낸다.

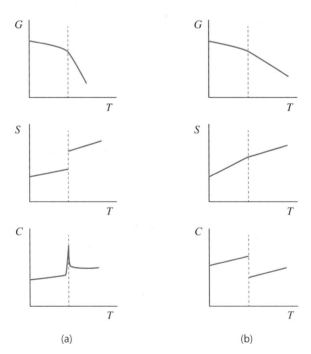

(a)   (b)

그림 **5.13** 에른페스트의 상전이 분류 방법. (a) 1차 상전이, (b) 2차 상전이

5.6
깁스의 상규칙

여러 성분이 섞여 있는 물질이 가질 수 있는 상의 가짓수를 상평형 조건을 통해서 알 수 있다. 먼저 물질을 구성하는 성분의 수를 c라 하자. 예를 들어 순수한 물은 성분의 수가 $c = 1$이고, 물과 에탄올이 섞여 있는 물질은 성분의 수가 $c = 2$이다. 평형 상태에서 각 성분이 가질 수 있는 상의 수를 p라 하자. 예를 들어 물처럼 고체, 액체, 기체인 상을 가질 수 있으면 $p = 3$이고, 자성체에서 상자성과 강자성을 가질 수 있는 물질은 $p = 2$이다. 물질이 상평형에 있을 때 가질 수 있는 자유도를 f라 하자. 평형상태에서 독립적인 세기 변수는 보통 온도 T와 압력 p이므로 2개의 자유도가 이 변수에 할당되어 있다. 각 성분의 몰수를 n_1, n_2, $\cdots$, n_c라 하고 전체 몰수를 n이라 하면 성분의 몰의 합이 전체 몰수와 같기 때문에

$$n = n_1 + n_2 + \cdots + n_c \tag{5.69}$$

이다. 따라서 성분들이 가질 수 있는 총변수는 $(c-1)$개다.

각 성분은 각각 p개의 상을 가질 수 있다. 예를 들어 물과 에탄올 혼합물에서 물은 얼음, 물, 수증기의 세 가지 성분을 가질 수 있으며, 마찬가지로 에탄올 역시 세 가지 상을 가질 수 있다. 따라서 각 성분이 가질 수 있는 독립변수는 $p(c-1)$개이다. 세기 변수 p, T를 고려하면 총변수는 $p(c-1) + 2$개이다. 그런데 이 변수들이 모두 독립적이지 않다. 상평형 조건에서 각 성분과 상이 서로 공존할 때 화학 퍼텐셜은 서로 같아야 한다. 따라서 상평형 조건은

$$\mu_i(\text{상}1) = \mu_i(\text{상}2) = \cdots = \mu_i(\text{상}p), \ \ i = 1, \ \cdots, \ c \tag{5.70}$$

이다. 상평형 조건의 수는 $c(p-1)$개다. 따라서 전체 독립적인 자유도(degree of freedom)의 수는 $f = p(c-1) + 2 - c(p-1)$이므로,

$$f = c - p + 2 \tag{5.71}$$

이다. 이 식을 **깁스의 상규칙**(Gibbs' phase rule)이라 한다.

성분의 수가 하나인 H_2O를 고려해 보자. 성분의 수가 하나이므로 $c = 1$이다. 따라서 $f = 3 - p$이다. 상의 수가 $p = 1$이면 $f = 2$인데 바로 온도와 압력의 자유도를 말한다. 얼음, 물, 수증기처럼 하나의 상은 온도와 압력 2가지 자유도로 잘 서술된다. 만약 $p = 2$이면, 평형상태에서 2개의 상이 공존함을 의미한다. 이때 자유도는 $f = 1$이고, 두 상은 $p - T$ 평면에

서 공존선(coexistence line)에서만 존재할 수 있다. 예를 들어, 물과 수증기는 물-수증기 공존선에서만 2개의 상이 서로 공존한다. 만약 $p = 3$이면 $f = 0$이다. 즉, 세 개의 상이 공존하면 자유도가 영이다. 자유도가 0인 것은 점을 의미하므로 p－T 평면에서 한 공존점 (common point)에서 세 가지 상이 공존함을 의미한다. H_2O가 물, 얼음, 수증기의 세 가지 상이 공전하는 지점은 삼중점(triple point)인 한 점에서만 가능하다. 이 점이 바로 자유도 영인 점에 해당한다.

5.7 실제기체와 맥스웰 작도법

이상기체는 분자들이 서로 상호작용하지 않기 때문에 상변화를 일으키지 않는다. 실제기체 분자들은 서로 상호작용을 하는데, 분자들이 서로 가까워지면 서로 밀어내는 상호작용을 하고, 멀리 떨어지면 약하게 잡아당기는 상호작용을 한다. 상호작용을 고려한 실제기체에 대한 상태 방정식으로 1장에서 살펴본 판데르발스 방정식 (van der Waals equation)이 유명하다.

$$\left(P + \frac{aN^2}{V^2}\right)(V - Nb) = NkT \tag{5.72}$$

또는

$$P = \frac{NkT}{V - Nb} - \frac{aN^2}{V^2} \tag{5.73}$$

여기서 a와 b는 상수이다.

판데르발스 방정식을 따르는 기체의 헬름홀츠 자유에너지는 쉽게 구할 수 있다. 미소 열역학 과정에서 $dF = -SdT - PdV$이므로 압력은

$$P = -\left(\frac{\partial F}{\partial V}\right)_T \tag{5.74}$$

이므로 온도를 고정한 상태에서 자유에너지는

$$F = -\int PdV \tag{5.75}$$

에서 구한다. 압력을 대입한 다음 적분하면

$$F = -\int \left[\frac{NkT}{V - Nb} - \frac{aN^2}{V^2} \right] dV$$

$$= -NkT \ln(V - Nb) - \frac{aN^2}{V} + u(T) \qquad (5.76)$$

이고, $u(T)$는 온도만의 함수이다.

비슷한 방법으로 깁스 자유에너지를 구할 수 있다. 열역학 항등식에 따르면

$$dG = -SdT + VdP + \mu dN \qquad (5.77)$$

이다. 온도와 입자수를 고정하면 $dG = VdP$이고, 양변을 dV로 나누면

$$\left(\frac{\partial G}{\partial V} \right)_{N,T} = V \left(\frac{\partial P}{\partial V} \right)_{N,T} \qquad (5.78)$$

이다. 이 식의 오른편은 판데르발스 방정식에서 쉽게 구할 수 있다. 결과적으로

$$\left(\frac{\partial G}{\partial V} \right)_{N,T} = -\frac{NkTV}{(V - Nb)^2} + \frac{2aN^2}{V^2} \qquad (5.79)$$

이다. 깁스 자유에너지를 얻기 위해서 이 식을 다시 부피에 대해서 적분한다.

$$G = \int \left(\frac{\partial G}{\partial V} \right)_{N,T} dV = \int \left[-\frac{NkTV}{(V - Nb)^2} + \frac{2aN^2}{V^2} \right] dV \qquad (5.80)$$

첫 번째 적분을 하기 위해서 분자를 다음과 같이 표현하면 적분을 쉽게 할 수 있다. 적분을 하기 위해서 $NkTV$를

$$NkTV = NkT \left[(V - Nb) + Nb \right] \qquad (5.81)$$

로 표현한다. 그러면 적분표현은

$$G = \int \left[-\frac{NkT}{(V - Nb)} - \frac{(NkT)(Nb)}{(V - Nb)^2} + \frac{2aN^2}{V^2} \right] dV$$

$$= -NkT \ln(V - Nb) + \frac{kbN^2 T}{V - Nb} - \frac{2aN^2}{V} + v(T) \qquad (5.82)$$

이고, 여기서 $v(T)$는 적분상수로 온도의 함수이다.

이제 등온 과정으로 액체 상태에서 기체 상태로 상이 바뀌는 과정을 생각해 보자. 등온상

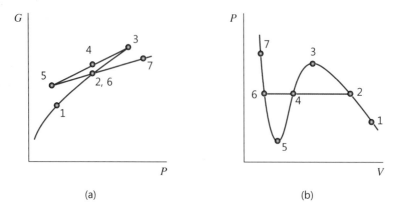

그림 **5.14** 등온상태에서 판데르발스 유체의 액체-기체 상전이. (a) 깁스 자유에너지를 압력의 함수로 그렸다. (b) 판데르발스 방정식을 이용하여 압력을 부피의 함수로 나타내었다.

태에서 상변화를 관찰할 때 부피를 변수로 택하기 보다는 압력을 독립변수로 택하는 것이 더 좋다. 압력은 쉽게 조절할 수 있다. 등온상태에서 깁스 자유에너지를 압력의 함수로 그리면 그림 5.14와 같다. 그림 (a)는 온도가 일정한 상태에서 유체계의 깁스 자유에너지를 압력의 함수로 나타낸 것이다. 계의 깁스 자유에너지는 낮은 상태가 안정한 상태이므로 그림 (a)에서 2-3-4-5-6은 불안정한 상태이다. 그림에서 1은 기체 상태이고, 압력을 증가시키면 기체는 깁스 자유에너지가 낮은 1-2, 6-7을 따라 변하게 된다. 상태 2, 6에서 상전이가 일어난다. 그림 (b)는 그림 (a)에 대응하는 상태를 $P-V$ 도표에 나타낸 것이다. 그림 (b)에서 1인 상태는 기체상태이고, 7인 상태는 액체상태이다. 그림 (b)에서 2-3-4-5-6은 불안정한 상태이다. 낮은 압력에서 압력을 높이면 기체는 1-2-6-7의 과정을 따라 변한다. 2-6의 과정은 액체와 기체가 공존하는 상태이다. 그림 (b)의 불안정한 영역 2-3-4-5-6 영역에서 공존선을 긋는 방법을 생각해 보자. Gibbs-Duham 방정식에서

$$dg = d\mu = vdP - sdT \tag{5.83}$$

이고, 여기서 v와 s는 입자 당 부피와 입자 당 엔트로피이다. 계가 등온변화를 하면 $dT = 0$ 이므로

$$dg = d\mu = \frac{V}{N}dP \tag{5.84}$$

이다.

그림 5.15는 등온 과정으로 기체에서 액체로 상변화를 일으키는 그림을 나타낸 것이다.

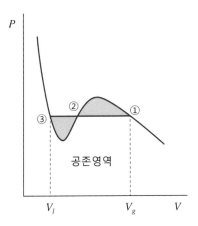

그림 **5.15** 맥스웰 작도법. 등온 과정에서 공존상태는 색칠한 두 부분의 면적이 같도록 수평선을 긋는다.

$V > V_g$이면 기체상태이고, ①은 기체가 액체와 공존하는 경계점으로 $P(V)$가 비해석적 (nonanalytic)인 성질을 가지는 점이다. 비슷하게 ③ 역시 비해석적인 점이다. ①-②-③의 곡선은 $P(V)$ 함수를 **해석이음**(analytic continuation, 해석연장)으로 연결한 곡선이다. 그림 5.15에서 $V_l \leq V \leq V_g$인 영역에서 기체와 액체가 공존한다. 기체와 액체가 공존하면 두 상의 화학 퍼텐셜은 서로 같다. 즉,

$$\mu_l = \mu_g \tag{5.85}$$

이다. 따라서 두 상이 공존하는 상태에서

$$\mu_l - \mu_g = \int_{기체}^{액체} d\mu = \int_{기체}^{액체} \frac{V}{N} dP = \oint \frac{V}{N} dP = 0 \tag{5.86}$$

이다.

비슷한 방법으로 깁스 자유에너지는 상태함수임을 이용할 수 있다. 상태함수를 닫힌 경로에 대해서 적분하면 영이 된다. 즉,

$$\oint dG = 0$$

이다. 온도를 고정한 열역학 과정에서

$$\oint dG = \oint \left(\frac{\partial G}{\partial P} \right)_T dP = \oint V dP = 0$$

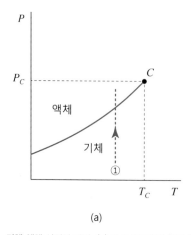
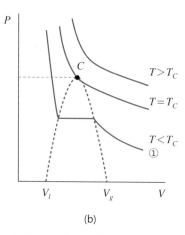

(a)   (b)

그림 **5.16** 기체–액체 상전이 과정. (a) P-T 도표에서 기체–액체 상전이. 등온과정을 따라 ① 점선을 따라 기체가 공존선을 가로질러 액체로 상전이한다. C 점은 임계점이고 온도와 압력이 임계점보다 커지면 기체와 액체의 구분이 없어진다. (b) 임계온도를 중심으로 온도가 임계온도보다 낮을 때와 높을 때 등온 과정을 따라 변하는 상곡선. $T < T_C$ 일 때 $V_l \leq V \leq V_g$ 영역에서 기체와 액체는 공존한다.

이다.

이 식이 의미하는 것은 두 상이 공존하는 영역에서 **등온수평선**(horizontal isotherm line)은 수평선이 해석이음 곡선의 오목한 영역 면적과 볼록한 쪽 영역의 면적이 같아야 함을 의미한다. 즉 등온수평선을 두 면적이 같도록 그어야 한다. 이를 **맥스웰 작도법**(Maxwell's construction)이라 한다.

그림 5.16은 기체-액체 상전이 과정을 P－T 도표(그림 5.16(a))와 맥스웰 작도법으로 그린 P－V 도표를(그림 5.16(b)) 나타낸 것이다. 온도가 임계온도보다 낮은($T < T_C$) 등온 과정에서 기체-액체 상전이가 일어난다. 그림 (a)의 ①과 같은 등온선을 따라 가는 열역학 과정에서 기체-공존선(기체와 액체 공존)-액체의 상변화가 일어난다. ①에 대응하는 P－V 그림은 그림 (b)에 나타내었다. 그림 (b)에서 점선은 $T < T_C$인 등온 과정에서 기체-액체 공존 영역을 나타낸다. 온도가 $T = T_C$이면 그림 (a)에서 **임계점**(critical point) C에 해당하며 그림 (b)의 C 점은 P(V) 곡선의 변곡점에 해당한다. 임계점에서 온도를 **임계온도**(critical temperature) T_C라 하고, 임계점에서 압력을 **임계압력**(critical pressure) P_C라 한다. 또한 임계점에서 부피를 **임계부피**(critical volume) V_C라 한다. $T > T_C$ 이상이면 기체와 액체의 구분이 사라지며 기체-액체 상전이가 일어나지 않는다. 분자들 사이의 상호작용을 고려한 판데르발스 방정식은 기체-액체 상전이를 성공적으로 설명한다. 그러나 밀도가 높은 유체에서 판데르발스 방정식은 정확한 상 경계값을 예측하지 못한다.

병참 본뜨기와 혼돈현상

나비효과와 혼돈현상이 1970년대 이후에 많은 과학자들에게 던진 메시지는 몇 개 되지 않는 동력학 방정식에서 "예측 불가능"이 발생한다는 것이었다. 그 당시까지만 하더라도 동력학적 복잡성은 시스템이 복잡해져서 시스템을 기술하는 좌표의 수가 엄청나게 많을 때, 예측 불가능한 무질서가 발생한다고 생각했다. 그러한 경우의 대표적인 예가 유체에서 난류가 생기는 현상이었다. 그러나 로렌츠 방정식은 단 3개의 방정식으로 표현되고 단 3개의 변수를 가지는 매우 단순한 동력학 시스템이었다. 로렌츠의 나비효과 발견 이후 혼돈을 보여주는 시스템이 자연계에서 수없이 발견되었다.

1976년에 로버트 메이(Robert May)는 한 섬에 살고 있는 토끼 수의 매년 변화를 단순한 **병참 본뜨기**(logistic map)로 나타냈다. 어떤 해에 토끼 수 비율 x_n은 그 해의 토끼 수를 섬이 수용할 수 있는 최대 토끼 수로 나눈 값이다. 즉, $x_n = N_n/N_{max}$이다. 여기서 n은 연도를 나타낸다. x_n은 최댓값으로 나누었기 때문에 $0 \le x_n \le 1$이다. 메이는 토끼 수의 변화를

$$x_{n+1} = rx_n(1-x_n)$$

으로 표현하였다. 이 식을 병참 본뜨기(logistic map)라 한다. 여기서 r는 토끼의 **성장률**(growth rate)을 뜻한다. 이 식에서 오른쪽의 첫 번째 항은 토끼의 성장(reproduction)을 나타내고, 두 번째 항은 토끼 수가 많아졌을 때 토끼들의 먹이 경쟁 때문에 토끼들이 굶어 죽는 양(starvation)을 나타낸다. 병참 본뜨기는 1차원의 점화식이다. 이 식은 변수가 토끼 수 하나이고 **조절변수**(control parameter)는 성장률 r를 따라 결과값이 달라진다.

그림 5.17은 조절변수 값에 따라 토끼 수의 변화를 연도에 따라 나타낸 것이다. 조절변수가 작을 때는 주기 2인 상태가 보이다가 조절변수 r를 키우면 주기 4인 상태가 나타난다. 이렇게 주기가 2배씩 늘어나는데 이를 **주기배가**(periodic doubling)라 한다. 사실 주기는 주기 $1 \to 2 \to 4 \to 8 \to \cdots \to \infty$ 상태가 된다. 이런 식으로 주기가 늘어나면서 혼돈현상이 되는 것을 **갈래질**(bifurcation)이라 한다. 그림 5.18은 **갈래질 그림**(bifurcation diagram)을 나타낸 것이다. 가로축은 조절변수 r로 하고 세로축은 주기적으로 나타나는 토끼 수 x로 나타내었다. 주기배가에 의한 갈래질의 전형적인 모습을 관찰할 수 있다. 조절변수가 $r_c = 3.56995 \cdots$보다 커지면 주기성이 무한대가 되어, 즉 주기성이 없어져서 계는 혼돈상태가 된다.

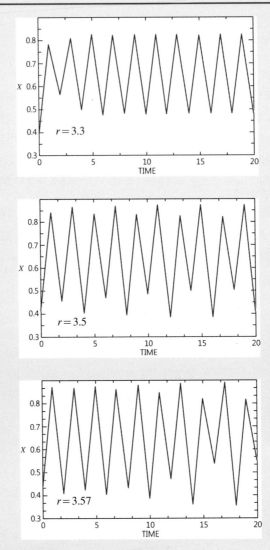

그림 **5.17** 병참 본뜨기의 조절변수 값에 따른 토끼 수의 변화를 나타냄. 첫 번째는 주기가 2년, 두 번째는 주기가 4년이고 마지막 그림은 주기가 없다. 조절변수의 변화를 조금씩 증가시키면서, 토끼 수의 동력학적 변화를 관찰하면 주기가 2배씩 증가하는 주기배가(periodic doubling)에 의한 갈래길(bifurcation) 과정에 따라 혼돈상태(주기 없는 상태)로 들어간다.

병참 본뜨기의 놀라운 점은 변수가 하나인 1차원 점화식에서 혼돈현상이 발생할 수 있다는 것이다. 미분방정식으로 표현되는 연속적인 변수를 가지는 시스템에서 혼돈현상은 3차원 이상에서 발생할 수 있지만, 점화식으로 표현되는 본뜨기에서는 1차원 비선형 방정식에서 혼돈현상이 발생할 수 있다. 계의 무질서(혼돈)는 1차원의 단순한 동력학 방정식에서도 발생한다는 놀라운 사실을 목격할 수 있다.

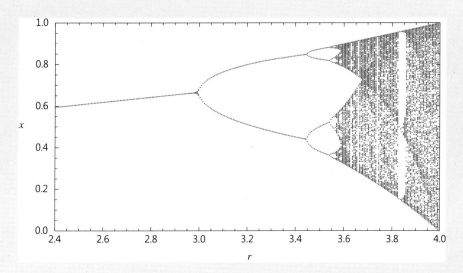

그림 **5.18** 병참 본뜨기의 갈래질(bifurcation) 그림. 가로축을 조절변수 r로, 세로축을 주기적으로 나타나는 토끼
수의 값 x로 나타내었다.

5.1 액체-기체의 공존선에서 액체의 몰부피는 기체의 몰부피에 비해서 무시할 수 있다. 물질이 초기상태 (T_0, P_0)에서 공존선을 따라 나중상태 (T, P)로 변하였다. 공존선의 방정식이

$$P = P_0 \exp\left[\frac{L}{R}\left(\frac{1}{T_0} - \frac{1}{T} \right) \right]$$

임을 보여라. (단, 잠열 L은 온도에 무관하다고 가정한다.)

5.2 대기압에서 물은 100℃에서 끓고 기화열은 540 cal/g이다. 물의 온도가 150℃일 때 물의 끓는 압력은 얼마인가? (힌트, 문제 5.1을 사용하여라.)

5.3 물질이 초기상태 (T_0, P_0)에서 고체-액체 공존선을 따라 나중상태 (T, P)로 변하였다. 고체가 녹아서 생긴 부피 변화 ΔV는 아주 작고, 잠열 L과 ΔV는 온도에 무관하다. $P - T$ 도표에서 고체-액체 공존선 방정식을 구하여라.

5.4 액체-기체 공존선에서 일반적으로 잠열은 온도에 의존하며

$$L = L_0 + L_1 T$$

이다. 액체의 몰부피는 기체의 몰부피에 비해서 무시할 정도일 때, 액체-기체 공존선의 방정식이

$$P = P_0 \exp\left[-\frac{L_o}{RT} + \frac{L_1}{R} \ln T \right]$$

임을 보여라.

5.5 판데르발스 상태 방정식에서 임계온도 $T = T_C$이면 $P(V)$ 곡선에 변곡점이 하나 존재하며 이 변곡점이 임계점이다.
1) 임계부피를 구하여라.
2) 임계압력을 a와 b로 표현하여라.
3) 임계온도를 a, b, R로 표현하여라.

5.6 판데르발스 상태 방정식에서 물의 임계점 T_C와 P_C를 구하여라. (a와 b 값은 표 1.4를 참조.)

5.7 판데르발스 상태 방정식에서 메탄의 임계점 T_C와 P_C를 구하여라. (a와 b 값은 표 1.4를 참조.)

CHAPTER 6

물질의 열적 성질

CHAPTER 6
물질의 열적 성질

물질은 온도에 따라서 물리적 성질이 달라진다. 건물의 열을 빼앗기지 않기 위해서 단열재를 사용한다. 철길, 교량 등의 열이음매(thermal junction)는 온도에 따른 열팽창에 의한 구조물의 변형을 방지하기 위해서 설치한다. 온도가 증가할 때 물질은 선팽창, 부피팽창을 일으키며, 팽창이 억제되었을 때 열변형력을 받게 되어 구조물에 변형이 일어난다. 물체에 온도 차이가 있으면 열전달이 일어난다. 대표적인 열전달 방법인 전도, 대류, 복사 등의 성질을 알아보자. 또한 물질의 온도를 1℃ 올리는데 필요한 열은 물질마다 다르다. 물질의 열용량, 비열 등을 통해서 물질의 열적 성질을 살펴보자.

평형상태에서 기체의 평균자유거리, 평균속도에 대한 정보를 이용하여 기체의 밀도차, 온도차, 운동량 차이에 의해서 일어나는 확산, 열전도, 점성의 온도 의존성을 알아보자. 기체의 운송현상은 기본적으로 비평형 현상이지만 밀도차, 온도차 등이 크지 않을 경우에는 평형상태에서 구한 정보를 이용하여 운송현상을 해석할 수 있다. 기체 내부의 한 지점과 이웃한 다른 지점 사이에 밀도차, 온도차 또는 운동량 차이가 존재하면 입자의 운송이 일어나며, 이때 열과 운동량의 전달이 일어날 수 있다.

6.1 열팽창

우리 주변에서 흔히 보는 대부분의 물질은 온도가 올라갈 때 팽창한다. 어떤 물질은 온도에 따라서 쉽게 팽창하지만, 어떤 물질은 쉽게 팽창하지 않는다. 물질이 팽창하는 근본적인 이유는 무엇일까? 선팽창, 부피팽창을 일으키는 근본적인 원인을 알아보자.

6.1.1 선팽창

그림 6.1과 같이 온도 T_0에서 길이 L_0인 물체의 온도를 ΔT 만큼 증가시키면 길이가 ΔL 만큼 늘어난다. 온도가 변하는 범위 ΔT가 크지 않으면, 일반적으로 늘어난 길이는 온도에

비례한다.

$$\Delta L = \alpha L_0 \Delta T \qquad (6.1)$$

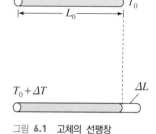

여기서 α를 물질의 **선팽창계수**(coefficient of linear expansion)라 한다. 따라서 온도가 올라갔을 때 길이는

$$L = L_0 + \Delta L = L_0 (1 + \alpha \Delta T) \qquad (6.2)$$

그림 **6.1** 고체의 선팽창

이다.

온도에 따른 **선팽창** 현상 때문에 여러 가지 구조물에서 문제가 발생할 수 있다. 금속성분을 많이 사용하는 긴 교량은 일정한 간격으로 **열이음매**(thermal junction)가 설치되어 있어서 뜨거운 여름에 열팽창에 의한 교량의 변형을 방지한다. 철길의 철로에도 일정한 간격으로 열이음매가 설치되어 있다.

예제 6.1

어떤 유리의 선팽창계수는 $\alpha = 0.4 \times 10^{-5}/\mathrm{K}$이다. 온도가 100℃ 올라가면 유리의 길이는 원래보다 몇 퍼센트 증가하는가?

온도 T_0에서 유리의 길이를 L_0라 하자. 온도가 100℃ 증가하였을 때 늘어난 길이는

$$\Delta L = \alpha L_0 \Delta T = (0.4 \times 10^{-5}/\mathrm{K})(L_0)(100\ \mathrm{K})$$

이므로

$$\frac{\Delta L}{L_0} = 4.0 \times 10^{-4}$$

이다. 즉, 길이는 0.04% 만큼 늘어난다.

6.1.2 부피팽창

온도가 올라가면 물체의 전체 부피가 증가하는 **부피팽창**(volume expansion)이 일어난다. 온도 T_0에서 부피 V_0인 물체가, 온도 $T_0 + \Delta T$에서 부피가 $V_0 + \Delta V$로 증가하였다. 온도 변화량이 작으면 부피 증가량은 온도에 비례한다. 즉,

$$\Delta V = \beta V_0 \Delta T \tag{6.3}$$

이다. 여기서 β를 **부피팽창계수**(coefficient of volume expansion)라 한다. 길이가 L인 육면체 모양의 물체를 생각해 보자. 물체의 부피는 $V_0 = L^3$이다. 온도가 증가할 때 부피 변화량은 $dV = (dV/dL)dL = 3L^2 dL$이다. 따라서 $dV = 3L^2(\alpha L dT) = 3\alpha V_0 dT$이므로 $\beta = 3\alpha$이다. 즉, 부피팽창계수는 근사적으로 선팽창계수의 3배이다. 표 6.1에 대표적인 물질의 선팽창계수와 부피팽창계수를 나타내었다.

표 **6.1** 상온(20℃)에서 고체의 선팽창계수와 부피팽창계수

물질	$\alpha(\times 10^{-6}/\text{K})$	물질	$\beta(\times 10^{-4}/\text{K})$
석영	0.5	에틸알코올	1.1
파이렉스 유리	6.3	수은	1.8
보통 유리	9	물	6.1
철	12	가솔린	9.5
구리	17	공기(1기압)	35
알루미늄	24		
얼음(0℃)	51		

6.1.3 열팽창의 정성적 이해

열팽창 현상의 근본적인 원인을 생각해 보자. 고체의 구조는 그림 6.2와 같이 **격자구조**(lattice structure)를 하고 있다. 즉, 고체를 구성하는 원자(또는 분자)들이 일정한 대칭성을 가지고 규칙적으로 배열해있다. 격자점에 놓인 원자는 대개 양전하를 띠고 있다. 금속은 각 원자들의 최외각에 위치한 가전자를 금속에 내놓는다. 이렇게 내놓은 전자들을 **자유전자**(free electron)라 한다. 금속의 자유전자들은 금속 내부에서 공유되면서 금속의 결합을 강하게 한다. 격자구조에서 최인접 원자 사이의 거리를 **격자상수**(lattice constant)라 한다. 양전하를 띤 격자점들은 유효 쿨롱 상호작용에 의해서 마치 격자점 사이에 스프링이 연결된 것처럼 생각할 수 있다. 온도가 올라가면 격자점들의 진동이 격심해지고 진동 진폭이 커져서 진동 에너지가 증가한다.

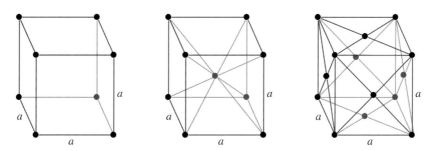

그림 **6.2** 고체의 격자모형. 왼쪽부터 정육방격자, 체심격자, 면심격자를 나타낸다.

그런데 최인접 원자 사이의 퍼텐셜 에너지는 탄성 스프링과는 달리 그림 6.3과 같이 비대칭 구조를 하고 있다. 온도 T에서 두 원자가 가장 가까이 올 수 있는 거리는 r_1이고, 가장 멀리 떨어질 수 있는 거리는 r_2이다. 두 원자는 $r_1 \leq r \leq r_2$ 사이에서 진동한다. 이렇게 진동하는 고체에서 최인접 원자 사이의 거리인 격자상수는 $a = (r_1 + r_2)/2$로 생각할 수 있다. 격자상수 a는 퍼텐셜 에너지가 최소인 점보다 약간 오른쪽에 위치한다. 온도가 증가하면 r_2의 증가량이 r_1의 감소량보다 크므로 온도 $T + \Delta T$에서 격자상수는 증가한다. 격자상수의 증가는 물체가 팽창한 것을 의미한다. 만약 두 이웃한 원자 사이의 퍼텐셜 에너지가 대칭이면 열팽창은 일어나지 않는다. 물체의 열팽창은 두 이웃한 원자 사이의 퍼텐셜 에너지의 비대칭 때문에 생긴다.

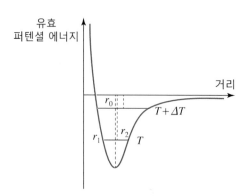

그림 **6.3** 고체에서 원자 사이의 비대칭 퍼텐셜 에너지. 온도가 올라가면 고체의 내부에너지가 증가하고 원자 사이의 평균거리는 증가하므로 고체가 팽창한다.

6.1.4 물의 열팽창

물은 다른 유체에 비해서 특이한 성질을 가지고 있다. 특히 물의 열팽창 현상은 4℃ 근처에서 특이한 특성을 가진다. 그림 6.4는 물의 온도에 따른 부피를 나타낸 그림이다. 4℃ 이상에서 물의 온도를 높이면 부피가 늘어난다. 즉, 4℃ 이상에서 물의 열팽창계수는 영보다 크다. 그러나 0℃에서 4℃ 사이에서 물의 열팽창계수는 음수를 갖는다. 즉, 온도를 높이면 오히려 부피가 감소한다. 따라서 4℃에서 물의 밀도가 가장 크다. 물의 이러한 성질은 물의 물리화학적 결합과 연관이 있다. 물은 얼 때에도 팽창한다. 그러나 대부분의 물질은 얼 때 부피가 감소한다. 4℃에서 물의 밀도가 가장 크기 때문에 물은 수면부터 얼게 된다. 겨울에 호수 표면으로 찬바람이 불어오면 표면의 온도가 내려간다. 온도가 4℃가 되면 수면의 물의

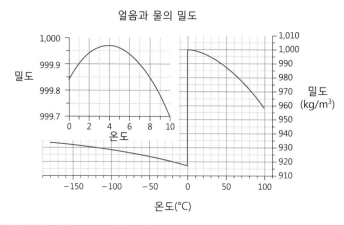

그림 **6.4** 물의 열팽창. 삽입한 그림은 0~10℃ 사이를 자세히 나타내었다. 물의 밀도는 약 4℃에서 가장 크다.

밀도가 크므로 수면의 물이 호수 아래로 내려가고 4℃ 보다 온도가 높은 호수 아래쪽의 물이 수면으로 대류하여 올라온다. 결국 호수 물 전체의 온도가 4℃ 에 도달한다. 이때 호수의 수면이 더욱 냉각되면 4℃ 이하로 떨어지고, 결국 호수의 표면부터 물이 얼게 된다. 즉, 얼음은 호수의 표면부터 아래쪽으로 얼어들어 간다. 이와 같은 물의 성질 때문에 호수나 바다의 생명체는 빙하기에도 살아남을 수 있었다.

6.1.5 열변형력

물체를 자유롭게 놓아둔 상태에서 물체의 온도를 높이면 물체는 자연스럽게 열팽창을 한다. 그런데 물체의 양끝을 고정시켜 놓고 물체의 온도를 높이거나 낮추면 물체는 **열변형력**(thermal stress)을 받게 된다. 화학 물질을 생산하는 공장에는 긴 파이프 중간에 U자형 또는 원형으로 파이프를 구부려 놓은 것을 볼 수 있다. 뜨거운 물질이 파이프를 지나갈 때 열변형력을 완화하기 위해서 만든 장치이다.

양끝이 고정된 금속 막대의 열변형력을 어떻게 구할 수 있을까? 간단한 방법은 양끝이 고정되지 않은 막대를 팽창(또는 수축)시킨 후, 다시 이 막대를 원래 길이로 되돌리는데 필요한 힘을 구하면 된다. 단면적 A 이고, 온도 T_0 에서 길이 L_0 인 막대가 온도 $T_0 + \Delta T$ 로 변했을 때 길이 변화량을 ΔL 이라 하자. 온도 변화량 ΔT 가 양수이면 길이는 늘어날 것이고, 음수이면 길이는 감소할 것이다. 양끝이 자유로운 막대가 팽창할 때 길이 변화는 열팽창계수의 정의에 의해서 $\Delta L = \alpha L_0 \Delta T$ 이다. 이제 온도를 고정하고, 막대를 팽창하기 전의 길이로 압축하는데 필요한 힘을 F 라 하면, 막대의 **영률**에 대한 정의로부터

$$Y = \frac{F/A}{\Delta L/L_0} \tag{6.4}$$

이다. 즉 **열변형력**은

$$\frac{F}{A} = Y\alpha\Delta T \tag{6.5}$$

이다. 영률과 열팽창계수가 열변형력의 크기를 결정한다.

6.2
열용량과 비열

온도가 다른 두 물체를 열접촉하면 두 물체의 온도는 같아져 평형 상태에 도달한다. 뜨거운 물체는 온도가 내려가고, 차가운 물체는 온도가 올라간다. 이러한 온도 변화는 뜨거운 물체에서 차가운 물체로 "에너지"가 전달되기 때문이다. 온도 차이 때문에 일어나는 에너지 전달을 열흐름 또는 열전달이라 하며, 이때 전달되는 에너지를 **열**(heat)이라 한다. "열은 한 물체에서 다른 물체로 전달되는 에너지를 의미하며 계가 함유하고 있는 열량을 의미하지 않는다." 제임스 줄(James Joule)은 일을 해주면 물체의 온도를 상승시킬 수 있음을 실험적으로 증명하였다. 물질의 온도 변화에 바탕을 두고 열의 단위를 정의한다. 1 cal(칼로리)는 1 g(그램)의 물을 14.5℃에서 15.5℃로 온도를 높이는데 필요한 열로 정의한다. 줄의 실험에 의하면 물을 1℃ 높이는데 필요한 일은 약 4.186 J이다. 즉,

$$1 \text{ cal} = 4.186 \text{ J} \tag{6.6}$$

이다.

6.2.1 열용량

물체의 온도를 올리려면 외부에서 열을 가해야 한다. 그런데 같은 양의 열을 여러 물체에 가해보면, 물체마다 올라가는 온도가 다른 것을 관찰할 수 있다. 이는 물체의 온도를 1℃ 올리는데 필요한 열은 물체마다 다르다는 것이다. 어떤 물체의 온도를 dT 만큼 올리는데 필요한 열을 đQ라 하면, 물체의 **열용량**(heat capacity) C는

$$C = \frac{đQ}{dT} \tag{6.7}$$

로 정의하며, 열용량의 단위는 J/K이다. 계의 부피를 일정하게 유지하는 경우를 일정부피 열용량(또는 정적 열용량)이라 하고, $C_V = (đQ/dT)_V$로 나타낸다. 또한 계의 압력을 일정하게 유지하는 경우를 일정압력 열용량(또는 정압 열용량)이라 하고, $C_P = (đQ/dT)_P$로 나타낸다.

6.2.2 비열

열용량은 물체의 크기나 입자의 수에 따라 달라진다. 즉, 같은 물체라도 질량이 큰 물체를 1℃ 올리는데 필요한 열은 질량이 작은 물체를 1℃ 올리는데 필요한 열보다 크다. 따라서 물체의 질량이나 입자수에 상관없이 물체의 고유한 성질에만 의존하는 열용량을 정의하자. 단위 질량 당 물질의 열용량은 **질량비열**(mass specific heat)이라 하고

$$c_{\mathrm{m}} = \frac{C}{m} = \frac{1}{m} \frac{\text{đ}Q}{dT} \tag{6.8}$$

로 정의한다. 여기서 m은 물질의 질량이고, 질량비열의 단위는 $\mathrm{J/kg \cdot K}$이다. 이 식을 다시 쓰면

$$\text{đ}Q = c_{\mathrm{m}} m dT \tag{6.9}$$

이다. 온도 변화가 미소량이 아니라 유한한 변화가 있는 경우는 위 식을 적분하면 된다. 즉, 물체의 온도가 낮은 온도 T_1에서 높은 온도 T_2로 증가하였을 때 물체가 흡수한 열 Q는

$$Q = \int_{T_1}^{T_2} dQ = \int_{T_1}^{T_2} c_{\mathrm{m}} m dT \tag{6.10}$$

이다. 질량비열이 온도에 의존하지 않을 경우에 물체의 온도가 $\Delta T = T_2 - T_1$ 만큼 변하였을 때 열은

$$Q = c_{\mathrm{m}} m \Delta T \tag{6.11}$$

인 관계가 성립한다.

  단위 몰 당 열용량은 **몰비열**(molar specific heat)이라 하고,

$$c_{\text{몰}} = \frac{1}{n} \frac{\text{đ}Q}{dT} \tag{6.12}$$

로 정의한다. 여기서 n은 물질의 몰수이고, 몰비열의 단위는 $\mathrm{J/mol \cdot K}$이다. 물질의 질량 m은 물질을 구성하는 분자의 분자량 M과 몰수 n의 곱이다. 즉, 물질의 질량은 $m = Mn$이다. 이 관계를 질량비열에 대입하면

표 6.2 물질의 비열

물질	질량비열($J/kg \cdot K$)	몰비열($J/mol \cdot K$)
납	128	26.5
은	236	25.5
구리	386	24.5
알루미늄	900	24.4
그라나이트	789	
유리	840	
수은	140	
얼음	2220	
에틸알코올	2430	
바닷물	3900	
물	4190	

$$\text{đ}Q = c_{\text{m}} m dT = c_{\text{m}} M n dT \tag{6.13}$$

이다. 따라서 몰비열은

$$c_{\text{몰}} = \frac{1}{n} \frac{\text{đ}Q}{dT} = c_{\text{m}} M \tag{6.14}$$

이다. 여러 가지 물질의 비열을 표 6.2에 나타내었으며, 물의 몰비열은

$$c_{\text{몰}} = M c_{\text{m}} = (0.018 \text{ kg/mol})(4186 \text{ J/kg} \cdot \text{K}) = 75.35 \text{ J/mol} \cdot \text{K}$$

이다.

6.3 열전달

온도가 다른 두 물체가 열접촉하여 있거나, 한 물체에서 위치에 따라 온도가 다르면 열전달이 일어난다. 예를 들면 금속 숟가락을 뜨거운 물에 담가두면 손잡이가 곧 뜨거워지는 것, 주전자에 물을 채워 가열하면 주전자 내부의 물이 서로 섞이는 것 등이 있다. 이렇게 열을 전달하는 방식인 전도, 대류, 복사에 대해서 살펴보고, 또

한 열전도도, 열저항을 정의하고 응용 예제들을 살펴본다.

6.3.1 전도

물질에서 열전달은 물질을 구성하는 원자, 분자, 전자 사이의 상호작용을 통해서 열전달이 일어나며 물질의 내부 구조와 물질의 구성에 영향을 받는다. 고체와 액체는 원자 사이의 거리가 기체에 비해 가깝기 때문에 열전달 능력이 크다. 반면, 기체는 분자 사이의 평균 거리가 멀고 분자 사이의 상호작용이 약하기 때문에 열전도가 나쁘다. 그림 6.5와 같은 금속막대의 한쪽 끝을 가열하면 반대쪽 끝의 온도가 올라간다. 즉 금속을 통해서 열전달이 일어난다. 온도 차이가 있을 때 물질을 따라서 전달되는 열의 흐름에 의한 에너지 전달을 **열전도** (thermal conduction)라 한다. 온도가 높은 쪽에 있는 물질 구성 분자들의 높은 운동에너지가 물리적 과정을 통해서 낮은 온도의 낮은 운동에너지를 가지는 구성 분자들에게 전달된다. 금속과 같은 물질의 열전도는 금속의 자유전자와 금속 격자점들의 진동(포논, phonon)에 의해서 이루어진다. 보통 전기전도도가 좋은 물질은 열전도도 좋다.

그림 6.6과 같이 단면적이 A이고, 길이가 L인 금속막대의 한쪽 끝은 높은 온도 T_h로 뜨겁고, 반대쪽 끝은 낮은 온도 T_c로 차갑다. 짧은 시간 dt 동안 단면을 통해서 전달되는 열을 dQ라 하자. **열흐름율**(또는 열류, heat current) H는 단위 시간 당 단면을 통해서 전달되는 열로 정의한다.

$$H = \frac{dQ}{dt} \tag{6.15}$$

막대 양끝의 온도 차이가 크지 않으면 열흐름율은 온도 차이에 비례한다. 따라서 열흐름율은

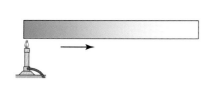

그림 **6.5** 금속의 열전달

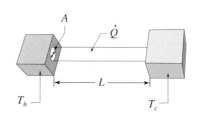

그림 **6.6** 단면적 A, 길이 L인 금속막대의 열전도

$$H = kA\frac{T_h - T_c}{L} \tag{6.16}$$

이다. 여기서 k를 **열전도도**(thermal conductivity)라 하며, 열흐름율의 단위는 J/s이므로 열전도도의 단위는 W/m·K이다. 표 6.3에 대표적인 물질의 열전도도를 나타내었다.

두께가 dx이고 온도차가 dT일 때 열흐름율은 **프리에 법칙**(Fourier's law)으로 표현할 수 있다.

$$H = \frac{dQ}{dt} = -kA\frac{dT}{dx} \tag{6.17}$$

따라서 열흐름은 항상 $dT/dx < 0$인 방향으로 일어난다.

길이와 열전도도 및 단면적의 비를 **열저항**(thermal resistance) R라 한다.

$$R = \frac{L}{kA} \tag{6.18}$$

따라서 열흐름율은 식 (6.16)에 의해

$$H = \frac{T_h - T_c}{R} \tag{6.19}$$

이고, 열저항의 단위는 $m^2 \cdot K/W$이다.

표 6.3 물질의 열전도도

물질	열전도도(W/m·K)	물질	열전도도(W/m·K)
공기	0.024	메타놀	0.19
아르곤	0.018	보통 유리	1.0
스티로폼	0.01	콘크리트	1.28
나무	0.15	철	46
파이버 유리	0.048	알루미늄	235
물	0.57	은	406

보통 유리컵에 뜨거운 물을 부으면 깨지기 쉽다. 그러나 파이렉스 유리로 만든 유리컵은 뜨거운 물을 부어도 깨지지 않는다. 그 이유는 무엇인가? 보통 유리와 파이렉스 유리의 열전도도와 선팽창계수가 표 6.4와 같다.

표 **6.4**　보통 유리와 파이렉스 유리의 열적 성질

종류	열전도도($J/m \cdot ℃$)	선팽창계수($/℃$)
보통 유리	1.32×10^5	9×10^{-6}
파이렉스 유리	1.09×10^5	3×10^{-6}

풀이

유리컵에 뜨거운 물을 부었을 때 유리컵이 깨지는 이유는 유리컵의 안쪽과 바깥쪽 사이의 온도차 때문이다. 안쪽은 뜨거우므로 바깥쪽 보다 크게 팽창한다. 따라서 유리컵은 큰 열변형력을 받게 된다. 이 열변형력을 지탱하지 못하면 컵은 깨진다. 유리컵을 깨지지 않게 하려면 유리의 열전도도가 커서 안과 밖의 온도차를 줄이거나 유리의 선팽창계수를 줄여서 열변형력을 줄이면 된다. 열전도도의 면에서 보통 유리는 파이렉스 유리보다 17% 정도 좋다. 그러나 선팽창계수를 보면 보통 유리가 파이렉스 유리보다 3배 더 크게 열팽창을 한다. 비록 보통 유리가 파이렉스 유리보다 열전도도는 크지만 선팽창계수가 훨씬 크기 때문에 보통 유리가 큰 열변형력을 받게 되어 쉽게 깨진다.

6.3.2 대류(convection)

물이 끓을 때 뜨거운 물이 위쪽으로 올라가고 차가운 물이 아래로 내려가면서 물이 순환하는 것을 볼 수 있다. 이와 같이 유체(액체 또는 기체)의 이동에 의해서 생기는 열전달을 **대류**(convection)라 한다. 고기압에서 저기압으로 바람이 부는 것과 같은 대기의 대류는 날씨를 결정한다. 인체에서 피부와 접촉한 공기의 대류에 의해서 인체는 열손실을 일으킨다. 공기 대류에 의한(바람이 불지 않을 때) 인체의 열손실은 인체 열소모율의 약 25%에 달한다. 대류에 의한 열손실은 물체의 표면적에 비례한다. 유체의 점성은 유체의 흐름을 느리게 하므

로 자연대류(natural convection)를 느리게 한다. 에어컨의 방열 팬이나, 선풍기와 같은 장치는 유체를 강제로 흐르게 하는데 이러한 대류를 강제대류(forced convection)라 한다. 보통 대류에 의한 열흐름율은 온도 차이의 5/4 거듭제곱에 비례한다. 즉,

대류에 의한 열흐름율 $\propto$ (유체 주요부의 온도 $-$ 표면의 온도)$^{5/4}$

이다.

바람이 세차게 부는 날에 체감온도가 낮은 이유는 바람의 대류에 의한 열손실이 커졌기 때문이다. 바람은 피부에서 에너지를 빨리 빼앗는다. 공기 대류에 의한 인체의 열손실율 H_c는

$$H_c = hA(T_s - T_a) \tag{6.20}$$

인 관계를 갖는다. 여기서 h는 대류에 의한 열전달 계수이고, A는 물체의 유효 단면적, T_s는 물체 표면의 온도, T_a는 공기의 온도이다. 바람이 불지 않을 때 $h = 2.3\,\mathrm{kcal/m^2 \cdot hr \cdot \,℃}$이다. 보통 사람의 유효 체표면적은 약 $A = 1.2\,\mathrm{m^2}$이고, 피부의 온도는 $T_s = 34℃$이다. 공기의 온도가 $T_a = 25℃$일 때 공기 대류에 의한 열전달 계수는 약 $H_c = 25\,\mathrm{kcal/hr}$이며, 이것은 인체 열손실의 25% 정도에 해당된다. 바람이 불면 대류에 의한 열손실율은 급격히 증가한다. 표 6.5는 대류에 의한 열전달 계수(coefficient of thermal convection)를 나타낸다.

표 **6.5** 대류에 의한 열전달 계수 $h[\mathrm{W/m^2 \cdot K}]$

대류의 종류	기체	액체
자연대류	5~25	50~1,000
강제대류	25~250	50~20,000
끓음/얼기	2,500~100,000	

6.3.3 복사

뜨거운 태양 아래 있으면 쉽게 온도가 올라간다. 또한 난로 옆에 있어도 따뜻해진다. 이것은 태양 또는 난로에서 오는 전자기파 **복사**(radiation)에 의한 열전달이 일어나기 때문이다. 온도가 있는 모든 물체는 다양한 전자기파를 방출한다. 물체의 온도가 낮으면 긴 파장의 전자

기파가 많이 방출되며, 온도가 높아지면 짧은 파장의 전자기파 방출이 증가한다. 온도가 20℃인 물체에서 방출되는 전자기파는 대부분 긴 파장의 적외선이다. 온도가 800℃ 정도가 되면 적외선이 많이 방출되고, 눈에 보이는 긴 파장의 가시광선(빨간색)을 방출한다. 백열전구의 필라멘트의 온도는 약 3,000℃이며, 적외선과 가시광선 영역의 전자기파를 방출한다.

온도 T인 물체에서 방출되는 에너지 복사율은 물체의 표면적 A에 비례하고, 물체의 온도의 네제곱인 T^4에 비례한다. 또한 에너지 복사율은 물체의 표면이 얼마나 전자기파를 쉽게 방출할 수 있는지를 나타내는 **방출률**(emissivity) e에 의존한다. 방출률은 0과 1 사이의 값을 가진다. 물체 에너지 **복사율** H_r은

$$H_r = e\sigma A T^4 \tag{6.21}$$

이며, 물체의 복사율에 의한 이 식을 **스테판-볼츠만 방정식**(Stefan-Boltzmann equation)이라 한다. 여기서 σ는 **스테판-볼츠만 상수**(Stefan-Boltzmann constant)이며, 실험으로 구한 스테판-볼츠만 상수는

$$\sigma = 5.6705 \times 10^{-8} \text{ W/m}^2 \cdot \text{K}^4 \tag{6.22}$$

이다.

표 6.6에 물체의 방출률을 나타내었다. 흑체의 방출률은 $e = 1$이다. 물체가 공기와 같은 환경에 노출되어 있을 때 물체는 환경으로 에너지를 복사하고, 환경으로부터 복사 에너지를 받게 된다. 따라서 복사에 의해서 물체가 주변 환경과 교환하는 알짜 복사 열전달은

$$H_r = \dot{Q} = e\sigma A(T_s^4 - T_a^4) \tag{6.23}$$

으로 쓸 수 있으며, 여기서 T_a는 주변 환경의 온도이고 T_s는 물체 표면의 온도이다.

표 6.6 물체 표면의 방출률(무차원)

물체의 표면	방출률(무차원)
흑체	1
금속 표면	0.6~0.9
연마한 금속 표면	0.1
비금속 표면	0.9

6.3.4 열전달 평형

열흐름이 정상상태를 이루고 있을 때, 고체 표면의 온도는 일정하게 유지되므로 전달된 에너지가 고체에 쌓이지 않는다. 고체의 내부에너지를 E라 하면, 고체 표면의 열전달 평형 조건은

$$\frac{dE}{dt} = \dot{Q}_s - \dot{Q}_l = 0 \tag{6.24}$$

이다. 여기서 $\dot{Q}_s$는 고체에서 표면으로의 열전달율이고, $\dot{Q}_l$은 유체의 열전달율이다. 단면적 A인 고체 표면의 열전달 평형은

$$\dot{Q}_s = \dot{Q}_l = \dot{Q}_{cv} + \dot{Q}_r \tag{6.25}$$

이다. 여기서 $\dot{Q}_{cv}$은 유체의 대류에 의한 열전달율이고, $\dot{Q}_r$은 복사에 의한 열전달율이다. 위식을 다시 쓰면,

$$-kA\frac{dT}{dx} = H_c + H_r = hA(T_s - T_a) + e\sigma A(T_s^4 - T_a^4) \tag{6.26}$$

이다.

예제 6.3

피복에 쌓인 반도체 표면의 온도

반도체 칩은 보통 피복으로 쌓여있다. 단면적 $10\ \mathrm{cm}^2$인 반도체칩이 두께 $d = 5\ \mathrm{mm}$인 플라스틱 피복에 쌓여있다. 반도체 표면의 온도는 T_o이고, 플라스틱의 열전도율는 $k = 0.35\ \mathrm{W/m \cdot K}$이다. 플라스틱 표면의 방출율은 $e = 0.9$이고, 외부 공기의 대류 열전달 계수는 $h = 20\ \mathrm{W/m^2 \cdot K}$이다. 외부 공기의 온도가 $25℃$이고, 공기와 접한 플라스틱 표면의 온도가 $T_s = 80℃$일 때, 반도체 표면의 온도 T_o는 얼마인가?

풀이

열흐름의 평형 조건을 이용하여 온도 T_o를 구한다. 먼저 외부 공기의 대류에 의한 열전달

율은

$$\dot{Q}_{cv} = hA(T_s - T_a) = \left(20\frac{\text{W}}{\text{m}^2 \cdot \text{K}}\right)(10 \text{ cm}^2)\frac{(10^{-2} \text{ m})^2}{(1 \text{ cm})^2}(353 \text{ K} - 298 \text{ K}) = 1.1 \text{ W}$$

이다. 복사에 의한 열전도율은

$$\dot{Q}_r = e\sigma A(T_s^4 - T_a^4) = (0.9)\left(5.67 \times 10^{-8}\frac{\text{W}}{\text{m}^2 \cdot \text{K}^4}\right)(10 \times 10^{-4} \text{ m}^2)(353^4 - 298^4)(\text{K}^4)$$

$$= 0.39 \text{ W}$$

이다. 플라스틱에서 열전도도는

$$\dot{Q}_c = -kA\frac{(T_s - T_o)}{d}$$

이다. 플라스틱 표면에서 열전달 평형 조건은

$$\dot{Q}_c = \dot{Q}_{cv} + \dot{Q}_r = 1.49 \text{ W}$$

이다. 따라서 반도체 표면에서 온도는

$$T_o = T_s + \frac{\dot{Q}_c d}{kA} = 353 \text{ K} + \frac{(1.49 \text{ W})(5 \times 10^{-3} \text{ m})}{\left(0.35\frac{\text{W}}{\text{m} \cdot \text{K}}\right)(10 \times 10^{-4} \text{ m}^2)} = 374.3 \text{ K} = 101.3℃$$

이다.

6.3.5 단일층의 열전도

그림 6.7과 같이 단면적이 A인 균일한 물질을 통해서 정상상태에서 열전도가 일어나는 경우를 생각해 보자.

물질 내부에서 에너지 생성이 없고 열은 물질 내부에 축적되지 않으므로 열전달 평형 조건은

$$\dot{Q}_H = \dot{Q}_L \tag{6.27}$$

이다. 열전달율 $\dot{Q}_H$는 높은 온도 T_H에서 왼쪽 면으로 유입되는 열이고, $\dot{Q}_L$은 낮은 온도 T_L로 방출되는 열이다. 푸리에 열전도 법칙에 따르면

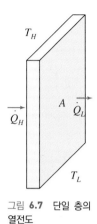

$$\dot{Q}_H = \dot{Q}_L = -kA\frac{dT}{dx} = 상수 \qquad (6.28)$$

이며, 여기서 k는 물질의 열전도도이다. 이 식을 다시 쓰면

$$\frac{dT}{dx} = -\frac{\dot{Q}_H}{kA} = C \qquad (6.29)$$

그림 **6.7** 단일 층의 열전도

이고, C는 상수이다. 물질 내의 임의의 위치 x에서 온도 T는

$$\int_{T_H}^{T} dT = \int_{0}^{x} C dx \qquad (6.30)$$

이므로,

$$T = T_H + Cx \qquad (6.31)$$

이다. $x = L$일 때, $T = T_L$이므로

$$T_L = T_H + CL \qquad (6.32)$$

이다. 따라서

$$C = -\frac{T_H - T_L}{L} \qquad (6.33)$$

이다. 위치 x에서 온도 T는

$$T = T_H - \frac{T_H - T_L}{L}x \qquad (6.34)$$

이다. 온도는 거리에 대해서 선형적으로 감속한다. 유한한 두께 L인 물체에서 열전도율은

$$\dot{Q}_c = -kA\frac{T_L - T_H}{L} \qquad (6.35)$$

이다.

6.3.6 열저항

단일층의 열전도에 대한 식을 다시 쓰면

$$\dot{Q}_c = \frac{dQ}{dt} = \frac{T_H - T_L}{L/kA} = \frac{\Delta T}{R_c} \tag{6.36}$$

이 된다. 여기서 전도에 의한 **열저항**(thermal resistance)을

$$R_c = \frac{L}{kA} \tag{6.37}$$

로 정의하며, 열저항의 단위는 K/W이다. 전기저항 R의 양단에 전위차 ΔV가 걸려 있을 때 저항에 흐르는 전류는

$$i = \frac{dq}{dt} = \frac{\Delta V}{R} \tag{6.38}$$

이다. 전기저항은 열저항에 대응하고, 전류는 열흐름율에 대응하고, 전위차 ΔV는 온도차 ΔT에 대응한다. 전기회로에서 전류를 흐르게 하는 원인이 전위차라면, 열전도에서 열을 흐르게 하는 원인은 온도가 된다. 따라서 열전도 문제를 전기저항 문제로 바꾸어 생각해도 된다. 열저항은 대류와 복사 현상에 대해서도 적용할 수 있다.

단일 대류층의 대류에 대해서

$$\dot{Q}_{cv} = hA(T_s - T_a) = \frac{\Delta T}{R_{cv}} \tag{6.39}$$

이고, 대류에 의한 열저항은

$$R_{cv} = \frac{1}{hA} \tag{6.40}$$

이다.

복사에 의한 열전달율을 다시 표현하면

$$\dot{Q}_r = e\sigma A(T_s^4 - T_a^4)$$
$$= e\sigma A(T_s^2 + T_a^2)(T_s^2 - T_a^2)$$

$$= e\sigma A(T_s^2 + T_a^2)(T_s + T_a)(T_s - T_a)$$

$$= \frac{T_s - T_a}{R_r} \tag{6.41}$$

이 된다. 여기서 복사 열저항은

$$\frac{1}{R_r} = e\sigma A(T_s^2 + T_a^2)(T_s + T_a) \tag{6.42}$$

이다. 여러 형태의 열전달에 의한 알짜 열저항이 R이면, 열전달률은

$$\dot{Q} = \frac{\Delta T}{R} \tag{6.43}$$

또는

$$\Delta T = R\dot{Q} \tag{6.44}$$

이다.

원통형 파이프의 열저항 구하기

그림 6.8과 같이 내부 반지름 R_1, 외부 반지름 R_2인 원통형 파이프의 내부를 통해서 유체가 흐른다. 유체와 접한 파이프 내부 면의 온도는 T_0이고, 유체에서 파이프로 열흐름율은 $\dot{Q}_0$이다. 실린더의 바깥 표면의 온도는 T_1이고, 파이프에서 외부 공기로 열흐름율은 $\dot{Q}_1$이다. 파이프의 열전도도는 k이다. 정상상태에서 열흐름 평형 조건은

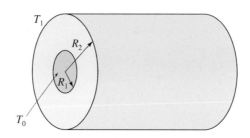

그림 **6.8** 파이프의 열저항

$$\dot{Q}_0 = \dot{Q}_1$$

이다. 푸리에 전도 법칙에서

$$\dot{Q}_0 = \dot{Q}_1 = -kA\frac{dT}{dr} = -k\ 2\pi rL\frac{dT}{dr} = 상수$$

이다. 이 식을 다시 쓰면,

$$dT = -\frac{\dot{Q}_0}{2\pi kL}\frac{dr}{r}$$

이다. 양변을 적분하면

$$\int_{T_0}^{T_1} dT = -\frac{\dot{Q}_0}{2\pi kL}\int_{R_1}^{R_2}\frac{dr}{r}$$

이다. 이 식을 다시 쓰면

$$T_1 - T_0 = -\frac{\dot{Q}_0}{2\pi kL}\ln\left(\frac{R_2}{R_1}\right)$$

이다.

그런데 온도 변화량과 열흐름 사이의 관계는

$$\Delta T = T_0 - T_1 = R\dot{Q}_0$$

이므로, 열저항은

$$R = \frac{1}{2\pi kL}\ln\left(\frac{R_2}{R_1}\right)$$

이다.

6.3.7 복합층의 열전도

단열재로 둘러싸인 파이프, 건물 외벽을 덮고 있는 단열재, 금속판을 싸고 있는 보호 피복 등은 복합층의 예이다. 그림 6.9와 같이 단면적이 A인 두 층으로 구성된 복합층을 통해서

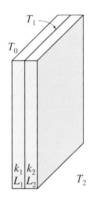

그림 **6.9** 단면적 A인 평행한 복합층을 통한 열전달. 왼쪽 층의 두께는 L_1이고, 오른쪽 층의 두께는 L_2이다. 각 경계에서 온도는 왼쪽부터 각각 T_0, T_1, T_2이고, $T_0 > T_1 > T_2$이다. 왼쪽 층의 열전도도는 k_1이고 오른쪽 층의 열전도도는 k_2이다.

열전달이 일어나는 경우를 생각해 보자. 평행한 복합층을 통한 열전달 왼쪽 층의 두께는 L_1이고, 오른쪽 층의 두께는 L_2이다. 각 경계에서 온도는 왼쪽부터 각각 T_0, T_1, T_2이고, $T_0 > T_1 > T_2$이다. 왼쪽 층의 열전도도는 k_1이고 오른쪽 층의 열전도도는 k_2이다.

열흐름율은

$$\dot{Q} = -k_1 A \frac{T_1 - T_0}{L_1} = -k_2 A \frac{T_2 - T_1}{L_2} \tag{6.45}$$

이다. 따라서,

$$T_0 - T_1 = \frac{\dot{Q} L_1}{k_1 A} = R_1 \dot{Q} \tag{6.46}$$

$$T_1 - T_2 = \frac{\dot{Q} L_2}{k_2 A} = R_2 \dot{Q} \tag{6.47}$$

이다. 복합층 양 끝단 사이의 온도차는

$$T_0 - T_2 = T_0 - T_1 + T_1 - T_2$$
$$= R_1 \dot{Q} + R_2 \dot{Q} = (R_1 + R_2) \dot{Q} \tag{6.48}$$

이다. 그러므로 온도차와 열흐름율은

$$\Delta T = T_0 - T_2 = R_t \dot{Q} \tag{6.49}$$

인 관계가 있고, 등가 열저항 R_t는

$$R_t = R_1 + R_2 \tag{6.50}$$

이다. 즉, 전도체가 직렬로 연결되어 있으면 등가 열저항은 각 층의 열저항을 단순히 더하면 된다. 이것은 전기저항이 직렬로 연결되어 있을 때 등가 전기저항은 두 저항을 단순히 더하는 것과 같다.

6.4
평균자유거리

부피 V인 용기에 들어있는 반지름 r인 강체구 모양의 분자를 생각해 보자. 용기에 들어있는 분자들은 서로 충돌할 것이다. 그림 6.10과 같이 중심 사이의 수직거리인 **충돌매개변수**(impact parameter) b가 $2r$ 보다 작으면 두 분자는 서로 충돌한다. 두 분자를 **딱딱한 공**(hard-sphere)처럼 생각하면 두 분자 사이의 퍼텐셜 에너지는 그림 6.11과 같다. 따라서 두 공은 당구공처럼 서로 겹쳐질 수 없고 충돌 후에 서로 탄성 충돌한다. 두 공 사이의 퍼텐셜 에너지는

$$V(R) = \begin{cases} 0 & R > 2r \\ \infty & R \le 2r \end{cases} \tag{6.51}$$

이다.

짧은 dt 시간 동안 속력 v인 분자가 움직인 거리는 vdt이다. 한 분자로부터 거리 vdt 떨어져 있고, 반지름 $2r$인 원기둥에 들어있는 분자는 서로 충돌한다. 원기둥의 부피는 $4\pi r^2 vdt$이고, 단위 부피 당 분자수는 $n = N/V$이다. 이 원기둥에 들어있는 총분자수는

$$dN_v = 4\pi r^2 vdt \frac{N}{V} \tag{6.52}$$

이다.

두 분자가 충돌할 때 **충돌단면적**(collision cross section)은 $\sigma = \pi(2r)^2 = 4\pi r^2$이다. 단위 시간 당 서로 충돌하는 분자의 수는

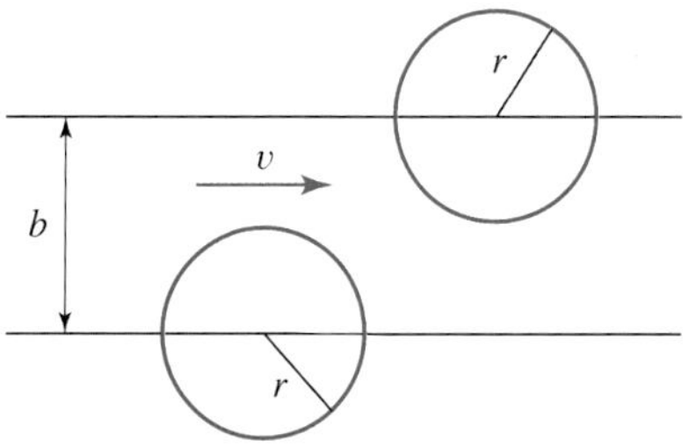

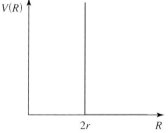

그림 **6.10** 딱딱한 공의 충돌. 두 공의 중심 사이의 수직거리를 충돌매개변수 b라 한다. $b \le 2r$이면 두 공은 서로 충돌한다.

그림 **6.11** 딱딱한 공의 퍼텐셜 에너지

$$\frac{dN_v}{dt} = 4\pi r^2 v \frac{N}{V} = n\sigma v \qquad (6.53)$$

이다.

두 분자가 서로 충돌하는데 걸리는 시간은 충돌 분자수의 역이므로, 두 분자가 충돌할 때까지 비행한 시간인 **평균자유시간**(mean free time) τ는

$$\tau = \frac{dt}{dN_v} = \frac{V}{4\pi r^2 vN} = \frac{1}{n\sigma v} \qquad (6.54)$$

이다.

한편 분자가 충돌할 때까지 비행한 거리인 **평균자유거리**(mean free path) l은

$$l = \langle v \rangle \tau = \frac{\langle v \rangle}{n\sigma v} \qquad (6.55)$$

이다. 이 식에서 평균속력 $\langle v \rangle$와 속력 v가 나타나는데 그 차이를 분명히 해야 한다. 사실 평균자유시간을 구할 때 입자의 속력은 두 분자의 상대 속력 $v = v_r = v_1 - v_2$이다. 또한 분자는 속력분포를 가지므로 평균상대속력을 고려해야 한다. 따라서 식 (6.55)의 분모에 나온 속력은 $v \to \langle v_r \rangle$이 정확한 표현이다. 상대속력의 제곱은 $v_r^2 = v_1^2 + v_2^2 - 2\vec{v_1} \cdot \vec{v_2}$이므로

$$\langle v_r^2 \rangle = \langle v_1^2 \rangle + \langle v_2^2 \rangle - 2\langle \vec{v_1} \cdot \vec{v_2} \rangle \qquad (6.56)$$

이다. 그런데 분자들은 특정한 방향을 선호하지 않고 무질서하게 운동하므로 $\langle \vec{v_1} \cdot \vec{v_2} \rangle = 0$ 이다. 그러므로

$$v = \langle v_r \rangle \approx \sqrt{\langle v_r^2 \rangle} = \sqrt{2\langle v^2 \rangle} \approx \sqrt{2} \langle v \rangle \qquad (6.57)$$

이다. 따라서

$$l = \frac{1}{\sqrt{2}\,n\sigma} \qquad (6.58)$$

이다. 이상기체의 상태 방정식 $PV = NkT$를 사용하면

$$l = \frac{1}{\sqrt{2}\,\sigma n} = \frac{kT}{4\pi\sqrt{2}\,r^2 P} \qquad (6.59)$$

이다.

프랙탈 이야기

여러분은 주변의 자연 풍광을 오래 쳐다 보아도 눈의 피로를 별로 느끼지 않을 것이다. 그러나 인공 구조물이나 글자 등을 오랫동안 보고 있으면 쉽게 눈이 피로해진다. 왜 그럴까? 인간이 진화과정에서 자연과 훨씬 오랫동안 동화되어 살아왔기 때문에 그렇다고 할 수도 있다. 그런데 우리 주변의 많은 자연 풍광 속에는 특정 문양이 숨어 있는 경우가 많다. 그 중에서 매우 재미있는 구조가 프랙탈 구조이다.

여러분은 어느 가수가 부른 "내 속에 내가 너무도 많아서…"라는 노랫말이 나오는 노래를 들어본 적이 있을 것이다. 우리가 살고 있는 자연 속에 자기 구조 안에 자기 구조가 있고, 더 작은 크기의 구조 안에 자신의 구조를 가지고 있는, 즉 구조 안에 구조가 계속 반복되는 특이한 구조가 존재한다. 그러한 구조를 **프랙탈**(fractal)이라 한다. 프랙탈이란 용어는 수학자 베누아 만델브로(Benoit Mandelbrot, 1924~2010)가 1975년에 최초로 사용하였다. 유명한 프랙탈 구조는 1915년 폴란드의 수학자 시어핀스키(Waclaw Franciszek Sierpinski, 1882~1869)가 소개한 **시어핀스키 개스킷**(Sierpinski Gasket)이며, 그 모습은 아래 그림과 같습니다.

프랙탈 구조는 어떠한 과정을 통해 생성될까? 그림 6.12는 수학적인 사상(mapping)에 의해서 프랙탈 구조를 생성하는 과정을 나타낸 것이다. 스웨덴의 수학자 코흐(H. von Koch, 1870~1924)는 자신의 이름이 붙은 **코흐 곡선**(Koch curve)을 발견하였다. 코흐 곡선은 그림 6.12와 같이 만들 수

그림 **6.12** 시어핀스키 개스킷

있다. **창시자**(initiator)는 길이 1인 직선이다. **생성자**(generator)는 직선을 같은 길이로 삼등분한 구조이다. 가운데 토막을 지우고 그림과 같이 두 변이 정삼각형의 변이 되도록 꺾어 올린다. 이 과정을 무한히 반복하여 얻은 셋(set)이 코흐 곡선이다. 코흐 곡선을 생성하는 과정에서 곡선의 길이는 $\frac{4}{3}$ 배씩 계속 길어진다. 생성과정을 무한히 반복한다면 코흐 곡선의 길이는

$$L_{n \to \infty} = \lim_{n \to \infty} \left(\frac{4}{3}\right)^n \to \infty$$

이다. 유한한 공간에서 무한대의 길이를 갖는 구조가 생성된다.

또한 코흐 곡선은 자기 닮음성을 가지고 있다. 그림 6.13과 같이 단계 $n = 4$의 한 부분을 3배 확대하면 부분의 모양이 $n = 3$일 때와 똑같은 모습이다. 즉, **축척**(scaling)에 대해서 **불변성**(invariance)을 가지는 구조이다. 이러한 성질을 **축척 불변성**(scaling invariance)이라 한다. 코흐 곡선처럼 정확한 수학적 사상에 의해서 만들어지는 프랙탈을 **수학적 프랙탈**(mathematical fractal)이라 한다.

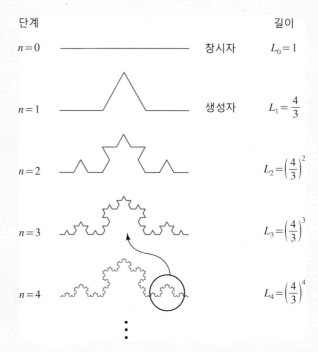

그림 **6.13** 프랙탈 구조인 코흐 곡선(Koch curve)을 생성하는 과정. 이 과정을 무한히 반복하여 얻은 구조가 프랙탈이다.

질문 수학적 프랙탈들을 조사해 보자.

신장의 혈관 구조나 허파꽈리의 구조는 정확한 수학적 사상을 따르지 않는다. 그렇지만 이런 구조들 역시 프랙탈인데, 이런 종류의 프랙탈을 **통계적 프랙탈**(statistical fractal)이라 한다. 신장이나 폐의 구조가 프랙탈 구조를 가지게 된 것은 진화과정의 실수와 선택에 의해서 선택된 구조일 것이다. 유한한 공간에서 표면적인 큰 구조를 생성하는 방법은 그 구조가 프랙탈일 때 가능하다. 신장은 인체의 노폐물을 체외로 배출해야 함으로 표면적이 넓을수록 좋다. 폐 역시 신선한 공기를 혈관으로 공급하고 이산화탄소를 많이 포함한 공기를 배출해야 하므로 표면적이 넓을수록 효율이 높을 것이다. 자연의 진화과정에서 자연선택은 비효율적인 구조를 실수와 선택의 끊임없는 과정을 통해서 자연선택(natural selection)을 했을 것이다. 지금 우리가 보고 있는 신장과 폐의 구조가 진화의 산물이다. 어떤 구조가 프랙탈인지 아닌지는 무엇으로 판별할까? 가장 널리 사용되는 방법이 **프랙탈 차원**(fractal dimension) 또는 **하우스도르프 차원**(Hausdorff dimension)을 구해 보는 것이다. 프랙탈 구조의 실수 차원을 프랙탈 차원 또는 하우스도르프 차원이라 한다. 축척을 줄여나갈 때 프랙탈 차원의 일반적인 정의는

$$N = \frac{1}{L^{d_f}}$$

로 정의한다. 즉,

$$d_f = -\frac{\ln N}{\ln L}$$

이다. 코흐 곡선에서 축척을 줄여나감으로 $L_n = 1/3^n$으로 분수로 표현되므로 식에서 마이너스 기호가 앞에 붙어있고 프랙탈 차원은 양수가 된다. 코흐 곡선에서 $N_n = 4^n$이므로

$$N_n = \frac{1}{L_n^{d_f}}$$

이므로

$$4^n = \frac{1}{(1/3^n)^{d_f}}$$

이다. 양변에 로그를 취하면 코흐 곡선의 프랙탈 차원은

$$d_f = \frac{\ln 4}{\ln 3} = 1.2619\cdots$$

이다. 사실 프랙탈 차원은 차원을 일반화한 것이라 할 수 있다.

"프랙탈은 차원이 실수이고 축척 대칭성을 가진 구조이다."

차원이 정수가 아니다. 실수 차원을 갖는 구조물이 프랙탈이다. 우리는 정수 차원에 익숙하기 때문에, 실수 차원이 어떤 의미인지 차원에 대해서 다시 생각해 보아야 한다.

6.1 꽉 닫힌 금속 병뚜껑을 쉽게 열기 위해서 병뚜껑을 가열하는 이유는 무엇인가?

6.2 추운 겨울날 수도관이 터지는 이유는 무엇인가?

6.3 단면적 A인 이차원의 금속판의 온도를 ΔT만큼 올렸을 때, 늘어난 면적이 근사적으로 $\Delta A = 2\alpha A \Delta T$임을 증명하여라.

6.4 길이 L_1인 금속과 길이 L_2인 금속이 서로 직렬로 접합되어 있다. 각 금속의 선팽창 계수는 각각 α_1, α_2이다. 이 막대의 유효 선팽창 계수가 $\alpha = (\alpha_1 L_1 + \alpha_2 L_2)/L$임을 증명하여라.

6.5 산소(O_2) 분자의 정적 몰비열은 $c_V = 20.8 \text{ J/mol} \cdot \text{K}$이다. 20℃의 산소 1몰을 일정한 압력하에서 가열한다. 기체의 부피가 3배 늘어나게 하는데 필요한 열은 얼마인가? (단, 산소 분자는 회전하고 진동은 하지 않는다.)

6.6 강철판에 반지름 0.5 cm의 구멍이 있고, 강철판의 온도는 10℃이다. 강철판의 온도가 200℃가 되었을 때 구멍의 반지름은 얼마인가? (단, 강철의 선팽창 계수는 $\alpha = 11 \times 10^{-6}$/℃이다.)

6.7 부피 200 cm^{3}인 알루미늄 컵에 20℃의 물이 가득 차 있다. 컵과 물의 온도가 30℃가 되었을 때, 넘친 물의 양은 얼마인가? (단, 물의 부피 팽창 계수는 $\beta = 2.0 \times 10^{-4}$/K이고, 알루미늄의 선팽창 계수는 $\alpha = 24 \times 10^{-6}$/K이다.)

6.8 반지름 10 cm인 알루미늄 공의 온도가 20℃에서 80℃로 높아졌을 때, 공의 반지름은 얼마나 늘어나는가?

6.9 단면적 2 m^{2}이고 두께 4 mm인 유리창으로 시공된 집이 있다. 실내온도가 22℃이고 바깥 기온이 −2℃이다.

1) 단위 시간 당 손실되는 에너지는 얼마인가?

2) 유리 두 장 사이에 아르곤 가스를 주입하여 복유리창(pair glass window)을 만들 었다. 아르곤 가스의 두께가 1 mm일 때, 단위 시간 당 손실되는 에너지는 얼마 인가?

6.10 온도 T인 물체의 질량비열이 $c = 0.4 + 0.2T + 0.04T^2$이다. 온도의 단위는 ℃이고, 비열의 단위는 $cal/g \cdot K$이다. 이 물질 10 g을 20℃에서 40℃로 온도를 높이는데 필요한 열은 몇 cal인가?

6.11 온도 200℃이고 질량 4 kg인 금속 덩어리를 온도 20℃이고 질량 20 kg인 물속에 넣었더니, 금속과 물의 최종온도가 24℃가 되었다. 금속의 비열은 얼마인가?

6.12 줄(Joule)의 실험 장치에 질량 10 kg인 물체를 달아, 높이 20 m에서 바닥까지 낙하 시켰다. 물체의 역학적 에너지가 모두 물의 열에너지로 변하였다. 물의 초기 온도가 20℃일 때, 물의 최종 온도는 얼마인가?

6.13 질량비열이 $c_m = 0.8 kJ/kg \cdot K$인 물체 1 kg의 초기 온도는 20℃이다. 이 물체를 질량 0.5 kg의 물속에 완전히 담갔더니 물체와 물의 최종 온도가 24℃가 되었다. 물의 초기 온도는 얼마인가?

6.14 판데르발스 상태 방정식을 만족하는 1몰의 기체가 있다. 만약 이 기체의 내부에너지 가 $E = cT - a/V$로 주어질 경우, 정적 몰비열과 정압 몰비열 C_v, C_p를 구하여라. (단, a는 판데르발스 상태 방정식의 상수이고, c는 일정한 값으로 주어지는 상수이 다.)

6.15 한 변의 길이가 0.2 m인 정육면체 물체의 온도는 40℃이다. 주변 공기의 온도가 20℃이고, 물체의 방출율은 $e = 0.8$이다. 복사에 의한 알짜 열흐름율은 얼마인가?

6.16 어떤 전등의 방출율은 $e = 0.85$이다. 복사에 의한 열전달율이 600 W라면, 전등의 표면 온도는 얼마인가?

6.17 그림과 같이 높은 온도 T_0와 낮은 온도 T_1 사이에 열전도도 k_1이고, 열전도도 k_2인 두 물체가 병렬로 연결되어 있다. 두 물체의 단면적은 A로 같다. 등가 열저항이

$$\frac{1}{R_t} = \frac{1}{R_1} + \frac{1}{R_2}$$

임을 증명하여라.

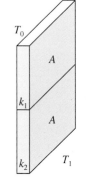

CHAPTER 7
제 7 장

CHAPTER 7

확률과 통계

CHAPTER 7
확률과 통계

통계역학을 공부하기 전에 확률과 통계에 대해서 간략히 살펴보자. 여러분은 일상생활에서 많은 통계 자료와 확률에 익숙해 있을 것이다. 복권 판매소에서 복권을 구입하는 것은 확률을 기대하기 때문이다. 경마장에서 돈을 걸 때 말의 상태를 세심히 살피는 것은 확률을 높이기 위해서다. 45개의 숫자 중 6개를 맞추는 로또복권의 당첨확률은 매우 작다. 일반적으로 확률은 두 가지 종류의 확률을 생각할 수 있다. "어떤 사건의 모든 가능한 결과가 선험적으로 같은 확률(a priori, equal probability)"을 가질 때 이 확률을 **고전확률**(classical probability)이라 한다. 일련의 사건에서 한 사건의 **상대적 빈도**(relative probability)를 **통계확률**(statistical probability)이라 한다.

주사위를 던지는 실험을 생각해 보자. 주사위를 한 번 던지는 것을 **시도**(trial)라 한다. 시도의 결과를 **사건**(event)이라 한다. 예를 들어 주사위 두 쌍을 던져서 두 주사위가 모두 6이 나오는 것은 하나의 사건에 속한다. 밤하늘에서 떨어지는 별똥별을 세어보자. 매 십분 마다 별똥별의 수를 세는 행위는 시도에 해당한다. 매 십분 마다 측정한 별똥별의 수가 사건이다. 측정한 별똥별의 수가 두 개이면 이것은 하나의 사건에 속한다. 다른 측정에서 별똥별이 10개 측정되었다면 이것은 또 다른 사건에 속한다. 이러한 사건들을 **단순사건**(simple event)이라 한다. 단순사건에서 한 사건은 다른 사건에 영향을 미치지 않는다. 단순사건들이 모여서 이루어진 사건을 **복합사건**(compound event)이라 한다. 별똥별이 1개에서 10개까지 떨어지는 사건을 묶어서 하나의 군으로 생각하면, 이것이 하나의 복합사건이다. 따라서 복합사건들은 단순사건으로 나눌 수 있다. 단순사건이 모여 있는 불연속 집합을 **표본공간**(sample space)이라 하고, 표본공간에 속한 각 점을 **표본점**(sample point)이라 한다. 그림 7.1과 같이 각 점은 하나의 사건에 해당하고, 원 안에 속하는 사건들의 집합은 하나의 복합사건을 구성한다.

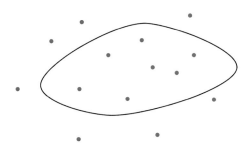

그림 **7.1** 표본공간과 복합사건. 사건을 점으로 나타내었 때 모든 점 집합이 표본공간이다. 표본공간에서 어떤 사건들의 집합을 복합사건이라 한다.

7.1
일상생활에서 확률

일상생활에서 우리는 많은 확률 문제를 만나게 된다. 확률에 대한 의미와 정의를 살펴보기 전에 먼저 일상생활의 확률 문제에 대한 몇 가지 예제를 생각해 보자.

예제 7.1

안이 보이지 않는 검은 상자에 빨간공 2개, 초록공 3개, 파란공 4개가 들어 있다. 상자를 잘 흔든 후에 공을 하나 꺼낸다. 공을 확인한 후에 도로 공을 상자에 집어 넣는다. 꺼낸 공이 빨간공, 초록공, 파란공일 확률은 각각 얼마인가?

 풀이

공의 총수는 9개이다. 따라서 각 색깔의 공을 꺼낼 확률은

$$P(\text{빨강}) = \frac{2}{9}$$

$$P(\text{초록}) = \frac{3}{9}$$

$$P(\text{파랑}) = \frac{4}{9}$$

이다.

다음과 같은 게임에서 여러분은 어떤 선택을 하겠는가?

> 선택권 A: 1천만 원을 아무 조건 없이 받는다.
>
> 선택권 B: 동전을 던져서 앞면이 나오면 매번 190만 원을 받고, 뒷면이 나오면 돈을 전혀 받지 않는다. 이러한 일을 10회 반복한다.

어느 것을 선택할 것인지 각자 생각해 보고 동료들과 논의해 보고 일상생활에서 유사한 경우가 있는지 논의해 본다.

7.2 고전확률과 통계확률

표본공간에 속해있는 모든 점(사건)을 일렬로 나열한 다음, 각 점(기호 i로 나타내자)에 같은 확률을 부여하자. 표본공간에 Ω개의 점이 있으면 각 점에 부여되는 확률은

$$P_i = \frac{1}{\Omega} \tag{7.1}$$

이다. 이와 같이 표본공간의 모든 구성원이 선험적으로 동등한 확률을 가지는 경우를 **고전확률**이라 한다. 주사위 하나를 던졌을 때 6개의 가능한 경우가 있으며, 각 사건의 확률은 1/6이다. 즉, 모든 가능한 경우는 같은 확률을 가진다. 만약 N개의 주사위를 동시에 던졌을 때 가능한 사건의 수는 $\Omega = 6^N$이고, 모든 가능한 6^N개는 모두 동등한 (equally likely) 확률을 가진다. 고전확률의 개념을 통계역학에서 사용할 것이다. 통계역학에서 사건은 고전 상태 또는 양자 상태에 대응하고, 임의의 고립계에서 가능한 모든 접근 가능한 상태는 선험적으로 동등한 확률을 가진다.

n개의 사건이 일어날 수 있고 사건의 수가 유한하고 불연속적인 표본공간에서 각 사건을 i로 표시하자. 예를 들어 주사위 하나를 굴리는 경우 총사건의 수는 $n = 6$이고, 사건은 $i = 1, 2, \cdots, 6$으로 나타낸다. 각 사건에 대해서 그 사건이 일어날 확률을 P_i라 하면 확률은

$$P_i \geq 0$$

이고

$$\sum_i P_i = 1$$

인 성질을 만족한다. $P_i = 0$은 사건 i가 일어나지 않음을 의미한다. 주사위의 눈금과 같이 그 값이 확률에 의해서 결정되는 변수를 **확률변수**(random variable, stochastic variable)라 한다.

통계확률은 발생한 사건의 상대적 빈도수를 측정하여 각 사건에 확률을 부여하는 방법이다. 떨어지는 별똥별을 10분 간격으로 측정하고, 매 십분 마다 측정한 별똥별의 수를 i라 하자. 총 N번의 측정을 하였다. 이때 n_i를 N번 측정한 것 중에서 i개의 별똥별을 관찰한 횟수라고 하자. 예를 들면 $N = 100$번 측정했을 때, 별똥별이 3개 관찰된 측정수가 20번이었다면 $n_3 = 20$이다. 따라서 N번 측정했을 때 상대 빈도수는 n_i / N이고, 측정수가 무한히 많을 때, 통계확률은

$$P_i = \lim_{N \to \infty} \frac{n_i}{N} \tag{7.2}$$

로 정의한다. 측정수 N을 점점 증가하면 P_i는 어떤 값으로 수렴한다. 보통 통계확률의 요동은 $1/\sqrt{N}$으로 작아진다. 예를 들면 주사위를 N번 던졌을 때 6이 나올 확률은 n_6 / N이고, 이 값은 N이 점점 커지면 1/6에 매우 가까워진다.

통계확률은 사건이 동일한 환경에서 같은 종류의 사건이 여러 번 발생할 때 정의된다. 예를 들어 종합주가지수가 1,000을 넘어설 확률은 일정한 극한값을 가지지 않는다. 즉, 주가지수 변동은 항상 동일한 환경에서 발생하는 사건이 아니므로 통계확률은 의미가 없다. 확률은 그림 7.2와 같이 표본공간의 사건 A의 발생 빈도수를 실수축에 투영한 값으로 생각한다.

확률을 어떤 사건이 일어날 **믿음의 정도**(degree of belief)라 정의한다면, 확률은 사건이

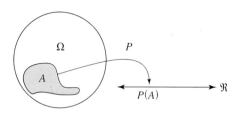

그림 **7.2** 확률은 표본공간에서 한 사건의 발생 빈도수를 실수축에 투영한 것이다.

일어나기 이전의 정보에 의존한다. 어떤 사건이 편중되게 일어나지 않는다면, 모든 사건은 동등하게 일어날 것이라고 가정하는 것이 올바른 판단이다. 표본을 추출하여 확률을 계산할 때 독립적인 사건을 충분히 많이 추출하여 통계확률을 구할 것이다. 이렇게 사건을 많이 추출하여 어떤 확률변수의 평균을 구하면 그 값은 실제(참) 평균값에 접근할 것이다. 이와 같이 추출의 횟수가 많아지면 측정값이 참값에 접근하는 현상을 **큰 수의 정리**(the law of large number)라 한다.

확률을 빈도수로 계산할 때, 우리는 연속해서 많은 수의 사건을 추출하였다. 즉 시간이 계속 지나가면서 사건을 추출하여 빈도수를 구하고, 확률과 확률변수의 평균을 구하였다. 이렇게 구한 평균을 **시간평균**(time average)이라 부른다. 확률과 평균을 구할 때 다른 방법도 가능하다. 예를 들어 주사위를 연속해서 굴리지 말고, 똑같은 주사위를 여러 개 동시에 굴려서 나온 각 눈금의 빈도수를 계산하여 확률을 구할 수 있다. 이와 같이 동등한 조건으로 구성된 계의 **복사본**(replica)의 집합을 **앙상블**(ensemble)이라 한다. 한 앙상블에 속한 복사본의 수가 충분히 크면 앙상블에서 구한 확률과 빈도수로 구한 (시간적) 확률은 동등하다. 이를 **에르고디성**(ergodicity)이라 한다.

7.3 배열, 순열 그리고 조합

사건의 수를 세는 방법인 배열(arrangement), 순열(permutation) 및 조합(combination)에 대해서 살펴보자. n개의 구별할 수 있는 물체를 일렬로 늘어놓는 방법은 몇 가지인가? 먼저 n개 중에서 맨 앞에 하나를 놓는 방법은 n개이고, 그 다음 위치에 나머지 $(n-1)$개 중에서 하나를 선택하는 방법은 $(n-1)$개다. 세 번째 위치에서는 $(n-2)$개다. 이것을 차례로 반복하면 늘어놓을 수 있는 총배열수는

$$\text{총배열수} = n(n-1)(n-2)\cdots 1 = n! \tag{7.3}$$

이다. 만약 n개 중에서 p개가 같은 물체이면, 배열 가짓수는 $n!/p!$이다. 같은 물체의 순서를 바꾸어도 같은 배열을 가지기 때문이다. n개 중에서 p개는 같은 종류이고, q개는 또 다른 같은 종류이고, r개는 또 다른 같은 종류라면, 총배열수는

$$\frac{n!}{p!q!r!\cdots}$$

이다.

n개의 물체 중에서 r개를 선택하는 (나열 순서가 다르면 다른 배열에 해당) 방법은 몇 가지인가? 색깔이 모두 다른 10개의 공 중에서 3개를 선택하는 방법을 생각해 보자. 처음에 10개 중에서 하나를 선택하는 방법은 10개이다. 다음에 남아있는 9개 중에서 하나를 선택하는 방법은 9가지가 있다. 마지막으로 남아있는 8개 중에서 하나를 선택하는 방법은 8가지이다. 따라서 10개에서 3개를 선택하는 방법은

$$10 \times 9 \times 8 = \frac{10!}{7!} = {_{10}}P_3$$

이다. 이와 같이 n개의 물체에서 r개를 선택하는 방법을 **순열**(permutation)이라 하고,

$$_nP_r = \frac{n!}{(n-r)!} \tag{7.4}$$

이다. 순열에서는 나열하는 순서가 중요하다. 그런데 어떤 경우에는 선택한 순서가 중요하지 않은 경우가 있다. 앞의 질문에서 abc, acb, bac, bca, cab, cba의 $3! = 6$은 순서는 다르지만 문자의 구성은 같다. n개의 물체에서 순서에 상관없이 r개를 선택하는 방법을 **조합**(combination)이라 한다.

$$_nC_r = \frac{n!}{r!(n-r)!} \tag{7.5}$$

이다.

모두 다른 색깔의 연필 12자루를 1번 상자에 3자루 넣고, 2번 상자에 4자루 넣고, 3번 상자에 5자루를 넣은 방법을 생각해 보자.

처음 3자루를 선택하는 방법은

$$_{12}C_3 = \frac{12!}{3!9!}$$

이고, 나머지 9자루 연필에서 4자루를 선택하는 방법은

$$_9C_4 = \frac{9!}{4!5!}$$

이다. 나머지 5자루를 선택하는 방법은

$$_5C_5 = \frac{5!}{5!0!}$$

이다. 이 세 가지 사건이 서로 독립이므로 연필을 상자에 넣은 총가짓수 Ω는

$$\Omega = \Omega_3 \Omega_4 \Omega_5 = \frac{12!}{3!4!5!}$$

이다. 일반적으로 N개의 연필을 상자 i에 n_i개씩 분배하는 총가짓수는 (이때 각 상자에서 연필이 나열되는 순서는 서로 구별하지 않는다)

$$\Omega = \frac{N!}{n_1!n_2!n_3!\cdots} \tag{7.6}$$

이다. 양자역학에서 i를 서로 다른 양자 상태라 하고, n_i를 상태 i인 입자수라고 하면, Ω는 N개의 입자가 각 상태에 놓일 수 있는 총가짓수가 된다.

7.4
확률의 성질

표본공간이 사건 A와 사건 B로 구성되어 있는 경우를 생각해 보자. 사건 A와 B의 **합사건**(union event)를 $A \cup B$로 나타낸다. 합사건을 벤다이어그램으로 나타내면 그림 7.3(a)와 같다.

사건 A와 B가 동시에 일어나는 사건을 **곱사건**(intersection

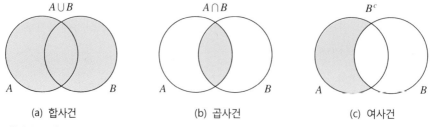

(a) 합사건   (b) 곱사건   (c) 여사건

그림 **7.3** 합사건, 곱사건, 여사건을 나타내는 벤다이어그램

event)이라 하고, $A \cap B$로 나타낸다(그림 7.3(b)). 사건 B의 **여사건**(complement event)은 B에 속하지 않는 표본공간의 모든 원소의 집합을 나타내며, B^c로 표시한다(그림 7.3(c)). 사건 A와 B의 곱사건이 $A \cap B = \varnothing$이면 두 사건은 서로 **배타적 사건**(또는 **배반적 사건**, mutually exclusive)이라 한다. 여기서 $\varnothing$는 **공집합**(null event)을 의미한다. 확률이 만족하는 대수적인 성질은 다음과 같다.

$$P(A) = 1 - P(A^c)$$
$$P(\varnothing) = 0$$
$$P(A) \le P(B) \text{ if } A \subseteq B$$
$$P(A \cup B) = P(A) + P(B) - P(A \cap B)$$
$$P(A \cup B) \le P(A) + P(B)$$

예제 7.3

주사위를 굴려서 나온 눈금을 표본공간으로 하는 집합에서 다음과 같은 부분집합을 정의하였다.

A: 홀수가 나오는 사건

B: 짝수가 나오는 사건

1) 표본공간을 정의하여라.

표본공간은 $\Omega = \{1, 2, 3, 4, 5, 6\}$이다.

2) 사건 A가 일어날 확률을 구하여라.

홀수가 나올 확률은 $P(A) = \dfrac{3}{6} = \dfrac{1}{2}$이다. 비슷하게 짝수가 나올 확률은 $P(B) = \dfrac{1}{2}$이다.

3) A의 여사건이 일어날 확률은?

$P(A^c) = 1 - P(A) = 1 - \dfrac{1}{2} = \dfrac{1}{2}$이다.

4) 곱사건 $P(A \cap B)$을 구하여라.

A와 B가 공유하는 사건이 없기 때문에 $P(A \cap B) = 0$이다.

7.5
확률과 독립사건

앞 절에서 총시도수가 Ω인 단순사건은 각 사건이 $P = 1/\Omega$의 고전 확률을 가졌다. 확률은 항상 양수(positive number)이거나 영이다. 또한 확률은 1보다 작거나 같다. $(i \cup j)$를 사건 i가 일어나거나, 사건 j가 일어나거나, 또는 두 사건이 다 일어나는 합사건이라 하자.

만약 두 사건이 한 번의 시도에서 동시에 일어나지 않는다면 사건들은 서로 **배타적**(mutually exclusive)이다. 서로 배타적인 사건이 일어날 확률은

$$P_{(i \cup j)} = P_i + P_j \tag{7.7}$$

이다. 예를 들면 주사위 하나를 던졌을 때 결과가 동시에 5와 6일 수 없다. 따라서 이 두 사건은 서로 배타적이다. 배타적 두 사건이 일어난 확률은 각 사건의 확률을 더한다. 주사위를 연속해서 던졌을 때 한 주사위가 5이거나, 6이거나 또는 두 주사위가 5와 6일 확률을 구해보자. 주사위를 연속해서 던졌을 때 나올 수 있는 사건의 총가짓수는 36이다. 다른 사건의 값에 상관없이 한 사건이 6이 나올 가짓수는 6개이다. 또한 다른 사건의 값에 상관없이 한 사건이 5가 나올 가짓수는 역시 6개이다. 따라서 $P_{(5 \cup 6)} = 6/36 + 6/36 = 1/6 + 1/6 = 1/3$임을 알 수 있다. 일반적으로 사건 i의 확률이 P_i이면, 사건 i가 일어나지 않을 확률은 $1 - P_i$이다.

예제 7.4

주사위 하나를 굴려서 눈금이 1이 아닐 확률은 얼마인가?

 풀이

눈금이 1일 확률은 $P_1 = \dfrac{1}{6}$

눈금이 1이 아닐 확률은 $1 - P_1 = 1 - \dfrac{1}{6} = \dfrac{5}{6}$

사건 i와 사건 j의 확률이 각각 p_i와 p_j라 하자. 두 사건이 일어날 확률이

$$P_{ij} = p_i p_j \tag{7.8}$$

와 같이 곱해지면, 두 사건은 **독립적**(independent)이라 한다. 독립적 사건의 예로 주사위와 윷가락을 동시에 던지는 시도를 생각해 보자. 윷가락의 윷이 나올 확률을 $p_\text{윷}$이라 하고, 주사위가 6이 나올 확률을 p_6이라 하자. 두 사건이 동시에 일어날 확률은 $P_\text{윷6} = p_\text{윷} p_6$이다. 즉, 윷가락을 던지는 것은 주사위를 던지는 것에 전혀 영향을 미치지 않는다. 즉, 독립적 사건들 사이에는 서로 연관성(correlation)이 없다. 따라서 독립적인 사건의 확률은 곱한다.

7.6 분포함수와 평균

10분 간격으로 떨어지는 별똥별의 수를 x라 하자. 처음 10분 동안 측정한 별똥별의 수가 2개이면 $x_1 = 2$이고, 다음 10분 동안 측정한 별똥별의 수가 10개이면 $x_2 = 10$이다. 총 N번 측정하였을 때 별똥별이 1개 측정된 총수를 n_1, 2개 측정된 총수를 n_2라 하고, i개를 측정한 총횟수를 n_i라 하자. 총측정수 N이 매우 크면, 어느 시점 10분 동안 측정한 별똥별이 n_i일 확률은

$$p_i = \frac{n_i}{N} \tag{7.9}$$

이다.

이와 같이 무작위로 일어나는 사건에서 측정값의 집합 $X = \{x_1, x_2, \cdots\}$를 **확률변수**(stochastic variable)라 한다. 값 x_i를 측정할 확률은

$$p(x_i) = \frac{n_i}{N} \tag{7.10}$$

이고, $p(x)$를 **확률분포함수**(probability distribution function)라 한다. 여기서 n_i는 x_i가 측정된 수이다. 일반적으로 확률분포함수는

$$p(x) \geq 0 \tag{7.11}$$
$$\sum_i p(x_i) = 1 \tag{7.12}$$

이다.

측정치 x의 평균값은

$$\bar{x} = \sum_i p_i x_i = \sum_i \frac{n_i}{N} x_i \tag{7.13}$$

이다.

측정치 x의 **분산**(dispersion) $\overline{(\Delta x)^2}$ 또는 **변량**(variance) $var(x)$는

$$\overline{(\Delta x)^2} = \overline{(x - \bar{x})^2} = \sum_i p_i (x_i - \bar{x})^2 = \overline{x_i^2} - (\bar{x})^2 \tag{7.14}$$

이다. 측정치의 **표준편차**(standard deviation) σ_x는

$$\sigma_x = \sqrt{\overline{(\Delta x)^2}} \tag{7.15}$$

으로 정의한다. 표준편차는 분포함수 $p(x)$가 평균값 근처에서 얼마나 퍼졌는지를 나타내는 기준이 된다. 표준편차가 작을수록 분포함수는 평균값 근처에 거의 몰려있는 모양을 한다.

확률변수 X가 어떤 구간에서 연속인 경우를 생각해 보자. 이때 연속 분포함수를 $p(x)$라 하자. 확률변수가 $a \le X \le b$ 사이에 놓일 확률은

$$P(a \le x \le b) = \int_a^b p(x)dx \tag{7.16}$$

이다. 연속인 확률변수에 대해서

$$p(x) \ge 0 \tag{7.17}$$

이고,

$$\int p(x)dx = 1 \tag{7.18}$$

이다. 측정치 x의 평균값은

$$\bar{x} = \int x p(x)dx \tag{7.19}$$

로 정의한다.

주사위 하나를 굴렸을 때 나온 눈금 수를 x라 할 때 평균과 분산을 구하여라.

 풀이

각 눈금이 나올 확률은 모두 같고

$$p(x) = \frac{1}{6}$$

이다.

따라서 평균은

$$\bar{x} = \frac{1}{6}(1+2+3+4+5+6) = \frac{21}{6} = 3.5$$

이다.

변량을 구하기 위해서 먼저 $\overline{x^2}$을 구하면

$$\overline{x^2} = \frac{1}{6}(1^2+2^2+3^2+4^2+5^2+6^2) = \frac{91}{6} = 15.17$$

이므로, 변량은

$$var(x) = \overline{x^2} - (\bar{x})^2 = 15.17 - (3.5)^2 = 2.92$$

이다.

7.7 확률과 정보

동전을 던지는 실험에서 앞면이 나올 확률과 뒷면이 나올 확률은 각각 $p_1 = p_2 = \frac{1}{2}$인 공정한 동전과, 앞면이 나올 확률이 $p_1 = \frac{2}{3}$, 뒷면이 나올 확률이 $p_2 = \frac{1}{3}$인 불공정한 동전을 생각해 보자. 이 두 동전을 던졌을 때 어느 동전의 결과가 더 불확실한가? 만약 동전이 앞면만 나오고 뒷면이 전혀 나오지 않는다면 $p_1 = 1$, $p_2 = 0$이므로 동전을 던졌을 때 불확실성이 없을 것이다. 따라서 확률이 $p_1 = \frac{1}{2}$인 공정한 동전이

$p_1 = \dfrac{2}{3}$인 불공정한 동전보다 불확실성이 더 크다고 할 수 있다.

사건 i의 확률을 p_i라 할 때 **불확실성 함수**(uncertainty function)를 $S(p_1, p_2, \cdots, p_i, \cdots)$ 라 하자. 나올 수 있는 경우의 수가 N이고, 각 사건이 일어날 확률이 모두 같은 경우, 즉 $p_1 = p_2 = \cdots = p_N = \dfrac{1}{N}$일 때를 생각해 보자. 이 경우에 불확실성 함수는 $S = S\left(\dfrac{1}{N}, \dfrac{1}{N}, \cdots\right)$ $= S(N)$이다. $N = 1$인 경우에 불확실성은 없으므로 $S(N = 1) = 0$이다. 불확실성 함수는 일반적으로

$$S(N_1) > S(N_2), \quad N_1 > N_2 \tag{7.20}$$

이다. 즉 S는 N에 대해서 증가함수이다.

이제 주사위와 동전을 동시에 던지는 경우를 생각해 보자. 주사위의 가짓수는 $N_1 = 6$이고, 동전의 가짓수는 $N_2 = 2$이므로 총가짓수는 $N = N_1 N_2 = 6 \times 2 = 12$이다. 이 경우에 총불확실성 함수는

$$S(N) = S(N_1) + S(N_2) \tag{7.21}$$

이다. 여러분이 주사위를 하나 던져서 나온 눈금이 무엇인지 확실히 알고 있더라도, 동전의 불확실성은 여전히 다른 주사위에 남아있다. 반대의 경우도 마찬가지이다. 따라서 복합사건의 총불확실성은 개별 사건 불확실성의 합이 된다. 즉, 불확실성 함수는 더하기 규칙을 따른다. 불확실성 함수의 더하기 성질로부터 S가 어떤 함수의 꼴을 가져야 하는지 유추할 수 있다. 불확실성 함수 S를 두 확률변수 x와 y의 함수라 하자. 즉,

$$S(xy) = S(x) + S(y) \tag{7.22}$$

이고, 변수 x와 y는 연속이라 하자. 새로운 변수 z를

$$z = xy \tag{7.23}$$

라 놓고, 함수 S를 각 변수에 대해서 편미분 해보자.

$$\frac{\partial S(z)}{\partial x} = \frac{\partial z}{\partial x} \frac{\partial S(z)}{\partial z} = y \frac{\partial S(z)}{\partial z} \tag{7.24}$$

$$\frac{\partial S(z)}{\partial y} = \frac{\partial z}{\partial y} \frac{\partial S(z)}{\partial z} = x \frac{\partial S(z)}{\partial z} \tag{7.25}$$

이고

$$\frac{\partial S(z)}{\partial x} = \frac{dS(x)}{dx} \tag{7.26}$$

$$\frac{\partial S(z)}{\partial y} = \frac{dS(y)}{dy} \tag{7.27}$$

이다. 따라서

$$\frac{dS(x)}{dx} = y\frac{dS(z)}{dz} \;\Rightarrow\; \frac{1}{y}\frac{dS(x)}{dx} = \frac{dS(z)}{dz} \tag{7.28}$$

$$\frac{dS(y)}{dy} = x\frac{dS(z)}{dz} \;\Rightarrow\; \frac{1}{x}\frac{dS(y)}{dy} = \frac{dS(z)}{dz} \tag{7.29}$$

이다. 두 식의 양변에 $z = xy$를 곱하면

$$x\frac{dS(x)}{dx} = y\frac{dS(y)}{dy} = z\frac{dS(z)}{dz} \tag{7.30}$$

이다. 즉, S는 변수 $x,\, y,\, z$에 대해서 **분리된**(seperable) 형태이다. 그러므로 이 식은

$$x\frac{dS}{dx} = y\frac{dS}{dy} = C \tag{7.31}$$

를 만족한다. 여기서 C는 상수이다. 이 미분방정식의 해는

$$S(x) = A\ln x + C \tag{7.32}$$

이다. 그런데 $S(1) = 0$이므로 $C = 0$이다. 편의상 상수를 $A = 1$이라 하자. 결과적으로 **불확실성 함수**(uncertainty function)는

$$S(x) = \ln x \tag{7.33}$$

의 꼴을 갖는다. 이러한 불확실성 함수를 통계역학에서 볼츠만 상수를 곱해서 엔트로피(entropy)라 부른다. 각 사건의 확률이 일반적으로 같지 않으면 엔트로피는

$$S = -\sum_i p_i \ln p_i \tag{7.34}$$

로 정의한다.

각 사건의 확률이 모두 동일한 경우이면

$$p_i = \frac{1}{N}, \quad \forall\, i \tag{7.35}$$

이다. 따라서

$$S = -\sum_i \frac{1}{N} \ln \frac{1}{N} = N \frac{1}{N} \ln N = \ln N \tag{7.36}$$

이 된다.

확률 p_i인 사건의 **정보량**(information contents) I_i를

$$I_i = -k \ln p_i \tag{7.37}$$

로 정의하자. 여기서 k는 양의 상수이다. 정보를 엔트로피로 정의할 때는 k가 볼츠만 상수가 된다. 여기서는 편의상 $k = 1$로 놓는다. 컴퓨터나 통신에서 비트를 사용하므로 로그의 밑을 2로 택하여 정보를 정의한다.

$$I_i = -\log_2 p_i \tag{7.38}$$

이 경우 정보의 단위는 비트(bit)가 된다. 한 사건에 대해서 정보와 엔트로피의 관계는

$$S_i = I_i \tag{7.39}$$

이다. 정보 I_i는 항상 양수, $0 \le I < \infty$이다. 한 사건의 확률이 $p = 1$이면, $I = 0$이다. 이때 사건의 발생은 어떠한 정보의 이득(gain), 또는 불확실성의 감소가 없다. 한 사건이 일어날 확률이 작을수록 그 사건의 정보는 더 크다.

예제 7.6

....

알파벳 26글자 중에서 글자 하나를 임의로 선택한다. 여러분이 선택한 글자가 무엇인지 맞추기 위해서 필요로 하는 최소의 질문 수는 몇 번인가? 정보 I를 계산하여라.

 풀이

25번의 질문을 한다면 답을 정확히 맞출 수 있다. 답을 추론하는데 더 영리한 방법이 있다.

예를 들어 "글자는 M 보다 큰 가요?" 같은 질문을 반복한다. 글자를 선택할 총가짓수는 $N = 26$이므로 $p = \dfrac{1}{26}$이다. 따라서 정보는

$$I = -\log_2 p = \log_2 26 = 4.7 \text{ bits}$$

이다. 따라서 답을 얻기 위한 불확실성은 5비트이며, 최소 5번의 질문을 하면 답을 얻을 수 있다.

각 사건의 확률이 p_i인 여러 사건으로 구성된 앙상블의 정보를 정의해 보자. 확률은 규격화 되어 있으므로 $\sum_i p_i = 1$이다. 앙상블의 엔트로피와 정보는

$$I = \langle I \rangle = -\sum_i p_i \ln p_i \tag{7.40}$$

$$S = I = -\sum_i p_i \ln p_i \tag{7.41}$$

로 정의한다. 정보를 가장 많이 가지고 있는 경우는 계가 최대 불확실성을 갖는 경우로 엔트로피가 최대인 상태를 말한다. 이를 **최대 불확실성의 원리**(maximum uncertainty principle)이라 한다.

예제 7.7

공정한 동전을 던지면 앞면과 뒷면이 나올 확률은 $p_1 = p_2 = \dfrac{1}{2}$이다. 앞면이 나올 확률이 일반적으로 p_1이면, 뒷면이 나올 확률은 $p_2 = 1 - p_1$이다. 일반적인 동전을 던졌을 때 최대 불확정성 원리를 이용하여 최대 정보를 갖는 경우의 p_1을 계산하여라.

풀이

동전 하나를 던지는 경우의 엔트로피는

$$S = -\sum_i p_i \ln p_i = -(p_1 \ln p_1 + p_2 \ln p_2)$$

$$= -[p_1 \ln p_1 + (1 - p_1) \ln (1 - p_1)]$$

이다.

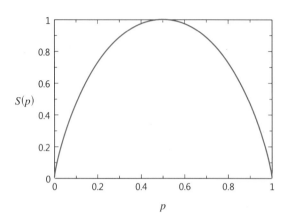

그림 **7.4** 일반적인 동전의 엔트로피 대 앞면이 나올 확률의 그래프

앞면이 나올 확률 p_1은 $0 \le p_1 \le 1$이므로 엔트로피를 그림으로 그리면 최대 불확정성 원리에 의해서 정보가 최대인 경우는

$$\frac{dS}{dp_1} = 0$$

이다.

따라서

$$\frac{dS}{dp_1} = -\left[\ln p_1 + 1 - \ln(1 - p_1) - 1\right] = -\ln\frac{p_1}{1 - p_1} = 0$$

이다.

그러므로

$$\frac{p_1}{1 - p_1} = 1$$

이므로

$$p_1 = \frac{1}{2}$$

이 최댓값이다. 이 상태에서 엔트로피가 가장 크고 정보는 최대이다.

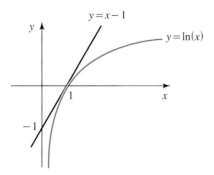

그림 **7.5** $x=1$에서 로그함수 $\ln(x)$의 접선은 $y=x-1$이다.

예제 7.7에서 엔트로피는 각 사건이 일어날 확률이 동일한 경우에 최대가 되었다. 함수 $\ln(x)$의 미분은 $1/x$이다. 그림 7.5와 같이 $x=1$인 지점에서 $\ln(x)$의 접선은 $y=x-1$이다.

함수 $\ln(x)$는 $x>0$인 영역에서

$$\ln(x) \leq x-1 \tag{7.42}$$

이다. 등식은 $x=1$일 때 성립한다. 로그함수의 이러한 성질을 이용하면 앞에서 정의한 엔트로피가 최대인 조건을 찾을 수 있다. 두 확률분포 $P=\{p_1, p_2, \cdots, p_n\}$과 $Q=\{q_1, q_2, \cdots, q_n\}$를 고려해 보자. 여기서 $p_i \geq 0$이고 $q_i \geq 0$이다. 확률의 조건에 의해서 $\sum_i p_i = \sum_i q_i = 1$이다. 그러면 다음과 같은 성질이 성립한다.

$$\sum_{i=1}^{n} p_i \ln\left(\frac{q_i}{p_i}\right) \leq \sum_{i=1}^{n} p_i \left(\frac{q_i}{p_i} - 1\right)$$

$$= \sum_{i=1}^{n} (q_i - p_i) = \sum_{i=1}^{n} q_i - \sum_{i=1}^{n} p_i$$

$$= 1 - 1 = 0 \tag{7.43}$$

따라서 다음 부등식이 성립한다.

$$S(P) - \ln n = -\sum_{i=1}^{n} p_i \ln p_i - \ln n$$

$$= -\sum_{i=1}^{n} p_i \ln p_i - \ln(n) \sum_{i=1}^{n} p_i$$

$$= -\sum_{i=1}^{n} p_i \ln p_i - \sum_{i=1}^{n} p_i \ln(n)$$

$$= \sum_{i=1}^{n} p_i \left[\ln(1/p_i) + \ln(1/n) \right]$$

$$= \sum_{i=1}^{n} p_i \ln\left(\frac{1/n}{p_i}\right) \le \sum_{i=1}^{n} p_i \left(\frac{1/n}{p_i} - 1\right) = 0 \qquad (7.44)$$

이다. 즉,

$$0 < S(P) \le \ln(n) \qquad (7.45)$$

이다. 이 부등식을 **깁스 부등식**(Gibbs inequality)라 한다. 따라서 모든 i에 대해서 $p_i = 1/n$ 일 때 등식이 성립한다. 즉 모든 사건이 **동일한 확률**(equally likely probable) $p_i = 1/n$로 일어날 때 엔트로피가 최대이다.

7.8 베이지안 추론

결합확률(joint probability)과 **조건부 확률**(conditional probability) 은 물리학을 비롯한 다양한 분야에서 응용되고 있다. 예를 들어 스팸메일을 필터링하거나 영상복원과 같은 분야에 응용된다. 학부 통계역학에서 결합확률과 조건부 확률은 특별히 나타나지 않지만 최근에 그 중요성이 증가하고 있기 때문에 여기서 소개한다. 결합확률은 확률변수가 두 종류 이상이 관여하는 경우에 나타난다. 다음과 같은 음주 운전과 자동차 사고의 관계를 나타내는 경우를 생각해 보자.

표 **7.1** 음주와 자동차 사고의 관계

A \ B	음주	비음주
사고 남	10	3
사고 나지 않음	4	83

100건의 자동차 사고에서 음주 운전에 의한 사고는 10건, 비음주 운전 사고는 3건이다. 이 표에서 자동차 사고와 음주 운전에 대한 결합확률을 계산해 보자. 자동차 사고 사건을 A, 음주 사건을 B라 하자. 결합확률 $P(A, B)$는 A와 B가 동시에 일어날 확률을 의미한다.

즉 P(사고 남, 음주)는 자동차 사고가 났을 때 그 사고가 음주자에 의해서 일어난 사건 확률을 의미한다. 음주와 자동차 사고의 결합사건에 대한 표본공간은

$$\Omega(A, B) = \{(사고 남, 음주), (사고 남, 비음주), (사고 안남, 음주), (사고 안남, 비음주)\}$$

이다. 일반적으로 두 확률변수의 결합확률은

$$P(A, B) = \frac{A와\ B가\ 동시에\ 일어난\ 사건의\ 총수}{전체\ 사건의\ 총수}$$

로 계산한다. 사고와 음주의 결합확률은

$$P(사고\ 남,\ 음주) = \frac{10}{100} = 0.1$$

$$P(사고\ 남,\ 비음주) = \frac{3}{100} = 0.03$$

$$P(사고\ 안남,\ 음주) = \frac{4}{100} = 0.04$$

$$P(사고\ 안남,\ 비음주) = \frac{83}{100} = 0.83$$

이다. 결합확률은 표 7.2와 같다.

표 **7.2** 음주운전 사고의 결합확률

A ＼ B	음주	비음주	소계
사고 남	0.1	0.03	0.13
사고 나지 않음	0.04	0.83	0.87
소계	0.14	0.86	1.0

결합확률 표에서 행의 합 또는 열의 합을 **주변부 확률**(marginal probability distribution) 또는 **무조건부 확률분포**(unconditional probability distribution)이라 한다. 주변부 확률은

$$P(x) = \sum_{y} P(x, y) \tag{7.46}$$

$$P(y) = \sum_{x} P(x, y) \tag{7.47}$$

이다. 즉 $P(x)$는 y가 일어나는 사건에 무관하게 x가 일어날 확률을 의미한다. 확률변수 x와 y가 서로 독립적이면, 즉 $P(x \cap y) = 0$이면

$$P(x, y) = P(x)P(y) \tag{7.48}$$

이다.

조건부 확률(conditional probability)은 표본공간에서 어떤 사건이 발생하였다는 조건 하에서 특정한 사건이 발생할 확률로 정의한다. 사건 B가 일어난 조건 하에서 사건 A가 일어날 확률인 조건부 확률을 $P(A|B)$ 또는 $P_B(A)$로 표시한다. 확률의 성질에 의해서

$$P(A) = P(A|B)P(B) + P(A|B^c)P(B^c) \tag{7.49}$$

이다. 또한 A와 B가 동시에 일어날 확률은

$$P(A, B) = P(A \cap B) = P(A|B)P(B) = P(B|A)P(A) \tag{7.50}$$

이다. 즉, A와 B가 동시에 일어날 확률은 $P(B)$가 일어날 확률과 B가 일어난 조건에서 A가 일어날 확률 $P(A|B)$의 곱과 같다. 비슷하게 $P(A \cap B)$는 A가 일어날 확률 $P(A)$와 A가 일어난 조건 하에서 B가 일어날 확률 $P(B|A)$의 곱과 같다. 그리고 $P(A \cap B) = P(B \cap A)$이다. 만약 A와 B가 서로 독립이면 $P(A, B) = P(A)P(B)$이므로 $P(A) = P(A|B)$ 또는 $P(B) = P(B|A)$이다.

조건부 확률에 대한 **베이즈 정리**(Bayes' theorem)는

$$P(A|B) = \frac{P(B|A)P(A)}{P(B)} \tag{7.51}$$

이다.

동일한 조건 B 하에서 다중 사건 A_i의 조건부 확률은

$$P(A_i|B) = \frac{P(B|A_i)P(A_i)}{P(B)} \tag{7.52}$$

이다.

만약 A_i가 서로 배타적 사건이면

$$P(B) = \sum_i P(B|A_i)P(A_i) \tag{7.53}$$

이다. 배타적인 사건의 경우 베이즈 정리는

$$P(A_i|B) = \frac{P(B|A_i)P(A_i)}{\sum_i P(B|A_i)P(A_i)} \tag{7.54}$$

이다.

베이즈 정리의 유용성은 주어진 데이터를 이용하여 의사결정을 할 때 유용하다. 조건부 확률을 이용한 **추론**(inference) 과정을 **베이지안 추론**(Baseyian inference)이라 한다. 실제 자료에서 조건부 확률을 구하는 방법은 다음과 같다. 표본공간의 사건의 총수를 n_t라 하고, A 사건이 일어날 가짓수를 $n(A)$, A와 B가 동시에 일어날 가짓수를 $n(A \cap B)$이라 하자. 조건부 확률 $P(B|A)$는

$$P(B|A) = \frac{P(B \cap A)}{P(A)} = \frac{\dfrac{n(A \cap B)}{n_t}}{\dfrac{n(A)}{n_t}} = \frac{n(A \cap B)}{n(A)} \tag{7.55}$$

로 계산한다.

예제 7.8

....

상자 안에 100개의 공이 들어있다. 이중 2개는 당첨 번호이다. 두 사람이 차례로 공을 하나씩 뽑는다. 첫 번째 사람이 당첨될 사건을 X, 두 번째 사람이 당첨될 사건을 Y라 하자. 사건 X와 Y는 상황에 따라서 서로 독립적이다. 다음 두 경우에 대해서 결합확률, 조건부 확률, 주변부 확률을 계산하여라.

1) 뽑은 공을 상자에 다시 넣지 않은 경우
2) 뽑은 공을 다시 상자에 넣는 경우

풀이

1) 뽑은 공을 상자에 다시 넣지 않은 경우

   뽑은 공을 상자에 다시 넣지 않는 경우 확률은 다음과 같이 계산된다.

$$P(X) = \frac{2}{100} = \frac{1}{50}$$

$$P(Y) = \frac{2}{100} \times \frac{1}{99} + \frac{98}{100} \times \frac{2}{99} = \frac{198}{9900} = \frac{1}{50}$$

$$P(X, Y) = P(X \cap Y) = \frac{2}{100} \times \frac{1}{99} = \frac{1}{4950}$$

$$P(Y|X) = \frac{P(X, Y)}{P(X)} = \frac{\frac{2}{9900}}{\frac{1}{50}} = \frac{1}{99}$$

이다. 따라서

$$P(X, Y) \neq P(X)P(Y)$$

이므로 두 사건은 서로 의존적이다.

2) 뽑은 공을 다시 상자에 넣는 경우

   뽑은 공을 상자에 다시 넣는 경우의 확률은 좀 더 간단하다.

$$P(X) = \frac{2}{100} = \frac{1}{50}$$

$$P(Y) = \frac{2}{100} = \frac{1}{50}$$

$$P(X, Y) = \frac{2}{100} \times \frac{2}{100} = \frac{1}{2500}$$

$$P(Y|X) = \frac{P(X, Y)}{P(X)} = \frac{\frac{1}{2500}}{\frac{1}{50}} = \frac{1}{50}$$

이다. 그런데

$$P(X, Y) = P(X)P(Y)$$

이므로 두 사건은 서로 독립적이다.

주사위 하나를 굴려 나온 눈금을 생각해 보자. 주사위를 굴려서 나온 눈금이 3보다 크거나 같을 조건 하에서 나온 눈금이 홀수일 확률은 얼마인가?

풀이

홀수가 나올 사건을 A라 하면 $A = \{1, 3, 5\}$이고, 나온 눈금이 3보다 크거나 같을 사건을 B라 하면 $B = \{3, 4, 5, 6\}$이다. 두 사건에 대한 벤다이어그램을 그리면 그림 7.6과 같다.

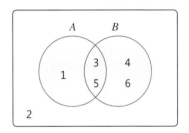

그림 **7.6** 전체 표본공간에서 A와 B 사건의 집합

사건 B가 일어날 확률은

$$P(B) = P(3) + P(4) + P(5) + P(6) = \frac{4}{6} = \frac{2}{3}$$

이다. $A \cap B = \{3, 5\}$이므로, 결합확률은

$$P(A \cap B) = P(3) + P(5) = \frac{2}{6} = \frac{1}{3}$$

이다. 따라서 조건부 확률은

$$P(A|B) = \frac{P(A \cap B)}{P(B)} = \frac{\frac{1}{3}}{\frac{2}{3}} = \frac{1}{2}$$

이다.

7.9
여러 가지 확률분포함수

통계역학에서 흔히 볼 수 있는 확률분포함수를 몇 가지 살펴보자. 동전을 던지는 문제는 대표적인 **베르누이 시도**(Bernoulli trial)라 한다. 베르누이 시도의 분포함수는 **이항분포**(Binomial distribution)

를 따른다. 이항분포에서 한 사건이 일어날 확률이 매우 작으면 분포함수는 푸아송 분포함수가 된다. 그 외에 지수함수분포, 균일분포함수, 정규분포, 멱법칙 분포함수 등을 살펴보자.

1) 이항분포

동전을 던지면 앞면과 뒷면 두 가지 경우가 가능하다. 일차원에서 멋대로 걷는 막걷기에서 사람은 왼쪽 아니면 오른쪽으로 걸어갈 수 있다. 이와 같이 두 가지 경우의 사건이 생기는 경우를 생각해 보자. 동전의 앞면이 나올 확률을 p, 뒷면이 나올 확률을 q라 하고, N번 동전을 던졌을 때 앞면이 나온 수를 n_1, 뒷면이 나온 수를 $n_2 = N - n_1$이라 하자. 총 N번 동전을 던졌을 때 앞면이 n_1번 나올 확률은 다음과 같은 **이항분포**(binomial distribution) 또는 **이산분포**를 갖는다.

$$P_N(n_1) = \frac{N!}{n_1! n_2!} p^{n_1} q^{n_2} \tag{7.56}$$

이항분포를 따르는 예는 우리 주변에서 많이 일어나는데 두 가지 선택 중 하나를 선택하는 경우에 자주 나타난다. 동전을 던지는 것 외에도 어떤 공장에서 물건이 불량품일 경우와 정상일 경우도 이항분포를 따른다. 어떤 수업에서 시험을 통과와 실패(pass or fail)로 판정하는 경우도 이항분포를 따른다.

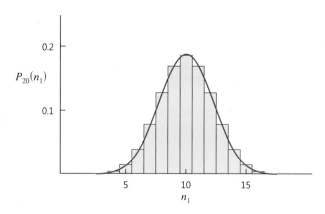

그림 **7.7** $N = 20$일 때 이항분포함수

2) 푸아송 분포

푸아송 분포는 일상생활에서 많이 관찰되는 분포함수 중의 하나이다. 어떤 사건의 발생확률이 매우 작고, 일정한 시간 또는 특정한 영역에서 발생한 사건의 횟수를 확률변수로 나타낼 때 사용하는 확률분포이다. 예를 들어 N번의 비행에서 비행기가 추락하지 않을 확률, 어떤 전화 상담원이 지정된 시간 동안에 전화 받은 횟수, 책의 한 페이지에서 발생한 오타의 수, 일정한 시간 간격 동안에 어떤 커피숍에 들어온 손님의 수 등이 모두 푸아송 분포를 따른다.

이항분포에서 $N \to \infty$이고, $p \to 0$이지만, $Np = a \ll N$ (a는 유한한 상수)일 때 분포함수는

$$P_N(n) = \frac{a^n}{n!} e^{-a} \tag{7.57}$$

와 같다. 이 분포함수를 **푸아송 분포**(Poisson distribution)라 한다.

이항분포에서 $N \gg n$이고, $p \ll 1$이면,

$$\begin{aligned}
\frac{N!}{(N-n)!} &= N(N-1) \cdots (N-n+1) \\
&= N^n \left[\left(1 - \frac{1}{N}\right)\left(1 - \frac{2}{N}\right) \cdots \left(1 - \frac{n-1}{N}\right) \right] \\
&\simeq N^n
\end{aligned} \tag{7.58}$$

이고,

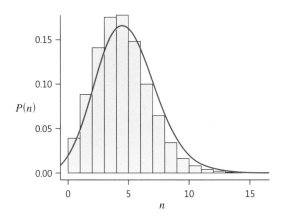

그림 **7.8** 푸아송 분포함수

$$\ln(1-p)^{N-n} = (N-n)\ln(1-p) \simeq -Np \tag{7.59}$$

이다. 따라서

$$(1-p)^{N-n} \simeq e^{-Np} \tag{7.60}$$

이다.

N번의 시도에서 n개의 사건이 일어날 확률은

$$P(n) = \frac{N!}{n!\,(N-n)!}p^n(1-p)^{N-n} = \frac{1}{n!}N^np^ne^{-Np} = \frac{(Np)^n}{n!}e^{-Np} \tag{7.61}$$

이다. 여기서 $a=Np$이면 푸아송 분포 식 (7.22)와 같다.

예제 7.10

비행기가 추락할 확률이 $p=10^{-6}$이라 하자. 10,000번의 비행 후까지 비행기가 추락하지 않을 확률을 구하여라.

 풀이

$N=10,000$번의 비행 동안 n번의 비행기 사고가 일어날 확률은 푸아송 분포를 따른다. N번의 비행에서 비행기가 추락하지 않을 확률은 $P(n=0)$을 구하면 된다. 그런데

$$P(n=0) = e^{-a}$$

이고, $a=Np=10^4 \times 10^{-6} = 10^{-2}$이다. 따라서 비행기가 추락하지 않을 확률은

$$P(n=0) = e^{-0.01} = 0.990$$

이다. 즉 비행기는 99%의 확률로 추락하지 않는다.

3) 지수함수 분포

푸아송 분포와 지수함수 분포(exponential distribution)는 밀접하게 연관되어 있다. 시간 $t_1, t_2, \cdots$에서 사건이 무작위하게 일어나는 경우를 생각해 보자. 방사선 물질이 붕괴하여

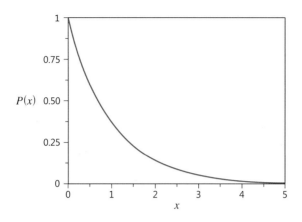

그림 **7.9** 지수함수 분포

방사선 검출기에서 측정되는 사건이 이러한 예에 속한다. 두 이웃한 사건 사이의 시간 간격을 $\tau_i = t_i - t_{i-1}$이라 하자. 단위 시간 동안에 일어난 평균 사건을 λ라 하면 τ 시간 동안 일어난 사건의 수는 평균적으로 $\lambda\tau$이 발생한다. 이때 각 사건은 서로 독립적인 경우를 고려한다. 사건 사이의 시간 간격이 τ와 $\tau + d\tau$ 사이에 놓일 확률 $p(\tau)d\tau$는 지수함수 분포를 따른다.

$$p(\tau) = \lambda e^{-\lambda\tau} \tag{7.62}$$

지수함수 분포를 그림 7.9에 나타내었다. 지수함수 분포는 매우 빨리 감소하는 함수이다.

4) 균일 분포함수

확률변수가 균일한 분포를 따르는 **균일 분포**(uniform distribution)는 다음과 같이 정의한다.

$$P(x) = \frac{1}{b-a}, \quad a < x < b. \tag{7.63}$$

균일 분포함수 중에서 확률변수의 값이 $0 \le x < 1$ 사이에 놓이는 분포는 난수를 생성하는 컴퓨터 실험에서 중요한 역할을 한다. 균일 분포 확률 $P(x)dx$에서 다른 형태의 분포 확률 $P(y)dy$로 변환은

$$P(x)dx = P(y)dy \tag{7.64}$$

를 따른다. 보통 컴퓨터에서 발생하는 난수는 균일분포 함수로 생성되므로 우리가 원하는

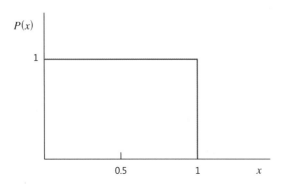

그림 **7.10** 균일 분포함수 그림

다른 분포함수, 예를 들어 정규분포를 구하고 싶으면 확률의 변환 관계식을 사용하여 균일 분포함수로부터 원하는 분포함수를 구한다.

5) 정규분포

이항분포에서 N과 pN이 매우 크면 분포함수는

$$P(n) = \frac{1}{\sqrt{2\pi\sigma^2}} \exp\left[-\frac{(n-\overline{n})^2}{2\sigma^2}\right] \tag{7.65}$$

와 같은 **가우스분포**(Gaussian distribution 또는 **정규분포** normal distribution) $N(\overline{n}_1, \sigma_N^2)$를 갖는다. 여기서 σ_N^2은 분산이다. 평균 $\overline{n}=0$이고 분산이 $\sigma^2=1$인 정규분포를 **표준 정규분포** (standard normal distribution)라 하고, $\aleph(0, 1)$한다. 정규분포의 중요성은 막걷기와 중심극

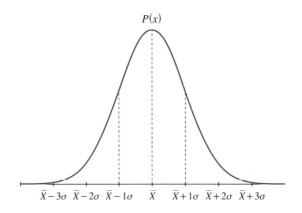

그림 **7.11** 정규분포 함수

한 정리에서 살펴볼 것이다.

6) 멱법칙 분포

확률변수 X가 다음과 같은 멱함수를 따를 때, 그 확률분포를 **멱법칙 분포**(power law distribution)라 한다.

$$P(x) = Cx^{-\alpha} \tag{7.66}$$

여기서 α는 멱함수 지수이다. C는 규격화 상수이다.

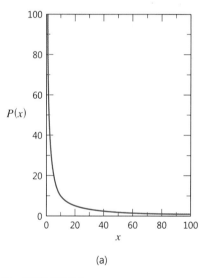

(a)

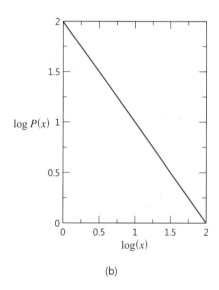

(b)

그림 **7.12** 멱법칙 분포함수

재미있는
**통계
물리학**

스케일 프리 분포(scale-free distribution)

(1) 지프의 법칙

도서관이나 서가에 꽂혀있는 아무 책 한 권을 뽑아서 읽는다고 생각해 보자. 책을 읽다 보면 어떤 단어는 자주 나오고 어떤 단어는 단 한 번 나오는 경우가 있다. 1935년에 언어학자 지프(George Kingsley Zipf, 1902~1950)는 책에서 나오는 단어의 빈도수와 그 순위를 조사하여 가로축을 순위로 세로축을 전체 빈도수 또는 나온 비율로 그렸을 때 다음과 같은 멱법칙을 발견하였다.

$$빈도수 = \frac{1}{순위}$$

빈도수를 규모(size)라고 할 수 있으므로 이 법칙을 순위-규모 법칙(rank-size rule)이라 한다. 일반적으로 규모를 f, 순위를 x로 나타내면 멱법칙은

$$f = \frac{1}{x^{\beta}}$$

로 쓸 수 있다. 지프가 발견한 것은 지수가 $\beta \simeq 1$이라는 것이다. 우리가 사용하는 단어의 빈도는 어떤 이유 때문에 축척 불변성을 가질까? 아직까지 그 정확한 이유를 발견하지 못했다. 다만 인류가 사회를 구성하고 서로 소통을 시작하여 언어가 발전할 때 특정한 단어는 더 많이 선택된다. 의사소통을 하기 위해서 언어가 구조, 즉 문법이 발전하였는데 어떤 단어는 관사나 조사의 역할을 하여 더 많이 사용되며, 접속사 역시 많이 사용될 것이다. 그에 비해서 명사들은 필요할 때만 사용하기 때문에 사용 빈도수가 낮을 것이다. 그런데도 단어 사용 빈도가 축척 불변성을 가지는 것은 매우 신비스러운 일이다.

(2) 파레토의 법칙

이탈리아의 경제학자 파레토(Vilfredo Pareto, 1848~1921)는 1909년에 이탈리아 가계의 소득을 분석하여 이탈리아 전체의 부의 약 80%는 약 20%의 사람들이 보유하고 있다는 80-20법칙을 발견하였다. 80-20법칙은 마태의 원리(Matthew principle)라고도 한다. 이는 성서의 마태복음에서 "부자는 더 부자가 되고 가난한 자는 더 가난해 진다(The rich get richer and the poor get poorer)"는 구절의 비유에 따라 명명한 이름이다. 이러한 가계 소득의 분포를 파레토 분포라 한다. 파레토는 이 분포를 이탈리아 뿐만 아니라 유럽의 여러 나라의 소득도 비슷한 법칙을 따름을 발견하였다. 앞의 지프의 법칙과 같이 분포함수는 $p(x) = \frac{c}{x^{\alpha+1}}$ 와 같은 멱법칙으로 나타낼 수 있다. 지수 α는 꼬리지수(tail exponent)라 부르고, α는 꼭 1일 필요는 없다. 부(wealth)의 분포를 나타낼 때 지수를 파레토 지수(Pareto exponent)라 한다. 각 나라에서 개인이 차지하는 부의 분포함수는 $\alpha = 2$인 파레토 법칙(Pareto's law)을 따르는 경우가 많다. 누적확률(cumulative probability)을

$$C(x) = \int_x^\infty p(x)dx$$

로 정의한다. 분포함수와 누적확률은 $p(x) = -\dfrac{dC(x)}{dx}$ 인 관계를 갖는다. 분포함수가 멱법칙을 따르면

$$C(x) \sim \frac{1}{x^\beta}$$

이다. 그림 7.13은 어떤 나라에서 각 개인의 누적소득분포함수를 소득에 따라서 나타낸 것이다. 가로축의 소득의 크기는 나라마다 다르므로 임의의 단위(arbitrary unit)로 나타내었다. 가로축과 세로축이 모두 로그가 취해져 있기 때문에 직선이 되는 부분이 파레토 법칙이다. 기울기가 $\beta = 2$인 파레토 법칙을 관찰할 수 있다. 다만 소득이 극히 낮은 사람들인 경우 파레토 법칙을 따르지 않고, 지수함수 분포(exponential distribution)를 따른다. 소득에 대한 이러한 분포는 자본주의 사회의 전형적인 특징이다. 이러한 분포가 왜 나타나는지 우리는 이해할 수 있을까? 어떤 원리가 숨어 있을까?

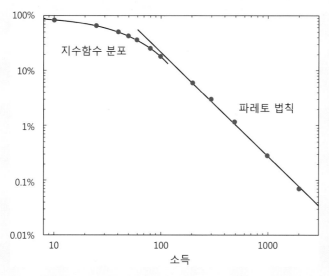

그림 **7.13** 소득과 누적분포함수를 로그-로그 축척으로 그린 그림. 소득은 임의의 단위를 사용하였다. 직선이 파레토 법칙이며, 소득이 낮은 사람들은 지수함수 분포를 따른다.

7.1 똑같이 생긴 공정한 주사위 두 개를 동시에 던져서 나온 눈금에 대해서 다음 확률을 구하여라.

  1) 두 면이 모두 1일 확률은?

  2) 두 면이 모두 3보다 작거나 같을 확률은?

  3) 두 면의 합이 7일 확률은?

7.2 주사위를 20번 굴려서 나온 각 눈금의 횟수를 $x_i (i = 1, 2, \cdots, 6)$라 하자.

  1) 실제 주사위를 굴려서 각 눈금이 나온 횟수를 표로 작성하여라.

  2) 앞의 실험에서 얻은 표를 이용하여 x의 평균을 구하여라.

  3) 이론으로 구한 평균과 측정 평균을 비교하여라.

7.3 다음과 같은 선택권을 주는 게임에서 여러분은 어떤 것을 선택하겠는가?

  ① 동전 20번을 연속해서 던지고, 나온 앞면마다 만 원씩 받는다.

  ② 아무 조건 없이 95,000원을 받는다.

7.4 컴퓨터를 활용하여 동전 던지는 실험을 1000번 실시하고, 앞면이 나온 횟수와 뒷면이 나온 횟수를 계산하여라. 동전을 던지는 횟수를 점점 증가시키면 앞면이 나올 통계확률이 접근하는 값은 얼마인가? 컴퓨터를 이용하여 동전 던지는 실험을 할 때 $0 \leq r < 1$인 난수를 발생시켜서, 발생한 난수가 $r < 0.5$이면 동전의 앞면, $r \geq 0.5$이면 동전의 뒷면이라 한다.

7.5 확률변수 (X, Y)는 각각 1부터 100 사이의 자연수이다. 확률변수 (X, Y)를 100번 무작위로 추출한다. 여러분 스스로 무작위라고 생각하는 방법을 고안하여 (X, Y)를 무작위로 뽑는다.

  1) 100개의 점을 직각좌표계에 점으로 찍어 표시하여라. 점들의 분포가 무작위하게 분포되어 있는지 확인하여라.

  2) 평균 $(\bar{X}, \bar{Y})$를 구하여라.

  3) 표준편차 σ_x, σ_y를 구하여라.

  4) 새로운 확률변수 $Z = X + Y$로 정의하고, $\bar{Z} = \bar{X} + \bar{Y}$임을 확인하여라.

5) $\sigma_Z = \sigma_X + \sigma_Y$ 임을 확인하여라.

7.6 한 사람이 동전 하나를 연속해서 2번 던져서 나온 면을 확인한다.

1) 앞면이 적어도 1번 나올 확률은?

2) 두 번 던졌을 때 적어도 1번은 앞면이 나온다는 것을 알고 있는 조건에서, 두 번 모두 앞면이 나올 확률은 얼마인가?

3) 첫 번째 던진 동전이 앞면이 나왔을 때, 두 번째 던진 동전이 앞면이 나올 확률은?

7.7 동전의 각 면이 나올 확률이 공정하지 않은 경우로 앞면이 나올 확률이 $p_1 = \dfrac{2}{3}$, 뒷면이 나올 확률이 $p_2 = \dfrac{1}{3}$ 일 때 엔트로피를 계산하여라.

7.8 2개의 주사위를 굴려서 두 눈금 중 적어도 하나의 눈금이 3일 확률은 얼마인가?

7.9 주사위를 세 번 연속해서 굴렸을 때 적어도 한 번은 1인 눈금이 나올 확률은 얼마인가?

7.10 주사위 2개를 동시에 굴려서 나온 두 눈금의 수를 각각 n_1, n_2라 하고, 그 합은 $n = n_1 + n_2$이다.

1) 합 n의 표본공간은 무엇인가?

2) 합 n이 나올 확률 $P(n)$을 구하고, $P(n)$을 그래프로 그려라.

7.11 어떤 학급의 통계물리학 수업을 수강하는 학생은 60명이다. 학기 말의 성적을 산출하였더니 A는 12명, B는 20명, C는 19명, D는 9명이었다. $P(A)$, $P(B)$, $P(C)$, $P(D)$를 계산하여라.

7.12 한 단과대학에서 학생들이 사용하는 핸드폰의 서비스 기술과 통신사를 조사하였더니 다음과 같은 표를 얻었다.

	3G	4G	5G	합계
A사	220	600	300	1120
B사	121	350	160	631
C사	100	210	190	500
합계	441	1160	650	2251

1) 조건부확률 $P(A사|4G)$, $P(5G|C사)$를 구하여라.
2) 주변부확률 $P(B사)$를 구하여라.

7.13 한글 자음과 모음 중 글자 하나를 임의로 선택한다. 여러분이 선택한 글자가 무엇인 지 맞추기 위해서 필요로 하는 최소의 질문 수는 몇 번인가? 정보 I를 계산하여라.

7.14 화단에 피어있는 꽃을 조사하였더니 A 꽃이 40%이고, B 꽃이 60%였다. A와 B는 모두 빨강과 노란색 꽃을 피울 수 있다. 화단을 조사해 본 결과 $P(빨강|A) = 0.3$, $P(빨강|B) = 0.2$이었다.
1) 빨강 꽃을 얻을 확률은 얼마인가?
2) 화단에서 무작위로 꽃을 꺾었더니 빨강이었다. 그 꽃이 A 꽃일 확률은 얼마인가?

7.15 네 개의 문자 a, a, b, c가 있다. 가능한 총배열수 $4!/2! = 12$를 모두 나열하여라.

7.16 두 개의 주사위를 동시에 굴려서 나온 눈금의 합을 x라 하자. x의 평균과 분산을 구하여라.

7.17 푸아송 분포의 평균과 분산을 구하여라.

7.18 가우스 분포의 평균과 분산을 구하여라.

7.19 한 교차로에서 하루 동안 평균적으로 0.1회의 교통사고가 발생한다. 다음 물음에 답하여라. [힌트: 푸아송 분포를 사용]

1) 어떤 날에 이 교차로에서 교통사고가 일어나지 않은 확률은?

2) 어떤 날에 이 교차로에서 교통사고가 적어도 2회 이상 일어날 확률은?

7.20 균일분포함수로부터 정규분포함수를 생성하는 컴퓨터 코드를 작성하고 컴퓨터 계산을 이용하여 정규분포함수를 그리고, 평균, 표준편차를 구하여라.

CHAPTER 8

앙상블과 통계역학

CHAPTER 8
앙상블과 통계역학

앞에서 다체계의 물리적 성질을 다루는 기본적인 개념들을 살펴보았다. 통계역학은 그 용어의 구성에서 알 수 있듯이 다체계의 물리적 성질을 통계적 확률로 기술하는 물리의 한 분야이다. 통계역학은 고전역학, 전자기학 및 양자역학과 더불어서 물리를 이해하는 가장 근본적인 도구 중의 하나임을 익히 언급하였다. 통계역학에서는 다체계의 상태를 고전 또는 양자역학으로 취급하고, 임의의 상태가 존재할 확률을 통계적으로 취급한다. 따라서 계를 구성하는 미시적인 정보로부터 계의 거시적 물리량을 구할 수 있다. 통계역학에서 계의 거시적 물리량(온도, 압력, 내부에너지, 자유에너지 등)은 계의 미시적 변수(입자의 위치, 속력, 자기 쌍극자 모멘트 등)의 평균값으로 주어진다.

평형상태에서 통계역학의 핵심이라고 할 수 있는 다체계의 분포함수를 다시 살펴본다. 통계역학에서 가장 많이 쓰이는 바른틀 앙상블의 개념과 볼츠만 인자가 어떻게 도입되는지 살펴본다. 열과 입자의 이동이 자유로운 계에 대한 큰 바른틀 앙상블에 대해서도 살펴본다. 바른틀 앙상블을 이상기체에 적용하여 분배함수를 구해보고 에너지 등분배 정리를 살펴본다. 에너지 등분배 정리는 계의 에너지가 높을 때 그런대로 잘 맞는다. 온도가 낮아지면 양자효과가 중요한 역할을 하기 때문에 계의 에너지 상태로부터 평균 에너지를 구할 수 있다. 에너지 등분배 정리가 성립하는 조건을 살펴본다.

8.1 바른틀 분포 재논의

맥스웰은 클라우지우스의 기체운동에 대한 논문을 읽은 후 1860년에 기체 운동론에 대한 논문을 발표하였다. 맥스웰은 기체 속력의 분포를 확률적으로 다루었다. 물리학에서 기체의 상태를 통계적 방법으로 기술한 첫 논문이다. 맥스웰은 기체의 속력분포가 속력에 대해서 정규분포임을 유도하였다. 그러나 기체분포함수에서 볼츠만 인자에 대한 표현을 정확히 쓰지는 못하였다. 맥스웰은 1873년 논문에서 원자는 물질점(material point)이고 비행하는 분자(molecule)가 벽과 충돌하면서 압력이 생긴다고 하였다.

이 논문에서 "분자"란 용어가 처음 사용되었다.

1871년에 볼츠만은 맥스웰의 속력분포함수를 일반화하여 기체의 맥스웰-볼츠만 분포함수를 발표하였으며, 이 논문에서 볼츠만 인자가 최초로 나타났다. 볼츠만은 같은 논문에서 엔트로피를 확률의 로그로 표현하였다. 1865년에 클라우지우스가 소개한 엔트로피를 볼츠만은 $S = k_B \ln W$ 라고 표현하였다. 여기서 W 는 독일말로 Wahrscheinlickkeit로 거시상태(macrostate)의 발생 확률을 의미한다. 즉 계의 거시상태에 해당하는 모든 가능한 미시상태(microstate) 수를 나타낸 것이다. 볼츠만은 미시적 상태의 앙상블 개념을 가지고 있었다. 하지만 앙상블(ensemble)과 통계물리학(statistical mechanics)이란 용어는 1902년 깁스가 처음 사용하였다. 볼츠만의 통계역학은 당대의 과학자들에게 받아들여지지 못하였으며 막스 플랑크는 1900년에 흑체 복사법칙을 발견하고서야 마지못해서 볼츠만 통계역학을 받아들였다. 양자역학의 발달은 통계역학을 받아들이는데 크게 기여하였다.

바른틀 분포함수는 1장에서 살펴보았지만 통계역학을 시작하면서 다시 한번 되돌아 보자. 우리가 관심이 있는 계는 열저장체와 접촉한 계이다. 열저장체 B 와 접촉하여 열적 상호작용을 하는 계 A 를 생각해 보자.

그림 8.1에서 열저장체의 자유도는 계의 자유도보다 훨씬 크다. 즉 $A \ll B$ 이다. 물론 계 A 는 상대적으로 작은 거시적인 계일 수도 있고, 하나의 미시적인 계일 수도 있다. 큰 호수(열저장체)에 떠있는 음료수 병(계)은 전자의 예에 속하고, 고체 격자에 놓여있는 원자 하나는 (이때 전체 고체 격자는 열저장체의 역할을 한다) 후자의 예에 속한다. 전체계 $C = A + B$ 는 주위 환경으로부터 고립되어 있다. 따라서 전체계 C 의 상태는 작은 바른틀 앙상블로 표현할 수 있다. 열저장체를 포함한 전체계의 자유도가 매우 크기 때문에 전체계의 **미시적 상태**(microstate)를 알 수 없으나 상대적으로 작은 계인 A 의 미시적 상태는 구할 수 있다고 하자.

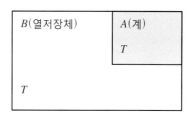

그림 **8.1** 전체계 C 는 열저장체 B 와 계 A 로 구성되어 있고 두 계가 평형상태에 있으며 온도는 T 로 서로 같다.

평형상태에서(즉, 열저장체와 계의 온도는 같음) 계 A의 상태는 어떠한 분포를 하고 있을까? 계 A의 미시적 상태들을 r로 표시하면, 어떤 특정한 미시 상태 r에서 계의 에너지는 E_r이다. 계와 열저장체는 서로 약하게 상호작용한다. 열저장체와 계의 약한 상호작용 에너지는 거의 무시할 수 있을 만큼 작다. 따라서 계가 요동에 의해서 계의 상태가 변해도, 충분한 시간이 지나면 계와 열저장체는 서로 평형을 이룬다. 즉, 열저장체와 계 사이에는 열이 흐를 수 있어서 계의 온도가 열저장체와 다르면 열을 흡수 또는 방출하여 계의 상태는 평형상태로 변해간다. 계 A가 이 특정한 상태 r에 있을 확률 P_r은 얼마일까?

전체계는 고립계이므로 전체계의 에너지 E_0는 항상 일정하다. 열저장체의 에너지를 E', 특정한 상태에 있는 계의 에너지를 E_r라 하면, 에너지 보존 법칙으로부터

$$E_r + E' = E_0 \tag{8.1}$$

가 항상 성립한다. 따라서 계 A의 에너지가 E_r이면, 열저장체 B의 에너지는 $E' = E_0 - E_r$이다. 이때 계의 에너지 E_r는 일정하지 않고 계의 상태에 따라 변한다. 물론 계와 열저장체의 총에너지 E_0는 항상 일정하다.

계 A가 하나의 특정한 상태 r에 있다면, 전체계 C가 가질 수 있는 **상태수**(the number of states)는 열저장체 B의 상태수 $\Omega'(E_0 - E_r)$에 비례한다. 물론 열저장체의 에너지는 $E'(= E_0 - E_r)$과 $E' + \delta E'$ 사이에 놓일 것이다. 여기서 $\delta E'$은 불활실성 원리에 의한 측정 에너지의 근원적 오차이거나 실험장치가 가지는 분해능에 따른 오차로 생각할 수 있다. 통계역학의 근본 가정으로부터, 계 A가 하나의 상태 r에 있을 확률은 전체계의 앙상블의 수 $(1 \times \Omega'(E_0 - E_r))$에 비례한다. 따라서

$$P_r = C'\Omega'(E_0 - E_r) \tag{8.2}$$

이다. 여기서 상수 C'은 계의 상태 r에는 무관한 비례상수이다. 이 비례상수는 확률의 규격화 조건으로부터 구한다. 즉,

$$\sum_r P_r = 1 \tag{8.3}$$

여기서, 합은 계 A의 모든 가능한 상태에 대한 합이다.

계 A는 열저장체 B에 비해서 작기 때문에 $E_r \ll E_0$이다. 식 (8.2)를 직접 테일러 전개하지 말고, 조금 더 천천히 변하는 함수인 상태수의 로그를 (상태수의 로그는 엔트로피에 해당한

다.) 테일러 전개하자.

$$\ln \Omega'(E_0 - E_r) = \ln \Omega'(E_0) - \left[\frac{\partial \ln \Omega'}{\partial E'} \right]_0 E_r + \cdots \tag{8.4}$$

여기서, $E_r \ll E_0$이므로 이차항 이상은 무시할 수 있다. 그러나 일차항의 계수는 계 A의 에너지 E_r에 무관한 상수이므로, 이차항까지 고려하자. 열저장체의 상태를 나타내는 온도변수를

$$\left[\frac{\partial \ln \Omega'}{\partial E'} \right]_0 \equiv \beta = \frac{1}{kT} \tag{8.5}$$

로 정의한다. 그리고 이 값은 $E' = E_0$에서 구한 값이다. 볼츠만의 엔트로피는 $S = k_B \ln \Omega$이므로, 식 (8.5)는 $1/T = (\partial S / \partial E')_0$이다. 즉 열역학에서 살펴보았던 온도의 정의와 일치한다.

예제 8.1

전체계의 알짜 에너지가 $E_0 = 10,009$일 때 계의 미시상태분포와 열저장체의 상태분포가 그림 8.2와 같다. 열저장체와 계가 열평형 상태에 있을 때 계가 특정상태에서 있을 확률에 대해서 논의해 보자.

 풀이

전체계의 에너지는 일정하므로 계의 에너지가 $E_r = 2$이면 열저장체의 에너지는 $E' = 10,007$이어야 한다. 한편 계의 에너지가 $E_r = 4$이면 열저장체의 에너지는 $E' = 10,005$이다. 그런데 $P_r \propto \Omega'(E')$이므로 계의 에너지가 가장 낮은 $E_r = 2$ 상태가 더 큰 확률을 갖는다. 계가 낮은

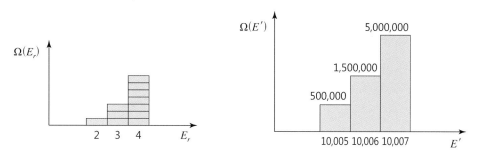

그림 **8.2** 계의 상태수 $\Omega(E_r)$와 열저장체 상태수 $\Omega'(E')$. 상태수는 에너지가 증가하면 지수 함수적으로 증가한다.

에너지 상태에 있을 때 열저장체의 에너지는 더 큰 상태수를 가지므로 계가 낮은 상태에 있을 확률이 높은 에너지 상태보다 더 크다.

앞의 식에서

$$\ln \Omega'(E_0 - E_r) = \ln \Omega'(E_0) - \beta E_r \tag{8.6}$$

이므로

$$\Omega'(E_0 - E_r) = \Omega'(E_0) \exp(-\beta E_r) \tag{8.7}$$

이다. $\Omega'(E_0)$는 상태 r에 무관하다.

따라서 위 식은

$$P_r = C \exp(-\beta E_r) \tag{8.8}$$

로 쓸 수 있다. 여기서 $\exp(-\beta E_r)$는 **볼츠만 인자**(Boltzmann factor)이다. 상수 C는 규격화 조건으로부터 구한다.

$$\frac{1}{C} = \sum_r \exp(-\beta E_r) \tag{8.9}$$

계 A가 한 특정한 상태 r에 놓여 있을 확률은

$$P_r = \frac{\exp(-\beta E_r)}{\displaystyle\sum_r \exp(-\beta E_r)} \tag{8.10}$$

이다.

계가 하나의 특정한 상태에 있을 확률이 볼츠만 인자로 주어지는데, 이것이 통계역학의 가장 중요한 결과 중의 하나이다. 확률 분포가 볼츠만 인자로 나타날 때 이러한 분포를 **바른틀 분포**(canonical distribution)라 한다. 온도 T인 열저장체와 접촉한 계가 볼츠만 인자에 비례하는 분포의 앙상블을 가질 때 이 앙상블을 **바른틀 앙상블**(canonical ensemble)이라 한다. 바른틀 분포에서 계의 에너지가 ε인 상태에 있을 확률은 그림 8.3과 같이 에너지에 대해서 지수 함수적으로 감소한다. 즉, 낮은 에너지가 높은 에너지에 비해서 큰 확률을 갖는다. 온도 T인 열저장체와 열접촉한 계의 에너지지 상태는 더 이상 동등한 확률을 갖지 않는다.

계의 온도가 더 높아지면 그림 8.3의 점선과 같이 높은 에너지에 있는 상태의 확률이 커진다. 극단적으로 온도가 높다면 계의 모든 상태는 동등한 확률을 가질 것이다.

계 A가 상태 r에 놓여 있을 때 임의의 물리량 값이 x_r이면, 이 물리량의 평균값은

$$\bar{x} = \frac{\sum_r x_r \exp(-\beta E_r)}{\sum_r \exp(-\beta E_r)} \qquad (8.11)$$

으로 정의한다.

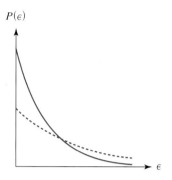

그림 **8.3** 바른틀 앙상블에서 계를 발견할 확률은 미시 상태 에너지에 따라 지수함수로 감소한다. 점선은 온도가 더 높을 때에 계의 볼츠만 인자를 나타낸다.

볼츠만 분포에서 확률 $P(E)$는 에너지에 대해서 매우 뾰족한 함수이다. 계 A가 에너지 E와 $E+\delta E$ 사이에 놓여 있을 확률 $P(E)$는 이 에너지 구간에 놓여 있는 상태들의 확률을 더하면 된다. 즉,

$$P(E) = \sum_{E \le E_r < E + \delta E} P_r \qquad (8.12)$$

이다. 여기서 $E \le E_r < E+\delta E$이고, 이 에너지 구간에 놓여 있는 상태들은 모두 같은 볼츠만 인자 $\exp(-\beta E)$를 가진다. 이 에너지 구간에 놓여 있는 상태수를 $\Omega(E)$라 하면,

$$P(E) = C\Omega(E)\exp(-\beta E) \qquad (8.13)$$

이다. 계 A 역시 거시적인 계이므로(비록, 열저장체보다 작은 계이지만), 상태수 $\Omega(E)$는 매우 빨라 증가하는 함수이다. 따라서 빨리 증가하는 함수와 지수함수로 감소하는 함수의 곱인 $\Omega(E)\exp(-\beta E)$는 한 점에서 최댓값을 갖는다. 계 A가 더 커지면, $P(E)$는 더욱 뾰족한 최댓값을 갖는 함수가 된다. 그리고 이 최댓값은 계의 평균 에너지와 같다. 1장에서 부피 V, 입자수 N, 에너지 E인 이상기체의 상태수 $\Omega(E) \sim V^N E^{3N/2}$임을 구했다. 이상기체의 상태수는 에너지에 대해서 멱법칙으로 증가한다.

8.2
라그랑지 변분법과
바른틀 앙상블

지금까지 논의한 바른틀 분포 함수의 유도는 평형상태에서 통계역학의 근본 가정을 바탕으로 한 것이다. 열역학 제2법칙과 엔트로피에 대한 깁스 공식을 이용하여 같은 결과를 유도할 수 있다. 어떤 함수의 변분을 (어떤 함수가 극치를 가질 경우) 취할 때 제한 조건들이 있으면 계의 모든 변수들은 독립적이지 않게 된다. 이것을 극복하는 방법이 **라그랑지의 변분법**(Lagrange's variational principle)이다. 계 A가 평균 에너지 $\overline{E}$에 놓여 있다고 하자. 총앙상블의 개수를 a라 하고, 계가 임의의 상태 r에 있을 가짓수를 a_r(겹침수, the number of degeneracy)이라 하자. 총앙상블의 개수는

$$\sum_r a_r = a \tag{8.14}$$

이고,

$$\overline{E} = \frac{\sum\limits_r a_r E_r}{\sum\limits_r a_r} = \frac{1}{a}\sum_r a_r E_r \tag{8.15}$$

이다. 즉, 위의 두 조건이 계의 제한 조건이다.

총 a개의 가짓수 중에서 $r=1$인 상태의 가짓수는 a_1개, $r=2$인 상태의 가짓수는 a_2개, $\cdots$ 등이다. 총배열 중에서 구별할 수 있는 총가짓수 Γ는

$$\Gamma = \frac{a!}{a_1! a_2! a_3! \cdots} \tag{8.16}$$

이다. 따라서

$$\ln \Gamma = \ln a! - \sum_r \ln a_r! \tag{8.17}$$

이다. 상태수가 큰 수인 경우 스터링의 공식(Stirling's formula)을 사용한다.

$$\ln a_r! \simeq a_r \ln a_r - a_r \tag{8.18}$$

총가짓수는

$$\ln \Gamma = (a \ln a - a) - \left(\sum_r a_r \ln a_r - \sum_r a_r \right) \tag{8.19}$$

또는

$$\ln \Gamma = a \ln a - \sum_r a_r \ln a_r \tag{8.20}$$

이다.

계가 상태 r에 있을 확률 $P_r = a_r / a$ 이므로

$$
\begin{aligned}
\ln \Gamma &= a \ln a - \sum_r a_r \ln a_r \\
&= a \ln a - \sum_r a P_r \ln (a P_r) \\
&= a \ln a - a \sum_r P_r (\ln a + \ln P_r) \\
&= a \ln a - a \ln a \Big(\sum_r P_r \Big) - a \sum_r P_r \ln P_r
\end{aligned}
\tag{8.21}
$$

여기서 $\displaystyle\sum_r P_r = 1$ 이므로,

$$\ln \Gamma = - a \sum_r P_r \ln P_r \tag{8.22}$$

이다. a는 상수이므로 $k \ln \Gamma = aS$ 이다. 열역학 제2법칙에 의하면 평형상태에서 엔트로피는 항상 최대가 되어야 하므로 $\delta \ln \Gamma = 0$ 이다. 식 (8.20)의 양변에 변분을 취하면

$$\delta \ln \Gamma = - \sum_r (\delta a_r \ln a_r + \delta a_r) = 0 \ \Rightarrow \ \sum_r \delta a_r \ln a_r = - \sum_r \delta a_r \tag{8.23}$$

이고, 앞의 제한조건들로부터

$$\sum_r \delta a_r = 0 \tag{8.24}$$

그리고

$$\sum_r E_r \delta a_r = 0 \tag{8.25}$$

이다. 따라서

$$\sum_r (\ln a_r)\delta a_r = 0 \tag{8.26}$$

이다. 그런데 제한조건 때문에 이 식의 모든 δa_r은 독립적이지 않다. 라그랑지 변분법에 의해서 제한조건에 변분을 취한 식에 상수를 곱한 다음 세 식을 더하면

$$\sum_r (\ln a_r + \alpha + \beta E_r)\delta a_r = 0 \tag{8.27}$$

이 된다. 이 식에서 상수 α와 β를 적절히 택하면, 모든 δa_r이 독립적이 된다. 따라서 괄호 안의 값이 영이 된다. $\ln \Gamma$ 값이 최댓값일 때, a_r의 값을 $\tilde{a}_r$라 하면,

$$\ln \tilde{a}_r + \alpha + \beta E_r = 0 \tag{8.28}$$

또는

$$\tilde{a}_r = e^{-\alpha}\exp(-\beta E_r) \tag{8.29}$$

이 된다. 상수 α는 규격화 조건에서 구한다.

$$e^{-\alpha} = a\left(\sum e^{-\beta E_r}\right)^{-1} \tag{8.30}$$

그리고 상수 β는 두 번째 제한조건으로부터 구한다. 즉,

$$\frac{\sum E_r e^{-\beta E_r}}{\sum e^{-\beta E_r}} = \overline{E} \tag{8.31}$$

에서 구한다. 계가 임의의 특정한 상태 r에 놓여 있을 확률 P_r은

$$P_r \equiv \frac{\tilde{a}_r}{a} = \frac{e^{-\beta E_r}}{\sum e^{-\beta E_r}} \tag{8.32}$$

이다. 이 분포함수는 바로 바른틀 분포함수와 같다. 바른틀 앙상블은 바로 엔트로피가 최대인 상태에 해당하는 분포이다.

8.3
평균 에너지와
분산

계의 분포함수를 알면 임의의 물리량에 대한 평균치를 구할 수 있다. 물론 계의 미시적 상태를 정확히 알아야 한다. 바른틀 분포에서 계의 내부에너지는

$$\overline{E} = \frac{\sum_r E_r \exp(-\beta E_r)}{\sum_r \exp(-\beta E_r)} \tag{8.33}$$

이다. 여기서 $\sum_r$은 계의 모든 허용된 상태 r에 대한 합이다. 그런데 어떤 물리량을 계산할 때 바른틀 분포의 **분배함수**(partition function)를 알면 쉽게 그 물리량의 평균치를 계산할 수 있다. 분배함수 Z는

$$Z = \sum_r \exp(-\beta E_r) \tag{8.34}$$

로 정의한다. 이 정의로부터 위에서 정의한 평균 에너지는

$$\overline{E} = -\frac{1}{Z}\frac{\partial Z}{\partial \beta} = -\frac{\partial \ln Z}{\partial \beta} \tag{8.35}$$

와 같다. 계의 **에너지 분산**(dispersion)은

$$\overline{(\Delta E)^2} \equiv \overline{(E-\overline{E})^2} = \overline{E^2} - (\overline{E})^2 \tag{8.36}$$

이다. 에너지 제곱의 평균값 $\overline{E^2}$은

$$\overline{E^2} = \frac{\sum_r E_r^2 \exp(-\beta E_r)}{\sum_r \exp(-\beta E_r)} \tag{8.37}$$

이다. 그런데,

$$\sum_r E_r^2 \exp(-\beta E_r) = -\frac{\partial}{\partial \beta}\left[\sum_r E_r \exp(-\beta E_r)\right] = \left(-\frac{\partial}{\partial \beta}\right)^2\left[\sum_r \exp(-\beta E_r)\right] \tag{8.38}$$

이다. 따라서

$$\overline{E^2} = \frac{1}{Z}\frac{\partial^2 Z}{\partial\beta^2}$$

$$= \frac{\partial}{\partial\beta}\left(\frac{1}{Z}\frac{\partial Z}{\partial\beta}\right) + \frac{1}{Z^2}\left(\frac{\partial Z}{\partial\beta}\right)^2 = -\frac{\partial\overline{E}}{\partial\beta} + (\overline{E})^2 \tag{8.39}$$

이다. 그러므로 에너지 분산은

$$\overline{(\Delta E)^2} = -\frac{\partial\overline{E}}{\partial\beta} = \frac{\partial^2 \ln Z}{\partial\beta^2} \tag{8.40}$$

이다. 어떤 값을 제곱한 것의 평균치는 항상 영보다 크다. 따라서 $\overline{(\Delta E)^2} \geq 0$이므로, $\partial\overline{E}/\partial\beta \leq 0$이다. 따라서 $\partial\overline{E}/\partial T \geq 0$은 항상 성립한다. 온도가 증가하면 계의 내부에너지는 변함이 없거나 증가해야 한다.

계가 바른틀 분포를 따를 때 온도가 영에 가까워지면 열역학 제3법칙을 따른다. 계의 온도가 영에 가까워지면 계는 가장 낮은 에너지 상태에 있게 된다. 바닥 에너지를 E_0라 하면, 바닥상태에 놓이는 상태수는 Ω_0개 있다. 따라서 $T \rightarrow 0$ $(\beta \rightarrow \infty)$일 때, 분배함수는

$$Z \rightarrow \Omega_0 \exp(-\beta E_0) \tag{8.41}$$

이 된다. 계가 바닥상태에 있으면 바닥상태 에너지가 바로 평균 에너지와 같으므로 $\overline{E} \rightarrow E_0$ 이다. 따라서 계의 엔트로피는

$$S \rightarrow k\left[(\ln\Omega_0 - \beta E_0) + \beta E_0\right] = k\ln\Omega_0 \tag{8.42}$$

가 된다. 즉, 절대영도에서 계의 엔트로피는 한 값으로 수렴한다.

통계역학에서 상태수 Ω보다 분배함수 Z를 더 많이 계산한다. 그 이유는 상태수 $\Omega(E)$를 계산할 때에는 에너지 구간을 E와 $E + \delta E$로 제한해야 한다. 이러한 제한조건 하에서 상태수 Ω의 정확한 표현을 구하기는 매우 어렵다. 그렇지만 분배함수에서의 합은 계의 모든 상태에 대한 합이므로 제한이 없다. 따라서 통계역학을 분배함수로 표현하는 것이 문제를 간단하게 한다. 실제 문제를 풀 때 작은 바른틀 앙상블보다 바른틀 앙상블을 다루는 이유도 바로 여기 에 있다.

8.4
고전 상자성

N개의 자성 원자로 이루어진 물질이 외부 자기장 B에 놓여 있다. 각 원자는 고유 자기 쌍극자 모멘트(intrinsic magnetic dipole moment) μ를 가지고 있다. 이 물질이 온도 T인 열저장체와 열접촉하여 평형상태에 있을 때, 이 계의 자성 현상을 살펴보자. 각 원자는 두 가지 가능한 상태를 가지고 있다. 즉, 쌍극자가 자기장과 나란한 상태(+ 상태 또는 up 상태)와 반대로 나란한 상태(− 상태 또는 down 상태)가 있다. + 상태의 에너지는 $\varepsilon_+ = -\mu B$이고, 반대로 나란한 상태의 에너지는 $\varepsilon_- = +\mu B$이다. 각 원자는 서로 다른 원자와 약하게 상호작용하며 열저장체와 열접촉하고 있으므로, 원자 하나를 하나의 계로 취급할 수 있다. 물질은 이러한 계가 N개 모여 있는 것으로 취급하자. 원자가 + 상태에 놓일 확률은

$$P_+ = C \exp(-\beta\varepsilon_+) = C\exp(\beta\mu B) \tag{8.43}$$

이고, 원자가 − 상태에 놓여 있을 확률은

$$P_- = C\exp(-\beta\varepsilon_-) = C\exp(-\beta\mu B) \tag{8.44}$$

이다. 따라서 + 상태가 − 상태보다 확률이 크다. 계의 평균 자기 쌍극자 모멘트는

$$\bar{\mu} = \frac{P_+\mu + P_-(-\mu)}{P_+ + P_-} = \mu\frac{e^{\beta\mu B} - e^{-\beta\mu B}}{e^{\beta\mu B} + e^{-\beta\mu B}} \tag{8.45}$$

이다. 그런데

$$\tanh(y) \equiv \frac{e^y - e^{-y}}{e^y + e^{-y}} \tag{8.46}$$

이다. 여기서 지수 y를

$$y = \beta\mu B = \frac{\mu B}{kT} \tag{8.47}$$

로 놓자. 따라서

$$\bar{\mu} = \mu\tanh(y) \tag{8.48}$$

이다. 물질의 **자화율**(magnetization) M은 단위 부피당 평균 자기 쌍극자 모멘트로 정의한다.

따라서

$$M = N\overline{\mu} \tag{8.49}$$

이다. 지수 y가 매우 작으면$(y \ll 1)$, $e^y = 1 + y + \cdots$이고, $e^{-y} = 1 - y + \cdots$이다.
　따라서

$$\tanh(y) = \frac{(1 + y + \cdots) - (1 - y + \cdots)}{2} = y \text{ for } y \ll 1 \tag{8.50}$$

이고, $y \gg 1$일 때 $e^y \gg e^{-y}$이므로,

$$\tanh(y) \simeq 1 \text{ for } y \gg 1 \tag{8.51}$$

이다. 그러므로 주어진 자기장에서 온도가 높으면 $y = \mu B / kT \ll 1$이므로,

$$\overline{\mu} = \frac{\mu^2 B}{kT} \tag{8.52}$$

이고, 온도가 낮으면 $y = \mu B / kT \gg 1$이므로,

$$\overline{\mu} = \mu \tag{8.53}$$

이다.
　물질의 **자기 감수율**(magnetic susceptibility) χ은

$$\chi = \frac{M}{B} \tag{8.54}$$

로 정의한다. 더 일반적인 정의는 $\chi = \partial M / \partial B$이다.
　$y = \mu B / kT \ll 1$일 때,

$$\chi = \frac{N\mu^2}{kT} \tag{8.55}$$

가 된다. 물질의 자기 감수율이 온도에 역비례하는 관계를 **퀴리의 법칙**(Curie's law)이라 한다. 자화율 곡선을 그림 8.4에 나타내었다. 그림 8.4에서 자기장이 작고 온도가 높을 때 자화율이 직선이 되는 영역에서 퀴리의 법칙이 성립한다.

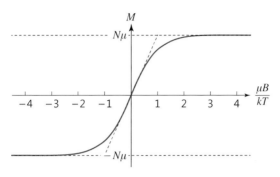

그림 **8.4** 상자성 물질의 자화율 곡선

8.5
큰 바른틀 분포

바른틀 앙상블에서 계 A의 입자수는 변하지 않았다. 이 조건을 완화해서 열저장체 A'과 열접촉하고 있는 계 A가 열저장체와 에너지와 입자를 교환하는 경우를 생각해보자. 이 경우에 계 A의 에너지와 입자수는 고정된 값이 아니다. 전체계 A_0의 총에너지를 E_0, 총입자수를 N_0라 하자.

그림 8.5와 같이 열저장체와 접촉하고 있는 계 A의 에너지를 E, 입자수를 N이라 하고, 열저장체의 에너지를 E', 입자수를 N'이라 하자. 전체계의 에너지와 총입자수는 불변이므로,

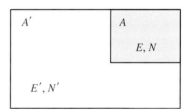

그림 **8.5** 에너지와 입자를 교환하는 계와 열저장체

$$E + E' = E_0 = \text{일정} \tag{8.56}$$

$$N + N' = N_0 = \text{일정} \tag{8.57}$$

이다. 계 A가 임의의 상태 r에 있을 때 에너지는 E_r, 입자수는 N_r이다. 계 A가 어느 특정한 한 상태에 있을 때, 전체계 A_0가 가질 수 있는 상태수는 열저장체의 상태수와 같다. 따라서 계 A가 특정한 한 상태 r에 머물러 있을 확률은

$$P_r(E_r, N_r) \sim \Omega'(E_0 - E_r, N_0 - N_r) \tag{8.58}$$

이다. 계 A는 열저장체에 비해서 매우 작으므로 $E_r \ll E_0$이고 $N_r \ll N_0$이다. 따라서

$$\ln \Omega'(E_0 - E_r, N_0 - N_r) = \ln \Omega'(E_0, N_0) - \left[\frac{\partial \ln \Omega'}{\partial E'} \right]_0 E_r - \left[\frac{\partial \ln \Omega'}{\partial N'} \right]_0 N_r \tag{8.59}$$

로 전개된다. 여기서 미분값은 $E' = E_0$, $N' = N_0$에서 값이다. 각 미분값들은 열저장체의 특성을 나타내는 상수이므로,

$$\beta \equiv \left[\frac{\partial \ln \Omega'}{\partial E'}\right]_0 \tag{8.60}$$

$$\alpha \equiv \left[\frac{\partial \ln \Omega'}{\partial N'}\right]_0 \tag{8.61}$$

라 하자. 따라서

$$\Omega'(E_0 - E_r, N_0 - N_r) = \Omega'(E_0, N_0)\exp(-\beta E_r - \alpha N_r) \tag{8.62}$$

로 쓸 수 있다. 그러므로 계 A가 상태 r에 있을 확률은

$$P_r \propto \exp(-\beta E_r - \alpha N_r) \tag{8.63}$$

이다. 이러한 분포를 **큰 바른틀 분포**(grand canonical distribution)라 한다. 큰 바른틀 분포를 가지는 계의 앙상블을 **큰 바른틀 앙상블**(grand canonical ensemble)이라 한다. 앞에서 정의한 계수들은 각각 열저장체의 온도 $kT = \beta^{-1}$와 열저장체의 **화학 퍼텐셜**(chemical potential) $\mu \equiv -kT\alpha$와 연관된다. 계의 평균 에너지와 평균 입자수는

$$\overline{E} = \frac{\sum_r E_r \exp(-\beta E_r - \alpha N_r)}{\sum_r \exp(-\beta E_r - \alpha N_r)} \tag{8.64}$$

$$\overline{N} = \frac{\sum_r N_r \exp(-\beta E_r - \alpha N_r)}{\sum_r \exp(-\beta E_r - \alpha N_r)} \tag{8.65}$$

로 정의한다.

큰 분배함수(grand partition function)은

$$Z_G = \sum_{E_r, N_r} \exp^{-\beta(E_r - \mu N_r)} \tag{8.66}$$

이다. 여기서 $\sum_{E_r, N_r}$ 은 모든 에너지 상태와 입자수 상태에 대한 합을 나타낸다.

8.6
평형분포

8.6.1 엔트로피의 크기 성질

계 B는 서로 약하게 상호작용하는 두 개의 계 A와 A'으로 이루어져 있다. 계 A가 상태 r에 놓여 있을 때 에너지는 E_r이고, 계 A'이 상태 s에 놓여 있을 때 에너지는 E'_s이다. 전체계 $B(=A+A')$의 한 상태는 (r, s)로 나타낼 수 있다. 두 계가 서로 약하게 상호작용하므로, 전체계의 에너지는

$$E_{rs} = E_r + E'_s \tag{8.67}$$

이다. 따라서 전체계의 분배함수는 (즉, 전체계가 어떤 열저장체와 접촉하여 평형상태를 이루고 있을 때)

$$Z_0 = \sum_{r,s} e^{-\beta E_{rs}} = \sum_{r,s} e^{-\beta(E_r + E'_s)} = \left(\sum_r e^{-\beta E_r}\right)\left(\sum_s e^{-\beta E'_s}\right) \tag{8.68}$$

이다. 그러므로

$$Z_0 = ZZ' \tag{8.69}$$

이고,

$$\ln Z_0 = \ln Z + \ln Z' \tag{8.70}$$

이다. 여기서 Z와 Z'은 각각 계 A와 A'의 분배함수이다. 또한 각 계의 평균 에너지는

$$\overline{E_0} = \overline{E} + \overline{E'} \tag{8.71}$$

이다. 따라서 전체계의 엔트로피는

$$S_0 = S + S' \tag{8.72}$$

이다. 즉, 약하게 상호작용하는 두 계의 총엔트로피는 단순히 더해지는 **크기변수**이다.

깁스의 엔트로피 공식을 써서 약하게 상호작용하는 두 계의 엔트로피가 크기변수임을 증명하여라.

약하게 상호작용하는 두 계를 각각 A와 A'이라 하고, 전체계를 $B(=A+A')$라 하자. 깁스의 공식으로부터

$$S_B = -k \sum_{r,\, s} P_B(r,\, s) \ln P_B(r,\, s) \tag{8.73}$$

이다. 여기서 r와 s는 각각 계 A와 A'의 상태를 나타낸다. 두 계가 서로 약하게 상호작용하므로

$$P_B(r,\, s) = P(r)P'(s) \tag{8.74}$$

이다. 그러므로 전체계의 엔트로피는

$$
\begin{aligned}
S_B &= -k \sum_{r,\, s} P_B(r,\, s) \ln P_B(r,\, s) \\
&= -k \left[\sum_s P'(s) \sum_r P(r) \ln P(r) + \sum_r P(r) \sum_s P'(s) \ln P'(s) \right] \\
&= -k \left[\sum_r P(r) \ln P(r) + \sum_r P'(s) \ln P'(s) \right] \\
&= S + S'
\end{aligned}
\tag{8.75}
$$

이다. 따라서 엔트로피는 크기변수이다.

8.6.2 평형

서로 분리된(서로 상호작용하지 않는) 두 계 A와 A'은 각각 온도변수 β와 β' 그리고 평균에너지 $\overline{E}$와 $\overline{E'}$을 가지고 평형상태에 있다. 계 A가 상태 r에 있을 확률 P_r와 계 A'이 상태 s에 있을 확률 P'_s는 바른틀 분포를 따른다.

$$P_r = \frac{e^{-\beta E_r}}{\sum_r e^{-\beta E_r}} \tag{8.76}$$

$$P'_s = \frac{e^{-\beta' E'_s}}{\sum_s e^{-\beta' E'_s}} \tag{8.77}$$

만약 두 계를 열접촉 시켰을 때 두 계가 서로 약하게 상호작용하면, 전체계 $A + A'$이 상태 (r, s)에 있을 확률은 $P_{rs} = P_r P'_s$이다.

$$P_{rs} = \frac{e^{-\beta E_r}}{\sum_r e^{-\beta E_r}} \frac{e^{-\beta' E'_s}}{\sum_s e^{-\beta' E'_s}} \tag{8.78}$$

두 계는 공통의 열저장체와 열접촉하여 충분히 시간이 지나서 $\beta = \beta'$이 되었다면, 전체계 $A + A'$은 바른틀 분포를 한다. 즉,

$$P_{rs} = \frac{e^{-\beta(E_r + E'_s)}}{\sum_r \sum_s e^{-\beta(E_r + E'_s)}} \tag{8.79}$$

이다. 이와 같이 열접촉한 계가 바른틀 분포함수를 갖게 되면 두 계는 평형상태에 있다고 한다. 두 계의 온도변수가 같지 않으면 계의 분포는 바른틀 분포를 따르지 않으며, 평형상태에 있지 않다.

8.7
이상기체의
분배함수

부피 V인 닫힌 용기에 N개의 단원자 이상기체가 들어있다. 단원자 이상기체 하나의 질량은 m이다. i번째 이상기체 분자의 위치를 $\vec{r}_i$, 선운동량을 $\vec{p}_i$라 하자. 계의 총에너지는

$$E = \sum_{i=1}^{N} \frac{\vec{p}_i^2}{2m} + U(\vec{r}_1, \vec{r}_2, \cdots, \vec{r}_N) \tag{8.80}$$

이다. 위 식의 첫째 항은 분자들의 운동에너지이고, 둘째 항은 분자들 간의 상호작용 에너지 이다. 분자들 간의 상호작용 에너지가 없는 $U = 0$인 기체를 이상기체라 한다. 분자들을 고전

적인 입자들로 취급하면, 분배함수는

$$Z = \int \exp\left[-\beta\left\{\frac{1}{2m}(\vec{p_1}^2 + \cdots + \vec{p_N}^2) + U(\vec{r_1}, \cdots, \vec{r_N})\right\}\right] \frac{d^3\vec{r_1} \cdots d^3\vec{r_N} d^3\vec{p_1} \cdots d^3\vec{p_N}}{h^{3N}} \quad (8.81)$$

또는

$$Z = \frac{1}{h^{3N}} \int e^{-(\beta/2m)p_1^2} d^3\vec{p_1} \cdots \int e^{-(\beta/2m)p_N^2} d^3\vec{p_N} \int e^{-\beta U(\vec{r_1}, \cdots, \vec{r_N})} d^3\vec{r_1} \cdots d^3\vec{r_N} \quad (8.82)$$

이며, 여기서 h는 플랑크 상수이다. 이상기체인 경우에 상호작용 에너지가 영$(U = 0)$이므로

$$\int d^3\vec{r_1} \cdots d^3\vec{r_N} = V^N \quad (8.83)$$

이고, 각 분자의 운동에너지 부분은 모두 같은 모양이므로

$$Z_1 \equiv \frac{V}{h^3} \int_{-\infty}^{\infty} e^{-(\beta/2m)p^2} d^3\vec{p} \quad (8.84)$$

로 놓으면, 분배함수는

$$Z = Z_1^N \quad (8.85)$$

또는

$$\ln Z = N \ln Z_1 \quad (8.86)$$

이다. 식 (8.84)에서 운동에너지 부분의 적분은

$$\int_{-\infty}^{\infty} e^{-(\beta/2m)p^2} d^3\vec{p} = \iiint_{-\infty}^{\infty} e^{-(\beta/2m)(p_x^2 + p_y^2 + p_z^2)} dp_x dp_y dp_z$$

$$= \left(\int_{-\infty}^{\infty} e^{-(\beta/2m)(p_x^2)} dp_x\right)^3 = \left(\sqrt{\frac{2\pi m}{\beta}}\right)^3 \quad (8.87)$$

이다. 따라서

$$Z_1 = V\left(\frac{2\pi m}{h^2\beta}\right)^{3/2} \quad (8.88)$$

이다. 따라서 단일입자의 분배함수는

$$Z_1 = V \left(\frac{2\pi m k T}{h^2} \right)^{3/2} \tag{8.89}$$

이다. 그런데 위 식에서 괄호 안의 값은 길이의 제곱에 반비례하는 차원을 가지므로

$$\lambda_T = \frac{h}{\sqrt{2\pi m k T}} \tag{8.90}$$

로 정의하고, 이 값을 **열 파장**(thermal wavelength)라 한다. 따라서 단일입자 분배함수는

$$Z_1 = \frac{V}{V_T} = \left(\frac{L}{\lambda_T} \right)^3 \tag{8.91}$$

이다. 분배함수는 마치 한 변의 길이가 L인 정육면체 전체 부피를 열 파장 부피로 나눈 값과 같다. 각 **열 파장 부피** $V_T = \lambda_T^3$는 고전적으로 하나의 상태에 해당하고 전체 부피에 그 부피가 몇 개나 있는지가 이상기체 단일입자의 분배함수와 같다. 입자수가 N인 전체계의 분배함수는 $Z = Z_1^N$이므로

$$\ln Z = N \left[\ln V - \frac{3}{2} \ln \beta + \frac{3}{2} \ln \left(\frac{2\pi m k}{h^2} \right) \right] \tag{8.92}$$

또는

$$\ln Z = \ln Z_1^N = N \ln Z_1 = N [\ln V - 3 \ln \lambda_T] \tag{8.93}$$

이다. 분배함수를 거시변수가 구체적으로 나타나게 쓰면

$$\ln Z = \frac{3}{2} N \left[\ln \left(TV^{2/3} \right) + \ln \left(\frac{2\pi m k}{h^2} \right) \right] \tag{8.94}$$

이고

$$Z = \left[\left(TV^{2/3} \right) \left(\frac{2\pi m k}{h^2} \right) \right]^{3N/2} \tag{8.95}$$

이며, 이 식이 부피 V, 입자수 N, 온도 T인 이상기체의 고전적 분배함수이다.

그런데 이상기체들을 양자역학적 입자들로 생각할 경우에, 이 분배함수는 정확하지 않다.

10장에서 양자입자의 분배함수를 구할 때 입자들의 구별 불가능을 고려할 것이다. 식 (8.95)는 고전 이상기체에서 이상기체 입자를 구별할 수 있다고 생각하여 계산한 분배함수이다. 구별 불가능한 양자입자의 분배함수를 구할 때 식 (8.95)에 $1/N!$ 항을 곱해 주어야 한다. 따라서 정확한 분배함수는

$$Z_Q = \frac{1}{N!} Z^N \tag{8.96}$$

이다. 그런데 $N!$ 항은 아래에서 구할 상태 방정식을 구할 때는 기여하지 않기 때문에, 고전적 분배함수와 양자적 분배함수의 상태 방정식의 결과는 변함이 없다.

이상기체의 평균 압력은

$$p = \frac{1}{\beta} \frac{\partial \ln Z}{\partial V} = \frac{1}{\beta} \frac{N}{V} \tag{8.97}$$

즉,

$$pV = NkT \tag{8.98}$$

이며, 이 식은 바로 이상기체의 **상태 방정식**(equation of state)이다.

이상기체의 평균 에너지는

$$\bar{E} = -\frac{\partial}{\partial \beta} \ln Z = \frac{3}{2} \frac{N}{\beta} = \frac{3}{2} NkT = N\bar{\varepsilon} \tag{8.99}$$

이며, 여기서

$$\bar{\varepsilon} = \frac{3}{2} kT \tag{8.100}$$

이다. 이상기체의 상태 방정식과 평균 에너지를 통계역학의 분배함수로부터 정확하게 유도하였다. 이렇듯 통계역학은 계를 구성하고 있는 입자들 사이의 상호작용을 바탕으로 계의 분배함수를 구하므로써 거시적 열역학 변수들을 이론적으로 구할 수 있게 한다.

이상기체의 엔트로피는

$$S = k(\ln Z + \beta \bar{E}) = Nk\left[\ln V - \frac{3}{2}\ln\beta + \frac{3}{2}\ln\left(\frac{2\pi m}{h_0^2}\right) + \frac{3}{2}\right]$$

$$= Nk \left[\ln V + \frac{3}{2} \ln T + S_0 \right] \tag{8.101}$$

이며, 여기서

$$S_0 = \frac{3}{2} \ln \left(\frac{2\pi mk}{h_0^2} \right) + \frac{3}{2} \tag{8.102}$$

이다. 즉, 엔트로피는 부피와 온도를 높이면 커진다. 그러나 기체를 구분할 수 있는 입자로 취급하는 고전적 관점에서 구한 이 엔트로피에 대한 표현은 정확한 표현이 아니다.

8.8
깁스 패러독스

앞에서 구한 이상기체의 엔트로피 식 (8.101)은 실제로 정확하지 않다. 그 이유를 살펴보고 해결방법을 알아보자.

8.8.1 열역학 제3법칙의 위배

열역학 제3법칙에 따르면 온도가 절대영도에 접근하면 엔트로피는 영 또는 일정한 값으로 수렴해야 한다. 앞에서 구한 엔트로피에 $T \to 0$을 적용해보자. $\ln T$ 항 때문에 엔트로피는 $\lim_{T \to 0} S(T) = -\infty$가 되어 열역학 제3법칙에 맞지 않는다.

8.8.2 엔트로피의 크기 성질 위배

엔트로피는 크기변수이다. 따라서 계의 전체 크기를 크게 해주면 엔트로피도 그만큼 증가해야 한다. 예를 들면 계의 크기를 a배 만큼 증가시키면, 계의 모든 크기변수도 a배 만큼 증가해야 한다. 엔트로피가 크기 변수이면, $S(ax) = aS(x)$이어야 한다. 여기서 x는 크기 변수들이다. 크기 변수 N과 V가 a배 만큼 증가하면, 식 (8.101)의 엔트로피는 $N \ln V$ 항 때문에 a배 만큼 증가하지 않는다. 따라서 식 (8.101)은 엔트로피의 크기 성질을 만족하지 않는다.

8.8.3 엔트로피의 더하기 성질 위배

부피 V인 용기에 이상기체가 담겨있다. 그림 8.6과 같이 계의 허용된 상태에 영향을 주지 않으면서 계를 이등분하는 가역 과정을 생각해보자. 계를 이등분하여도 계의 상태수는 변함이 없으므로 전체 엔트로피는

$$S = S' + S'' \tag{8.103}$$

이다. 여기서 S'과 S''은 두 부분의 엔트로피이다. 그런데, 식 (8.101)은 엔트로피의 더하기 성질을 만족하지 않는다. 계를 완벽하게 이등분했다면, 각 부분의 입자수와 부피는 $N/2$와 $V/2$이다. 그러므로,

$$S' = S'' = \left(\frac{N}{2}\right) k \left[\ln\left(\frac{V}{2}\right) + \frac{3}{2} \ln T + S_0 \right] \tag{8.104}$$

이다. 분할하기 전의 전체 이상기체의 엔트로피는

$$S = Nk \left[\ln V + \frac{3}{2} \ln T + S_0 \right] \tag{8.105}$$

이다. 계를 분할하기 전과 후의 엔트로피 차이는

$$S - 2S' = k \left[N \ln V - N \ln (V/2) \right] = Nk \ln 2 \tag{8.106}$$

가 되어, 엔트로피 차이가 영이 아니다. 이 식은 엔트로피의 더하기 성질을 위배한다. 이와 같이 계를 가역적으로 분할하였는데도 불구하고, 이상기체의 엔트로피가 더하기 성질을 만족하지 않는 것을 **깁스의 패러독스**(Gibbs paradox)라 한다.

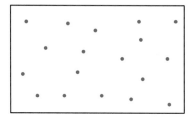

그림 **8.6** 가역적으로 계를 이등분하기

8.8.4 다른 종류 기체의 혼합

분리막을 제거하기 전에 두 부분에 각각 다른 종류의 기체가 들어있는 경우를 생각해보자. 처음에 각 기체는 $V/2$의 부피를 가진다. 분리막을 제거하면 각 기체는 확산하여 부피 V인 공간을 차지할 것이다. 물론 이러한 확산 과정은 비가역적 과정이다. 따라서 분리막을 제거하면 엔트로피는 증가할 것이다. 따라서 다른 종류의 기체들이 혼합될 때 $Nk \ln 2$는 혼합 전후의 엔트로피 증가를 나타낸다.

8.8.5 같은 기체의 혼합 (깁스 패러독스의 해결 방법)

분리된 각 계의 기체가 같은 종류라면, 분리막을 제거한 후의 엔트로피 증가는 물리적 의미를 가지지 못한다. 분리막을 제거한 다음, 다시 분리막을 삽입한다면 처음 상태로 완전히 복원할 수 있다. 다른 종류의 기체가 혼합될 때는 분리막을 제자리에 넣어서 다시 원상태로 회복할 수 없다. 깁스 패러독스의 근본적인 원인은 기체를 고전적으로 취급할 때 기체를 완전히 구별할 수 있는 입자로 보았기 때문이다.

　기체를 양자역학적으로 다룬다면, 기체분자들은 구별할 수 없는 입자들이다. 사실 이러한 입자의 구별할 수 없는 성질이 고전적 취급에서 배제되었기 때문에 깁스 패러독스가 생겨난 것이다. 기체분자를 구별할 수 없으면, 각 분자의 위치를 뒤바꾸어서 생긴 총가짓수 $N!$은 모두 같은 상태로 취급해야 한다. 기체분자를 구별할 수 있을 때는 $N!$개의 상태가 모두 하나의 상태로 취급되어 분배함수를 구할 때 계산되었다. 따라서 기체분자를 구별할 수 없을 때, 분배함수는 고전적으로 구한 분배함수를 $N!$로 나누어 주어야 한다. 즉,

$$Z_Q = \frac{Z}{N!} = \frac{Z_1^N}{N!} \tag{8.107}$$

이며, 여기서 Z는 기체분자를 구별할 수 있는 입자로 취급하여 구한 분배함수이다. 따라서,

$$\ln Z_Q = N \ln Z_1 - \ln N! \tag{8.108}$$

이며, 스털링 공식을 사용하면,

$$\ln Z_Q = N \ln Z_1 - N \ln N + N \tag{8.109}$$

이다. 그러므로 엔트로피는

$$S = Nk \left[\ln V + \frac{3}{2} \ln T + S_0 \right] + Nk \left(-\ln N + 1 \right) \tag{8.110}$$

이며, 따라서

$$S = Nk \left[\ln \left(\frac{V}{N} \right) + \frac{3}{2} \ln T + S_1 \right] \tag{8.111}$$

이다. 여기서

$$S_1 \equiv S_0 + 1 = \frac{3}{2} \ln \left(\frac{2\pi mk}{h_0^2} \right) + \frac{5}{2} \tag{8.112}$$

이다.

식 (8.111)은 이상기체를 구별할 수 없는 분자로 취급하여 얻은 엔트로피이다. 이 엔트로피는 엔트로피의 크기 성질과 더하기 성질을 잘 만족하고 있다. 그러나 여전히 열역학 제3법칙은 만족하지 않는다. 그 이유는 매우 낮은 온도에서는 비록 이상기체에 가까운 기체이더라도 더 이상 고전적으로 취급할 수 없으며, 양자역학적인 효과를 고려해야 함을 의미한다.

8.9 고전근사의 타당성

고전통계에서도 입자의 구별되는 성질을 고려하여야 함을 앞에서 공부하였다. 그러면 위치와 운동량을 동시에 잘 정의할 수 있는 고전통계역학은 어떤 조건에서 성립할까? 고전통계역학이 성립하려면

$$\Delta p \Delta q \gg \hbar \tag{8.113}$$

이어야 한다. 기체분자들을 고전적으로 취급할 수 있다고 가정해보자. 기체분자의 운동량을 p, 임의의 두 기체분자 사이의 평균거리를 L이라 하면,

$$Lp \gg \hbar \tag{8.114}$$

이어야 한다. 즉 입자들 사이의 평균거리는 입자의 드브로이 물질파의 파장보다 커야 한다.

$$L \gg \lambda = 2\pi \frac{\hbar}{p} \tag{8.115}$$

이며, 여기서 λ는 물질파의 파장이다.

한 개의 입자가 한 변의 길이 L인 작은 육면체의 중심에 놓여 있다고 가정해보자. 부피가 V인 용기에 담겨있는 N개의 기체에 대해서,

$$L^3 N = V \tag{8.116}$$

또는

$$L = \left(\frac{V}{N} \right)^{1/3} \tag{8.117}$$

이다. 온도 T에서 이상기체 분자의 평균 에너지는

$$\frac{p^2}{2m} \approx \bar{\varepsilon} = \frac{3}{2} kT \tag{8.118}$$

이며, 따라서

$$p \approx \sqrt{3mkT} \tag{8.119}$$

이고,

$$\lambda_T \approx \frac{h}{\sqrt{3mkT}} \tag{8.120}$$

이다. $\lambda_T = h/\sqrt{3mkT}$는 식 (8.90)에서 정의한 기체의 **열 파장**(thermal wavelength)이다. 따라서 고전통계역학이 성립할 조건은

$$\left(\frac{V}{N} \right)^{1/3} \gg \frac{h}{\sqrt{3mkT}} \tag{8.121}$$

이다. 즉, 기체의 농도 N/V가 작거나, 온도 T가 높으면 고전통계역학이 성립한다. 기체분자 사이의 거리가 열파장보다 훨씬 길 때, 고전통계역학이 잘 성립한다.

온도 300 K, 1기압의 헬륨(He) 기체의 경우에 위의 조건이 만족되는지 살펴보자. 1기 압은 $P = 760 \text{ mmHg} \approx 10^6 \text{ dynes/cm}^2$이고, 온도 300 K를 에너지로 표현하면 $kT = 4 \times$

10^{-14} ergs이다.[2] 헬륨의 질량은 $m = 4/(6 \times 10^{23}) \approx 7 \times 10^{-24}$ grams이다. 헬륨을 이상기체로 취급하면 상태 방정식에서 $N/V = P/kT = 2.5 \times 10^{19}$분자/cm^{3}이다. 그러므로

$$L \approx 34 \times 10^{-8} \text{ cm} \tag{8.122}$$

이고,

$$\lambda_T \approx 0.6 \times 10^{-8} \text{ cm} \tag{8.123}$$

이다. 따라서 1기압, 실온에서 헬륨기체는 고전기체로 취급하여도 무방하다. 그러나 금속고체의 전자는 질량이 매우 작기 때문에 물질파의 파장이 훨씬 길어진다. 즉,

$$\lambda_{전자} = 50 \times 10^{-8} \text{ cm} \tag{8.124}$$

이므로, 금속의 전자는 헬륨기체처럼 고전적으로 취급할 수 없다. 이때 전자는 구별할 수 없는 양자입자로 취급하여야 한다.

8.10
에너지 등분배 정리

1810년에 두롱과 쁘띠(Dulong-Petit)는 고체의 비열이 일정함을 발견하였다. 1843년 워터슨(J. J. Waterson)은 운동 에너지에 대해서 등분배 개념을 제시하였다. 1859년에 맥스웰은 기체의 운동 열용량은 병진 에너지와 운동 에너지에 동등하게 분배된다고 주장하였다. 1876년 볼츠만은 계의 모든 독립적인 운동 성분에 평균 에너지가 동등하게 분배된다는 에너지 등분배 정리를 제안하였다. 볼츠만은 에너지 등분배 정리로 두롱–쁘띠 법칙을 설명할 수 있었다.

그러나 19세기 말에 에너지 등분배 정리가 적용되지 않는 현상들이 속속 발견되었다. 1872년 드와(J. Dewar)와 웨버(H. F. Weber)는 두롱–쁘띠 법칙은 높은 온도에서만 성립함을 발견하였다. 1875년에 맥스웰은 에너지 등분배 정리가 성립하지 않는 시스템은 분자의 내부 구조때문이라고 주장하였다. 1900년에 폴 드루드(Paul Drude, 1863~1906, 독일)는 도체의 자유전자들이 핀볼에 튕기듯이 운동하는 드루드 모형(Drude model)을 제안하였다. 이 자유전자들의 운동에 에너지 등분배 정리를 적용하면 도체의 비열은 마치 이상기체와 같

---

[2] CGS 단위계의 일의 단위. 1 erg = 1 dyn·cm = 10^{-7} J

이 표현된다. 그런데 실험결과 도체에서 전자는 비열에 아주 작은 기여만 함이 발견되었다. 즉 도체와 부도체의 비열이 거의 같았다.

에너지 등분배 정리가 성공적으로 적용되는 영역이 있는가 하면 에너지 등분배 정리가 성립하지 않는 영역이 발견되면서 그 이유에 대한 논란이 발생하였다. 1906년 아인슈타인은 에너지 등분배 정리가 맞지 않는 것은 계의 양자역학적인 효과라고 주장하였다. 계의 양자화된 에너지 구조가 계의 열용량을 결정한다. 1910년 네른스트(W. H. Nernst, 1864~1941, 독일, 1920년 열역학 제3법칙 발견으로 노벨화학상 수상)는 낮은 온도에서 물체의 비열을 측정함으로써 아인슈타인의 주장을 지지하였다. 이 절에서는 에너지 등분배 정리가 성립하는 이유를 통계역학적으로 살펴본다.

8.10.1 현상론적 이해

온도 T에서 단원자 이상기체의 평균 운동 에너지는

$$\langle K \rangle = \frac{3}{2}nRT = \frac{3}{2}NkT \qquad (8.125)$$

이다. 따라서 기체 분자 하나 당 운동 에너지는

$$\langle K_1 \rangle = \frac{\langle K \rangle}{N} = \frac{3}{2}kT \qquad (8.126)$$

이다. 즉, 기체 분자 하나 당 평균적으로 $3kT/2$ 만큼의 운동 에너지를 가진다. 기체 분자의 운동은 세 개의 자유도를 가지므로 $K_1 = \frac{1}{2}mv_x^2 + \frac{1}{2}mv_y^2 + \frac{1}{2}mv_z^2$이다. 따라서

$$\langle K_1 \rangle = \left\langle \frac{1}{2}mv_x^2 \right\rangle + \left\langle \frac{1}{2}mv_y^2 \right\rangle + \left\langle \frac{1}{2}mv_z^2 \right\rangle \qquad (8.127)$$

이다. 단원자 분자의 병진 운동 자유도는 (x, y, z)의 3개이고, 기체 분자의 세 좌표의 방향을 정하는 것은 임의로 하는 것이므로

$$\left\langle \frac{1}{2}mv_x^2 \right\rangle = \left\langle \frac{1}{2}mv_y^2 \right\rangle = \left\langle \frac{1}{2}mv_z^2 \right\rangle = \frac{1}{2}kT \qquad (8.128)$$

이다.

단원자 기체에서 자유도 하나 당 평균 운동 에너지는 $kT/2$씩 분배된다. 이를 **에너지 등분배 정리**(equipartition theorem of energy)라 한다. 이상기체인 경우 분자 사이의 퍼텐셜 에너지가 없다. 부피를 일정하게 유지하면서 외부에서 열을 가해주면 가해준 열은 모두 기체의 운동에너지를 증가시키는데 쓰인다. 즉, $dQ = d\langle K \rangle$이다. 따라서 단원자 이상기체의 정적 몰비열은

$$c_V = \frac{1}{n}\frac{d\langle K \rangle}{dT} = \frac{1}{n}\frac{d}{dT}\left(\frac{3}{2}nRT\right)$$

$$= \frac{3}{2}R \tag{8.129}$$

이며, 기체상수를 대입하여 계산하면 단원자 이상기체의 정적 몰비열은 $c_V = 12.47 \text{ J/mol} \cdot \text{K}$이다.

단원자 분자는 병진 운동만 하는데 비해서 다원자 분자는 회전 운동과 진동 운동이 가능하다. 산소 O_2와 같은 이원자 분자는 그림 8.7과 같이 선형 결합을 하고 있다.

이원자 분자는 질량중심의 병진 운동에 대한 자유도 3개와 두 분자를 연결하는 축에 수직한 축에 대한 회전 운동 자유도 2개가 존재한다. 두 분자를 연결하는 축에 대한 회전은 회전 관성이 영이므로 독립적인 자유도에 포함하지 않는다. 따라서 선형 이원자 분자의 총 운동 에너지는

$$\langle K_1 \rangle = \frac{3}{2}kT + \frac{2}{2}kT = \frac{5}{2}kT \tag{8.130}$$

이다. 따라서 회전을 고려한 이원자 선형 분자의 정적 몰비열은

$$c_V = \frac{5}{2}R \tag{8.131}$$

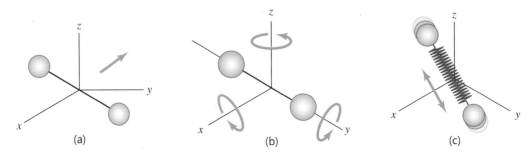

그림 **8.7** 선형 이원자 분자의 구조와 자유도

이다.

기체의 온도가 높으면 선형 이원자 분자는 진동을 할 수 있다. 이원자 분자의 진동에 대한 자유도는 2개이다. 따라서 병진 운동, 회전 운동, 진동 운동을 고려한 선형 이원자 분자계의 평균 운동 에너지는

$$\langle K \rangle = \frac{3}{2} nRT + \frac{2}{2} nRT + \frac{2}{2} nRT \tag{8.132}$$

이다. 따라서 정적 몰비열은

$$c_V = \frac{7}{2} R \tag{8.133}$$

이다.

그러나 이원자 분자 기체의 진동은 매우 높은 온도에서 가능하며, 대부분의 기체는 진동 운동이 몰비열에 기여하는 온도에서 분자가 파괴된다. 따라서 대부분의 이원자 분자의 진동 운동은 몰비열에 기여하지 않는다. 그림 8.8은 이상기체에 가까운 기체에서 정적 몰비열을 온도의 함수로 나타내었다. 다원자 분자의 몰비열을 표 8.1에 나타내었다.

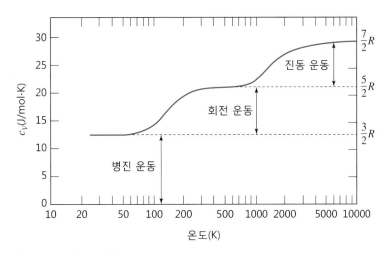

그림 **8.8** 선형 이원자 분자의 정적 몰비열

표 8.1 다원자 분자의 몰비열

분자의 모양	기체분자	몰비열(J/mol·K)
단원자 분자	He	18.47
	Ar	18.47
이원자 분자	H_2	20.42
	N_2	20.76
	O_2	21.10
	CO	20.85
삼원자 분자	CO_2	28.46
	SO_2	31.39
	H_2S	25.95

8.10.2 에너지 등분배 정리의 통계역학적 이해

고전통계역학으로 계의 자유도와 계의 에너지 사이의 관계를 구해보자. 임의의 계의 일반화 좌표를 q_k, 일반화 운동량을 p_k라 하고, 계의 총자유도를 f라 하자. 계의 내부에너지는

$$E = E(q_1, \cdots, q_f, p_1, \cdots, p_f) \tag{8.134}$$

이다. 물리계에서 내부에너지는 다음 두 가지 형식으로 표현되는 경우가 많다.

(1) 내부에너지가 더해지는 경우

$$E = \varepsilon_i(p_i) + E'(q_1, \cdots, p_f) \tag{8.135}$$

(2) 내부에너지가 운동량의 제곱의 함수(quadratic function)인 경우

$$\varepsilon_i(p_i) = bp_i^2 \tag{8.136}$$

이며, 여기서 b는 상수이다. 많은 경우에 운동 에너지는 운동량의 제곱으로 표현되고, 위치

에너지는 운동량에는 상관이 없다. 어떤 계가 (1)과 (2)의 조건을 만족할 때, 열적평형 상태에서 ε_i의 평균값은 얼마이겠는가? 계가 온도 T인 열원과 열접촉하고 있다면, 계는 바른틀 분포를 가지므로

$$\overline{\varepsilon_i} = \frac{\displaystyle\int_{-\infty}^{\infty} \varepsilon_i \exp[-\beta E(q_1, \cdots, p_f)] dq_1 \cdots dp_f}{\displaystyle\int_{-\infty}^{\infty} \exp[-\beta E(q_1, \cdots, p_f)] dq_1 \cdots dp_f} \tag{8.137}$$

이고, 조건 (1)에 의해서

$$\overline{\varepsilon_i} = \frac{\displaystyle\int \varepsilon_i \exp[-\beta\varepsilon_i] dp_i}{\displaystyle\int \exp[-\beta\varepsilon_i] dp_i} \tag{8.138}$$

가 된다. 위 식을 다시 표현하면,

$$\overline{\varepsilon_i} = \frac{-\dfrac{\partial}{\partial\beta}\left(\displaystyle\int e^{-\beta\varepsilon_i} dp_i\right)}{\displaystyle\int e^{-\beta\varepsilon_i} dp_i} = -\frac{\partial}{\partial\beta} \ln\left(\int_{-\infty}^{\infty} e^{-\beta\varepsilon_i} dp_i\right) \tag{8.139}$$

이 된다. (2)의 조건을 만족하는 경우에 위 식의 괄호 안에 있는 적분은

$$\int_{-\infty}^{\infty} e^{-\beta\varepsilon_i} dp_i = \int_{-\infty}^{\infty} e^{-\beta b p_i^2} dp_i = \sqrt{\frac{\pi}{\beta b}} \tag{8.140}$$

이다. 따라서 평균 에너지 $\overline{\varepsilon_i}$는

$$\overline{\varepsilon_i} = -\frac{\partial}{\partial\beta}\left(-\frac{1}{2}\ln\beta + \frac{1}{2}\ln\frac{\pi}{b}\right) = \frac{1}{2\beta} \tag{8.141}$$

이며, $\beta = 1/kT$이므로

$$\overline{\varepsilon_i} = \frac{1}{2}kT \tag{8.142}$$

가 된다. 이 결과를 고전통계역학에서 **에너지 등분배 정리**(equipartition theorem of energy)라 한다. 즉 에너지가 일반화 좌표의 제곱으로 표현되면, 그 좌표에 해당하는 에너지의 평균

값은 $kT/2$와 같다. 에너지 등분배 정리는 일반적으로 높은 에너지에서 성립한다. 온도가 높으면 계의 평균 에너지도 큰 값을 갖게 되고, 계의 에너지 준위 사이의 차이가 매우 적다. ΔE를 에너지 준위 사이의 차이라 하면, $\Delta E \ll kT$일 때 에너지 등분배 정리가 잘 맞는다. 반대로 $\Delta E \geq kT$이면, 계를 양자역학적으로 취급해야 한다.

집단행동의 물리학

한겨울이 되면 천수만, 주남저수지, 낙동강 하구 등지에 많은 철새들이 날아온다. 수십만 마리의 철새들이 군집을 이루어 한꺼번에 날아가는 것을 본 일이 있을 것이다. 새들은 **군무**(flocking)를 추면서 날아가는데 신기하게도 새들끼리 전혀 충돌하는 일이 없다. 물고기들도 떼를 지어 움직이는 경우가 많은 데 특히 큰 포식자들의 공격을 받는 물고기들은 **물고기 떼**(fish schooling)를 이루어 활동한다. 또 다른 집단행동은 박테리아들의 콜로니에서 집단적인 움직임, 많은 곤충들의 집단 움직임, 작은 로봇이나 드론의 군집운동 등에서 흔히 볼 수 있다. 혼잡한 도시의 거리에서 커다란 횡단보도를 많은 사람들이 양쪽에서 건너갈 때 사람들은 충돌을 피해서 길을 내고 걸어간다. 사람도 많이 모이면 집단행동을 하게 된다. 요즘은 자율적으로 움직이는 물질, 생명체, 로봇 등을 **능동물질**(active matter)라고 하여 활발한 연구를 하고 있다. 박테리아, 정자 등은 대표적인 능동물질이라 할 수 있다.

(a)   (b)

그림 **8.9** 동물들의 군집행동. (a) 물고기 떼(fish school)의 집단적인 운동, (b) 새의 군무(swarming)

그렇다면 동물, 사람, 로봇 등의 집단행동을 물리적으로 이해할 수 없을까? 사실 1990년대 이후 많은 통계물리학자들이 많은 개체들이 상호작용하면서 집단으로 운동하는 현상을 이해하기 위해서 노력하고 있다. 특히 인간의 집단행동 양식을 이해하게 되면 많은 이점을 얻을 수 있다. 예를 들면 큰 건물에 화재가 났을 때 많은 사람들이 좁은 복도와 문으로 한꺼번에 움직일 때 압사를 피하고 쉽게 **탈출**(evacuation)할 수 있도록 돕는 탈출계획을 수립할 수 있다. 요즘은 대규모 공연장에서 많은 사람들이 모일 때 비상상황에서 사람들이 효율적으로 탈출할 수 있는 탈출계획을 세우도록 법적으로 강제하고 있다. 복잡한 보행도로에서 **보행자 동력학**(pedestrian dynamics)를 이해한다면 더 쾌적한 길거리를 디자인하는데 일조할 것이다. 주식시장에서 사람들의 집단적인 행동을 피하게 함으로써 패닉 현상에 의한 시장의 붕괴를 막을 수도 있을 것이다.

헝가리의 물리학자 비첵(Tamas Viscek)은 새 떼의 **군집운동**(swarming)을 흉내낼 수 있는 **비첵모형**

(Viscek model)을 제안하였다. 비첵모형을 간단히 설명하면 그림 8.10과 같이 각 **개체**(agent 또는 void)가 주변의 개체를 보고서 자신의 위치와 속력을 조정하는 과정이다. 각 개체는 자기 주변의 일정한 제한된 범위를 본다. 첫 규칙은 한 개체가 다른 이웃한 개체에 너무 가까이 있으면 스스로 분리(separation) 행위를 한다. 두 번째 규칙은 개체가 자신 주변의 다른 개체의 평균적인 운동방향을 인지한 후 자신의 방향을 새들의 평균적인 방향에 맞추는 재조정(alignment) 과정을 한다. 세 번째 규칙은 자신의 거리가 집단으로부터 너무 멀리 떨어져 있으면 무리에 가까이 가는 응집(cohesion) 과정이다. 새들은 이러한 과정을 비행하는 동안에 자연스럽게 구현함으로써 군집을 유지할 수 있다. 드론이나 로봇의 군집활동을 구현할 때 이러한 원리를 사용할 수 있다.

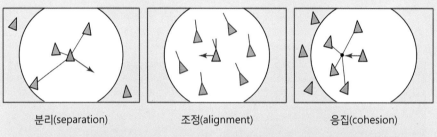

분리(separation)　　　　　조정(alignment)　　　　　응집(cohesion)

그림 **8.10**　개체들의 군집행동은 간단한 세 가지 운동 규칙인 분리, 조정, 응집 과정으로 나눌 수 있다.

비첵모형은 **자율적 추진 입자**(self-propelled particle)들의 **자동세포기계**(cellular automaton)와 유사한 운동으로 묘사된다. 비첵은 새를 그림 8.11과 같은 자율입자로 생각했다. 각 행위자들은 자신으로부터 반지름 R인 영역을 인지한다. 행위자 i는 다음과 같이 속도와 방향을 조정한다. 시간이 한 단위 증가할 때 행위자의 속도는

$$\vec{v_i}(t+1) = v_o \frac{\langle v_j(t) \rangle_R}{|\langle v_j(t) \rangle|} + perturbation$$

으로 변한다. 식에서 $\langle \cdots \rangle_R$은 반지름 R인 영역에 있는 다른 행위자들의 속도에 대한 평균을 의미한다. 속도 v_o는 새들이 갖는 전형적인 속도값이다. 그림 8.11에서 $\widehat{u_i}(t) = \frac{\langle v_j(t) \rangle_R}{|\langle v_j(t) \rangle|}$는 행위자가 보고 있는 영역에 속한 행위자 무리의 방향을 나타내는 단위벡터이다. *perturbation* 항은 속도의 무작위성을 부여하기 위해서 작은 값의 난수를 생성하여 더한다. 행위자 i의 위치는

$$\vec{x_i}(t+1) = \vec{x_i}(t) + \vec{v_i}(t+1)$$

으로 갱신된다.

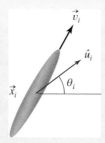

그림 **8.11** 비첵모형에서 자율추진입자는 보이드(void) 또는 행위자(agent)라 하며 위치, 방향, 속도를 갖는다. 행위자는 자신의 위치, 속도, 방향을 자율적으로 조절한다. 행위자 주변 집단의 방향 $\hat{u}$은 반지름 R 내에 있는 이웃 행위자들의 x 방향의 평균속력과 y 방향의 평균속력 비의 아크탄젠트로 구한다. 즉, $\theta_i(t) = \arctan\left(\dfrac{\langle v_j, \, y \rangle_R}{\langle v_j, \, x \rangle_R}\right)$ 이다.

한편 행위자의 방향 조정은

$$\theta_i(t+1) = \theta_i(t) + \Delta_i(t)$$

로 갱신한다. 시간 t에서 행위자 주변 집단의 방향은 $\theta_i(t) = \arctan\left(\dfrac{\langle v_j, \, y \rangle_R}{\langle v_j, \, x \rangle_R}\right)$ 이고 평균은 i에 이웃한 행위자 j의 속도 성분을 더해서 평균을 구한다. 마지막 항 $\Delta_i(t)$는 무작위성을 부여하는 항으로써 $[-\eta\pi, \, \eta\pi]$ 영역에서 균일하게 추출한 난수이다. 여기서 η는 1보다 작은 실수이다. 비첵모형에서 잡음에 해당하는 η 값이 커지면 새들은 방향을 맞출 수 없기 때문에 무질서한 운동을 하게 될 것이다. 반면에 $\eta < \eta_c$ 보다 작으면 새들은 방향을 맞추는 군무행동을 보이게 된다. 이러한 현상은 동력학적 상전이(dynamic phase transition)의 전형적인 예이다. 상전이가 평형상태가 아닌 비평형상태의 동력학 시스템에서 관찰되는 놀라운 일이 발생한다. 그림 8.12는 비첵모형으로 시뮬레이션한 새 떼의 운동을 나타낸 것이다.

그림 **8.12** 비첵모형으로 시뮬레이션한 새 떼의 운동. 비첵모형은 현실세계의 다양한 새 떼의 움직임을 흉내낼 수 있다.

[참고문헌]

• T. Vicsek and A. Zafeiris, "Collective Motion", arXiv:1010.5017v2

8.1 입자수 N인 이상기체가 한 변의 길이가 L인 이차원 면에 놓여있다. 이상기체의 총상
태수 $\Omega(E)$를 구하여라.

8.2 에너지 0과 에너지 ε인 상태를 가질 수 있는 입자 하나가 온도 T인 열저장체와 열접
촉하여 평형상태에 있다. 이 계의 평균 에너지를 구하여라.

8.3 한 입자로 이루어져 있는 계는 열저장체와 평형을 이루고 있다. 이 입자는 에너지
$-\varepsilon$, ε인 상태를 가질 수 있다.
1) 열저장체의 온도가 T일 때, 계의 평균 에너지는 얼마인가?
2) 계의 평균 에너지가 $\varepsilon/2$이라면, 열저장체의 온도는 얼마인가?

8.4 N개의 서로 상호작용하지 않는 기체로 이루어진 계를 생각해 보자. 각 입자는
0, ε, 2ε인 세 에너지 상태를 가질 수 있다.
1) 계가 온도 T인 열저장체와 평형을 이루고 있을 때, 계의 평균 에너지를 구하여라.
2) 계의 열용량을 온도의 함수로 구하여라.

8.5 일차원 단순조화 진동자의 에너지 준위는 $E_n = n\hbar\omega$이다. 여기서 ω는 진동자의 각
진동수이고 $n = 0, 1, 2, \cdots$은 정수이다. 이 진동자가 낮은 온도 T인 열저장체와 열
접촉하고 있다. 단 $kT \ll \hbar\omega$이다.
1) 이 진동자가 바닥상태에 놓일 확률과 첫 번째 들뜬상태에 놓일 확률의 비를 구하
여라.
2) 낮은 온도에서 대부분의 앙상블이 바닥상태와 첫 번째 들뜬상태에 놓여 있다고
할 때 평균 에너지를 구하여라.
3) 2)의 경우에 정적비열을 구하여라.

8.6 분자들은 병진 운동을 할 뿐만 아니라 회전 운동도 한다. 어떤 이원자 분자의 회전
운동 에너지는

$$\varepsilon(j) = j(j+1)\varepsilon_0$$

이고, $j = 0, 1, 2, \cdots$는 양의 정수이다. 각 에너지 준위당 겹침(degeneracy)은 $2j+1$이다. 이 분자가 온도 T인 열저장체와 열접촉하여 평형상태에 있다.

1) 분배함수를 구하여라.

2) $kT \gg \varepsilon_0$일 때 분배함수를 구하여라. (힌트, 이때 분배함수의 더하기를 적분으로 바꿔라.)

3) $kT \ll \varepsilon_0$일 때 분배함수를 구하여라. 이 경우 분배함수를 이차항까지 전개한다.

4) 두 극한에 대해서 평균 에너지와 정적 열용량을 구하고, 물리적 의미에 대해 논하여라.

8.7 N개의 이빨을 가지고 있는 지퍼를 생각해 보자. 지퍼의 이빨이 있으면 (지퍼가 닫혀 있으면) 에너지가 0이고, 지퍼가 열려 있으면 에너지가 ε이다. 그러나 지퍼는 왼쪽 끝에서부터 열릴 수 있다. 왼쪽에 있는 이빨 $(1, 2, \cdots, s-1)$이 모두 열려 있으면 s번째 이빨도 열릴 수 있다.

1) 분배함수가

$$Z = \frac{1 - \exp[-(N+1)\beta\varepsilon]}{1 - \exp(-\beta\varepsilon)}$$

임을 보여라.

2) $\varepsilon \gg kT$일 때, 열려져 있는 이빨의 평균수는 몇 개인가?

8.8 온도 T, 부피 V인 어떤 다체계의 분배함수는

$$Z = \exp(aT^2 V)$$

이다. 여기서 a는 상수이다.

1) 계의 평균 에너지를 계산하여라.

2) 계의 압력을 구하여라.

3) 계의 엔트로피를 구하여라.

8.9 일정한 자기장 B에 놓여 있는 리튬원자의 핵의 에너지는 $E = -m\mu B$이고, 여기서 양자수 m은 $m = -3/2, -1/2, 1/2, 3/2$이다. μ는 자기 쌍극자 모멘트이다. 이 원자는 온도 T인 열저장체와 평형을 이루고 있다.

1) 이 원자가 $m = \dfrac{1}{2}$ 인 상태에 있을 확률은 얼마인가?

2) 이 원자의 평균 에너지는 얼마인가?

8.10 온도 T인 열저장체와 평형을 이루고 있는 계의 평균 에너지는 $\overline{E}$ 이고, 계의 에너지 분산은

$$\sigma_E^2 = \overline{(\varDelta E)^2} = -\frac{\partial \overline{E}}{\partial \beta} = \frac{\partial^2 \ln Z}{\partial \beta^2}$$

으로 표현된다. 이를 이용하여 계의 열용량 $C = \partial \overline{E} / \partial T$이

$$\sigma_E = kT\sqrt{C/k}$$

임을 보여라.

8.11 실제 분자의 진동은 단진동을 따르지 않는다. 어떤 분자의 진동 에너지는

$$E_n = \varepsilon(an - bn^2), \quad n = 0, 1, 2, \cdots$$

이다. 수소분자 H_2인 경우에 $a = 1.03$, $b = 0.03$이다. 이 분자의 에너지 상태를 $n = 15$까지만 고려하자. 이 분자는 온도 T인 열저장체와 평형을 이루고 있다. 다음의 모든 계산은 컴퓨터를 사용하여 계산하여라. 1)과 2)의 계산에서 편의상 $\varepsilon/kT = 1$로 놓고 계산하여라.

1) 계의 분배함수를 계산하여라.

2) 계의 평균 에너지를 계산하여라.

3) 계의 온도를 $T = xk/\varepsilon$으로 놓고, 계의 열용량을 온도 T의 함수로 계산하고, 그래프로 그려라. 여기서 x는 양의 실수이다.

8.12 입자 하나의 질량이 m인 단원자 이상기체는 총입자수 N, 절대온도 T인 열적평형상태에 놓여있다. 이상기체는 한 변의 길이 L인 정육면체 박스 안에 가두어져 있으며, 박스의 윗면과 아랫면은 지구 표현에 평행하게 놓여있다. 입자에 미치는 중력장은 균일하며 g로 일정하다.

1) 입자의 평균 운동 에너지는 얼마인가?

2) 입자의 평균 위치 에너지는 얼마인가?

8.13 열적으로 고립되어있는 계가 두 부분으로 나누어져 평형을 이루고 있다. 왼쪽 부분의 부피는 V이고, 오른쪽 부분의 부피는 bV이다. 왼쪽 계는 온도 T, 압력 P이며 n몰의 이상기체를 포함하고 있으며, 오른쪽 계는 온도 T이며 n몰의 이상기체를 포함하고 있다. 이 상태에서 칸막이를 제거한다. 다음을 계산하여라.

1) 혼합된 기체의 최종 압력 P_f를 P로 표현하여라.

2) 좌우의 가스가 다른 종류일 경우 엔트로피의 총변화량을 구하여라.

3) 좌우의 가스가 같은 종류일 경우 엔트로피의 총변화량을 구하여라.

8.14 온도 300 K, 1기압에서 수소원자의 열 파장을 구하여라.

8.15 N개의 상호작용하지 않는 단순조화 진자가 온도 T에서 평형을 이루고 있다. 계의 내부에너지를 에너지 등분배 정리로 구하여라.

CHAPTER 9

기체운동론과 운송현상

CHAPTER 9
기체운동론과 운송현상

평형상태에서 기체의 속력분포함수는 맥스웰-볼츠만 분포를 따른다. 역사적으로 '볼츠만 인자'는 기체의 속력분포함수에 대한 맥스웰의 표현에서 처음 등장하며, 볼츠만이 왜 '통계역학의 아버지'라 불리는지 알 수 있다. 원자의 존재가 알려지지 않았던 19세기 중반에 맥스웰은 기체를 충돌하는 알갱이로 보고 기체의 속력분포함수를 생각해 냈다. 기체분자들이 서로 충돌하고 또 벽과 충돌하면서 서로 속도를 교환함으로써 기체는 주어진 온도에서 특정한 분포를 갖게 된다. 온도가 높으면 속력이 빠른 기체분자들이 많고, 온도가 낮으면 빠른 기체의 분포가 줄어든다. 주어진 온도에서 특정 속력을 가지는 기체분자들은 어떤 비율로 존재하게 된다. 주어진 속력에서 기체들은 어떤 확률로 존재한다. 사실 통계역학에서 거시적인 물리량들은 어떤 확률로 표현할 수 있다. 이것이 거시계에서 확률의 개념을 처음 도입한 것이라고 할 수 있다.

기체분자들은 충돌과정을 통해 확산하고, 구멍을 통해서 분출된다. 이러한 기체의 운송현상을 열역학 및 통계역학적으로 살펴보자.

9.1 기체운동론

9.1.1 맥스웰-볼츠만 속도분포

부피 V인 용기에 들어있는 희박기체(dilute gas)를 생각해 보자. 기체분자의 질량은 m이다. 일반적으로 기체는 다원자(polyatomic) 분자이다. 따라서 각 기체분자의 내부 자유도(회전, 진동 등)에 대한 내부에너지(internal energy)를 고려해야 한다. 그러나 기체가 매우 희박한 경우에 기체분자들 사이의 상호작용은 무시할 수 있다. 즉, 기체분자들은 이상기체에 가깝다. 이 기체에 작용하는 외부힘(예를 들면 중력)의 효과가 매우 작은 경우를 다루어보자. 기체분자 하나의 에너지는

$$\varepsilon_1 = \frac{\vec{p}^2}{2m} + \varepsilon_s \tag{9.1}$$

이다. 첫 번째 항은 분자의 운동 에너지를 나타낸다. 분자 자체의 내부 상태는 양자역학적으로 다루어야 하며, 에너지는 상태 s로 나타내었다. 한 입자의 전체적인 상태는 위상공간에서 입자의 질량중심 위치 $(\vec{r}, \vec{r}+d\vec{r})$와 질량중심 운동량 $(\vec{p}, \vec{p}+d\vec{p})$ 그리고 내부 상태 s로 나타낼 수 있다. 기체분자가 위상공간을 차지하는 미소부피는

$$dr^3 dp^3 = dx\,dy\,dx\,dp_x\,dp_y\,dp_z \tag{9.2}$$

이다.

기체분자들은 매우 약하게 상호작용하므로(이상기체인 경우 기체들 사이의 상호작용 에너지는 영이다) 기체분자 하나를 계로 생각하면, 나머지 기체분자들은 이 기체분자의 열원으로 취급할 수 있다. 그리고 기체분자들은 고전적인 입자들이므로 서로 잘 구별되는 입자로 취급한다. 따라서 기체분자 하나는 임의의 온도 T에서 바른틀 분포를 한다. 기체분자의 질량중심 위치는 $(\vec{r}, \vec{r}+d\vec{r})$ 사이에 놓이고, 질량중심 운동량은 $(\vec{p}, \vec{p}+d\vec{p})$ 사이의 값을 가지고 내부 상태 s에 놓여 있을 확률은

$$P_s(\vec{r}, \vec{p})d^3r\,d^3p \propto \exp\left[-\beta\left(\frac{p^2}{2m}+\varepsilon_s\right)\right]dr^3 dp^3 \tag{9.3}$$

이다. 위 식에서 허용된 내부 자유도 상태에 대해서 합을 취하면, 내부 상태에 상관없이 분자의 질량중심이 위상공간의 $(\vec{r}, \vec{r}+d\vec{r})$와 $(\vec{p}, \vec{p}+d\vec{p})$에 놓여 있을 확률은

$$P(\vec{r}, \vec{p}) \propto \exp\left[-\beta\frac{p^2}{2m}\right]dr^3 dp^3 \tag{9.4}$$

이다. 여기서 내부 상태에 대한 합은 위 식에 상수항을 곱해주는 효과만 있다.

실제로 용기 속에는 입자가 N개 있으므로, N개의 입자가 위상공간의 $(\vec{r}, \vec{r}+d\vec{r})$과

$(\vec{p},\ \vec{p}+d\vec{p})$ 사이에 놓여있을 확률은 식 (9.4)에 N을 곱하면 된다. 입자의 질량중심 속도는 $\vec{v}=\vec{p}/m$이며, 위치와 속도의 위상공간에서 기체분자들의 위치와 속도가 $(\vec{r},\ \vec{r}+d\vec{r})$과 $(\vec{v},\ \vec{v}+d\vec{v})$에 놓여있는 분자의 평균수는

$$f(\vec{r},\ \vec{v})dr^3 dv^3 = C \exp\left[-\beta\frac{mv^2}{2}\right]d^3r d^3v \tag{9.5}$$

로 정의한다. 여기서 상수 C는 규격화 조건에서 구한다.

$$\int_{(r)}\int_{(v)} f(\vec{r},\ \vec{v})d^3\vec{r}d^3\vec{v} = N \tag{9.6}$$

위 식에서 기체분자의 위치에 대한 적분은 용기의 부피 V와 같고 속도에 대한 적분은 간단한 가우스 적분으로 구할 수 있다. 즉,

$$C\int d^3r \int d^3v \exp\left[-\beta\frac{mv^2}{2}\right] = CV\left(\int_{-\infty}^{\infty} dv_x \exp\left[-\beta\frac{mv_x^2}{2}\right]\right)^3$$

$$= CV\left(\frac{2\pi}{\beta m}\right)^{3/2} = N \tag{9.7}$$

이고

$$C = n\left(\frac{\beta m}{2\pi}\right)^{3/2},\quad n = \frac{N}{V},\quad \beta = kT \tag{9.8}$$

이다. 따라서

$$f(\vec{v})d^3\vec{r}d^3\vec{v} = n\left(\frac{m}{2\pi kT}\right)^{3/2} e^{-mv^2/2kT} d^3\vec{r}d^3\vec{v} \tag{9.9}$$

외부에서 힘이 가해지지 않으면 기체분자들이 가지는 속도는 모든 방향에 대해서 같은 확률로 존재한다. 따라서 위 식은 속도의 방향에는 무관하고 속력에만 의존한다. 즉, 기체분자들은 어떤 특정한 방향을 선호하여 움직이지 않는다. 위의 분포함수에서 부피 적분요소를 제거하면, 평형상태에서 기체분자의 맥스웰 속도 분포함수를 정의할 수 있다.

$f(\vec{v})d^3\vec{v}=$질량중심 속도가 $\vec{v}$와 $\vec{v}+d\vec{v}$ 사이인 값을 가지는 단위 부피당
분자의 평균수

9.1.2 속도분포

입자들의 속도분포함수에서 유용한 분포함수를 유도해보자. 먼저 속도의 한 성분(x성분)의 분포함수를 구해보자.

$g(v_x)dv_x =$ 기체분자의 y 방향 속도와 z 방향 속도에 무관하게, 기체분자의

x 방향 속도가 v_x와 $v_x + dv_x$ 사이에 놓일 단위 부피당 분자의 평균수

로 정의하자. 입자들의 속도가 x축에 대한 표현만을 포함하므로,

$$g(v_x)dv_x = \int_{(v_y)} \int_{(v_z)} f(\vec{v})d^3\vec{v} \tag{9.10}$$

이다. 식 (9.9)를 대입하고 적분하면

$$g(v_x)dv_x = n\left(\frac{m}{2\pi kT}\right)^{3/2} \int_{(v_y)} \int_{(v_z)} e^{-(m/2kT)(v_x^2 + v_y^2 + v_z^2)} dv_x dv_y dv_z$$

$$= n\left(\frac{m}{2\pi kT}\right)^{3/2} e^{-mv_x^2/2kT} dv_x \int_{-\infty}^{\infty} e^{-(m/2kT)v_y^2} dv_y \int_{-\infty}^{\infty} e^{-(m/2kT)v_z^2} dv_z$$

$$= n\left(\frac{m}{2\pi kT}\right)^{3/2} e^{-mv_x^2/2kT} dv_x \left(\sqrt{\frac{2\pi kT}{m}}\right)^2 \tag{9.11}$$

이므로,

$$g(v_x)dv_x = n\left(\frac{m}{2\pi kT}\right)^{1/2} e^{-mv_x^2/2kT} dv_x \tag{9.12}$$

이다. 이 식은 분포함수의 규격화 조건

$$\int_{-\infty}^{\infty} g(v_x)dv_x = n\left(\frac{m}{2\pi kT}\right)^{1/2} \int_{-\infty}^{\infty} e^{-mv_x^2/2kT} dv_x = n \tag{9.13}$$

을 만족한다. 분포함수 $g(v_x)$는 대칭인 짝함수(가우스 함수)이므로, 기체분자들의 평균값은

$$\overline{v_x} = \frac{1}{n} \int_{-\infty}^{\infty} v_x g(v_x) dv_x = 0 \tag{9.14}$$

임을 알 수 있다. 즉, 기체분자들이 모든 방향으로 대칭적인 속도분포를 가지고 있기 때문

에, 왼쪽으로 움직이는 평균 입자수나 오른쪽으로 움직이는 평균 입자수가 같다. 일반적으로 차수 k가 홀수이면,

$$\overline{v_x^k} = 0 \tag{9.15}$$

이다. 그렇지만 속도의 분산은 영이 아니고,

$$\overline{v_x^2} = \frac{1}{n} \int_{-\infty}^{\infty} v_x^2 g(v_x) dv_x = \frac{kT}{m} \tag{9.16}$$

이다. 이 관계는 에너지 등분배 정리의 결과

$$\overline{\frac{1}{2} m v_x^2} = \frac{1}{2} kT \tag{9.17}$$

와 완전히 같다. 속도의 분산이 온도에 비례하므로 온도가 낮아지면 가우스 분포가 매우 뾰족해짐을 알 수 있다.

식 (9.12)와 같은 속도분포함수는 v_y와 v_z 속도 성분에 대해서도 유사한 분포식이 성립한다. 그런데 기체분자의 속력은 $v^2 = v_x^2 + v_y^2 + v_z^2$이므로, 속력분포함수는

$$\frac{f(\vec{v}) d^3\vec{v}}{n} = \left[\frac{g(v_x) dv_x}{n} \right] \left[\frac{g(v_y) dv_y}{n} \right] \left[\frac{g(v_z) dv_z}{n} \right] \tag{9.18}$$

으로 쓸 수 있다. 즉, 기체분자의 속도 성분 분포가 통계적으로 독립적이다.

9.1.3 속력분포와 평균치

기체분자들에 대한 속도분포함수로부터 입자의 속력분포함수를 유도해보자. 먼저, 기체분자의 속력이 $v = |\vec{v}|$와 $v + dv$ 사이에 놓이는 단위 부피당 분자의 평균수를 $F(v) dv$라고 정의하자. 그런데 속력은 기체분자의 속도 방향에 무관하기 때문에

$$F(v) dv = \int' f(\vec{v}) d^3\vec{v} \tag{9.19}$$

으로 쓸 수 있다. 여기서, 적분은

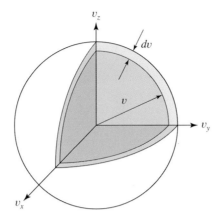

그림 **9.1** 속도 공간에서 $v < |\vec{v}| < v + dv$ 사이의 속도를 가지는 기체분자들

$$v < |\vec{v}| < v + dv \tag{9.20}$$

구간으로 제한된다. 그림 9.1과 같이 속도공간에서 반지름 v와 $v + dv$ 사이의 구각에 놓이는 속도에 대한 적분이다. 즉,

$$F(v)dv = 4\pi v^2 f(v)dv \tag{9.21}$$

여기서 $dV = 4\pi v^2 dv$는 구각의 부피이다.

속도분포함수를 사용해서 속력분포를 다시 표현하면

$$F(v)dv = 4\pi n\left(\frac{m}{2\pi kT}\right)^{3/2} v^2 e^{-mv^2/2kT}dv \tag{9.22}$$

이 된다.

이 식을 **맥스웰–볼츠만의 속력분포함수** 또는 **맥스웰–볼츠만의 분포함수**(Maxwell–Boltzmann distribution function)라 한다. 이 속력분포함수는 v^2의 증가하는 함수와 지수함수로 감소하는 함수가 곱해져 있으므로, 어떤 속력값에서 최댓값을 가지는 분포함수이다. 그림 9.2와 같이 속력이 매우 큰 입자들의 분포함수가 지수함수로 작아지지만 영은 아님을 알 수 있다. 이 속력분포함수는 규격화되어 있어서,

$$\int_0^\infty F(v)dv = n \tag{9.23}$$

을 만족한다.

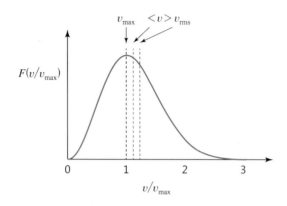

그림 **9.2** 맥스웰–볼츠만의 속력분포함수

이제 기체분자의 평균속력을 구해보자. 평균속력은 항상 양의 값 $v = |\vec{v}|$ 이므로,

$$\bar{v} = \frac{1}{n} \int \int \int v f(\vec{v}) d^3\vec{v} \tag{9.24}$$

이고, 여기서 속도는 모든 구간에 대한 적분이다. 앞에서 이 표현을 속력분포로 다시 표현하면

$$\bar{v} = \frac{1}{n} \int_0^\infty v F(v) dv \tag{9.25}$$

와 같다. 따라서

$$\begin{aligned}
\bar{v} &= \frac{1}{n} \int_0^\infty v f(v) 4\pi v^2 dv \\
&= 4\pi \left(\frac{m}{2\pi kT} \right)^{3/2} \int_0^\infty e^{-mv^2/kT} v^3 dv \\
&= 4\pi \left(\frac{m}{2\pi kT} \right)^{3/2} \frac{1}{2} \left(\frac{m}{2kT} \right)^{-2}
\end{aligned} \tag{9.26}$$

이다. 그러므로

$$\bar{v} = \sqrt{\frac{8kT}{\pi m}} \tag{9.27}$$

이다.

제곱속력의 평균값은

$$\overline{v^2} = \frac{1}{n} \int v^2 f(v) d^3\vec{v} = \frac{4\pi}{n} \int_0^\infty f(v)v^4 dv \tag{9.28}$$

로 구한다. 그런데 이 적분을 하는 것보다, 에너지 등분배 정리를 사용하면 쉽게 제곱속력의 평균값을 구할 수 있다.

$$\overline{\frac{1}{2}mv^2} = \overline{\frac{1}{2}m(v_x^2 + v_y^2 + v_z^2)} = \frac{3}{2}kT \tag{9.29}$$

이다.

따라서

$$\overline{v^2} = \frac{3kT}{m} \tag{9.30}$$

이 된다. 속력 제곱평균의 제곱근(root-mean square speed)는

$$v_{\mathrm{rms}} = \sqrt{\overline{v^2}} = \sqrt{\frac{3kT}{m}} \tag{9.31}$$

이다.

속력분포함수가 최대가 되는 속력을 기체들이 가질 수 있는 가장 가능한 속도 $\tilde{v}$이라 하면,

$$\frac{dF}{dv} = \frac{d}{dv}\left[4\pi n\left(\frac{m}{2\pi kT}\right)^{3/2} v^2 e^{-mv^2/2kT} \right] = 0 \tag{9.32}$$

인 조건에서 구할 수 있다. 속력분포함수를 미분해서 정리하면

$$\tilde{v} = \sqrt{\frac{2kT}{m}} \tag{9.33}$$

이다.

v_{rms}, $\overline{v}$, $\tilde{v}$는 모두 $(kT/m)^{1/2}$에 비례하며 각각의 비율은 다음과 같다.

$$v_{\mathrm{rms}} : \overline{v} : \tilde{v} = \sqrt{3} : \sqrt{\frac{8}{\pi}} : \sqrt{2} \tag{9.34}$$

실온(300 K)에서 질소기체($m = \dfrac{28}{6 \times 10^{23}}$ g)의 속력 제곱평균 제곱근을 구해보면,

$$v_{\mathrm{rms}} \approx 5 \times 10^4 \ \mathrm{cm/\,sec} = 500 \ \mathrm{m/\,sec}$$

이다.

9.2 평균자유거리

어떤 곳의 기체 밀도가 다른 곳보다 높으면 기체는 자연스럽게 낮은 밀도 쪽으로 **확산**(diffusion)한다. 물에 먹물 한 방울을 떨어뜨리면 먹물은 물속에서 퍼져나가서 결국 먹물이 균일한 상태가 된다. 확산의 빠르기는 **확산계수**(diffusion coefficient)의 크기로 나타낼 수 있다. 기체의 한 영역의 온도가 이웃한 다른 영역보다 높으면 기체가 이동할 때 열에너지를 운반하게 된다. 이렇게 전달되는 에너지를 열전달이라 하고 기체가 열을 전달하는 능력은 열전도도에 의해서 결정된다. 희박기체에서 확산계수와 열전도도는 $\sqrt{T/m}$에 비례한다. 여기서 T는 기체의 온도이고, m은 기체분자 하나의 질량이다.

기체 내에서 한 영역의 평균 선운동량이 이웃한 영역의 평균 선운동량보다 크면, 입자들이 두 영역에서 서로 교환될 때 알짜 운동량 흐름이 발생한다. 이러한 알짜 운동량 전달은 유체에 **층밀리기 변형력**(shear stress)이 작용할 때 발생한다. 층밀리기 변형력에 의해서 기체가 **층흐름**(laminar flow)을 나타내는 경우, 각 층에서 기체의 평균속력은 다른 값을 갖게 된다. 즉, 유체가 흘러갈 때 유체 내부의 내부 마찰에 의해서 저항 효과가 존재하게 된다. 유체의 흐름에서 저항은 **점성**(viscosity)으로 나타낼 수 있으며, 희박기체에서 점성계수는 $\sqrt{mT}$에 비례한다.

기체분자가 주변으로 확산해 나갈 때 확산율은 기체분자의 **평균자유거리**(mean free path) l과 기체의 평균속력 $\bar{v}$에 의존한다. 앞에서 살펴보았듯이 기체의 평균속력은

$$\bar{v} = \left(\frac{8kT}{\pi m} \right)^{1/2} \tag{9.35}$$

이고, 평균자유거리는

$$l = \frac{1}{4\pi\sqrt{2}\,R^2 n} \tag{9.36}$$

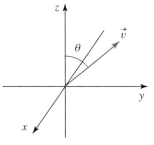

그림 **9.3** 3차원 공간의 속도벡터

이다. 여기서 기체분자는 구형이고 반지름 R이고, 밀도 $n = N/V$이다.

기체의 운송과정은 입자들이 특정한 축 방향으로 움직이는 것을 고려해야 한다. 예를 들어 $+z$ 방향으로 움직이는 입자의 평균속력을 고려해야 한다. 그림 9.3과 같이 직각좌표계에서 속도벡터의 z축 성분을 생각해 보자. 속도벡터는 여러 방향을 가질 수 있기 때문에, 방향에 대한 평균을 취해야 한다. 속도의 $+z$ 방향 평균 $\overline{v_z}$를 다음과 같이 정의한다.

$$\overline{v_z} = \overline{v\cos\theta} = \frac{\int_{\theta=0}^{\theta=\pi/2}\int_{\phi=0}^{\phi=2\pi}\overline{v}\cos\theta\sin\theta\,d\theta\,d\phi}{\int_{\theta=0}^{\theta=\pi/2}\int_{\phi=0}^{\phi=2\pi}\sin\theta\,d\theta\,d\phi} = \frac{1}{2}\overline{v} \tag{9.37}$$

이다. 비슷하게 $+z$축 방향으로 움직이는 입자의 평균자유거리의 $+z$ 방향 평균은

$$l_z = \frac{1}{2}l \tag{9.38}$$

이다. $+z$ 방향의 평균속력과 평균자유거리에 1/2이 곱해지는 이유는 전체 입자 중에서 z축의 양($+$)의 방향으로 움직이는 입자와 음($-$)의 방향으로 움직이는 입자의 수가 평균적으로 같기 때문이다. 좌표축의 방향을 정하는 것은 관찰자의 입장이고, 입자는 좌표를 어떻게 정하던지 상관이 없기 때문에, 각 좌표축의 ($+$) 방향의 평균속력과 평균자유거리는 서로 같다. 즉,

$$\overline{v_x} = \overline{v_y} = \overline{v_z} = \frac{1}{2}\overline{v} \tag{9.39}$$

$$l_z = l_y = l_z = \frac{1}{2}l \tag{9.40}$$

이다.

9.3
벽과 충돌하는 기체

밀폐된 용기에 담긴 기체가 용기에 뚫린 작은 구멍 또는 슬릿(slit)을 통해서 분출하는 현상을 생각해 보자. 구멍을 통해서 나오는 기체의 수는 단위 시간당 기체가 벽을 때리는 기체의 수와 같다. 이처럼 작은 구멍을 통해서 기체가 나오는 현상을 기체의 **분출**(effusion)이라 한다. 용기에 뚫린 구멍의 크기가 크면 많은 기체분자가 구멍을 통해서 분출될 것이므로 용기의 상태는 평형상태에서 크게 벗어날 것이다. 반대로 용기의 구멍이 매우 작으면, 구멍을 통해서 기체분자가 분출되어 나오더라도, 용기 내부의 기체 상태는 근사적으로 평형상태로 볼 수 있다.

구멍의 크기가 얼마나 작아야 용기 내부를 평형상태로 취급할 수 있을까? 용기에 뚫린 구멍의 지름을 D라고 하자. 그리고 각 기체분자들이 충돌하기 전까지 움직인 평균거리, 즉 평균자유거리(mean free path)를 L이라 하자. 일반적으로 주어진 온도에서 평균자유거리는 기체의 밀도(단위 부피당 기체분자의 수)에 반비례한다. 상온에서 보통 기체의 평균자유거리는 $L \sim 10^{-5}$ cm이다. 만약 $D \ll L$이면(즉, 구멍이 매우 작으면), 구멍을 통해서 탈출하는 분자의 수는 매우 작다. 따라서 용기에 남아 있는 기체의 평균자유거리에도 거의 변화가 없을 것이며, 이때를 기체가 **분출한다**고 한다. 반대로 $D \gg L$이면, 구멍의 크기가 매우 크다. 따라서 이 구멍 부분으로 기체분자가 많이 지나갈 것이다. 기체가 이 구멍을 통해서 빠져나가면, 용기에 남아 있는 기체분자는 빠져나간(기체가 오른쪽으로 빠져나간다고 가정하자) 기체와 더 이상 충돌할 수 없다. 따라서 기체는 왼쪽에서 오는 분자와 여전히 많은 충돌을 하지만, 오른쪽에서 오는 분자와는 덜 충돌하게 된다. 즉, 기체분자는 구멍 근처에서 구멍 쪽으로 충격력을 받게 되어, 기체분자들이 구멍 쪽으로 유동하게 된다. 이때는 유동하는 기체를 분출이라 하지 않고, **유체흐름**(hydrodynamic flow)이라 한다.

9.3.1 현상론적 접근

한쪽 벽의 단면적이 A인 육면체에 단위 부피당 n개의 기체가 들어있는 용기를 생각해 보자. 기체분자들은 제멋대로 움직이므로, 좌표계의 한 축(z축) 방향으로 움직이는 분자의 단위 부피당 개수는 $n/3$이다. 그런데 한 축에서 $+$ 방향($+z$축)으로 움직이는 기체와 $-$ 방향($-z$축)으로 움직이는 기체의 개수는 평균적으로 같다. 따라서 $+z$축 방향으로 움직이는 단위 부피당 입자수는 $n/6$이다. 그리고 기체분자들의 평균속력을 $\bar{v}$라 하자. 짧은 시간 간격 dt 시간 동안에 기체분자들이 움직인 거리는 $\bar{v}dt$이다.

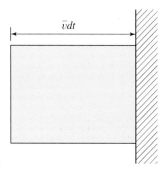

그림 **9.4** 벽과 충돌하는 기체분자

이제 기체분자들이 용기의 한쪽 벽을 때리는 과정을 생각해 보자. 짧은 시간 간격 dt 동안에 기체들이 용기의 한쪽 벽과 충돌하려면, 기체분자들은 적어도 $\bar{v}dt$ 거리 내에 있는 분자들만이 이 시간 동안에 용기 벽과 충돌할 수 있다. 즉, 용기의 한쪽 벽에서 부피가 $\bar{v}dtA$인 부분에 들어있는 기체만이 용기 벽과 충돌할 수 있다. 그림 9.4에 벽과 충돌하는 기체의 부피를 나타내었다.

따라서 dt 시간 동안 용기의 한쪽 벽을 때리는 기체의 수는

$$\left(\frac{n}{6}\right)(A\bar{v}dt) \tag{9.41}$$

이다. 여기서 벽 쪽으로 향하는 단위 부피당 입자수가 $n/6$이므로, 이 항이 곱해져 있다. 단위 시간당 벽의 단위 면적을 때리는 기체의 총수는 (즉, 총기체의 선속(flux))

$$\Phi_0 \approx \frac{1}{6}n\bar{v} \tag{9.42}$$

이다.

이 결과는 기체분자의 속도분포에 근거한 결과가 아니고, 현상론적으로 계산한 결과이다. 또한 상수 1/6(정확한 계산 결과는 1/4)은 별로 신뢰할 만한 값이 아니다.

입자 선속의 온도와 압력 의존성을 구해보자. 이상기체의 상태 방정식에서

$$\bar{p} = nkT \tag{9.43}$$

이고, 에너지 등분배 정리에 의하면

$$\frac{1}{2}m\overline{v^2} = \frac{3}{2}kT \tag{9.44}$$

이다. 즉,

$$\bar{v} \propto \overline{v_{\text{rms}}} \propto \sqrt{\frac{kT}{m}} \tag{9.45}$$

이다. 따라서 벽을 때리는 입자 선속은

$$\Phi_0 \propto \frac{\bar{p}}{\sqrt{mT}} \qquad (9.46)$$

이다.

9.3.2 정확한 해

위에서 구한 용기 벽을 때리는 선속을 좀 더 정확하게 구해보자. 임의의 한 벽면에 수직한 축을 z축으로 선택하자. 이 벽에 기체분자들이 멋대로 충돌한다. 기체가 온도 T에서 평형상태에 있을 때, 분자들은 무질서하게 움직이므로 모든 방향으로 동등한 확률로 움직인다. 반지름 r인 구의 **입체각**(solid angle) Ω는

$$\Omega = \frac{S}{r^2} = \frac{4\pi r^2}{r^2} = 4\pi \qquad (9.47)$$

이다. 여기서 구의 표면적은 $S = 4\pi r^2$이다. 그림 9.5와 같이 분자들이 $+z$축과 이루는 각이 θ와 $\theta + d\theta$ 사이에 있을 때 미소 입체각 $d\Omega$는

$$d\Omega = 2\pi \sin\theta d\theta \qquad (9.48)$$

이다.

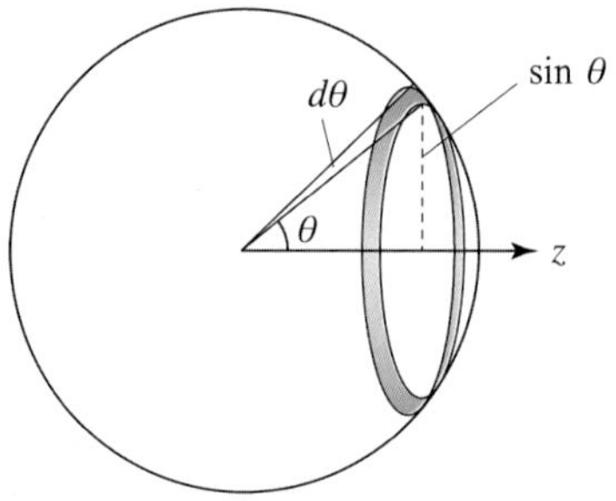

분자들이 θ와 $\theta + d\theta$ 사이에인 방향으로 움직이는 단위 부피당 분자의 비율을

그림 **9.5** 미소 입체각

$$\frac{d\Omega}{4\pi} = \frac{1}{2}\sin\theta d\theta \qquad (9.49)$$

이다.

면적이 dA인 용기 벽의 작은 면적소에 충돌하는 기체분자들을 고려해보자. 또한, 기체분자의 속도가 $\vec{v}$와 $\vec{v} + \vec{dv}$ 사이에 놓이는 분자들을 생각해보자. 그림 9.6에 벽에 충돌하는 입자들의 속도를 나타내었다.

이 **면적소**(area element)에 입사하는 분자들의 속도와 z축 사이의 **극각**(polar angle)이 θ이고 **방위각**(azimuthal angle)을 ϕ이라 하자. 따라서 기체분자의 속도가 $\vec{v}$와 $\vec{v}+d\vec{v}$라는 것은 기체의 속력이 v와 $v+dv$ 사이의 값을 갖고, 극각은 θ와 $\theta+d\theta$, 그리고 방위각은 ϕ와 $\phi+d\phi$ 사이의 값을 뜻한다. 짧은 시간 간격 dt 동안에 면적소 dA를 때리는 기체분자는 벽에서 $\vec{v}dt$

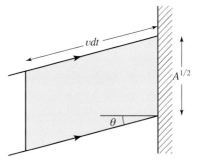

그림 **9.6** 단면적 A인 용기의 한쪽 벽에 충돌하는 기체

보다 짧은 거리만큼 떨어져 있어야 한다. 즉, 그림 9.6에서 색칠한 부분인 육면체의 부피 내에 있는 분자만이 벽을 dt 시간 안에 때릴 수 있다. 이 기울어져 있는 육면체의 부피는 $dAvdt\cos\theta$이다. 또한 기체가 $\vec{v}$와 $\vec{v}+d\vec{v}$ 사이의 속도를 갖는 단위 부피당 분자수는 $f(\vec{v})d^3\vec{v}$이며, 여기서 $f(\vec{v})$는 속도분포함수이다. 짧은 시간 간격 dt 동안에 속도가 $\vec{v}$와 $\vec{v}+d\vec{v}$ 사이이고, 면적이 dA인 면적소를 때리는 기체분자의 수는

$$[f(\vec{v})d^3\vec{v}](dAvdt\cos\theta)$$

이다. 따라서 기체분자 선속은 이 값을 면적 dA와 시간 간격 dt로 나누면

$$\Phi(\vec{v})d^3\vec{v}=f(\vec{v})v\cos\theta d^3\vec{v} \tag{9.50}$$

이다.

이제 단위 시간당 벽의 단위 면적을 때리는 분자의 총수를 Φ_0라 하자. 기체분자가 벽을 때리려면 속력, 극각 및 방위각은 다음과 같은 조건을 만족해야 한다.

$$0<v<\infty$$
$$0<\phi<2\pi$$
$$0<\theta<\pi/2$$

극각이 $\pi/2<\theta<\pi$ 사이에 놓이는 기체분자는 벽에서 멀어진다. 즉, 벽에 수직한 축을 z축으로 택했을 때 $v_z=v\cos\theta>0$인 기체분자는 벽과 충돌할 수 있다. 그러므로

$$\Phi_0 = \int_{v_z>0} f(\vec{v})v\cos\theta d^3\vec{v} \tag{9.51}$$

이다. 이 식은 기체분자가 평형상태에 있지 않을 때도 일반적으로 성립한다. 기체가 평형상

태에 있으면 속도분포함수는 $f(\vec{v}) = f(v)$ 이다. 구면좌표에서 속도 공간의 **부피소**(volume element)는

$$d^3\vec{v} = v^2 dv(\sin\theta d\theta d\phi) \tag{9.52}$$

이므로

$$\Phi_0 = \int_{v_z > 0} (f(v)v\cos\theta)v^2 dv\sin\theta d\theta d\phi$$

$$= \int_0^\infty f(v)v^3 dv \int_0^{\pi/2} \sin\theta\cos\theta d\theta \int_0^{2\pi} d\phi \tag{9.53}$$

이다. 방위각 ϕ에 대한 적분은 2π이고, 극각 θ에 대한 적분은 $1/2$이다. 따라서

$$\Phi_0 = \pi \int_0^\infty f(v)v^3 dv \tag{9.54}$$

이 된다. 그런데 속력의 평균값은

$$\bar{v} = \frac{1}{n}\int vf(v)d^3\vec{v} = \frac{1}{n}\int_0^\infty vf(v)v^2 dv \int_0^\pi \sin\theta d\theta \int_0^{2\pi} d\phi \tag{9.55}$$

이므로,

$$\bar{v} = \frac{4\pi}{n}\int_0^\infty f(v)v^3 dv \tag{9.56}$$

이다. 따라서

$$\Phi_0 = \frac{1}{4}n\bar{v} \tag{9.57}$$

가 된다. 이상기체의 상태 방정식 $p = nkT$와 기체의 평균속력

$$\bar{v} = \sqrt{\frac{8kT}{\pi m}} \tag{9.58}$$

이므로

$$\Phi_0 = \frac{\bar{p}}{\sqrt{2\pi mkT}} \tag{9.59}$$

이다.

9.3.3 구멍뚫린 상자의 평형조건

그림 9.7과 같이 기체가 두 부분으로 나누어져 있고, 가로막이 중간에 작은 구멍이 있다. 한쪽은 온도가 T_1이고 다른 쪽은 온도가 T_2이다. 계가 평형상태에 있을 때, 각 부분의 기체의 평균압력 $\overline{P_1}$과 $\overline{P_2}$ 사이의 관계를 구해보자. 구멍의 지름이 평균자유거리보다 매우 크면 (즉, $D \gg l$), 평형조건은 $\overline{P_1} = \overline{P_2}$이다. 반대로 $D \ll l$이면, 구멍을 통한 기체의 교환은 분출현상으로 다루어야 한다. 이때 평형조건은 양쪽 다 기체의 질량이 일정해야 한다. 즉, 단위 시간당 왼쪽에서 오른쪽으로 지나가는 기체의 수는 오른쪽에서 왼쪽으로 지나가는 기체의 수와 같아야 한다. 즉,

$$n_1 \overline{v_1} = n_2 \overline{v_2} \tag{9.60}$$

이며, 평형조건은

$$\frac{\overline{P_1}}{\sqrt{T_1}} = \frac{\overline{P_2}}{\sqrt{T_2}} \tag{9.61}$$

을 만족해야 한다. 즉, 압력은 같지 않고, 높은 온도 쪽의 기체 압력이 더 높다.

그림 9.8과 같이 커다란 상자에 뚫려있는 작은 구멍에서 분출하는 기체를 생각해 보자.

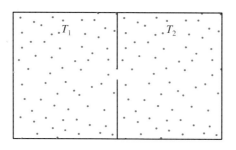

그림 **9.7** 구멍뚫린 상자에서 기체의 평형조건

구멍의 단면적 a는 벽의 단면적에 비해서 상대적으로 아주 작다. 구멍을 통해서 빠져나가는 기체의 양은 상자의 전체 기체에 비해서 미미한 양이므로 기체가 분출하는 동안 상자 내부의 상태는 거의 평형 상태로 생각할 수 있다. 단위 시간 동안에 구멍을 통해서 빠져나가는 기체의 양인 **분출률**(effusion rate)은

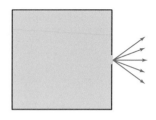

그림 **9.8** 단면적 a인 작은 구멍에서 분출하는 기체.

$$\Psi_e = \Phi a = \frac{1}{4}an\langle v \rangle$$

$$= \frac{Pa}{\sqrt{2\pi mkT}} \tag{9.62}$$

이다.

9.4
기체의 확산

기체분자의 확산은 위치에 따른 기체분자의 밀도가 다를 때 발생한다. 향수병의 뚜껑을 열어놓으면 향수병 근처의 향수분자의 밀도는 높고 향수병에서 멀리 떨어진 곳에는 향수분자가 없기 때문에, 분자의 브라운 운동에 의해서 향수분자가 퍼져나가게 된다. 단위 부피당 입자의 수를 밀도 또는 농도라 하고 n으로 나타낸다. 그림 9.9와 같이 입자의 밀도가 연속적으로 변하는 경우를 생각해 보자. 입자의 농도가 $+x$ 방향으로 갈수록 증가하므로 분자의 알짜 흐름, 즉 확산은 오른쪽에서 왼쪽으로 일어난다. $+x$ 방향으로 일어나는 단위 시간당, 단위 면적당 입자들의 **알짜 흐름**(net flux) J_x는 밀도의 그래디언트 $\partial n/\partial x$에 비례한다. 즉,

$$J_x = -D\frac{\partial n}{\partial x} \tag{9.63}$$

이다. 이 방정식을 픽의 법칙(Fick's law)이라 하고, D는 입자의 확산계수(diffusion coefficient)이다. 확산계수는 확산하는 입자의 종류, 입자가 확산하는 환경에 의존하며, 단위는 $\mathrm{m^2/s}$이다. 기체분자는 평균자유거리가 매우 길기 때문에 확산계수가

$$D \propto \bar{v}l \tag{9.64}$$

그림 **9.9** 입자의 밀도가 연속적으로 변하는 경우

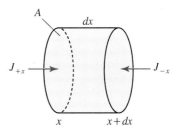

그림 **9.10** 단면적 A, 길이 dx인 원통형 영역을 지나가는 기체분자의 흐름

으로 평균속력과 평균자유거리에 비례한다.

기체의 $+x$ 방향과 $-x$ 방향의 알짜 흐름을 각각 J_{+x}, J_{-x}라 하자. 그러면 x 방향의 알짜 흐름은

$$J_x = J_{+x} - J_{-x} \tag{9.65}$$

이다. 그림 9.10과 같이 단면적 A이고 길이 dx인 원통을 생각해 보자. 기체분자가 원통의 한쪽 끝에서 다른 쪽 끝에 도달하는 시간을 dt라 하자. 기체의 $+x$ 방향 알짜 흐름 J_{+x}는

$$J_{+x} = \frac{N_+}{Adt} = \frac{N_+ dx}{(Adx)dt} = \frac{N_+}{V}\frac{dx}{dt} = n_{+x}v_{+x} \tag{9.66}$$

이다. 기체분자의 절반은 평균적으로 오른쪽으로 움직이고, 절반은 왼쪽으로 움직이므로 $n_+ = n/2$로 놓을 수 있다. 따라서

$$J_{\pm x} = n_{\pm x}v_{\pm x} = \left(\frac{1}{2}n\right)\left(\frac{1}{2}\bar{v}\right) = \frac{1}{4}n\bar{v} \tag{9.67}$$

이다.

기체분자가 길이 dx인 영역을 지나가는 평균길이는 근사적으로 평균자유거리와 같다. 따라서

$$dx = l_x = \frac{1}{2}l \tag{9.68}$$

이다. 따라서 분자의 알짜 흐름은

$$J_x = J_{+x} - J_{-x} = \frac{1}{4} n(x) \bar{v} - \frac{1}{4} n(x+dx) \bar{v}$$

$$= -\frac{1}{4} \bar{v} [n(x+dx) - n(x)] = -\frac{1}{4} \bar{v} \frac{\partial n}{\partial x} dx$$

$$= -\frac{1}{8} \bar{v} l \frac{\partial n}{\partial x} \tag{9.69}$$

이다.

그러므로 확산계수는

$$D = \frac{1}{8} \bar{v} l \tag{9.70}$$

이다.

기체의 분포함수에 바탕을 두어 좀 더 정확한 계산에 의하면

$$D = \frac{1}{3} \bar{v} l \tag{9.71}$$

이다.

따라서 기체의 확산계수는

$$D \propto \frac{1}{nR^2} \sqrt{\frac{T}{m}} \tag{9.72}$$

이다.

이 관계식에 따르면, 기체분자의 질량이 커지면 충돌 단면적($\sigma = 4\pi R^2$)이 커지므로 확산이 느려지고, 밀도가 커지면 확산이 느려진다. 반면 온도가 높아지면 확산은 빨라진다. 상온 1기압에서 일산화탄소의 확산계수는 $D_{CO} = 2 \times 10^{-5} \, \mathrm{m^2/s}$이다. 상온의 물속에서 수소이온의 확산계수는 $D_{H^+} = 9 \times 10^{-9} \, \mathrm{m^2/s}$이고, 당의 한 종류인 수크로스(sucrose)의 확산계수는 $D = 5 \times 10^{-10} \, \mathrm{m^2/s}$이다.

그림 9.11과 같이 기체의 확산이 있을 때 단면적 A이고 두께 dx인 가상부피를 생각해 보자. 짧은 시간 dt 동안에 단면적 A이고 두께 dx인 가상부피 내에 들어 있는 기체의 변화량은 아래쪽 단면으로 들어온 기체의 선속 AJ_x와 위쪽 단면에

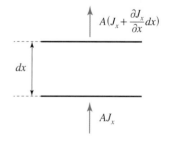

그림 **9.11** 단면적 A이고 두께 dx인 가상부피에서 기체의 확산 아래쪽 단면적의 입자 흐름은 위쪽 단면적으로 흘러간다.

서 빠져나간 기체의 선속 $A\left(J_x + \dfrac{\partial J_x}{\partial x}dx\right)$의 차이와 같다. 따라서

$$\frac{nAdx}{dt} = AJ_x - A\left(J_x + \frac{\partial J_x}{\partial x}dx\right) = -A\frac{\partial J_x}{\partial x}dx \tag{9.73}$$

이므로

$$\frac{\partial n}{\partial t} = -\frac{\partial J_x}{\partial x} \tag{9.74}$$

이며, 이 식을 입자의 흐름에 대한 **연속 방정식**(continuity equation)이라 한다. 픽의 법칙을 이 식에 대입하면

$$\frac{\partial n}{\partial t} = D\frac{\partial^2 n}{\partial x^2} \tag{9.75}$$

이며, 이 식을 기체의 **확산 방정식**(diffusion equation)이라 한다. 기체의 확산 방정식을 3차원의 모든 방향을 고려하면

$$\frac{\partial n}{\partial t} = D\nabla^2 n \tag{9.76}$$

이다.

9.5
열전도

온도가 다른 두 부분이 열접촉하여 있을 때, 분자의 이동은 열의 이동을 동반한다. 기체에서 열전도는 분자들이 다른 분자들과 충돌할 때까지 이동한 평균자유거리(mean free path)와 평균속력에 의존한다. 높은 온도 영역에서 낮은 온도 영역으로 열흐름(heat flow) J_Q는 온도 그래디언트에 비례한다. 열이 x축을 따라서 흐른다면,

$$J_Q = -k_T\frac{\partial T}{\partial x} \tag{9.77}$$

이다. 여기서 k_T는 **열전도 계수**(coefficient of thermal conductivity) 또는 열전도도라 한다. 열흐름 J_Q는 2장에서 정의한 열흐름율(열류) $H = dQ/dt$과 같다. 여기서 흐름(current)은 일

반적으로 표시하는 J 기호를 사용한다. 삼차원 공간에서 열흐름은 일반적으로

$$J_Q = -k_T \nabla T \tag{9.78}$$

로 정의한다.

에너지 등분배 정리에 의하면 기체분자 하나의 평균 에너지는

$$\bar{\varepsilon} = \frac{f}{2} kT \tag{9.79}$$

이며, 여기서 f는 분자의 자유도이다. 따라서 분자의 평균 에너지는

$$\bar{\varepsilon} = c_m T \tag{9.80}$$

이며, 여기서 c_m은 분자당 열용량(molecular heat capacity)이라 한다.

기체분자의 흐름은 열흐름을 동반하게 된다. 그림 9.12와 같이 높은 온도 $(T+dT)$에서 낮은 온도 T로 열흐름을 생각해 보자. 모든 분자 중에서 절반은 $+x$ 방향으로 절반은 $-x$ 방향으로 무질서하게 움직인다. 9.3절에서 $+$ 방향으로 분자의 흐름을 고려하면 $+x$ 방향의 열흐름은

$$J_Q^{+x} = \left(\frac{1}{4} n \bar{v} \right) c_m (T + dT) \tag{9.81}$$

이다. 따라서 알짜 열흐름은

$$J_Q = J_Q^{+x} - J_Q^{-x} = \frac{1}{4} n \bar{v} c_m (T + dT) - \frac{1}{4} n \bar{v} c_m T$$

$$= \frac{1}{4} n \bar{v} c_m dT \tag{9.82}$$

이다.

그림 9.12에서 높은 온도와 낮은 온도 사이의 거리는

$$dx = \frac{1}{2} l \tag{9.83}$$

이고, 두 지점 사이의 온도차이는

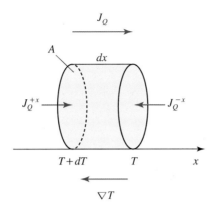

그림 **9.12** 열흐름. 온도가 높은 쪽에서 온도가 낮은 쪽으로 열이 흐른다.

$$dT = -\frac{\partial T}{\partial x}dx \approx -\frac{\partial T}{\partial x}\left(\frac{1}{2}l\right) \tag{9.84}$$

이다. 온도차이를 식 (9.28)에 대입하면

$$J_Q = -\left(\frac{1}{8}n\bar{v}c_m l\right)\frac{\partial T}{\partial x} \tag{9.85}$$

이다. 따라서 기체의 **열전도도**(thermal conductivity)는

$$k_T = \frac{1}{8}n\bar{v}c_m l \tag{9.86}$$

이며, 단위 부피당 기체의 열용량을 $C = nc_m$이라 하면,

$$k_T = \frac{1}{8}C\bar{v}l \tag{9.87}$$

이다.

어떤 면에서 **열흐름**(heat flux)은

$$J_Q = -k_T\frac{\partial T}{\partial x} \tag{9.88}$$

이다.

그림 9.13과 같이 임의의 닫혀있는 가상면 S를 통해서 흘러나가는 알짜 열은

$$\int_S \vec{J_Q} \cdot d\vec{S}$$

이다. 가상면 S를 통해서 열이 흘러나가면 가상면으로 둘러쌓인 부피 V 내의 내부에너지 변화가 발생할 것이며, 에너지 보존 법칙에 의해 내부에너지의 변화량은 빠져나간 열과 같을 것이다. 기체의 단위 부피당 열용량을 C라 하면 부피 V 내의 내부에너지는

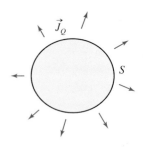

그림 **9.13** 임의의 닫혀있는 가상면 S를 통해서 흘러나가는 알짜 열

$$\int_V CT dV$$

이다. 기체의 단위 부피당 열용량은 $C = nc$이며, 여기서 n은 밀도이고, c는 질량당 열용량인 질량 비열이다. 따라서

$$\int_S \vec{J_Q} \cdot d\vec{S} = -\frac{\partial}{\partial t} \int_V CT dV \tag{9.89}$$

이다. **다이버전스 정리**(divergence theorem)을 사용하면

$$\int_S \vec{J} \cdot d\vec{S} = \int_V \vec{\nabla} \cdot \vec{J} dV \tag{9.90}$$

이다. 위 두 식을 결합하면

$$\nabla \cdot \vec{J} = -C \frac{\partial T}{\partial t} \tag{9.91}$$

이다. 열흐름에 대한 식을 대입하면 **열확산 방정식**(thermal diffusion equation)

$$\frac{\partial T}{\partial t} = -\frac{1}{C} \nabla \cdot \nabla \left(-\frac{T}{k_T} \right) = D_T \nabla^2 T \tag{9.92}$$

을 얻으며, 여기서 D_T는 **열확산계수**(thermal diffusivity)이고

$$D_T = k_T / C = k_T / nc \tag{9.93}$$

이다.

9.6
유체의 점성

유체에 층밀리기 변형력(shear stress)을 가하면 유체는 내부 마찰에 의해서 층흐름(laminar flow)을 나타낸다. 그림 9.14는 아래쪽 판은 정지해 있고 위쪽 판을 $+x$ 방향으로 힘 F의 크기로 밀었을 때 유체의 층흐름을 나타낸다. y축을 따라 유체의 속력은 연속적으로 변한다. 바닥판으로부터 위치 y인 지점에서 유체의 x 방향 속력은 $v_x = v_x(y)$이다. 그림과 같이 x 방향 속력은 위쪽 판으로 갈수록 커진다. 단면적 A인 면에 힘 F가 작용하면 층밀리기 변형력은 유체의 속력기울기 $|\partial v_x / \partial y|$에 비례한다. 따라서

$$\frac{F}{A} = \eta \left| \frac{\partial v_x}{\partial y} \right| \tag{9.94}$$

이며, 여기서 η를 **점성계수**(coefficient of viscosity)라 하고, 단위는 $1 \ \text{Pa} \cdot \text{s} = 1 \ \text{N} \cdot \text{s}/\text{m}^2$이다.

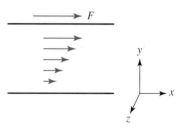

그림 **9.14** 두 판 사이에 갇혀있는 유체의 위쪽 면을 힘 F로 밀면 층흐름이 발생한다. 이때 아래쪽 판은 고정되어 있다.

유체가 층흐름을 나타낼 때 층의 수직방향($+y$ 방향)으로 선운동량의 알짜 흐름이 생긴다. 그림 9.15와 같이 xy 평면상에 놓인 가상적인 단위 면적을 지나가는 기체분자를 생각해 보자. 분자들의 무질서한 운동에 의해서 분자들은 가상면을 서로 지나가면서 선운동량을 전달한다. 아래쪽에서 위쪽으로 이동하는 분자의 선속은

$$\Phi_+ = \left(\frac{1}{2} n \right) \overline{v_{+y}} = \frac{1}{4} n \bar{v} \tag{9.95}$$

이다. 분자 하나가 이동할 때 $+y$ 방향으로 전달하는 운동량은 mv_x이므로, $+y$ 방향의 선운동량 선속은

$$P_+ = \frac{1}{4} n \bar{v} (mv_x) \tag{9.96}$$

그림 **9.15** 위층과 아래층에서 유체의 속력은 다르며 무질서하게 운동하는 분자가 가상의 면을 지나간다. 이때 위층의 $+x$ 방향 속력이 아래층의 속력보다 크기 때문에 $-y$ 방향으로 선운동량의 변화가 발생한다.

이다. 비슷하게 위쪽에서 아래쪽으로 이동하는 분자의 $-y$ 방향의 운동량 선속은

$$P_- = \frac{1}{4}n\bar{v}m(v_x + \Delta v_x) \tag{9.97}$$

이다.

따라서 가상면을 통해서 전달되는 알짜 선운동량은

$$P_선 = \frac{1}{4}n\bar{v}mv_x - \frac{1}{4}n\bar{v}m(v_x + \Delta v_x)$$

$$= -\frac{1}{4}n\bar{v}m\Delta v_x \tag{9.98}$$

이다.

속도 변화량 Δv_x는

$$\Delta v_x = \frac{\partial v_x}{\partial y}\Delta y$$

$$\simeq \frac{\partial v_x}{\partial y}\overline{\Delta y}$$

$$\simeq \frac{\partial v_x}{\partial y}\left(\frac{1}{2}l\right) \tag{9.99}$$

이다.

따라서 단위 면적당 유체가 받는 변형력은

$$\frac{F}{A} = -\frac{1}{4}n\bar{v}m\Delta v_x = -\frac{1}{4}n\bar{v}m\left(\frac{1}{2}l\right)\frac{\partial v_x}{\partial y}$$

$$= -\left(\frac{1}{8}nm\bar{v}l\right)\frac{\partial v_x}{\partial y} \tag{9.100}$$

이다.

그러므로 점성계수는

$$\eta = \frac{1}{8}nm\bar{v}l \tag{9.101}$$

이다.

분자들이 속력분포함수를 고려한 좀 더 정확한 계산에 의하면 점성계수는

$$\eta = \frac{1}{3}nm\bar{v}l \tag{9.102}$$

이며, 평균자유거리 $l = 1/\sqrt{2}\,\sigma n$ 과 평균속력 $\bar{v} = \sqrt{8kT/\pi m}$ 을 대입하면

$$\eta = \frac{2}{3\sigma}\left(\frac{mkT}{\pi}\right)^{\frac{1}{2}} \tag{9.103}$$

이다.

표 **9.1** 25℃에서 기체의 점성계수

기체	점성계수($\times 10^{-5}$ N·s/m^2)
아르곤(Ar)	0.2196
크립톤(Kr)	0.2431
공기	0.1796
질소(N_2)	0.1734
산소(O_2)	0.2003
수증기(H_2O)	0.0926

생태계 물리학

지구에서 인구수가 급격히 늘어나면서 생태계 파괴와 기후변화에 대한 걱정과 논의가 활발해 지고 있다. 람사르 습지 지정, 유엔의 **지속가능한 개발목표**(SDG, Sustainable Development Goal) 등은 인간과 생태계의 공존을 모색하는 노력이지만, 전세계적으로 저개발 국가의 산업화가 진행됨으로써 생태계 파괴는 계속되고 있다. 브라질 아마존 밀림의 감소, 인도네시아 보르네오섬 열대 우림의 감소는 인류에게 큰 영향을 줄 것이다. 생태계의 생물종들의 상호작용은 **복잡계**(complex systems)의 전형이라 할 수 있다. 한 종만이 단독으로 존재할 수 없다. 자연의 영양분과 태양 빛은 1차 생산자들에 의해서 생물학적 자원으로 전환되고 1차 생산자들의 에너지는 2차 생산자들로 전달된다. 그림 9.16의 **먹이 사슬망**(food web)은 대표적인 **생태계 네트워크**(ecological network)이다.

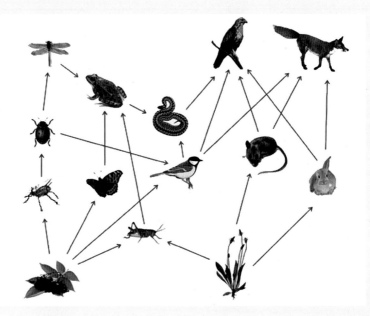

그림 **9.16** 먹이 사슬망 예. 화살표는 먹이-포식자 관계를 나타낸다. 먹이 사슬망은 계층구조를 형성한다.

생태계 네트워크는 **먹이-포식자 네트워크**(prey-predator network), **상호도움 네트워크**(mutualistic network), **숙주-기생충 네트워크**(host-parasite network) 등 다양한 네트워크가 존재한다. 상호도움 네트워크에는 **식물-수분자 네트워크**(plant-pollinator network), **씨앗-전파자 네트워크**(seed-disperser network) 등이 있다. 자연의 생태계는 여러 가지 생태계 네트워크가 복합적으로 결합되어 있다. 생태계 네트워크의 구조를 조사해 보면 서식지(habitat)에 따라서 네트워크 구조가 매우 다양하고, 도수분포의 함수꼴도 다양한데 대표적인 분포함수는 1) 균일분포(uniform distribution),

$p(k) \sim constant$, 2) 멱함수 분포(power law distribution), $p(k) \sim k^{-\gamma}$ 3) 지수함수 분포(exponential distribution), $p(k) \sim e^{-ak}$ 4) 펼친 지수함수 분포(stretched exponential distribution), $p(k) \sim \exp(-ak^{\gamma})$ 5) 꼬리 잘린 지수함수 분포(truncated exponential distribution), $p(k) \sim k^{-\gamma}e^{-ak}$ 6) 불특정 분포 등 다양한 형태가 관찰된다.

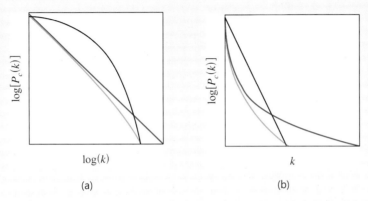

그림 **9.17** 복잡계 네트워크의 누적 도수 분포함수 $P_c(k)$ 그림. (a) 축을 모두 로그로 그린 그림, (b) 가로축은 선형이고 세로축은 로그를 취한 그림.

그림 9.17은 네트워크의 도수 분포를 누적함수 분포 $P_c(k) = \int_k^{\infty} p(k)dk$로 나타낸 것이다. 분포함수가 멱함수이면 누적함수는 $P_c(k) \sim k^{-k+1}$이므로 로그-로그 그림에서 직선이 된다. 분포함수가 지수함수이면 $P_c(k) \sim e^{-ak}$이므로 그림 9.17(b)와 같은 로그-선형 그림에서 직선이 된다. 한편 분포함수가 꼬리자른 멱함수이면 그림 9.17(a)의 로그-로그 그림에서 멱법칙보다 더 빨리 감소하는 함수가 된다.

생태계 네트워크는 자연의 디자이너가 없음에도 불구하고 자연의 진화과정에서 형성된 자연스러운 구조물이다. 생태계 네트워크는 생물종들 사이에는 다양한 상호작용과 환경적 요인에 의해서 결정된다. 생물종의 상호작용에 의한 개체수(population) 변화는 생태계 네트워크의 구조를 결정한다. 1926년에 볼테라(Volterra)는 먹이-포식자 관계에 있는 생물종의 개체수 변화에 대한 변화 방정식을 제시하였다. 먹이(prey)가 되는 종의 개체수를 $N(t)$라 하고 포식자(predator) 종의 개체수를 $P(t)$라 하자. 상호작용하는 두 생물종의 개체수에 대한 **진화방정식**(evolution equation)인 **로트카-볼테라 방정식**(Lotka-Volterra equation)은

$$\frac{dN(t)}{dt} = N(a - bP)$$

$$\frac{dP(t)}{dt} = P(cN - d)$$

로 쓸 수 있다. 여기서 a, b, c, d는 모두 양수이다. aN은 먹이 종의 자체적인 성장률(growth rate)이고, $-bNP$는 포식자의 포식에 의해서 먹이 종이 줄어든 비율을 나타낸다. 먹이가 많으면 포식자가 늘어날 것이므로, cPN은 먹이량에 따른 포식자의 증가량을 나타낸다. 마지막 항 $-dP$는 포식자의 자연적인 감소율을 나타낸다.

먹이와 포식자 개체수 변화는 결합된 선형미분방정식이며 초기 조건과 상수 a, b, c, d를 알면 해를 구할 수 있다. 이 방정식은 2개종의 상호작용을 기반으로 표현한 식이지만 생태계 내에 많은 종이 관여하면 방정식의 수는 종의 수만큼 늘어날 것이다. 종들이 서로 **경쟁관계**(competition)에 있으면 로트카-볼테라 방정식의 오른쪽에 $-b_{12}N_1N_2$와 같은 항을 써준다. 두 종 사이에 **도움관계**(mutualism) 또는 **공생관계**(symbiosis)이면 로트카-볼테라 방정식의 오른쪽에 $a_{12}N_1N_2$와 같은 항이 나타난다. 숙주 N_1과 기생충 N_2가 관련된 **숙주-기생충 관계**(pathogen)이면 기생충의 변화 방정식(rate equation)의 오른쪽에 aN_1N_2 항이 나오지만 숙주에는 그러한 항이 없다. n개의 종이 있는 생태계의 개체수 변화 방정식을 일반적으로 쓰면

$$\frac{dN_i}{dt} = N_i F_i(N_1, N_2, \cdots, N_n), \quad i = 1, 2, \cdots, n$$

이다. 여기서 F_i는 종들 사이의 상호작용을 나타낸다. 최근에 로트카-볼테라 방정식과 같은 개체수 변화에 바탕을 두고 생태계에서 생태계 네트워크가 자연스럽게 진화할 수 있는지에 대한 연구가 활발하다.

[참고문헌]
- J. D. Marray, "Mathematical Biology", Springer, New York, 2001.
- J. A. Dunne, R. J. Williams, and N. D. Martinez, "Food-web structure and network theory: The role of connectance and size", PNAS, 99, 12917-12922 (2002).
- J. M. Montoya, S. L. Pimm, and R. V. Sole, "Ecological networks and their fragility", Nature 442, 259-267 (2006).
- S. E. Maeng, J. W. Lee, and D. S. Lee, "Interspecific competition underlying mutualistic networks", PRL, 108, 108701 (2012).

9.1 온도 27℃, 1기압에서 산소분자(O_2)가 벽과 충돌하는 입자선속 Φ를 구하여라.

9.2 질량 m이고 속력 v로 움직이는 기체분자 하나의 운동 에너지는 $E_1 = \dfrac{1}{2}mv^2$이다. 부피 V인 상자에 N개의 이상기체가 들어있을 때 기체의 총에너지를 E라 하자.
   1) 계의 총에너지($=$내부에너지)를 구하여라. 단, $E = N \displaystyle\int_0^\infty \dfrac{1}{2}mv^2 f(v)dv$이다.
   2) $PV = \dfrac{2}{3}E$임을 보여라.

9.3 온도 300 K, 1 atm에서 질소분자(N_2)의 평균자유거리를 구하여라. 단, 질소분자의 반지름은 0.185 nm이다.

9.4 자연상태의 우라늄에는 ^{235}U이 0.72%, ^{238}U이 99.28% 존재한다. 우라늄을 농축하는 방법으로 분출율을 이용하는 경우를 생각해 보자. 온도 T, 압력 P인 커다란 상자의 작은 구멍을 통해서 분출하는 분자의 분출율을 Ψ_e이라 할 때, 두 분자의 분리인자는

$$s = \frac{\Psi_e(^{235}UF_6)}{\Psi_e(^{236}UF_6)}$$

로 정의한다.

   우라늄 235를 농축하는 방법은 첫 단계의 분출과정에서 얻은 기체를 모은 다음 두 번째 분출과정, 세 번째 분출과정 등을 단계적으로 시행함으로써 농축율을 높인다. 첫 번째 단계에서 우라늄의 분리인자를 s라 하자. 두 번째 단계에서 분리인자는 s^2이고, n번째 단계에서 분리인자는 s^n이 된다.
   1) 첫 번째 단계에서 분리인자가 $s = 1.0043$임을 보여라.
   2) $n = 2000$ 단계에서 우라늄 235의 농축도가 99%가 됨을 보여라.

9.5 수소(H_2)와 중수소(D_2)가 한 용기에 같은 개수가 들어있다. 용기에 작은 구멍을 통해서 두 기체가 분출할 때 구멍을 통해서 나오는 기체의 조성비를 구하여라.

9.6 온도 300 K에서 산소의 점성계수를 구하여라.

9.7 온도 T인 아르곤 기체의 온도를 $2T$로 올렸을 때 확산계수, 열전도도, 점성계수는 각각 몇 배 증가하는가?

CHAPTER 10

고체의 자성과 상전이

CHAPTER 10
고체의 자성과 상전이

물질을 구성하는 분자들은 전자의 궤도운동과 전자의 고유한 스핀에 의한 자기 쌍극자 모멘트를 갖는다. 원자 궤도의 전자들이 파울리 배타원리에 의해서 궤도 양자수가 짝을 이루면, 궤도 각운동량이 서로 상쇄됨으로 알짜 자기 쌍극자 모멘트를 갖지 않는다. 전자의 고유 스핀 역시 업(↑)스핀과 다운(↓)스핀이 짝으로 존재하면, 알짜 자기 쌍극자 모멘트를 갖지 않는다. 그러나 궤도 전자수가 짝을 이루지 못하거나 스핀이 상쇄되지 않으면, 원자나 분자는 알짜 각운동량을 갖게 되며 그에 대응하는 자기 쌍극자 모멘트를 갖게 된다.

유한한 온도에서 분자들의 자기 쌍극자는 열적 교란 때문에 특정한 방향을 갖지 않고 제멋대로 방향을 향할 것이다. 비록 분자들이 자기 쌍극자 모멘트를 갖더라도 열적 교란에 의해서 체적(bulk)을 갖는 물체는 자성을 띠지 못하며, 일상에서 많은 물체들이 자성을 띠지 않는 이유이다. 외부에서 자기장을 가하면 그에 반응하는 자기적 성질에 따라서 물체의 자성을 크게 상자성, 강자성, 반자성으로 나눈다.

상자성은 분자들이 자기 쌍극자 모멘트를 가지며 외부 자기장을 가하면 분자의 자기 쌍극자가 자기장과 나란한 방향을 향할 때가 반대 방향으로 향할 때보다 에너지가 낮기 때문에 자유 에너지를 낮추게 된다. 분자들이 자기장 방향으로 많이 향하게 되면 상태수는 줄어들기 때문에 엔트로피는 낮아진다. 내부에너지 감소와 엔트로피 감소가 경쟁하여 적절한 구조를 형성한다. 헬름홀츠 자유 에너지가 $F = E - TS$임을 상기하면, 자유 에너지가 최소화 되기 위해서는 내부에너지가 최소이고 엔트로피는 최대이어야 한다. 유한한 온도에서 분자들 사이의 자기적 상호작용은 약하고, 외부 자기장과 같은 방향으로 배열하려는 성향이 증가하여 생기는 자기적 성질이 **상자성**(paramagnetism)이다.

상자성은 1845년에 마이클 패러데이(M. Faraday)가 발견하였다. 강한 상자성은 철, 팔라듐, 플래티늄 등 희토류 화합물에서 발견된다. 상자성은 온도를 높이면 약해진다. 헬름홀츠 자유 에너지에서 온도가 높아지면 엔트로피 항의 기여가 커지며, 무질서한 상태수가 많아지면 엔트로피가 증가하므로 분자는 자기 쌍극자들의 방향이 제멋대로인 상태를 선호하게 된다. 상자성의 **자기 감수율**(magnetic susceptibility)는 항상 양수이며, 약한 상자성은 자기 감수율이 1/100,000~1/10,000 사이의 값을 가지고 강한 상자성은 자기 감수율이 1/10,000~ 1/100 사이의 값을 가진다.

강자성(ferromagnetism)은 외부 자기장을 걸어주지 않더라도 자발적으로 강한 자성을 띠는 물질을 말한다. 일상생활에서 자석이라고 부르는 영구자석을 말한다. 요즘은 네오디움(Nd) 자석을 많이 사용한다. 강자성은 기원전 6세기경에 자철광(lodestone)이 발견되면서 일찍이 알려졌다. 하지만 강자성의 본성을 이해하기 시작한 것은 19세기 이후이며, 정확한 이해는 양자역학이 발전하기 시작한 20세기 중순이라 할 수 있다. 값싼 영구자석은 철과 산화망간 화합물인 페라이트(ferrite, 아철산염, $MOFe_2O_3$)가 제조되면서 일상적으로 사용되었다. 강자성체 물질은 **큐리온도**(Curie's temperature) 이하에서 강자성을 띤다. 코발트(Co), 철(Fe), 니켈(Ni), 가돌리늄(Gd) 등과 이들의 산화물과 혼합물이 강자성을 나타낸다. 철의 큐리온도는 1,043 K이지만 상온에서 대부분의 철은 강자성을 띠지 않는데 그 이유는 철 내부의 **자기구역**(magnetic domain)이 형성되기 때문이다.

강자성의 본성은 원자들의 자기 쌍극자 모멘트 사이의 강한 상호작용 때문이다. 이러한 강한 상호작용은 고체를 구성하는 원자들 사이의 **교환상호작용**(exchange interaction) 때문이다. 교환상호작용은 순수한 양자역학적인 효과이며, 고체물리학 교재에서 다루어지고 있다.

상자성과 강자성 외에 **반자성**(diamagnetism)이 있다. 반자성은 자성이 없는 물질에 외부 자기장을 가하면 물질이 약하게 외부 자기장과 반대 방향의 자성을 띠는 현상을 말한다. 반자성은 원자의 궤도운동 전자들이 변하는 자기장에 놓일 때 유도되는 유도현상으로 설명할 수 있다. 초전도체 물질은 초전도 상태에서 매우 강한 반자성을 띠는데 초전도체의 반자성은 초전도 상태에서 **쿠퍼쌍**(Cooper pair) 전자들의 협력적 상호작용에 기인한다.

여기서 대표적인 자기적 성질은 상자성과 강자성을 통계역학적으로 어떻게 취급하는지 살펴본다.

10.1
상자성

물질이 가지는 자성에 따라서 물질을 구분하면 크게 상자성(para-magnetism), 강자성(ferromagnetism), 반자성(diamagnetism)으로 나눌 수 있었다. 이 절에서는 물질의 상자성 현상을 통계역학적으로 알아보자. 온도 T인 열원에 접촉해 있는 상자성 물질이 N개의 상호작용하지 않는 원자로 구성되어 있다고 하자. 이 물질에 외부에서 z축의 양의 방향으로 외부 자기장 H를 가했다. 각 원자의 자기 에너지는

$$\varepsilon = -\vec{\mu} \cdot \vec{H} \tag{10.1}$$

이며, 여기서 $\vec{\mu}$는 원자의 자기 쌍극자 모멘트이다. 일반적으로 원자의 자기 쌍극자 모멘트는

$$\vec{\mu} = g\mu_0 \vec{J} \tag{10.2}$$

로 주어진다. 여기서 $\mu_0 = e\hbar/2m$으로 **보어 마그네톤**(Bohr magneton)이고, g는 원자의 g-factor이다. 그리고 $\vec{J}$는 원자의 총각운동량을 나타낸다. 참고로 g-factor의 값을 살펴보면. 전자는 $g = -2.0$이고 중성자는 $g = -3.82$ 그리고 양성자는 $g = +5.58$이다. 따라서 원자의 에너지는

$$\varepsilon = -g\mu_0 \vec{J} \cdot \vec{H} = -g\mu_0 H J_z \tag{10.3}$$

이다. 그런데 양자역학에서 각운동량은 불연속적으로 양자화되어 있으므로

$$J_z |Jm\rangle = m|Jm\rangle \tag{10.4}$$

이고, 양자수 m은

$$m = -J, \ -J+1, \ -J+2, \ \cdots, \ J-1, \ J \tag{10.5}$$

이고, 가능한 m의 가짓수는 $2J+1$개이다. 여기서 J는 총각운동량 양자수이다. 따라서 자기장에 놓여있는 원자가 가질 수 있는 에너지 상태는

$$\varepsilon_m = -g\mu_0 H m \tag{10.6}$$

이다.

원자가 상태 m에 있을 확률은 볼츠만 인자로 주어지며,

$$P_m \propto e^{-\beta\varepsilon_m} = e^{\beta g\mu_0 Hm} \tag{10.7}$$

이다. 원자가 이 상태에 있을 때 원자의 자기 쌍극자 모멘트의 z축 성분은

$$\mu_z = g\mu_0 m \tag{10.8}$$

이다. 따라서 한 원자의 자기 쌍극자 모멘트의 z 성분의 평균값은

$$\overline{\mu_z} = \frac{\displaystyle\sum_{m=-J}^{m=J} (g\mu_0 m)e^{\beta g\mu_0 Hm}}{\displaystyle\sum_{m=-J}^{m=J} e^{\beta g\mu_0 Hm}} \tag{10.9}$$

로 주어진다. 위 식에서 분자를 다시 표현하면

$$\sum_{m=-J}^{m=J} (g\mu_0 m)e^{\beta g\mu_0 Hm} = \frac{1}{\beta}\frac{\partial Z_1}{\partial H} \tag{10.10}$$

이고, 여기서 한 원자의 분배함수는

$$Z_1 = \sum_{m=-J}^{m=J} e^{\beta g\mu_0 Hm} \tag{10.11}$$

이다. 식을 간단히 하기 위해서 $x = \beta g\mu_0 H$로 놓자. 그러면 원자의 분배함수는

$$\begin{aligned}
Z_1 &= \sum_{m=-J}^{m=J} e^{mx} = e^{-xJ} + e^{-x(J-1)} + \cdots + e^{xJ} \\
&= \frac{e^{-xJ} - e^{x(J+1)}}{1 - e^x}
\end{aligned} \tag{10.12}$$

위 식의 마지막 과정에서 등비수열의 합에 대한 식

$$S = a(1 + r + r^2 + \cdots + r^n) = a(1 - r^{n+1})/(1 - r) \tag{10.13}$$

를 이용하였다. 식 (10.13)에서 분모와 분자에 각각 $e^{-x/2}$를 곱하고 다시 쓰면,

$$Z_1 = \frac{e^{-x(J+1/2)} - e^{x(J+1/2)}}{e^{-x/2} - e^{x/2}}$$

$$= \frac{\sinh\left(J + \frac{1}{2}\right)x}{\sinh\frac{x}{2}} \tag{10.14}$$

이 된다. 여기서

$$\sinh x = \frac{e^x - e^{-x}}{2} \tag{10.15}$$

를 이용하였다. 식 (10.15)의 양변에 로그를 취하면

$$\ln Z_1 = \ln\left[\sinh\left(J + \frac{1}{2}\right)x\right] - \ln\left[\sinh\frac{x}{2}\right] \tag{10.16}$$

이다. 따라서 원자 하나의 자기 쌍극자 모멘트의 평균값은

$$\overline{\mu_z} = \frac{1}{\beta}\frac{\partial \ln Z_1}{\partial H} = \frac{1}{\beta}\frac{\partial \ln Z_1}{\partial x}\frac{\partial x}{\partial H} = g\mu_0\frac{\partial \ln Z_1}{\partial x}$$

$$= g\mu_0\left[\frac{\left(J + \frac{1}{2}\right)\cosh\left(J + \frac{1}{2}\right)x}{\sinh\left(J + \frac{1}{2}\right)x} - \frac{\frac{1}{2}\cosh\frac{x}{2}}{\sinh\frac{x}{2}}\right] \tag{10.17}$$

이다. 이 식을 간단히

$$\overline{\mu_z} = g\mu_0 J B_J(x) \tag{10.18}$$

으로 놓자. 여기서 $B_J(x)$는 **브릴루앙(Brillouin) 함수**로

$$B_J(x) = \frac{1}{J}\left[\left(J + \frac{1}{2}\right)\coth\left(J + \frac{1}{2}\right)x - \frac{1}{2}\coth\frac{x}{2}\right] \tag{10.19}$$

이다. 참고로 하이퍼볼릭 코탄젠트 함수는

$$\coth x = \frac{\cosh x}{\sinh x} = \frac{e^x + e^{-x}}{e^x - e^{-x}} \tag{10.20}$$

이다.

$x \gg 1$ $(\mu_0 H \gg kT)$이면,

$$e^{-x} \ll e^{x} \rightarrow \coth x = 1 \tag{10.21}$$

이므로 브릴루앙 함수는

$$B_J(x) = \frac{1}{J}\left[\left(J + \frac{1}{2}\right) - \frac{1}{2}\right] = 1 \tag{10.22}$$

이며, 따라서 평균 자기 쌍극자 모멘트는

$$\overline{\mu_z} = g\mu_0 J \tag{10.23}$$

이다. 즉 낮은 온도 또는 큰 자기장에 놓여 있으면, 평균 자기 쌍극자 모멘트는 일정한 값을 갖는다.

반면에 $x \ll 1 \,(\mu_0 H \ll kT)$이면,

$$\begin{aligned}
\coth x &= \frac{\left(1 + x + \frac{1}{2!}x^2 + \frac{1}{3!}x^3 + \cdots\right) + \left(1 - x + \frac{1}{2!}x^2 - \frac{1}{3!}x^3 + \cdots\right)}{\left(1 + x + \frac{1}{2!}x^2 + \frac{1}{3!}x^3 + \cdots\right) - \left(1 - x + \frac{1}{2!}x^2 - \frac{1}{3!}x^3 + \cdots\right)} \\
&= \frac{2 + 2\frac{1}{2!}x^2 + \cdots}{2x + 2\frac{1}{3!}x^3 + \cdots} = \frac{1 + \frac{1}{2!}x^2 + \cdots}{x + \frac{1}{3!}x^3 + \cdots} = \left(1 + \frac{1}{2!}x^2 + \cdots\right)\frac{1}{x}\left(1 + \frac{1}{3!}x^2 + \cdots\right)^{-1} \\
&= \frac{1}{x}\left(1 + \frac{1}{2}x^2 + \cdots\right)\left(1 - \frac{1}{6}x^2 + \cdots\right) \\
&= \frac{1}{x} + \frac{1}{3}x + \cdots \tag{10.24}
\end{aligned}$$

이다. 따라서 $x \ll 1$이면, 브릴루앙 함수는

$$\begin{aligned}
B_J(x) &= \frac{1}{J}\left[\left(J + \frac{1}{2}\right)\left\{\frac{1}{\left(J + \frac{1}{2}\right)x} + \frac{1}{3}\left(J + \frac{1}{2}\right)x\right\} - \frac{1}{2}\left(\frac{2}{x} + \frac{x}{6}\right)\right] \\
&= \frac{1}{J}\left[\frac{1}{3}\left(J + \frac{1}{2}\right)^2 x - \frac{1}{12}x\right] \\
&= \frac{(J+1)}{3}x \tag{10.25}
\end{aligned}$$

이다. 그러므로 자기 쌍극자 모멘트의 평균값은

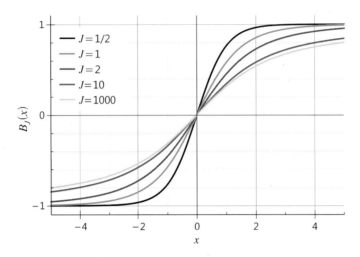

그림 **10.1** 브릴루앙 함수(컬러 사진 참조)

$$\overline{\mu_z} = \frac{1}{3} g\mu_0 J(J+1)x = \frac{1}{3}(g\mu_0)^2 J(J+1)\frac{H}{kT} \tag{10.26}$$

이며, 온도가 높고 자기장이 작으면 평균 자기 쌍극자 모멘트는 H/kT에 비례한다.

N개의 원자가 있는 전체계의 총 자기 쌍극자 모멘트의 평균값은

$$\overline{\mu_{\text{total}}} = N\overline{\mu_z} = Ng\mu_0 J B_J(x) \tag{10.27}$$

이다. 단위 부피당 자기 쌍극자 모멘트인 **자화율**(magnetization) M_z은

$$M_z = \frac{\overline{\mu_{\text{total}}}}{V} = ng\mu_0 J B_J(x) \tag{10.28}$$

이며, 여기서 $n = N/V$는 단위 부피당 입자의 수이다. 자성체의 **자기 감수율**(magnetic susceptibility) χ는

$$M_z = \chi H \tag{10.29}$$

로 정의하며, 일반적으로 자기 감수율은 $\chi = \dfrac{dM}{dH}$로 정의한다. 온도가 높고 자기장이 작을 때 자기 감수율은

$$\chi = \frac{n(g\mu_0)^2 J(J+1)}{3kT} \tag{10.30}$$

이다. 이와 같이 자기 감수율이 온도에 역비례하는 것을 **퀴리의 법칙**(Curie's law)이라 한다.

10.2
강자성과 일차원 Ising 모형

앞에서 자기 쌍극자 모멘트를 가지는 원자(또는 분자)들이 외부 자기장에 놓이면 상자성 현상을 가지는 현상을 공부했다. 그러면 외부에서 자기장을 가하지 않았는데도 불구하고 강한 자성을 띠는 강자성 현상은 어떻게 이해할 수 있을까? 상자성-강자성 상전이 (이차상전이 또는 연속상전이) 문제는 통계역학에서 매우 흥미 있는 주제이다. 간단한 예로 일차원 격자에 N개의 스핀이 무질서하게 배열되어 있는 경우를 생각해 보자. 각 스핀은 고전적인 스핀으로 위쪽 방향과 아래쪽 방향의 두 가지 상태를 가질 수 있다.

$$S_i = \pm 1 \tag{10.31}$$

외부에서 자기장(H)이 일정한 방향으로 가해지면, 이 스핀계의 에너지는

$$E = -\sum_i H S_i - \sum_{ij} J_{ij} S_i S_j - \sum_{ijk} K_{ijk} S_i S_j S_k + \cdots \tag{10.32}$$

으로 쓸 수 있다. 여기서 첫 번째 항은 스핀과 외부 자기장의 상호작용을 나타내고, 두 번째 항은 두 스핀 사이의 상호작용을 나타낸다. 마지막 항은 세 스핀들 사이의 상호작용을 나타낸다. 보통 세 스핀 이상의 상호작용 크기는 앞의 두 항에 비해서 작기 때문에 무시할 수 있다. 둘째 항의 J_{ij}는 두 스핀 사이의 **교환상호작용**(exchange interaction)을 나타낸다. 최인접 두 스핀 사이의 상호작용이 강한 경우만 생각해보자. 스핀계의 해밀토니안은

$$-E = H \sum_{i=1}^{N} S_i + J \sum_{\langle ij \rangle} S_i S_j \tag{10.33}$$

로 쓸 수 있다. 이 해밀토니안을 Ising 해밀토니안이라 하고, 계의 상호작용이 이렇게 표현되는 스핀 모형계를 **Ising 모형계**라 한다. Ising 모형은 1920년에 렌쯔(Wihelm Lenz)가 Ising(Ernst Ising)에게 박사학위 문제로 제시한 모형이었다. Ising은 1차원 격자구조에서 해석적 해를 구하였다.

일반적으로 스핀값은 삼차원 공간에서 벡터로 나타낼 수 있는데 그 경우 스핀 모형계를 **Heisenberg 모형**이라 한다. 스핀들이 이차원 평면에만 놓이고 평면에서 스핀이 임의의 방향을 향하는 스핀 모형계는 **XY 모형**이라 부른다. Ising 모형에서 온도가 낮아져서 특정한 값(임계 온도) 이하가 되면 스핀들 간의 집단적 상호작용에 의한 장거리 **질서맺음**(order

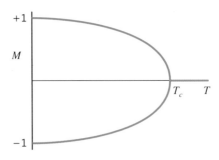

parmameter) 현상이 나타난다. 즉, 모든 스핀들이 같은 방향으로 배열하게 되어 외부에서 자기장을 가해주지 않아도 **자발적인 자화율**(spontaneous magnetization)이 나타난다. 그림 10.2와 같이 임계온도 이하에서 유한한 값을 갖고, 임계온도 이상에서는 영인 물리량을 **질서 변수**(order parameter)라 부른다. Ising 모형에서 질서변수는 자화율이 된다. 온도가 영일 때 자화율이 +1인 상태와 −1 상태는 임계온도 T_c 이하로 될 때 스핀 방향의 우연히 업일 확률과 다운일 확률이 같기 때문이다. 스핀이 모두 업인 방향의 자화율은 +1이고 반대로 스핀이 모두 다운일 때 자화율은 −1이다.

이처럼 간단한 모형에서 상전이 현상이 일어나기 때문에 Ising 모형은 상전이 현상을 공부하는데 매우 중요한 대상이 된다. Ising 모형에서 상전이 현상(임계온도가 영보다 큰 값에서 상전이 현상을 보임)은 이차원 이상에서만 일어난다. 특히 1944년에 L. Onsager가 이차원 Ising 모형의 해석적 해(해석적으로 자유 에너지를 구함)를 구하였다. 그러나 3차원 Ising 모형은 해석적 해를 구할 수 없는 것으로 믿고 있다. 이 절에서는 일차원 Ising 모형의 해석적 해를 구해본다. 특히 $J > 0$일 때 상자성-강자성 상전이가 일어나며, $J < 0$일 때는 상자성-반강자성 상전이가 일어난다.

여기서는 $J > 0$인 경우를 고려하자. 편의상 자기장과 **결합상수**(coupling constant) J를 다시 쓰면,

$$h = \beta H, \quad K = \beta J \tag{10.34}$$

이다.

N 스핀계의 분배함수는

$$Z(h, K, N) = \sum_{\{S\}} \exp\left[h\sum_i S_i + K\sum_i S_i S_{i+1}\right] \tag{10.35}$$

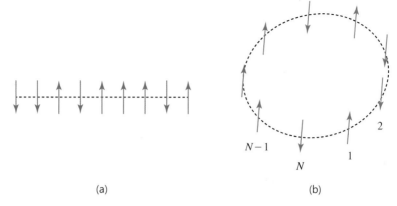

그림 **10.3** Ising 모형에서 (a) 자유경계조건과 (b) 주기경계조건

이다. 여기서 $\{S\} = (S_1,\ S_2,\ \cdots,\ S_N)$을 나타내며, 각 스핀은 위쪽과 아래쪽 두 가지 값을 가진다. 이 식에서 각 스핀은 두 가지 상태를 가지게 되므로 스핀이 가지는 총앙상블은 2^N 개가 가능하다.

간단한 경우로 외부 자기장 $H = 0(h = 0)$인 경우를 생각해 보자. 분배함수는

$$Z(N) = \sum_{S_1} \cdots \sum_{S_N} \exp\left[KS_1S_2 + KS_2S_3 + \cdots + KS_{N-1}S_N\right] \tag{10.36}$$

가 된다. 그림 10.3과 같이 양끝에서 **자유경계조건**(free boundary condition)을 가정하자. 자유경계조건은 양끝의 경계에 있는 스핀이 짝을 가지고 있지 않음을 뜻한다.

N 스핀의 분배함수는 $N+1$ 스핀계의 분배함수와 연관된다. 즉,

$$Z(N+1) = \sum_{S_1} \cdots \sum_{S_N} \sum_{S_{N+1}} \exp\left[K(S_1S_2 + \cdots + S_{N-1}S_N)\right]\exp\left[KS_NS_{N+1}\right] \tag{10.37}$$

이 된다. 그런데 이 식에서

$$\sum_{S_{N+1}} \exp\left[KS_NS_{N+1}\right] = e^{KS_N} + e^{-KS_N} \tag{10.38}$$

이고, $S_N = +1$ 또는 -1이므로 $e^{KS_N} + e^{-KS_N} = e^K + e^{-K} = 2\cosh K$이므로

$$Z(N+1) = Z(N)2\cosh K \tag{10.39}$$

이 된다.

이 식은 되돌이 식(recursion relation)이므로

$$Z(N+1) = Z(1)(2\cosh K)^N \tag{10.40}$$

이 된다. 스핀이 하나만 있는 $N=1$인 경우에 스핀짝이 없으므로 $e^{KS_1S_2} = 1$이므로

$$Z(1) = \sum_{S_1 = \pm 1} 1 = 1 + 1 = 2 \tag{10.41}$$

이므로

$$Z(N) = 2(2\cosh K)^{N-1} \tag{10.42}$$

이다. 외부 자기장 $H \neq 0$이면 위에서 쓴 방법을 사용할 수 없다. 이때는 **전달행렬**(transfer matrix) 방법을 써서 분배함수를 구할 수 있다. 여기서 양끝의 스핀들 사이에 **주기경계조건** (periodic boundary condition)을 가정하자.

$$S_{N+1} = S_1 \tag{10.43}$$

따라서 분배함수는

$$Z(h, K, N) = \sum_{S_1} \cdots \sum_{S_N} \exp\left[h\sum_i S_i + K\sum_i S_i S_{i+1} \right] \tag{10.44}$$

이 된다. 위 식에서 합에 대한 표현을 식 (10.43)을 활용하여 다시 쓰면

$$Z(h, K, N) = \sum_{S_1} \cdots \sum_{S_N} \left[e^{\frac{h}{2}(S_1 + S_2) + KS_1S_2} \right] \left[e^{\frac{h}{2}(S_2 + S_3) + KS_2S_3} \right] \cdots \left[e^{\frac{h}{2}(S_N + S_1) + KS_NS_1} \right] \tag{10.45}$$

이다. 이 식에서 [·] 안에 있는 양은 어떤 행렬 **T**의 성분으로 표현할 수 있다.

$$\mathbf{T}_{S_1, S_2} = e^{\frac{h}{2}(S_1 + S_2) + KS_1S_2} \tag{10.46}$$

따라서 행렬 **T**는

$$\mathbf{T} = \begin{pmatrix} T_{11} & T_{1-1} \\ T_{-11} & T_{-1-1} \end{pmatrix} = \begin{pmatrix} e^{h+K} & e^{-K} \\ e^{-K} & e^{-h+K} \end{pmatrix} \tag{10.47}$$

가 된다. 이 행렬을 전달행렬(transfer matrix)이라 한다. 따라서 분배함수는

$$Z(h, K, N) = \sum_{S_1} \cdots \sum_{S_N} \mathbf{T}_{S_1 S_2} \mathbf{T}_{S_2 S_3} \cdots \mathbf{T}_{S_N S_1} \tag{10.48}$$

이 된다. 그런데 두 행렬의 곱은

$$\mathbf{A} = \mathbf{BC} \Leftrightarrow A_{ij} = \sum_k B_{ik} C_{kj} \tag{10.49}$$

이고, 또한 행렬의 Tr(trace)는

$$\mathrm{Tr}\mathbf{A} = \sum_i A_{ii} \tag{10.50}$$

이다. 따라서 $\displaystyle\sum_{S_2} \cdots \sum_{S_N}$ 사이의 곱은 행렬의 곱을 나타내므로

$$Z(h, K, N) = \sum_{S_1} \cdots \sum_{S_{N-1}} \mathbf{T}_{S_1 S_2} \mathbf{T}_{S_2 S_3} \cdots \left(\sum_{S_N} \mathbf{T}_{S_{N-1} S_N} \mathbf{T}_{S_N S_1} \right)$$
$$= \sum_{S_1} \cdots \sum_{S_{N-1}} \mathbf{T}_{S_1 S_2} \mathbf{T}_{S_2 S_3} \cdots (\mathbf{T}^2_{S_{N-1} S_1}) = \sum_{S_1} \mathbf{T}^N_{S_1 S_1} = \mathrm{Tr}\mathbf{T}^N \tag{10.51}$$

이다.

위 식에서 $\mathbf{T}^N$의 Tr를 계산하기 전에, 원래 행렬의 Trace와 대각화된 행렬의 Trace가 같다는 성질을 이용하자. 행렬 $\mathbf{T}$의 대각화된 일반 형태는

$$\mathbf{T}' = \mathbf{S}^T \mathbf{T} \mathbf{S} = \mathbf{S}^{-1} \mathbf{T} \mathbf{S} \tag{10.52}$$

이며, $\mathbf{S}$는 행과 열이 고유벡터로 이루어진 행렬이며, 행렬 $\mathbf{T}$의 요소들이 실수이고 대칭이므로, $\mathbf{S}$의 transpose 행렬인 $\mathbf{S}^T = \mathbf{S}^{-1}$이다.

대각화된 행렬은

$$\mathbf{T}' = \begin{pmatrix} \lambda_1 & 0 \\ 0 & \lambda_2 \end{pmatrix} \Rightarrow \mathbf{T}'^N = \begin{pmatrix} \lambda_1^N & 0 \\ 0 & \lambda_2^N \end{pmatrix} \tag{10.53}$$

이며, 여기서 λ_1과 λ_2는 행렬 $\mathbf{T}$의 고유치이다. $\mathrm{Tr}(\mathbf{AB}) = \mathrm{Tr}(\mathbf{BA})$을 이용하면

$$\mathrm{Tr}\mathbf{T}' = \mathrm{Tr}(\mathbf{S}^{-1} \mathbf{T} \mathbf{S}) = \mathrm{Tr}(\mathbf{T} \mathbf{S}^{-1} \mathbf{S}) = \mathrm{Tr}\mathbf{T}$$
$$\Rightarrow \mathrm{Tr}\mathbf{T}'^N = \mathrm{Tr}(\mathbf{S}^{-1} \mathbf{T} \mathbf{S})^N = \mathrm{Tr}(\mathbf{T} \mathbf{S}^{-1} \mathbf{S})^N = \mathrm{Tr}\mathbf{T}^N \tag{10.54}$$

이다.

그러므로

$$\text{Tr}\mathbf{T}'^N = \text{Tr}\mathbf{T}^N = \lambda_1^N + \lambda_2^N \tag{10.55}$$

이 된다. 고유값이 같지 않고, $\lambda_1 > \lambda_2$이면

$$Z(h, K, N) = \lambda_1^N \left(1 + \left[\frac{\lambda_2}{\lambda_1}\right]^N\right) \tag{10.56}$$

이 된다. $N \to \infty$인 열역학적 극한에서

$$Z(h, K, N) \simeq \lambda_1^N (1 + O(e^{-\alpha N})) \tag{10.57}$$

이다. 여기서 $\alpha = \log(\lambda_1/\lambda_2)$이다. 즉, 열역학적 극한에서는 가장 큰 고유치만이 중요한 역할을 하게 된다. 입자당 자유 에너지는

$$f(h, K, T) = \lim_{N \to \infty} \frac{F(h, K, N)}{N} = -kT\ln\lambda_1 \tag{10.58}$$

이다. 행렬 $\mathbf{T}$의 고유치는

$$\begin{vmatrix} e^{h+K} - \lambda & e^{-K} \\ e^{-K} & e^{-h+K} - \lambda \end{vmatrix} = 0 \tag{10.59}$$

에서 구한다. 위 식을 계산하면

$$\lambda_{1,2} = e^K \left[\cosh h \pm \sqrt{\sinh^2 h + e^{-4K}}\,\right] \tag{10.60}$$

이다.

그러므로 입자당 자유 에너지는

$$\begin{aligned} f(h, K, T) &= -kT\ln\left\{e^K\left[\cosh h + \sqrt{\sinh^2 h + e^{-4K}}\,\right]\right\} \\ &= -kT(\beta J) - kT\ln\left[\cosh h + \sqrt{\sinh^2 h + e^{-4K}}\,\right] \\ &= -J - kT\ln\left[\cosh h + \sqrt{\sinh^2 h + e^{-4K}}\,\right] \end{aligned} \tag{10.61}$$

이다.

먼저 온도가 영인 경우($T = 0$, $K = \infty$)를 살펴보자. 전달행렬의 가장 큰 고유치는

$$\lambda_1 = e^K \left[\cosh h + \sqrt{\sinh^2 h \, (1 + O(e^{-4K}))} \right] \tag{10.62}$$

이다. 그런데

$$\sqrt{x^2} = |x| \tag{10.63}$$

이므로,

$$\lambda_1 = e^K \left[\cosh h + |\sinh h| \, (1 + O(e^{-4K})) \right] \tag{10.64}$$

이다. 그런데,

$$\cosh h + |\sinh h| = \begin{cases} \dfrac{1}{2} (e^h + e^{-h} + e^h - e^{-h}) & h > 0 \\[2mm] \dfrac{1}{2} (e^h + e^{-h} - e^h + e^{-h}) & h < 0 \end{cases} \tag{10.65}$$

이고,

$$\cosh h + |\sinh h| = e^{|h|} \tag{10.66}$$

이다. 그러므로

$$\lambda_1 = e^{K + |h|} \tag{10.67}$$

이다. 자유 에너지는

$$F = -NkT(K + |h|) + O(K^2) \tag{10.68}$$

이 된다.

$T = 0$일 때, 자유 에너지는

$$F = -N(J + |H|) \tag{10.69}$$

이다.

즉, 자유 에너지가 외부 자기장 H에 대해서 비해석적(non-analytic) 행동을 보이게 된다. 참고로 일차원 Ising 모형에서 자유 에너지의 비해석적 행동은 온도가 $0\,℃$인 극한에서 나타

남에 주의하여야 한다. 일반적으로 상전이를 보이는 계의 비해석적 양상은 열역학적 극한 (입자수 $N \to \infty$, 부피 $V \to \infty$, $N/V =$ 유한인 극한)을 취했을 때 나타난다. 그러나 일차원 Ising 모형은 열역학적 극한을 취하지 않았음에도 비해석적 양상을 보인다. 이러한 성질은 일차원의 고유한 성질이며, 일반적으로 이차원 이상의 높은 차원에서 자유 에너지의 비해석적 양상은 열역학적 극한에서만 나타난다.

일차원 Ising 모형의 자화율 M은

$$M \equiv \frac{1}{N} \sum_{i=1}^{N} \langle S_i \rangle \tag{10.70}$$

이고, 자유 에너지는

$$F(N, T, H, J, \cdots) = -kT \ln Z = -kT \ln \sum e^{-\beta E} \tag{10.71}$$

이다. 자유 에너지를 외부 자기장에 대해서 한 번 미분하면

$$\begin{aligned}
\frac{\partial F}{\partial H} &= -kT \frac{1}{Z} \frac{\partial Z}{\partial H} = -kT \frac{1}{Z} \sum_{S_1} \cdots \sum_{S_N} \left(\beta \sum_i S_i \right) \exp\left[h \sum_i S_i + K \sum_i S_i S_{i+1} \right] \\
&= -\frac{1}{Z} \sum_{S_1} \cdots \sum_{S_N} (S_1 + \cdots + S_N) \exp\left[h \sum_i S_i + K \sum_i S_i S_{i+1} \right] \\
&= -(\langle S_1 \rangle + \cdots + \langle S_N \rangle) \\
&= -\sum_i^{N} \langle S_i \rangle \tag{10.72}
\end{aligned}$$

이다. 따라서 계의 자화율은

$$M = \frac{1}{N} \sum_{i=1}^{N} \langle S_i \rangle = -\frac{1}{N} \frac{\partial F}{\partial H} \tag{10.73}$$

이다. 온도가 0℃일 때 Ising 모형의 자화율은

$$M = \begin{cases} 1 & H > 0 \\ -1 & H < 0 \end{cases} \tag{10.74}$$

이다. 즉, 계에 외부 자기장을 가해주면, 자화율이 생긴다. 그런데 자화율이 1이므로 모든 스핀들이 자기장 방향으로 정렬한 상태를 나타낸다.

외부 자기장이 없는 경우($h = 0$)를 생각해보자. 자기장이 없으면 고유치가

$$\lambda_1 = e^K (1 + e^{-2K}) = (e^K + e^{-K}) = 2\cosh K \tag{10.75}$$

이 된다. 따라서 분배함수는 $Z = (2\cosh K)^N$이다. 자유 에너지는

$$F = -NkT\left[K + \ln(1 + e^{-2K})\right] \tag{10.76}$$

이다.

온도가 아주 낮을 때와 아주 높을 때, 입자당 자유 에너지는

$$f \equiv F/N = \begin{cases} -J & T \to 0 (K \to \infty) \\ -kT\ln 2 & T \to \infty (K \to 0) \end{cases} \tag{10.77}$$

가 된다. 온도가 높을 때는 계의 자유 에너지가 엔트로피에 의해서 지배되고(즉, $S = -k\ln\Omega$이고, Ising 모형인 경우 $\Omega = 2^N$을 상기), 반대로 온도가 낮을 때는 스핀들간의 상호작용에 의한 에너지 항이 계를 지배하게 된다. 외부 자기장이 없을 때 내부에너지는

$$\overline{E} = -\frac{\partial}{\partial \beta}\ln Z = -N\frac{\partial}{\partial \beta}\ln(2\cosh\beta J) = -NJ\tanh\beta J \tag{10.78}$$

이 된다.

계의 비열(specific heat)은

$$C_V = \left(\frac{d\overline{E}}{dT}\right)_V = -\frac{1}{kT^2}\frac{d\overline{E}}{d\beta} = \frac{NJ^2}{kT^2}\mathrm{sech}^2(J/kT) \tag{10.79}$$

이고, 비열에는 어떤 **특이성**(singularity)도 없다. 그러나 비열은 $J \sim kT$에서 최댓값을 보인다. 이러한 경향을 **쇼트키 특이성**(Schottky anomaly)라 한다.

외부 자기장이 있을 때 계의 자화율을 구해보자. 스핀 당 자유 에너지는

$$f = F/N = -J - kT\ln\left[\cosh h + \sqrt{\sinh^2 h + \omega^2}\right] \tag{10.80}$$

이다. 여기서 $\omega^2 = e^{-4K}$이고, 이 값은 그림 10.4와 같이 두 스핀 배열에서 단 하나의 스핀 배열만 다른 경우의 상대적 확률에 해당한다. 그림 10.4(a)는 모든 스핀이 업인 상태를 나타내고, 그림 10.4(b)는 그 중에서 스핀 하나가 다운인 상태를 나타낸다. 두 스핀 배열의 상대적 확률은 볼츠만 인자 $e^{-\beta\Delta E}$에 비례하고, 그림 10.4에서 (a) 상태와 (b) 상태에서 스핀이

그림 **10.4** (a) 모든 스핀이 업인 상태, (b) 하나의 스핀이 다운이고 나머지는 모두 업인 상태를 나타냄.

다른 이웃 배열의 에너지 차이를 구해보면 $\Delta E = K + K - (-K - K) = 4K$이다. 따라서 두 스핀 배열의 상대적 확률은 e^{-4K}에 비례한다.

따라서 계의 자화율은

$$
\begin{aligned}
M &= -\frac{1}{N}\frac{\partial F}{\partial H} = -\frac{1}{NkT}\frac{\partial F}{\partial h} \\[2mm]
&= \frac{\partial}{\partial h}\ln\left[\cosh h + \sqrt{\sinh^2 h + \omega^2}\right] \\[2mm]
&= \frac{\sinh h}{\sqrt{\sinh^2 h + \omega^2}}
\end{aligned}
\tag{10.81}
$$

이다. 등온 **자기 감수율**(magnetic susceptibility) χ_T는

$$
\chi_T = \frac{\partial M}{\partial H}
\tag{10.82}
$$

이고, 외부 자기장이 매우 작을 때 $(h \to 0)$ $\sinh h \sim h$이므로,

$$
M \simeq \frac{h}{\omega} = he^{2K} = e^{2K}\frac{H}{kT}
\tag{10.83}
$$

이다. 따라서

$$
\chi_T = \frac{\partial}{\partial H}\left(\frac{e^{2K}H}{kT}\right) = \frac{e^{2K}}{kT} = \frac{e^{2J/kT}}{kT}
\tag{10.84}
$$

이다.

높은 온도와 낮은 온도에서의 자기 감수율은

$$
\chi_T = \begin{cases} \dfrac{1}{kT} & T \to \infty\,(\text{퀴리의 법칙}) \\[3mm] e^{2J/kT}/kT & T \to 0 \end{cases}
\tag{10.85}
$$

이다. 자기 감수율은 그림 10.5와 같이 0℃ 근처에서 지수함수적인 발산을 보인다.

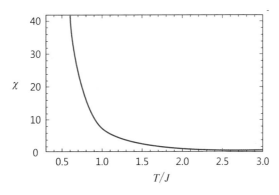

그림 **10.5** 1차원 Ising 모형에서 온도에 따른 자화율 곡선. 자화율은 $T=0$에서 발산한다.

10.3
평균장 이론

Ising 모형은 고체의 상자성–강자성 상전이를 이해하기 위한 **토이 모형**(toy model)으로써 매우 중요하며, 통계물리학에서 연속상전이를 이해하는 모형으로써 매우 중요한 위치를 차지하고 있다. 1925년에 Ising이 일차원 모형의 정확한 해를 구한 후에 1944년에 온사거(Onsager)가 2차원 모형에서 정확한 해를 구하였다. 3차원 Ising 모형에 대한 정확한 해는 구할 수 없으며 몬테카를로 시뮬레이션으로 물리적 상태를 추정할 수 있다. 이차원 이상의 높은 차원에서 정확한 해를 구할 수 없기 때문에 근사법에 의한 해를 구해보자.

일차원 Ising 모형이 유한한 온도에서 상전이 현상을 보이지 않는데 비해서 이차원 이상

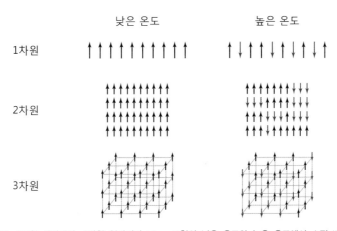

그림 **10.6** 1차원 격자, 2차원 사각격자, 3차원 입방격자 Ising 모형의 낮은 온도와 높은 온도에서 스핀 배열

의 Ising 모형에서는 유한한 온도에서 **질서-무질서 상전이**(order-disorder transition)가 일어 난다. 스핀 사이의 상호작용과 외부 자기장이 걸려 있는 경우 Ising 모형의 에너지는

$$E = -\sum_{\langle ij \rangle} J S_i S_j - \sum_i H S_i \qquad (10.86)$$

이고, 스핀은 $S_i = \pm 1$ 이다. 여기서 합 $\langle ij \rangle$ 는 이웃한 스핀 사이의 상호작용만 고려한다. 이 웃한 스핀의 **결합상수**(coupling constant) J 는 에너지 차원을 가지며 두 스핀 사이의 결합 크기를 나타낸다. 결합상수 $J > 0$ 일 때는 두 스핀이 같은 부호를 가질 때 에너지가 낮은 상 태인 강자성 전이를 나타내며, 반대로 $J < 0$ 일 때는 두 스핀이 서로 반대 방향을 가질 때 에너지가 낮은 상태인 반강자성 전이를 나타낸다. 일정한 외부 자기장 H 는 모든 스핀에 일 정하게 가해지며 역시 에너지 차원을 갖는다. 1차원 Ising 모형의 해는 앞에서 구해보았지만 2차원에서 정확한 해는 복잡한 계산을 필요로 한다. 따라서 여기서는 **평균장 이론**(mean field theory, MFT)을 이용하여 Ising 문제를 풀어본다. Ising 모형의 총에너지에 온도변수 를 곱해서 차원이 없는 해밀토니안으로 표현하면

$$H = \beta E = -K \sum_{ij} S_i S_j - h \sum_i S_i \qquad (10.87)$$

이고 $S_i = \pm 1$ 이다. 스핀 i 의 평균은

$$m = \langle S_i \rangle \qquad (10.88)$$

이고, $\langle \cdot \rangle$ 는 앙상블 평균을 의미한다. 이차원 사각격자 위에 놓여 있는 대표 스핀 S_0 에 대한 무차원 해밀토니안은

$$H(S_0) = -S_0 \left(K \sum_j S_j + h \right) \qquad (10.89)$$

이다. 무차원 단일 해밀토니안을 다시 쓰면

$$H(S_0) = -S_0(qKm + h) - KS_0 \sum_j (S_j - m) \qquad (10.90)$$

이고, 마지막 항은 스핀값의 **요동**(fluctuation)을 나타낸다. 두 번째 항은 첫 번째 항에 비해 서 매우 작기 때문에 무시한다. 요동 항을 무시하는 근사를 **평균장 근사**(mean field appro-ximation)라 한다. 요동을 무시하면 단일 해밀토니안은 상호작용 항이 사라진 단일 입자 해

밀토니안이 된다. 즉, 단일 해밀토니안은

$$H(S_0) = -S_0(qKm + h) \tag{10.91}$$

이고, q는 한 스핀의 최인접 이웃의 개수(coordination number)를 나타낸다. 이차원 사각격자는 $q = 4$이고 3차원 정육면체 격자구조는 $q = 6$이다. 한 스핀의 평균이 자화율

$$m = \langle S_0 \rangle = \langle S_j \rangle \tag{10.92}$$

이므로

$$m = \langle S_0 \rangle = \frac{\sum_{S_0} S_0 \exp\{-\beta H(S_0)\}}{\sum_{S_0} \exp\{-\beta H(S_0)\}} \tag{10.93}$$

이다. 자화율에 대한 **자기 일관성 해**(self consistent solution)는

$$m = \tanh[\beta(qKm + h)] \tag{10.94}$$

이다. 외부 자기장이 걸리지 않으면 $h = 0$이므로

$$m = \tanh(\beta qKm) \tag{10.95}$$

이다. 이 방정식의 해는 tanh 함수의 βqK의 크기에 따라 달라진다. 그림 10.7과 같이 $\beta qK \le 1$이면 $m = 0$인 단일 해를 갖지만 $\beta qK > 1$이면 그림과 같이 세 개의 해를 갖는다. 식 (10.95)의 해는 $y = m$인 함수와 $y = \tanh(\beta qKm)$인 함수를 한 그래프에 동시에 그린 다음 두 함수가 만나는 지점이다.

자체 일관성 방정식에서 $\beta qK = 1$일 때의 온도를 **임계온도**(critical temperature)라 하고

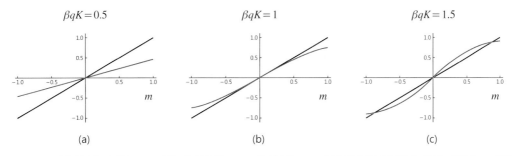

그림 **10.7** 자체 일관성 방정식 $m = \tanh(\beta qKm)$의 해는 $y = m$인 함수와 $y = \tanh(\beta qKm)$의 교차점이다. $\beta qK \le 1$이면 $m = 0$인 단일 해를 갖지만 $\beta qK > 1$이면 세 개의 해를 가지며 $m = 0$인 해는 불안정한 해이다.

$$\frac{qK}{kT_c} = 1 \qquad (10.96)$$

이므로

$$T_c = \frac{qK}{k} \qquad (10.97)$$

이다. 온도가 임계온도보다 낮으면 $T < T_c$ ($\beta qK > 1$), $m = 0$인 해 이외에 $\pm m_0$인 두 개의 해가 더 존재한다. 온도가 절대 영도에 접근하는 극한 $T \to 0$에서 $\tanh(\beta qK) \to \pm 1$이므로 $m_o = \pm 1$이 되어 최대 강자성 상태가 된다.

계의 온도를 낮추어 임계온도 이하가 되면 Ising 모형은 외부 자기장을 걸지 않았음에도 이웃한 스핀들 사이의 집단적 상호작용에 의해서 스스로 유한한 크기의 자화율을 가지면서 강자성 상태가 된다. 그림 10.8은 **몬테카를로 시뮬레이션**(Monte Carlo Simulation)으로 구현한 이차원 격자에서 Ising 모형이 스스로 강자성이 되는 상태를 나타낸다. 임계온도 T_c에서 Ising 모형은 **자발적 대칭깸**(spontaneous symmetry breaking)이 일어나면서 강자성 상태로 상전이한다. 온도가 임계온도보다 높을 때는 업스핀과 다운스핀이 골고루 섞여 있기 때문에 회전대칭성을 가지고 있다. 반면 계의 온도가 $T < T_c$가 되면 두 스핀 상태 중 한 스핀이 득세를 하기 때문에 대칭성이 낮아진다. 높은 온도에서 높은 대칭성이 임계온도 이하에서 낮은 대칭성으로 바뀌면서 자발적 대칭성 깨짐이 발생한다.

낮은 온도에서 임계온도 $T \to T_c$에 접근하면 하이퍼볼릭 탄젠트 함수가 매우 작기 때문에

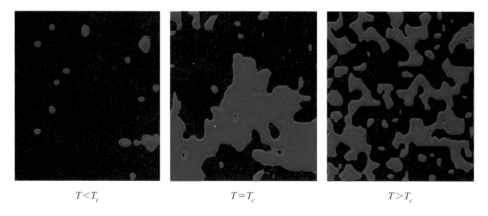

$$T < T_c \qquad\qquad\qquad T = T_c \qquad\qquad\qquad T > T_c$$

그림 **10.8** 이차원 Ising 모형에서 온도에 따른 스핀 배열의 모습. 온도가 임계온도 $T > T_c$이면 업스핀과 다운스핀이 서로 대등하게 섞여 있으므로 상자성 상태이고 $T \leq T_c$이면 자발적 대칭깸(spontaneous symmetry breaking)에 의해서 강자성 상태로 상전이한다.

$\tanh(x) = x - \dfrac{1}{3}x^3 + \cdots$를 이용하면

$$m = \beta q K m - \frac{1}{3}(\beta q K)^3 m^3 + \cdots \tag{10.98}$$

이고, 이 방정식의 해는

$$m_0 = \pm \sqrt{3}\left(\frac{T}{T_c}\right)^{3/2}\left(\frac{T_c}{T} - 1\right)^{1/2} \tag{10.99}$$

이다. 질서변수는 $m_0 \sim |T_c - T|^{\beta}$의 멱법칙을 보이며 평균장 근사의 임계지수는 $\beta = 1/2$이다. 평균장 근사의 임계지수는 공간 차원, 격자구조에 무관한 상수값이다. Ising 모형에서 평균장 근사는 차원이 $d > d_c = 4$일 때 올바른 해이다. 그러나 **상임계차원**(upper critical dimension) d_c보다 낮은 차원에서 스핀들의 요동이 중요한 역할을 하기 때문에 평균장 근사는 맞지 않는다.

이차원 Ising 모형의 해석적 해는 온사거가 처음 구했으며 해석적 분배함수는

$$Z(N, T, H = 0) = [2\cosh(\beta J)e^I]^N \tag{10.100}$$

이고, 여기서

$$I = \frac{1}{2\pi}\int_0^{\pi} d\phi \ln\left\{\frac{1}{2}\left[1 + (1 - k^2\sin^2\phi)^{1/2}\right]\right\} \tag{10.101}$$

이다. 자발적 자기화가 일어나는 임계온도는

$$T_c = 2.269 J/k \tag{10.102}$$

또는

$$\sinh(2J/kT_c) = 1 \tag{10.103}$$

이다. 임계점 근처에서 여러 가지 물리량이 특이성을 갖는다.

비열은

$$C \simeq (8k/\pi)(\beta J)^2 \ln\left|1/(T - T_c)\right| \tag{10.104}$$

이고, 자화율은

$$M \sim (T_c - T)^\beta, \quad T < T_c \tag{10.105}$$

이다. 임계지수는 $\beta = 1/8\,(2차원)$이다.

삼차원 Ising 모형에서 비열은 임계온도 근처에서

$$C \sim |T - T_c|^{-\alpha} \tag{10.106}$$

으로 표현된다. 삼차원의 임계지수는 수치계산이나 몬테카를로 방법으로 임계지수들을 구할 수 있다. 삼차원 임계지수는

$$\alpha \sim 0.125, \quad \beta = 0.313 \tag{10.107}$$

이다.

스미기(percolation)

요즘은 동네의 카페에도 다양한 종류의 커피를 갖추고 있을 뿐만 아니라 실력 있는 바리스타들이 많이 있어서 맛있는 커피를 즐길 수 있다. 커피콩을 갈아서 필터로 내려 마시면 커피의 향과 맛을 함께 즐길 수 있다. 필터에 커피 가루를 넣고 물을 부으면 물은 커피 가루 사이에 스며서 아래로 떨어진다. 미세한 커피 가루 사이에 물이 스며서 흐를 수 있는 길이 있음이 분명하다. 이와 같이 한쪽에서 반대쪽으로 길이 형성되어 어떤 흐름이 형성될 수 있는 현상을 **스미기**(percolation)라 한다. 스미기 현상은 일찍이 통계 물리학자들의 관심을 끌었다. 그림 10.9에서 바둑판에 놓인 돌을 보며 흰색 돌은 위쪽 변에서 출발하여 흰색 돌이 연결된 경로를 따라 내려가 보면 아랫변에 도달할 수 있는 경로가 형성된다. 즉, 스미기 경로가 형성되어 있다. 만약 검은색 돌을 커피 가루라 하고 흰색 돌이 빈 공간이라고 하면 위쪽에서 물을 부으면 연결된 통로를 따라서 물이 흘러 바닥쪽으로 흐를 수 있다.

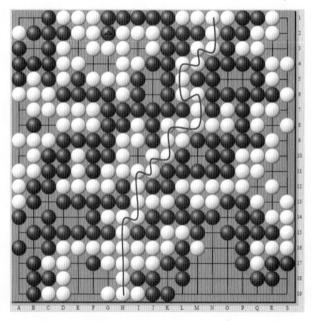

그림 **10.9** 바둑에서 스미기 경로가 형성된 모습. 흰색 돌의 1, N에서 출발하여 연결된 흰색 돌을 따라가면 19, H에 도달하여 스미기 경로가 형성되어 있다.

바둑은 사실 검은색 돌, 흰색 돌, 빈 곳이 있기 때문에 스미기 모형에서 좀 더 어려운 문제이고, 이러한 스미기 모형을 **삼체 스미기 모형**(ternary percolation model)이라 한다. 더 간단한 스미기 모형은 그림 10.10과 같이 빈칸(격자점)을 차지하거나 연결선을 점유한 것을 나타낸다. 먼저 **격자점 스미기**

(site percolation)를 생각해 보자. 그림 10.10(a)에서 사각격자의 격자점 대신에 빈칸을 차지하는 경우를 나타내었다. 격자점 하나와 빈칸 하나는 일대일로 대응시킬 수 있어 **이중성**(duality)이 있어 입자가 격자점을 차지하거나 빈칸을 차지하거나 같은 문제가 된다. 그림 10.10(b)는 사각격자의 연결선을 차지하는 **연결선 스미기**(bond percolation)를 나타낸다. 격자점 스미기 모형에서 각 빈칸은 입자가 확률 p로 차지할 수 있거나 확률 $1-p$로 비어 있다.

그림 10.10에서 흰칸은 비어있고 색깔이 있는 칸은 입자가 차지하고 있다고 생각한다. 그림 10.10(a)는 왼쪽 상단의 칸에서 시작하여 오른쪽으로 스캔하면서 각 칸마다 확률 p로 입자를 놓은 것을 나타낸 것이다. 입자들이 차지한 칸이 서로 붙어 있으면 그 입자들은 연결되어 송이(cluster)를 이룬다. 그림 10.10(a)에서 진한색과 흐린색 송이는 서로 연결된 송이이고 그림의 상단에서 하단을 관통하고 있는 **스미기송이**(percolating cluster) 또는 **무한송이**(infinite cluster)라 한다. 퍼콜레이션 모형에서 스미기송이가 적어도 하나 이상 있으면 스미기(percolating)가 일어났다고 한다. 2차원 공간에서 스미기송이는 보통 하나가 있다. 차원이 2차원보다 높아지면 스미기송이가 여러 개 있을 수 있다.

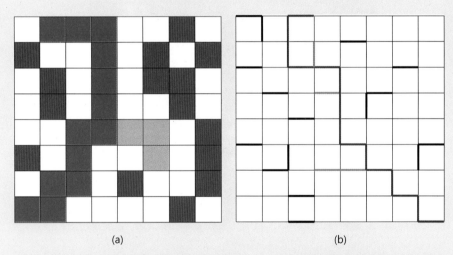

(a)   (b)

그림 **10.10** 이차원 사각격자 위에서 만들어진 스미기 모형. (a) 격자점 스미기 모형, (b) 연결선 스미기 모형. 진한색과 흐린색 송이는 위쪽 변에서 아래쪽 변으로 연결되어 있다. 진한색 연결송이는 뼈대송이(backbone)를 나타내고, 흐린색 연결선은 매달린 가지(dangling bond)이다.(컬러 사진 참조)

그림 10.10(b)는 연결선 스미기 모형으로 사각격자의 각 연결선을 확률 p로 막대가 차지하고 있는 상태를 나타낸 것이다. 막대를 전기저항이라고 생각하면 저항이 연결선을 차지하고 확률 $1-p$로 연결선을 끊어 놓은 것과 같다. 전기저항으로 만들어진 연결선 스미기를 **무작위 저항망**(random register network)이라 한다. 그림 10.10(b)에서 진한색과 흐린색 연결선은 스미기송이를 형성하고

있다. 만약 격자점이나 연결선을 차지할 확률 p를 0부터 1까지 연속적으로 바꾸면서 형성되는 스미기 배열(configuration)을 생각해 보자. 스미기송이는 어떤 p 값에서 처음으로 발생할까? 그림 10.11은 사각격자의 각 칸을 **점유할 확률**(occupation probability) p를 증가시키면서 스미기 모형의 배열을 관찰한 모습이다. 점유확률의 임계값 $p < p_c$이면 스미기송이가 존재하지 않으며 유한한 크기의 송이들만이 존재한다. 사각격자에서 스미기 전이가 일어나는 **스미기 임계값**(percolation critical point)은 $p_c = 0.592746\cdots$이다. 점유확률이 $p \geq p_c$이면 스미기송이가 나타난다. 사각격자에서 연결선 스미기 모형의 스미기 임계값은 $p_c = 1/2$이다.

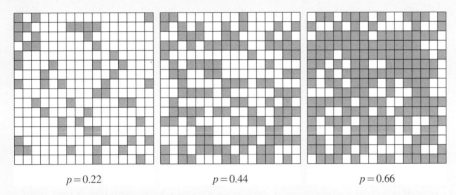

$$p = 0.22 \qquad\qquad p = 0.44 \qquad\qquad p = 0.66$$

그림 **10.11** 사각격자의 칸을 점유할 확률(occupation probability)을 증가시키면서 관찰한 배열의 변화 모습. 사각격자의 스미기 임계값은 $p_c = 0.592746\cdots$이다.

스미기 전이(percolation transition)를 정량화하기 위해서 **스미기송이 세기**(strength of percolating cluster) $P(p)$를 정의해 보자. 격자점 스미기 모형에서 스미기송이 세기는 한 격자점을 무작위로 선택했을 때 그 격자점이 스미기송이에 포함되어 있을 확률로 정의한다. 모든 사격격자의 격자점을 N이라 하고 스미기송이에 포함된 격자점의 수를 N_c라 하면

$$P(p) = \frac{N_c}{N}$$

이다. 스미기 모형에서 스미기송이 세기는 스미기 전이에서 질서맺음변수(order parameter)이다. 스미기 전이는 **구조적 상전이**(geometrical phase transition)에 해당하고 p_c는 임계점에 해당한다. 질서맺음변수는 질서가 없는 상태 ($p < p_c$)에서 영이고, 상전이가 일어나서 질서가 생긴 상태 ($p \geq p_c$)에서 영보다 큰 유한한 값을 가지는 어떤 물리량을 말한다. 그림 10.12와 같이 점유확률이 $p < p_c$이면 스미기송이가 형성되지 않으므로 $P(p) = 0$이다. 그림 10.12에서 수직 점선이 $p_c = 0.592746\cdots$인 위치이다. 그림 10.12는 크기 $L \times L$인 사각격자에서 크기 L을 변화시키면서 스미기송이 세기를

몬테카를로 시뮬레이션으로 구한 그림이다. 작은 크기의 사각격자에서 유한크기 효과(finite size effect) 때문에 $p < p_c$ 이더라도 $P(p)$ 값이 영이 아닌 작은 값을 가지는 것을 볼 수 있다. 사각격자의 크기가 커지면 유한크기 효과는 점점 사라진다. 스미기 전이는 질서맺음변수가 연속해서 증가하는 **연속 상전이**(continuous phase transition) 또는 **2차 상전이**(second order phase transition)의 예이다.

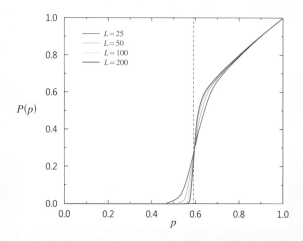

그림 **10.12** 사각격자의 크기를 증가시키면서 스미기송이 세기 $P(p)$ 를 점유확률 p 의 함수로 구한 그림. 데이터는 몬테카를로 시뮬레이션으로 구하였다. 스미기 상전이는 $p_c = 0.592746\cdots$ 에서 일어난다. 점유확률이 $p < p_c$ 에서 $P(p)$ 가 영이 아닌 이유는 격자의 크기가 작은 유한크기 효과 때문이다. 열역학적 극한에서 상전이는 2차 상전이다.(컬러 사진 참조)

스미기 상전이가 일어나는 임계 점유확률 p_c 근처에서 일반적인 2차 상전이의 특징이 그대로 나타난다. 상전이의 대표적 특징인 요동(fluctuation)의 급격한 증가, 장거리 상관관계, 물리량들이 멱법칙을 따르는 축척관계 등이 나타난다. 질서맺음변수인 스미기송이 세기는

$$P(p) \sim (p - p_c)^{\beta}$$

인 멱법칙을 따른다. 질서맺음변수의 임계지수 β 는 차원과 대칭성에 의존하며, 격자의 구조, 스미기의 모형의 종류에는 무관하다. 즉 임계지수는 사각격자, 삼각격자, 육각격자 등 격자의 구조에 상관이 없다. 또한 임계지수는 격자점 스미기 모형이나 연결선 스미기 모형에 상관없이 동일한 값을 갖는다. 이차원에서 임계지수는 $\beta = 5/36$ 이고, 삼차원에서 $\beta = 0.41$ 이다. 질서맺음변수는 상자성-강자성 상전이에서 $M \sim |T - T_c|^{\beta}$ 와 흡사한 멱법칙을 따른다. 사실 사각격자에서 Ising 모형(Ising model)의 스핀 업인 상태를 격자점에 점유된 입자로 상각하면 임계온도 근처에서 Ising 모형과 스미기 모형은 서로 사상(mapping)할 수 있다.

스미기 모형은 도체와 부도체를 혼합한 **혼합물**(composite material)의 전기전도도 특성이나 무작위 저항 네트워크에서 전도 특성을 이해하는데 응용할 수 있다. 그림 10.13은 도체와 부도체로 형성된 무작위 **도체-부도체 네트워크**(random conductor network)이다. 도체(색칠한 부분)의 점유확률이 임계점 근처이므로, 상단과 하단에 설치된 전극 사이에 도체의 스미기 경로가 형성되어 있다. 그림과 같이 건전지를 연결하여 전류를 흘려주면 두 전극 사이에 전류가 흐를 것이다.

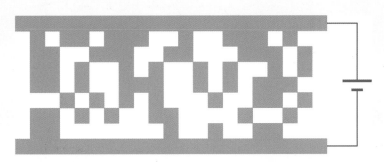

그림 **10.13** 무작위 도체-부도체 네트워크. 색칠한 부분은 전도성 물질이고 하얀색은 부도체 물질이다. 임계 점유 확률 근처에서 전기전도도는 특이성을 갖는다.

임계점 근처에서 무작위 도체-부도체 네트워크의 전기전도도는

$$\Sigma(p) \sim (p - p_c)^\mu$$

인 멱법칙을 따른다. 전기전도도 임계지수 μ는 차원에 따라 다른 값을 가지며 $d = 2$일 때 $\mu = 1.30$이고, $d = 3$일 때 $\mu = 2.0$으로 측정되었다. 무작위 도체-부도체 네트워크에서 전기전도도 문제는 그림 10.14와 같이 스미기송이를 **연결선-방울 문제**(link-blob problem)로 치환하여 생각할 수 있다. 임계점 근처에 놓여 있는 아주 큰 스미기송이를 생각하면 송이 내에 그림과 같은 위상학적인 방울들이 연결선으로 연결된 구조라고 할 수 있다. 스미기송이 구조가 프랙탈 구조이기 때문에 이러한 연결선-방울들은 축척 대칭성을 가지고 존재한다. 그림에서 가는 가지들은 **매달린 가지**(dangling bond)로써 전기전도에 관여하지 않는 가지들이다. 방울구조에서 전류는 갈라져서 흐르고 연결선에서 모여서 큰 전류가 흐른다. 연결선의 저항과 전류의 제곱이 일률이므로 전류가 많이 흐르는 연결선은 열이 많이 난다.

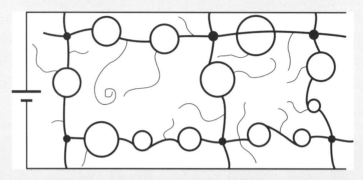

그림 **10.14** 임계 점유확률 근처의 무작위 도체-부도체 네트워크는 연결선-방울 모형으로 생각할 수 있다. 임계점 근처에서 스미기송이가 자기 유사성 구조를 가지므로 연결선과 방울도 프랙탈 구조를 갖는다.(컬러 사진 참조)

[참고문헌]

• D. Stauffer and A. Aharony, "Introduction to percolation theory", CRC press, London, 1994.

10.1 외부 자기장 $\vec{B}$에 N개의 자성 원자가 놓여 있다. 원자의 고유 자기 쌍극자 모멘트 $\vec{\mu}$는 자기장에 평행, 반평행, 수직인 세 가지 상태를 가질 수 있다. 계의 온도는 T이다.

1) 계의 자화율 M을 구하여라.

2) 계의 자기 감수율을 구하여라.

10.2 일정한 외부 자기장 B가 $+z$ 방향으로 가해져 있고, 각 분자는 자기장 방향에 대해서 $+\mu$, $-\mu$인 자기 쌍극자 모멘트를 가질 수 있다. 계의 총분자수는 N이고, 계는 온도 T인 열저장체와 평형을 이루고 있다. 단, 분자들 사이의 상호작용은 무시한다.

1) 계의 평균 에너지를 구하여라.

2) 계의 열용량을 구하여라.

3) 계의 엔트로피를 구하여라.

4) $T \rightarrow 0$인 극한과 $T \rightarrow \infty$인 극한에서 계의 열용량은 얼마인가?

5) $T \rightarrow 0$인 극한과 $T \rightarrow \infty$인 극한에서 계의 엔트로피는 얼마인가?

10.3 총 각운동량이 $J = 1, 2, 3$일 때 브릴루앙 함수를 컴퓨터를 이용하여 그려 보고, 자화율의 변화를 살펴보아라.

10.4 고전적인 자기 쌍극자 모멘트 $\vec{\mu}$가 자기장 $\vec{B}$에 놓여 있을 때 이 분자의 자기 에너지는 $E_1 = -\vec{\mu} \cdot \vec{B}$이다. N개의 분자가 온도 T인 열저장체와 열접촉하여 있고, 자기장이 일정하고 $+z$축을 향한다. 삼차원 구좌표에서 자기 쌍극자를 나타내면 두 각 θ, ϕ로 나타낼 수 있다. 분자 사이의 상호작용을 무시할 때, 극좌표계에서 입자의 자기 에너지는

$$E = -\mu B \cos\theta$$

이다. 계의 미시상태는 모든 가능한 (θ, ϕ)에 해당한다.

1) 분자 하나의 분배함수 Z_1은

$$Z_1 = \int_0^{2\pi} \int_0^{\pi} e^{\beta\mu B \cos\theta} \sin\theta \, d\theta \, d\phi$$

임을 보여라.

2) 분자 하나의 평균 자기 쌍극자 모멘트 $\overline{\mu_z} = \overline{\mu \cos\theta} = \dfrac{1}{\beta} \dfrac{\partial \ln Z_1}{\partial B}$ 임을 보여라.

3) 계의 전체 자화율 M은

$$M = N\mu L(x)$$

임을 보여라. 여기서 $x = \beta\mu B$이고, 랑제방 함수(Legevin function) $L(x)$는

$$L(x) = \frac{e^x + e^{-x}}{e^x - e^{-x}} - \frac{1}{x} = \coth x - \frac{1}{x}$$

이다.

4) 랑제방 방정식은

$$L(x) \simeq \frac{x}{3} - \frac{x^3}{45} + \cdots, \quad (x \ll 1)$$

$$L(x) \simeq 1 - \frac{1}{x} + 2e^{-2x}, \quad (x \gg 1)$$

임을 보여라

5) $T \to \infty$ 극한과 $T \to 0$ 극한에서 자화율 M은 어떤 함수꼴을 갖는가?

6) 계의 평균 에너지와 엔트로피를 구하여라.

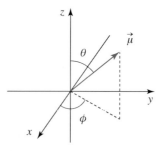

그림 **10.15** 삼차원 공간에서 자기 쌍극자 모멘트의 극좌표 표현

CHAPTER 11

양자통계와 흑체복사

CHAPTER 11
양자통계와 흑체복사

전자나 준입자(quasiparticle) 등과 같은 양자입자들로 이루어진 다체계를 다룰 때는 양자입자들의 성질을 고려하여야 한다. 고전입자인 경우에는 입자들을 서로 구별할 수 있으나, 양자입자들인 경우는 입자들을 구별할 수 없다. 또한 양자입자들 중 스핀값을 정수로 가지는 보손과 정수에 1/2을 더한 반정수(half-integer) 스핀값을 가진 페르미온은 전혀 다른 양자적 성질을 가진다.

20세기 초 양자역학이 정립될 때 홀짝성 연산자(parity operator)에 대해서 대칭(symmetric)인 입자와 반대칭(antisymmetric)인 입자가 있음이 발견되었으며, 이 두 입자는 양자역학적으로 다른 물리적 성질을 갖는다. 홀짝성 연산자에 대해서 반대칭 입자인 페르미온은 파울리 배타원리(Pauli's exclusion principle)를 따름이 발견되었다. 반면 홀짝성 연산자에 대해서 대칭 입자인 보손은 단일 입자 상태를 입자들이 차지할 때 입자수의 제한이 없이 채워짐으로 응축상태가 만들어 진다.

20세기가 열리는 1900년에 막스 플랑크(Max Planck)는 흑체 내에서 불연속적인 에너지를 갖는 광양자를 도입함으로써 흑체의 복사스펙트럼을 완벽하게 설명할 수 있었다. 광자는 화학 퍼텐셜이 $\mu = 0$이므로 입자수가 보존되지 않으며 보손과 같은 분포함수를 따른다. 플랑크는 실험적으로 각각 알려져 있던 빈의 법칙과 레일리-진스의 법칙을 동시에 설명하는 스펙트럼 분포함수를 열역학적으로 유도함으로써 흑체의 복사스펙트럼을 설명할 수 있었다. 플랑크가 유도했던 흑체 스펙트럼 설명 과정을 따라가 본다. 또한 양자입자들의 양자상태와 분포함수에 대해서 공부한다.

11.1 양자입자와 양자상태

양자입자들은 서로 구별할 수 없지만, 대칭성을 가지고 있다. N개의 양자입자로 구성되어 있는 양자계를 생각해보자. 전체계의 양자상태는 양자수 $\{s_1, s_2, \cdots, s_N\}$으로 나타낼 수 있다. 따라서 파동함수는

$$\Psi = \Psi_{\{s_1, \cdots, s_N\}}(Q_1, Q_2, \cdots, Q_N) \tag{11.1}$$

으로 나타낼 수 있다. 여기서 $(Q_1, Q_2, \cdots, Q_N)$은 입자들의 위치와 스핀을 포함하는 입자들의 좌표를 나타낸다. 두 입자의 위치를 교환하는 **홀짝성 연산자**(parity operator)는

$$P_{ij}\Psi_{\{s_1, \cdots, s_N\}}(\cdots, Q_i, \cdots, Q_j, \cdots) = \Psi_{\{s_1, \cdots, s_N\}}(\cdots, Q_j, \cdots, Q_i, \cdots) \tag{11.2}$$

로 정의한다.

계의 해밀토니안이 입자들의 위치 교환에 대해서 불변이면

$$[H, P] = 0 \tag{11.3}$$

이다. 홀짝성 연산자는 고유벡터에 대해서

$$P_{ij}\Psi_{\{s_1, \cdots, s_N\}}(\cdots, Q_i, \cdots, Q_j, \cdots) = \lambda\Psi_{\{s_1, \cdots, s_N\}}(\cdots, Q_i, \cdots, Q_j, \cdots) \tag{11.4}$$

이고, 여기서 λ는 홀짝성 연산자의 고유치이다.

그런데 식 (11.4)에 홀짝성 연산자를 한 번 더 가하면

$$P_{ij}^2\Psi_{s_1, \cdots, s_N}(\cdots, Q_i, \cdots, Q_j, \cdots) = \Psi_{s_1, \cdots, s_N}(\cdots, Q_i, \cdots, Q_j, \cdots)$$
$$= \lambda^2\Psi_{s_1, \cdots, s_N}(\cdots, Q_i, \cdots, Q_j, \cdots) \tag{11.5}$$

이므로, 고유치는

$$\lambda^2 = 1 \Longrightarrow \lambda = \pm 1 \tag{11.6}$$

이다. 따라서

$$\lambda = +1 \ (\text{보손}) \tag{11.7}$$

$$\lambda = -1 \ (\text{페르미온}) \tag{11.8}$$

인 상태가 가능하다. 고유치가 +1인 입자들을 **보손**(boson)이라 하며, 두 입자를 서로 교환하여도 파동 함수가 변하지 않는다. 보손의 파동 함수는 **대칭 파동 함수**(symmetric wave function)이다. 고유치가 −1인 입자들을 **페르미온**(fermion)이라 하며, 페르미온의 파동 함수는 입자를 서로 교환하면 파동 함수의 부호가 변한다. 즉, 페르미온의 파동 함수는 **반대칭 파동 함수**(antisymmetric wave function)이다. 파동 함수가 대칭인 보손은 스핀이 정수배이어야 한다. 반대로 파동 함수가 반대칭인 페르미온인 경우에 스핀은 정수에 1/2을 더한 반정수값을 가진다. 보손은 같은 양자상태에 여러 입자들이 있을 수 있지만, 페르미온은 **파울리 배타원리**(Pauli's exclusion principle)에 의해서 한 양자상태에 오로지 하나의 입자만 채울 수 있다.

N개 입자의 해밀토니안을 각 입자의 해밀토니안의 합으로 표현할 수 있는 경우

$$H(Q_1, \cdots, Q_N) = \sum_{i=1}^{N} h(Q_i) \tag{11.9}$$

를 생각해 보자. 이때 각 입자들의 해밀토니안은

$$h\phi_{s_i}(Q_i) = \varepsilon_i \phi_{s_i}(Q_i) \tag{11.10}$$

로 쓸 수 있다. 따라서 계의 총에너지는

$$E = \sum_{i=1}^{N} \varepsilon_i \tag{11.11}$$

이고, 해밀토니안의 고유벡터는

$$\Psi_{\{s_1, \cdots, s_N\}}(Q_1, \cdots, Q_N) = \prod_{i=1}^{N} \phi_{s_i}(Q_i) \tag{11.12}$$

으로 쓸 수 있다. 그러나 위 식은 양자입자들의 대칭성을 고려하지 않았다. 대칭성을 고려하여 보손(대칭)과 페르미온(반대칭)의 파동 함수를 다시 쓰면

$$\Psi^{S}_{\{s_1, \cdots, s_N\}}(Q_1, \cdots, Q_N) = \frac{1}{\sqrt{N! n_1! \cdots n_N!}} \sum_{P} \widehat{P}\, \phi_{s_1}(Q_1) \cdots \phi_{s_N}(Q_N) \quad \text{(보손)} \tag{11.13}$$

$$\Psi^{A}_{\{s_1, \cdots, s_N\}}(Q_1, \cdots, Q_N) = \frac{1}{\sqrt{N!}} \sum_{P} (-1)^{P} \widehat{P}\, \phi_{s_1}(Q_1) \cdots \phi_{s_N}(Q_N) \quad \text{(페르미온)} \tag{11.14}$$

이다. 위의 두 함수는 입자들의 대칭성을 잘 반영하고 있다. 여기서 $\hat{P}$ 는 교환 연산자를 뜻한다. 그리고 n_i는 s_i 상태에 놓여 있는 입자수를 나타낸다. 페르미온에 대한 파동 함수는 **슬래터의 행렬식**(Slater matrix)으로 표현할 수 있다.

$$\Psi^{A}_{\{s_1, \cdots, s_N\}}(Q_1, \cdots, Q_N) = \frac{1}{\sqrt{N!}}\begin{pmatrix} \phi_{s_1}(Q_1) \cdots \phi_{s_1}(Q_N) \\ \vdots \\ \phi_{s_N}(Q_1) \cdots \phi_{s_N}(Q_N) \end{pmatrix} \tag{11.15}$$

온도 T이고 부피 V인 상자에 N개의 양자기체가 들어 있고 기체가 평형상태에 있다고 하자. 각 입자의 양자상태는 기호 r로 표현하자. 한 양자입자가 상태 r에 있을 때 입자의 에너지는 ε_r이다. 그리고 r인 양자상태에 있는 입자들의 수를 n_r이라 하고, 전체계의 가능한 모든 양자상태를 R이라 하자. 입자들 사이의 상호작용이 매우 작으면 전체계의 에너지는

$$E_R = n_1\varepsilon_1 + n_2\varepsilon_2 + \cdots = \sum_r n_r\varepsilon_r \tag{11.16}$$

로 쓸 수 있다.

11.2 양자분포함수의 유도

단일입자 상태의 에너지를 ε_r이라 하고, 입자 사이의 상호작용이 없는 입자계에서 에너지 ε_r을 차지한 입자의 수를 n_r이라 하자. 큰 바른틀 분포함수에서 n_r 입자를 차지할 확률은

$$P_G = \frac{1}{Z_G}\exp(-\beta(\varepsilon_r - \mu)n_r) \tag{11.17}$$

이고, 여기서 큰분배함수는

$$Z_G = \sum_{n_r}\exp(-\beta(\varepsilon_r - \mu)n_r) \tag{11.18}$$

이다.

각 에너지 상태를 점유하고 있는 평균 점유수(mean occupation number)는

$$\bar{n} = \frac{1}{Z_G}\sum_{n_r} n_r e^{-\beta(\varepsilon_r - \mu)n_r} = -\frac{1}{\beta Z_G}\frac{\partial Z_G}{\partial \varepsilon_r} \tag{11.19}$$

이다. 따라서

$$\bar{n} = -\frac{1}{\beta}\frac{\partial \ln Z_G}{\partial \varepsilon_r} \tag{11.20}$$

이다.

11.2.1 페르미-디랙 분포함수

페르미온은 파울리 배타원리(Pauli's exclusion principle)에 의해서 양자입자가 한 상태만을 차지하기 때문에, 동일한 양자상태를 하나가 차지하거나 비어 있어야 한다. 즉, $n_r = 0,\ 1$이다. 페르미온에 대한 큰분배함수는

$$Z_G = \sum_{n_r = 0,\ 1} \exp^{-\beta(\varepsilon_r - \mu)n_r} = 1 + e^{-\beta(\varepsilon_r - \mu)} \tag{11.21}$$

이다.

이제 비어있는 상태와 입자가 차지하고 있는 상태가 각각 확률적으로 주어지므로 상태 r를 평균적으로 채울 평균 점유수(mean occupation number) $\bar{n}$은

$$\begin{aligned}
\bar{n} &= \sum_{n_r = 0,\ 1} n_r P_G(n_r) = 0 \cdot P_G(0) + 1 \cdot P_G(1) = \frac{e^{-\beta(\varepsilon_r - \mu)}}{1 + e^{-\beta(\varepsilon_r - \mu)}} \\
&= \frac{1}{e^{\beta(\varepsilon_r - \mu)} + 1}
\end{aligned} \tag{11.22}$$

이다. 또는 식 (11.20)을 이용하여 평균 점유수를 구하면

$$\bar{n} = -\frac{1}{\beta}\frac{\partial \ln Z_G}{\partial \varepsilon_r} = -\frac{1}{\beta}\frac{\partial}{\partial \varepsilon_r} \ln[1 + e^{-\beta(\varepsilon_r - \mu)}] = \frac{e^{-\beta(\varepsilon_r - \mu)}}{1 + e^{-\beta(\varepsilon_r - \mu)}} \tag{11.23}$$

이다.

페르미온의 평균 점유수를 페르미-디랙 분포(Fermi-Dirac distribution)라 한다.

$$\overline{n_{FD}} = \frac{1}{e^{\beta(\varepsilon_r - \mu)} + 1} \tag{11.24}$$

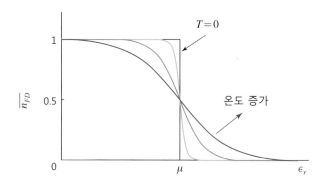

그림 **11.1** 페르미-디랙 분포함수

그림 11.1은 페르미-디랙 분포함수를 나타낸 그림이다. 온도가 $T = 0(\beta = \infty)$에서 $\varepsilon_r \leq \mu$ 이면 $\overline{n_{FD}} = 1$이고, $\varepsilon_r > \mu$이면 $\overline{n_{FD}} = 0$이다. 계의 에너지가 $\varepsilon_r = \mu$이면 $\overline{n_{FD}} = 1/2$이고, 온도가 올라가면 그림과 같이 높은 에너지의 상태들이 점유된다.

낮은 온도에서 페르미온들은 화합 퍼텐셜 이하의 에너지 상태를 점유하다가 온도가 높아짐에 따라서 높은 에너지 상태를 점유하게 되는데, 이 때문에 낮은 온도에서 페르미온으로 구성된 시스템에서 물성은 고전적인 입자와는 사뭇 다른 특징을 나타낸다. 뒤에서 고체의 비열이 페르미-디랙 분포함수에 의해서 어떤 특징을 가지는지 살펴볼 것이다.

11.2.2 보손 분포함수

보손은 단일입자 에너지 상태를 점유할 때 어떤 제약을 따르지 않는다. 따라서 보손은 $n_r = 0, 1, 2, \cdots$ 등 많은 입자들이 한 에너지 상태를 차지할 수 있다. 보손에 대한 큰분배함수는

$$Z_G = \sum_{n_r = 0, 1, \cdots} \exp^{-\beta(\varepsilon_r - \mu)n_r} = 1 + e^{-\beta(\varepsilon_r - \mu)} + e^{-2\beta(\varepsilon_r - \mu)} + \cdots \tag{11.25}$$

이므로

$$Z_G = \frac{1}{1 - e^{-\beta(\varepsilon_r - \mu)}} \tag{11.26}$$

이다. 보손의 큰분배함수에 로그를 취하고 에너지 변수로 미분하면

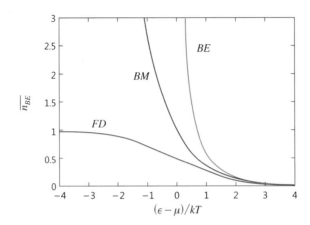

그림 **11.2** 페르미-디랙 분포함수(FD), 보스-아인슈타인 분포함수(BE), 맥스웰-볼츠만 분포함수(BM)을 $(\varepsilon-\mu)/kT$의 함수로 그린 그림. 보스-아인슈타인 분포함수는 $\varepsilon=\mu$에서 발산한다.

$$\bar{n}=-\frac{1}{\beta}\frac{\partial \ln Z_G}{\partial \varepsilon_r}=\frac{1}{\beta}\frac{\partial}{\partial \varepsilon_r}\ln\left[1-e^{-\beta(\varepsilon_r-\mu)}\right]=\frac{e^{-\beta(\varepsilon_r-\mu)}}{1-e^{-\beta(\varepsilon_r-\mu)}} \tag{11.27}$$

이다.

보손에 대한 평균 점유수를 나타내는 보스-아인슈타인 분포(Bose-Einstein distribution)는

$$\bar{n}_{BE}=\frac{1}{e^{\beta(\varepsilon_r-\mu)}-1} \tag{11.28}$$

이다. 그림 11.2는 보스-아인슈타인 분포함수를 나타낸다.

11.2.3 고전분포함수

계의 온도가 $(\varepsilon-\mu)/kT \ll 1$인 양자역학적 상태에서 페르미온과 보손은 그 독특한 특징을 발현한다. 반대로 $(\varepsilon-\mu)/kT \gg 1$ 상태에서 계는 맥스웰-볼츠만 분포(Maxwell-Boltzmann distribution)를 따른다. 맥스웰-볼츠만 분포에서 평균 점유수는

$$\bar{n}=e^{-\beta(\varepsilon-\mu)} \tag{11.29}$$

이다. 그림 11.2에 맥스웰-볼츠만 분포함수를 나타내었다.

11.3
양자 이상기체

앞에서 이상기체를 고전적으로 취급하여 분배함수를 구해 보았다. 이제부터 이상기체를 양자적으로 취급해야 하는 경우를 살펴보자.

11.3.1 이상기체의 파동 함수

상자 V에 들어있는 비상대론적 이상기체를 생각하자. 이상기체 분자 하나의 질량은 m이며, 이상기체의 위치 벡터는 $\vec{r}$, 선운동량은 $\vec{p}$라 하자. 이상기체에 대한 물리적 정보는 파동 함수 $\Psi(\vec{r}, t)$에 담겨있다. 상자의 경계에서 경계효과를 무시하면 이상기체의 파동 함수는 평면파로 나타낼 수 있다.

$$\Psi = Ae^{i(\vec{k} \cdot \vec{r} - \omega t)} = \phi(\vec{r})e^{-i\omega t} \tag{11.30}$$

여기서 $\vec{k}$는 입자의 파수 벡터이고, ω는 입자의 각진동수이다. 드브로이의 물질파에 의해 입자의 선운동량은

$$p = \frac{h}{\lambda} = \hbar k \tag{11.31}$$

이고, 입자의 에너지는

$$\varepsilon = \frac{p^2}{2m} = \frac{\hbar^2 k^2}{2m} \tag{11.32}$$

이다.

예제 11.1

자유입자의 파동 함수와 고유치를 구하여라.
단일입자에 대한 슈뢰딩거 파동 방정식은

$$H\Psi = i\hbar \frac{\partial \Psi}{\partial t} \tag{11.33}$$

이고, 자유입자의 해밀토니안은

$$H = \frac{p^2}{2m} = \frac{1}{2m}\left(\frac{\hbar}{i}\nabla\right)^2 = -\frac{\hbar^2}{2m}\nabla^2$$

$$= -\frac{\hbar^2}{2m}\left(\frac{\partial^2}{\partial x^2} + \frac{\partial^2}{\partial y^2} + \frac{\partial^2}{\partial z^2}\right) \tag{11.34}$$

이다.

파동 함수를

$$\Psi(\vec{r}, t) = \phi(\vec{r})e^{-i\omega t} \tag{11.35}$$

로 놓자. 파동 함수를 파동 방정식에 대입하고, 에너지 고유치를 ε이라 하면

$$H\Psi(\vec{r}, t) = i\hbar\frac{\partial\Psi(\vec{r}, t)}{\partial t} \Rightarrow H(\phi(\vec{r})e^{-i\omega t}) = i\hbar\frac{\partial}{\partial t}(\phi(\vec{r})e^{-i\omega t})$$

$$\Rightarrow H\phi(\vec{r}) = \hbar w\phi(\vec{r}) = \varepsilon\phi(\vec{r}) \tag{11.36}$$

이고,

$$\nabla^2\phi(\vec{r}) + \frac{2m\varepsilon}{\hbar^2}\phi(\vec{r}) = 0 \tag{11.37}$$

이다. 위치에 대한 파동 방정식의 해는

$$\phi(\vec{r}) = Ae^{i\vec{k}\cdot\vec{r}} = Ae^{i(k_x x + k_y y + k_z z)} \tag{11.38}$$

이며, 에너지 고유치는

$$\varepsilon = \frac{\hbar^2 k^2}{2m} \tag{11.39}$$

이다.

선운동량은

$$\vec{p}\phi = \frac{\hbar}{i}\nabla\phi = \hbar\vec{k}\phi \tag{11.40}$$

이므로, 선운동량 고유치는

$$p = \hbar k \tag{11.41}$$

이다.

11.3.2 경계조건과 상태밀도

파동 함수는 경계조건을 만족해야 하므로 모든 파수 벡터가 허용되지 않으며, 경계조건을 만족하는 파수 벡터만 존재할 수 있다. 한 변의 길이가 L인 정육면체 상자가 반복되어 있는 주기 경계조건을 가지는 경우를 생각해 보자.

$$\phi(x+L, y, z) = \phi(x, y, z) \tag{11.42}$$

$$\phi(x, y+L, z) = \phi(x, y, z) \tag{11.43}$$

$$\phi(x, y, z+L) = \phi(x, y, z) \tag{11.44}$$

파동 함수가 주기 경계조건을 만족하려면

$$e^{ik_x L} = 1 \tag{11.45}$$

이므로

$$k_x L = 2\pi n_x \ (n_x = 정수) \tag{11.46}$$

이어야 하며, y 좌표와 z 좌표도 비슷한 조건을 만족한다.

따라서

$$k_x = \frac{2\pi}{L} n_x \tag{11.47}$$

$$k_y = \frac{2\pi}{L} n_y \tag{11.48}$$

$$k_z = \frac{2\pi}{L} n_z \tag{11.49}$$

이다.

경계조건을 만족하는 입자의 에너지는

$$\varepsilon = \frac{\hbar^2}{2m}(k_x^2 + k_y^2 + k_z^2) = \frac{2\pi^2\hbar^2}{mL^2}\left(n_x^2 + n_y^2 + n_z^2\right) \tag{11.50}$$

이다.

상자의 크기가 매우 크면($L \gg 1$), 이웃한 에너지 준위는 매우 가깝다. 파수 벡터 k_x와 $k_x + dk_x$ 사이에 놓인 가능한 상태수 Δn_x는

$$\Delta n_x = \frac{L}{2\pi} dk_x \tag{11.51}$$

이다. 파수 벡터 $\vec{k}$와 $\vec{k} + d\vec{k}$ 사이에 놓인 병진 운동의 상태수는

$$\begin{aligned}
g(\vec{k})d^3\vec{k} &= \Delta n_x \Delta n_y \Delta n_z \\
&= \left(\frac{L}{2\pi} dk_x\right)\left(\frac{L}{2\pi} dk_y\right)\left(\frac{L}{2\pi} dk_z\right) \\
&= \frac{L^3}{(2\pi)^3} dk_x dk_y dk_z \\
&= \frac{V}{(2\pi)^3} d^3\vec{k}
\end{aligned} \tag{11.52}$$

이다. 여기서 $g(\vec{k})$는 **상태밀도**(density of states)이며, 이상기체 입자 하나의 상태밀도는

$$g(\vec{k}) = \frac{V}{(2\pi)^3} \tag{11.53}$$

이다. 상태밀도는 파수 벡터에 무관하고 계의 부피에 비례한다. 단위 부피당 상태밀도는 $1/(2\pi)^3$으로 부피에 무관하다.

파수 벡터의 크기에 대한 상태수를 생각해 보자. 파수 벡터의 크기를 $k = |\vec{k}|$라 하자. 파수 벡터의 크기가 k와 $k + dk$ 사이에 놓이는 상태수는

$$g(\vec{k})d^3\vec{k} = \frac{V}{(2\pi)^3}(4\pi k^2 dk) = \frac{V}{2\pi^2} k^2 dk \tag{11.54}$$

이다.

11.3.3 이상기체의 분배함수

밀도가 작거나 온도가 매우 높은 기체는 이상기체에 매우 가깝다. 이상기체의 분배함수는

$$\ln Z = N(\ln \zeta - \ln N + 1) \tag{11.55}$$

이며, 여기서

$$\zeta = \sum_n e^{-\beta \varepsilon_n} \tag{11.56}$$

이다.

단일입자에 대한 분배함수 ζ는

$$\zeta = \sum_{n_x,\, n_y,\, n_z} \exp\left[-\frac{\beta \hbar^2}{2m}\left(\frac{2\pi}{L}\right)^2 (n_x^2 + n_y^2 + n_z^2)\right]$$

$$= \left(\sum_{n_x} e^{-\frac{\beta \hbar^2}{2m}\left(\frac{2\pi}{L}\right)^2 n_x^2}\right)\left(\sum_{n_y} e^{-\frac{\beta \hbar^2}{2m}\left(\frac{2\pi}{L}\right)^2 n_y^2}\right)\left(\sum_{n_z} e^{-\frac{\beta \hbar^2}{2m}\left(\frac{2\pi}{L}\right)^2 n_z^2}\right) \tag{11.57}$$

이며, n_x가 충분히 크면

$$\left(\sum_{n_x} e^{-\frac{\beta \hbar^2}{2m}\left(\frac{2\pi}{L}\right)^2 n_x^2}\right) \approx \int_{-\infty}^{\infty} dn_x\, e^{-\frac{\beta \hbar^2}{2m}\left(\frac{2\pi}{L}\right)^2 n_x^2}$$

$$= \sqrt{\frac{\pi}{\dfrac{\beta \hbar^2}{2m}\left(\dfrac{2\pi}{L}\right)^2}} = \left(\frac{L}{2\pi\hbar}\right)\left(\frac{2\pi m}{\beta}\right)^{1/2} \tag{11.58}$$

이 되며, 여기서

$$\int_{-\infty}^{\infty} dn_x\, e^{-\alpha n_x^2} = \sqrt{\frac{\pi}{\alpha}} \tag{11.59}$$

를 활용한다.

따라서 단일입자의 분배함수는

$$\zeta = \left(\frac{L}{2\pi\hbar}\right)^3 \left(\frac{2\pi m}{\beta}\right)^{3/2} = \frac{V}{(2\pi\hbar)^3}\left(\frac{2\pi m}{\beta}\right)^{3/2} = \frac{V}{h^3}(2\pi mkT)^{3/2} \tag{11.60}$$

이다.

N 입자 이상기체의 분배함수는

$$\ln Z = N\left[\ln\frac{V}{N} - \frac{3}{2}\ln\beta + \frac{3}{2}\ln\frac{2\pi m}{h^2} + 1\right] \tag{11.61}$$

이고, 평균 에너지는

$$\bar{E} = -\frac{\partial \ln Z}{\partial \beta} = \frac{3}{2}\frac{N}{\beta} = \frac{3}{2}NkT \tag{11.62}$$

이다.

엔트로피는

$$S = k(\ln Z + \beta\bar{E}) = Nk\left[\ln\frac{V}{N} + \frac{3}{2}\ln T + S_0\right] \tag{11.63}$$

이며, 여기서

$$S_0 = \frac{3}{2}\ln\left(\frac{2\pi mk}{h^2}\right) + \frac{5}{2} \tag{11.64}$$

이다.

이상기체의 압력은

$$\bar{p} = \frac{1}{\beta}\frac{\partial \ln Z}{\partial V} = \frac{1}{\beta}\frac{N}{V} \tag{11.65}$$

이므로,

$$\bar{p}V = PV = NkT \tag{11.66}$$

이다.

11.4 흑체복사와 광양자

19세기 말에 흑체복사(black body radiation)와 태양의 흡수 스펙트럼은 아주 골치 아픈 문제였다. 뉴턴, 해밀턴, 라그랑주 등에 의해서 확립된 고전역학은 거의 완성된 형태를 갖추었으며 많은 문

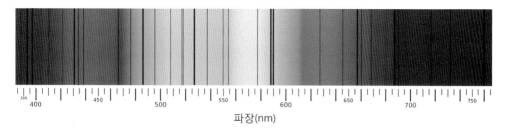

그림 **11.3** 태양 빛의 흡수 스펙트럼. 특정한 위치에서 검은색 선이 나타난다.(컬러 사진 참조)

제를 역학적 문제로 환원하여 생각할 수 있었다. 그런데 역학적 문제로 환원하여 생각할 수 없는 문제들이 19세기 말에 나타나기 시작했다. 맥스웰은 맥스웰 방정식을 발견하고 전자기학을 지배하는 법칙을 완성하였으며 빛이 전자기파임을 밝혔다. 헤르츠는 최초로 전자기파를 인위적으로 발진시켰으며 헤르츠파가 맥스웰의 파동 방정식을 따름을 밝혔다.

스펙트럼(spectrum) 과학의 창시자인 옹스트룀(A. J. Angstrom, 1814~1874, 스웨덴, 물리학자)은 1868년에 태양 빛의 흡수 스펙트럼 지도를 발표하였다. 태양 빛의 스펙트럼은 그림 11.3과 같이 1000개 이상의 검은 선을 가지고 있다. 이 검은 선을 흡수선(absorption line)이라 한다. 오늘날 이 흡수선은 수소원자를 포함한 원소들의 원자궤도 준위의 흡수선임을 알고 있지만, 19세기 말의 과학자들에게는 그 이유를 모르는 수수께끼의 선이었다. 단위 옹스트룀(Å)은 그가 흡수선의 파장을 나타낼 때 10^{-8} cm를 단위로 사용했기 때문에 그를 기념해서 채택한 단위이다.

이러한 태양 빛의 흡수선과 비슷하게 뜨거운 기체에서도 독특한 흡수선을 관찰할 수 있으며 흡수선은 기체를 구성하는 원소의 종류에 따라서 흡수선이 다른 위치에서 관찰되었다. 흡수선에 대한 문제는 20세기 초에 원자 구조와 양자역학이 확립되면서 비로소 이해할 수 있게 되었다.

맥스웰이 전자기학에 대한 맥스웰 방정식을 발견하고 그로부터 빛이 전자기파임을 인식하게 되었으며, 전자기파인 빛의 속도를 구하였다. 17세기에 뉴턴은 빛의 입자설을 주장하였으며, 같은 시대에 호이겐스는 빛의 파동성을 주장하였다. 18세기와 19세기에 빛의 간섭과 회절이 알려지면서 빛의 파동성이 힘을 얻었다. 진공에서 전자기파의 전기장 $\vec{E}$는 파동 방정식

$$\nabla^2 \vec{E} = \frac{1}{c^2} \frac{\partial \vec{E}}{\partial t^2} \tag{11.67}$$

을 따르며, 빛의 속도는 진공에서

$$c = \frac{1}{\sqrt{\varepsilon_0 \mu_0}} \tag{11.68}$$

이다. 여기서 ε_0는 진공에서 유전률이고 μ_0는 진공에서 투자율이다.

이 파동 방정식은 평면파를 해로 가지므로

$$\vec{E} = \vec{E_0} e^{i(\vec{k} \cdot \vec{r} - \omega t)} = \vec{E}(r) e^{-i\omega t} \tag{11.69}$$

이다. 여기서 $\vec{E_0}$는 진폭을 나타내는 상수 벡터이고, 파수 벡터 $\vec{k}$는

$$k = |\vec{k}| = \frac{\omega}{c} \tag{11.70}$$

이다.

파수 벡터 $\vec{k}$인 광자의 에너지 ε과 운동량 $\vec{p}$는

$$\varepsilon = \hbar(kc) = \hbar\omega \tag{11.71}$$

$$\vec{p} = \hbar\vec{k} = \frac{\hbar\omega}{c}\hat{k} \tag{11.72}$$

이다.

한편 전자기파에 대한 맥스웰 방정식에서

$$\vec{\nabla} \cdot \vec{E} = \vec{\nabla} \cdot \left(\vec{E_0} e^{i\vec{k} \cdot \vec{r}} e^{-i\omega t} \right) = 0 \tag{11.73}$$

이므로

$$\vec{k} \cdot \vec{E} = 0 \tag{11.74}$$

이다. 즉, 광자의 진행 방향 $\vec{k}$ 벡터와 전기장 $\vec{E}$는 서로 수직이다. $\vec{k}$에 수직인 전기장 벡터 $\vec{E}$의 방향은 2가지가 가능하다. 즉, 진행 방향에 대해서 전기장은 2개의 편광 방향이 가능하다.

플랑크는 빛이 입자로 행동할 때 양자(quantum)는 진동수 ν에서 에너지 $\varepsilon = h\nu = \hbar\omega$를 갖는다고 제안하였으며, 이 입자를 광자(photon)라 부른다. 광자의 파수(wave number)

$k = \lambda/2\pi$이고 λ는 광자의 파장이다. 전자기파 복사 (electromagnetic radiation)는 온도를 갖는 물체에서 방출된다. 용광로의 쇳물, 태양과 같은 높은 온도를 가진 물체는 강력한 빛을 내놓는 것을 볼 수 있다. 물체는 표면에 입사한 복사를 일부는 흡수하고 일부는 반사하지만, 흑체는 입사한 복사를 모두 흡수한다. 입사파의 진동수와 입사각에 상관없이 모든 전자기 복사를 흡수하는 물체를 흑체(black body)라 한다. 그림 11.4와 같이 작은 동공

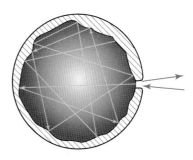

그림 **11.4** 작은 동공을 가진 흑체. 동공으로 흡수한 전자기파는 완전히 흡수된다.

(cavity)을 가진 흑체는 구멍에 입사한 복사를 모두 흡수할 뿐만 아니라 흑체 내부에서 동공으로 나오는 빛은 밖으로 방출된다.

흑체에 대한 첫 연구는 1859년 키르히호프(G. Kirchhoff, 1824~1887)에 의해서 시작되었다. 키르히호프는 "흑체의 복사 세기 분포는 흑체를 구성하는 물질, 동공의 모양, 크기에 상관없이 단지 온도와 빛의 파장에만 관계된다"고 주장하였다. 같은 온도에서 물체의 재질에 상관없이 빛의 복사분포는 같다. 즉 높은 온도의 탄소 덩어리나 쇳물에서 방출되는 복사 세기 분포는 서로 같다.

19세기 말에 물리학자들은 흑체에서 어떻게 여러 가지 진동수를 가진 복사가 나오며 이들은 표면의 온도와 어떠한 관계가 있는가를 많이 연구하였고 복사의 연구로부터 양자론이 시작되었다. 1879년 슈테판(Josef Stefan, 1835~1893, 오스트리아)은 흑체의 총복사 에너지는 절대온도의 네제곱에 비례함을 발견하였다. 1884년 볼츠만은 슈테판의 발견을 맥스웰 방정식을 이용하여 유도하였다. 이 법칙을 슈테판-볼츠만의 법칙(Stefan-Boltzmann's law)이라 한다. 흑체의 총에너지는

$$U = aT^4 \tag{11.75}$$

이다.

11.5
흑체 열역학

온도 T, 부피 V인 열평형 상태의 흑체를 생각해 보자. 그림 11.5는 온도 T, 부피 V인 흑체를 나타낸다. 흑체의 광자를 광자기체로 생각해 보자. 이 광자기체는 흑체의 주변환경과 열적 평형을 이루면서 열을 교환하면서 일정한 온도를 유지하고 있다. 이 흑체는 단위 부피당 $n = N/V$인 광자기체를 포함하고 있다. 광자기체의 총에너지는 $U = N\hbar\omega$이므로 광자기체의 에너지 밀도 u는

$$u = \frac{U}{V} = n\hbar\omega \qquad (11.76)$$

이다. 광자 하나의 평균 에너지는 $\hbar\omega$이다.

광자기체는 흑체의 벽에 전자기파 복사 압력 p를 가하고 있다. 9장의 기체운동론에서 살펴보았듯이 기체가 벽과 충돌할 때 벽에 미치는 압력은 $p = \frac{1}{3}nm\overline{v^2}$이다. 광자의 속력은 c로 일정하므로 $\overline{v^2} = c^2$으로 놓을 수 있다. 특수상대성 이론에 따르면 mc^2은 광자의 에너지이므로 광자기체의 압력은

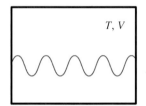

그림 **11.5** 온도 T, 부피 V인 흑체가 열평형 상태에 있다. 이 흑체는 단위 부피당 n개의 광자를 가지고 있다.

$$p = \frac{1}{3}nmc^2 = \frac{1}{3}n\hbar\omega = \frac{1}{3}\frac{N\hbar\omega}{V} = \frac{1}{3}\frac{U}{V} = \frac{u}{3} \qquad (11.77)$$

이다.

단위 시간당 기체가 벽의 단위 면적을 때리는 광자선속 Φ는 $\Phi = \frac{1}{4}n\overline{v}$이다. 기체가 광자기체이면 평균속력은 광속이므로 벽을 때리는 선속은

$$\Phi = \frac{1}{4}nc \qquad (11.78)$$

이다.

온도 T인 흑체에서 평형을 이루고 있는 광자기체의 에너지 밀도 u는 슈테판과 볼츠만이 처음 유도하였으며 슈테판-볼츠만 법칙(Stefan-Boltzmann's law)이라 한다. 볼츠만은 슈테판의 학생으로 1867년에 슈테판의 지도로 박사학위를 취득한다. 볼츠만의 학위 논문의 주제는 "the kinetic theory of gas"였다. 볼츠만은 1873년에 비엔나대학의 수학과 교수가 되면서 스반테 아레니우스(Svante Arrhenius, 1903년 노벨화학상 수상, 화학에서 아레니우스 법칙으로 유명)와 월터 네른스트(Walter Nernst, 열역학 제3법칙을 발견한 공로로 1920년

노벨화학상 수상)를 학생으로 지도하였다. 1890년에 뮌헨대학의 이론물리학 체어(Chair)가 되었으며, 1894년에 슈테판의 뒤를 이어서 비엔나대학 이론물리 교수에 임명되었다. 비엔나 대학에서 폴 에렌페스트(Paul Ehrenfest), 리제 마이트너(Lise Meitner, 1938년에 Otto Hahn, Otto Frisch와 함께 핵분열을 처음 발견, 1944년에 Otto Hahn만 노벨화학상 수상) 를 학생으로 가르쳤다. 볼츠만은 통계역학의 핵심 개념들을 발견하였을 뿐만 아니라 20세기 초에 많은 과학자들을 육성하였다.

슈테판-볼츠만 법칙은 간단한 열역학 관계를 이용하면 유도할 수 있다. 온도 T, 부피 V인 광자기체의 총에너지 U는

$$U = u(T)V \tag{11.79}$$

이다. 열역학 제1법칙에서 $dQ = dU + pdV$이므로 엔트로피 변화는

$$dS = \frac{dQ}{T} = \frac{1}{T}\left[udV + Vdu + \frac{u}{3}dV\right] = \frac{4}{3}\frac{u}{T}dV + \frac{V}{T}du \tag{11.80}$$

이다. 엔트로피는 상태함수이므로

$$\frac{\partial}{\partial T}\frac{\partial S}{\partial V} = \frac{\partial}{\partial V}\frac{\partial S}{\partial T} \Rightarrow \frac{\partial}{\partial T}\left(\frac{4}{3}\frac{u}{T} + 0\right) = \frac{\partial}{\partial V}\left(0 + \frac{V}{T}\frac{\partial u}{\partial T}\right) \tag{11.81}$$

이며, 따라서

$$\frac{d}{dT}\left[\frac{4}{3}\frac{u}{T}\right] = \frac{1}{T}\frac{du}{dT} \Rightarrow \frac{4}{3}\left(\frac{1}{T}\frac{\partial u}{\partial T} - \frac{u}{T^2}\right) = \frac{1}{T}\frac{du}{dT} \tag{11.82}$$

이다. 따라서

$$\frac{du}{dT} = 4\frac{u}{T} \Rightarrow \int du\frac{1}{u} = 4\int dT\frac{1}{T} \tag{11.83}$$

이므로

$$u = AT^4 \tag{11.84}$$

이다. 흑체에서 광자기체의 에너지 밀도는 온도의 네제곱에 비례한다. 이를 슈테판-볼츠만 의 법칙이라 한다.

이제 흑체의 에너지 밀도를 단위 파장당 에너지 밀도 또는 단위 진동수당 에너지 밀도

를 고려해 보자. 단위 파장당 에너지 밀도를 스펙트럼 에너지 밀도(spectral energy density) u_λ라 하며, 흑체 내에서 전자기파의 파장이 λ와 $\lambda + d\lambda$ 사이에 있을 때 에너지 밀도는 $u_\lambda d\lambda$ 이다. 따라서 흑체의 총에너지 밀도는

$$u = \int u_\lambda d\lambda \tag{11.85}$$

이다. 비슷하게 진동수에 대한 스펙트럼 에너지 밀도를 u_ν이라 하면, 흑체에서 진동수가 ν와 $\nu + d\nu$ 사이에 있을 에너지 밀도는 $u_\nu d\nu$이다. 비슷하게 진동수 에너지 밀도를 이용하면

$$u = \int u_\nu d\nu \tag{11.86}$$

이다. 스펙트럼 에너지 밀도는 흑체의 구성물질, 구조, 크기 등에 무관하면 오로지 파장(또는 진동수)과 온도에만 의존한다. 다음 절에서 스펙트럼 에너지 밀도함수를 자세히 유도해 본다.

11.6
플랑크 분포함수와 광양자

각진동수 ω이고 파수 벡터 크기 k인 전자기파(또는 광자)의 분산 관계(dispersion relation)은 $\omega = kc$이다. 각진동수는 $\omega = 2\pi\nu$이고 파수 벡터의 크기는 $k = 2\pi/\lambda$이므로 분산관계는 $\lambda\nu = c$와 같다. 전자기파가 파수 벡터 방향으로 진행할 때 독립적인 편극 방향이 2개이므로 광자기체의 상태밀도는

$$g(k)dk = 2 \times \frac{4\pi k^2 dk}{(2\pi/L)^3} \tag{11.87}$$

이므로

$$g(k)dk = \frac{Vk^2 dk}{\pi^2} \tag{11.88}$$

이다. 상태밀도의 변환관계 $g(k)dk = g(\omega)d\omega$를 이용하여 각진동수로 표현하면

$$g(\omega) = g(k)\frac{dk}{d\omega} = \frac{g(k = \omega/c)}{c} \tag{11.89}$$

이다. 따라서

$$g(\omega)d\omega = \frac{V\omega^2}{\pi^2 c^3}d\omega \qquad (11.90)$$

이다. 비슷한 방법으로 진동수에 대해서 표현하면

$$g(v)dv = V\frac{8\pi v^2}{c^3}dv \qquad (11.91)$$

이다.

진동수 밀도함수에서 $8\pi v^2/c^3$은 1924년에 인도의 물리학자 보스(S. N. Bose, 인도 국내파 물리학자로 Bose-Einstien 분포와 Bose-Einstein 응축으로 알려진 물리학자)가 독자적으로 발견하였다. 보스는 그 결과를 소개하는 편지를 1924년에 아인슈타인에게 보냈다. 보스의 논문에 감명을 받은 아인슈타인은 보스의 편지 결과를 정리하여 Zeitschrift Zur Physik에 게재하였다. 아인슈타인은 보스의 결과를 발전시켜서 1925년 Bose-Einstein Condensation을 발견한다. 광자기체에 대한 상태밀도는 플랑크의 흑체복사 공식을 유도할 때 사용할 것이다.

19세기 말에 흑체복사에 대한 실험적 결과가 알려졌으며, 전자기학을 이용하여 흑체복사를 설명하려는 시도가 활발히 일어났다. 그림 11.6은 19세기 말에 알려진 두 가지 발견을 나타낸 것이다. 1896년에 독일의 빌헬름 빈(Wilhelm Wien, 1911년에 노벨물리학상 수상)

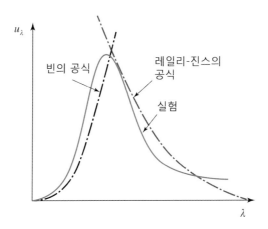

그림 **11.6** 흑체의 파장에 대한 스펙트럼 에너지 밀도함수를 파장에 대해서 그린 그림. 실선은 실험으로 구한 결과이며, 파장이 짧은 영역은 빈의 공식으로 근사되며, 파장이 긴 영역에서는 레일리-진스의 공식이 비교적 잘 맞는다.

은 짧은 파장 영역에서 흑체복사를 잘 설명하는 공식을 발견하였는데 이 식을 빈의 공식 (Wien's formula)이라 한다.

빈의 공식은

$$u_\lambda(T) = \frac{2hc^2}{\lambda^5} e^{-hc/\lambda kT} \tag{11.92}$$

이다. 사실 앞에 붙어 있는 계수들은 플랑크의 흑체복사 공식이 발견되고 나서 정확히 구해졌다. 빈이 발견한 빈의 법칙을 진동수로 표현하면

$$u_\nu(T) = B\nu^3 e^{-b\nu/T} \tag{11.93}$$

이다. 여기서 상수 B와 b는 당시에 구할 수 없었다. 여러분은 파장에 대한 스펙트럼 에너지 밀도함수에서 정확한 B와 b를 구할 수 있다.

1900년에 영국의 레일리경(The Lord Rayleigh, 1984~1919, 1904년 기체의 밀도 특성과 아르곤을 발견한 공로로 노벨물리학상 수상)은 파장이 긴 영역에서 스펙트럼 에너지 밀도함수가 λ^{-4}에 비례함을 발견하였다. 1905년에 레일리와 진스경(Sir James H. Jeans, 1877~1946, 영국)은 비례상수를 포함하는 레일리-진스 공식(Rayleigh-Jeans formula)을 발견하였다.

$$u_\lambda(T) = \frac{2ckT}{\lambda^4} \tag{11.94}$$

이고

$$u_\nu(T) = \frac{2kT\nu^2}{c^2} \tag{11.95}$$

이다.

플랑크는 흑체에서 광자기체의 평균 에너지를 $\langle U \rangle$라 하고, 단위 부피당 온도 T에서 광자기체의 에너지 밀도는

$$u_\nu(T) = \frac{8\pi\nu^2}{c^3} \langle U \rangle \tag{11.96}$$

이라고 놓았다. 빈의 법칙에서 진동수에 대한 스펙트럼 에너지 밀도 함수

$u_\nu(T) = B\nu^3 e^{-b\nu/T}$를 대입하면

$$e^{-b\nu/T} = \frac{8\pi}{Bc^3\nu}\langle U \rangle \tag{11.97}$$

이고 양변에 로그를 취하면

$$-\frac{b\nu}{T} = \ln\left(\frac{8\pi\langle U \rangle}{Bc^3\nu}\right) \tag{11.98}$$

이다.

온도에 대한 정의와 빈의 공식을 결합하면

$$\frac{dS}{d\langle U \rangle} = \frac{1}{T} = -\frac{1}{b\nu}\ln\left(\frac{8\pi\langle U \rangle}{Bc^3\nu}\right) \tag{11.99}$$

이다. 빈의 공식은 파장이 짧은 (진동수가 큰) 영역의 근사이므로 $\langle U \rangle \ll kb\nu$ 인 영역에서 성립한다.

레일리-진스의 공식은 높은 온도에서 광자기체에 에너지 등분배 정리를 적용하면 광자의 자유도 당 평균 에너지가 $2 \times \frac{1}{2}kT = kT$(2를 곱한 것은 광자의 2개의 두 편광 때문임)이므로 $\langle U \rangle = kT$라 할 수 있다. 높은 온도에서 레일리-진스의 공식과 열역학 온도의 정의를 결합하면

$$\frac{dS}{d\langle U \rangle} = \frac{1}{T} = \frac{k}{\langle U \rangle} \tag{11.100}$$

이다. 레일리-진스의 공식은 파장이 긴 (진동수가 작은) 영역에서 성립하므로 $\langle U \rangle \gg kb\nu$ 인 조건에서 성립한다.

빈의 공식에서 얻은 온도에 대한 표현은 로그함수로 표현되어 있기 때문에 다루기 어렵다. 식 (11.99)와 식 (11.100)을 평균 에너지에 대해서 한 번 더 미분을 해 보자. 빈의 공식에서 얻은 식은

$$\frac{d^2S}{d\langle U \rangle^2} = -\frac{1}{b\nu\langle U \rangle} \tag{11.101}$$

이다. 레일리-진스 공식으로부터 얻은 온도의 역수를 평균 온도에 대해서 한 번 더 미분하면

$$\frac{d^2S}{d\langle U\rangle^2} = -\frac{1}{\langle U\rangle^2/k} \tag{11.102}$$

이 된다.

위의 두 식은 진동수의 양 극한에서 성립하는 식이므로, 두 식을 이끌어 낼 수 있는 일반적인 표현을 구할 수 있다. 막스 플랑크가 바로 그 일을 해냈다. 플랑크의 제안식은

$$\frac{d^2S}{d\langle U\rangle^2} = \frac{-1}{bv\langle U\rangle + \langle U\rangle^2/k} \tag{11.103}$$

이었고,

$$\frac{d^2S}{d\langle U\rangle^2} = \frac{-k}{\langle U\rangle(\langle U\rangle + kbv)}$$

$$= -\frac{1}{bv}\left[\frac{1}{\langle U\rangle} - \frac{1}{\langle U\rangle + kbv}\right] \tag{11.104}$$

이다. 이 식을 평균 에너지에 대해서 적분하면 왼편은 $dS/d\langle U\rangle = 1/T$이고

$$\frac{dS}{d\langle U\rangle} = \frac{1}{T} = -\frac{1}{bv}\ln\left(\frac{\langle U\rangle}{kbv + \langle U\rangle}\right) \tag{11.105}$$

이다. 로그적분을 구할 때 $\int \ln(ax)dx = x\ln(ax) - x$를 이용한다. 플랑크는 에너지 차원을 맞추기 위해서 상수 $b = h/k$로 놓았으며

$$\langle U\rangle = \frac{bkv}{e^{bv/T} - 1} = \frac{hv}{e^{hv/kT} - 1} \tag{11.106}$$

이 된다. 상수 h는 플랑크 상수이다. 에너지 밀도함수를 곱한 식 (11.96)에 이 식을 대입하면

$$u_v(T) = \frac{8\pi v^2}{c^3}\frac{hv}{e^{hv/kT} - 1} \tag{11.107}$$

이므로

$$u_v(T) = \frac{8\pi h}{c^3}\frac{v^3}{e^{hv/kT} - 1} \tag{11.108}$$

이다. 이 식이 플랑크가 1900년에 처음 유도한 그 유명한 흑체에 대한 플랑크의 복사 공식

(Planck's formula)이다. 플랑크의 공식은 양자역학에 대한 문을 열어준 첫 번째 획기적인 발견이라 할 수 있다. 플랑크의 복사 공식을 $u_\lambda d\lambda = u_\nu d\nu$ 변환을 이용하여 유도하면

$$u_\lambda(T) = \frac{2hc^2}{\lambda^5} \frac{1}{e^{-\frac{hc}{\lambda kT}} - 1} \tag{11.109}$$

이다.

플랑크의 복사 공식은 흑체에서 광자기체의 에너지가 $\varepsilon = n\hbar\omega$로 불연속적으로 양자화되어 있다는 가정으로부터 유도할 수 있다. 사실 광양자에 대한 개념은 1905년 광자의 에너지가 양자화된 에너지를 갖는 입자처럼 생각한다면 광전효과를 설명할 수 있다는 논문에서 처음 제시되었다. 아인슈타인은 특수 상대성이론, 일반 상대성이론, 브라운 운동에 대한 설명 등 엄청난 업적을 발표하였지만 노벨물리학상은 정작 광전효과에 대한 설명으로 1921년에 수상했다. 아인슈타인이 광자의 개념을 유추했던 주먹구구식 주장(heuristic argument)을 따라가 보자. 광자기체의 에너지 밀도 $U(\nu, T) = u(\nu, T)V$와 비슷하게 엔트로피 밀도 $s(\nu, T)$는

$$S(\nu, T) = s(\nu, T)V \tag{11.110}$$

로 정의한다. 열역학 온도의 정의에서

$$\frac{1}{T} = \frac{dS}{dU} = \frac{ds}{du} \tag{11.111}$$

이다. 에너지 밀도에 대한 빈의 공식 $u(\nu, T) = B\nu^3 e^{-h\nu/kT}$에서 $1/T$를 구하면

$$\frac{1}{T} = -\frac{k}{h\nu}\ln\left(\frac{u}{B\nu^3}\right) = \frac{ds}{du} \tag{11.112}$$

이다. 이 식을 양변에서 적분하면

$$s(\nu, T) = -\frac{ku}{h\nu}\left[\ln\left(\frac{u}{B\nu^3}\right) - 1\right] \tag{11.113}$$

이다. 흑체에서 미시 진동수폭 $d\nu$가 증가할 때 엔트로피 증가량

$$dS = s(\nu, T)Vd\nu = -\frac{kU}{h\nu}\left[\ln\left(\frac{U}{B V\nu^3}\right) - 1\right]d\nu \tag{11.114}$$

이다. 전체 에너지 U를 일정하게 유지하면 흑체의 부피가 V_0에서 V로 조금 증가할 때 엔트로피 변화량은

$$d(S - S_0) = \frac{kU}{h\nu} \left[\ln\left(\frac{V}{V_0}\right) \right] d\nu \tag{11.115}$$

이다.

열역학에서 전체 에너지가 일정할 때 N 입자의 단원자 이상기체가 부피 V_0에서 V로 팽창하는 경우 상태수의 증가는 $\Omega = (V/V_0)^N$이다. 볼츠만의 엔트로피 정의 $S = k \ln \Omega$를 이용하면 엔트로피 변화는

$$d(S - S_0) = k \ln\left(\frac{V}{V_0}\right)^N = Nk \ln\left(\frac{V}{V_0}\right) \tag{11.116}$$

이다. 위의 두 식을 비교하면

$$U d\nu = N(h\nu) \tag{11.117}$$

이다.

진동수 폭 $d\nu$에 포함된 에너지는 $\varepsilon = h\nu$인 N개의 에너지 양자로 나눌 수 있다. 따라서 흑체 내에서 광자는 불연속적인 에너지 값을 가지는 광양자로 취급할 수 있다. 아인슈타인은 이러한 추론 과정을 거쳐서 광전효과를 설명할 수 있었다. 이제 흑체 내에서 스펙트럼 에너지 밀도를 광자의 에너지가 불연속적으로 분포되어 있음을 이용하여 유도할 수 있는 단계에 도달하였다. 20세기 초의 물리학자들은 고전물리학의 방법들을 활용하면서 결국 새로운 영역인 양자역학을 개척하였다. 건물을 세울 때 벽돌 하나하나를 쌓아서 만들 듯이 새로운 단계의 지식은 지식의 축적 과정에서 이루어진다고 할 수 있다.

11.7 플랑크의 흑체복사

부피 V인 흑체에 갇혀있는 전자기파가 온도 T에서 평형에 놓여있는 상태를 생각해 보자. 플랑크와 아인슈타인의 광자의 양자화 조건 때문에 흑체에 존재하는 광자의 에너지는

$$\varepsilon_n = nh\nu, \quad n = 0, 1, 2, \cdots \tag{11.118}$$

로 양자화된다. 흑체 내에서 양자화된 광자기체의 분배함수를 구하면

$$Z = \sum_n e^{-\beta \varepsilon_n} = 1 + e^{-\beta h \nu} + e^{-2\beta h \nu} + \cdots \tag{11.119}$$

이므로

$$Z = \frac{1}{1 - e^{-\beta h \nu}} \tag{11.120}$$

이다. 기체의 평균 에너지는

$$\langle U \rangle = -\frac{\partial \ln Z}{\partial \beta} = \frac{h \nu}{e^{-\beta h \nu} - 1} \tag{11.121}$$

이다. 식 (11.96)에 평균 에너지를 대입하여 진동수에 대한 스펙트럼 에너지 밀도를 구하면

$$u_\nu(T) = \frac{8 \pi \nu^2}{c^3} \frac{h \nu}{e^{-\beta h \nu} - 1} \tag{11.122}$$

를 얻는다. 이 식은 플랑크가 얻은 식 (11.107)과 일치하며 광자의 양자화와 통계역학을 결합하여 얻은 결과이다.

진동수와 각진동수는 $\omega = 2\pi\nu$ 인 관계에 있으므로 각진동수에 대한 스펙트럼 에너지 밀

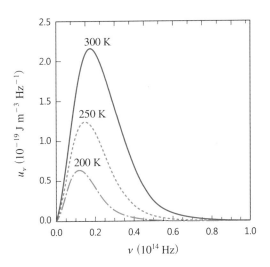

그림 **11.7** 흑체복사 스펙트럼. 스펙트럼 에너지 밀도를 진동수의 함수로 나타내었다. 온도가 높을수록 분포함수의 면적은 증가하고, 최댓값을 나타내는 ν_{max}은 오른쪽으로 이동한다.

도 $u_\omega d\omega = u_\nu d\nu$ 인 관계를 이용하여 얻는다. 각진동수에 대한 스펙트럼 에너지 밀도는

$$u_\omega(T)d\omega = \frac{\hbar}{\pi^2 c^3} \frac{\omega^3 d\omega}{e^{\beta\hbar\omega} - 1} \qquad (11.123)$$

이다. 무차원의 변수 η를

$$\eta = \beta\hbar\omega = \frac{\hbar\omega}{kT} \qquad (11.124)$$

라 놓자. 그러면 스펙트럼 에너지 밀도는

$$u_\omega(T)d\omega = \frac{\hbar}{\pi^2 c^3} \left(\frac{kT}{\hbar}\right)^4 \frac{\eta^3 d\eta}{e^\eta - 1} \qquad (11.125)$$

이다.

평균 에너지 밀도 함수를 차원이 없는 변수 η에 대해서 그리면 $\eta_{\max} \simeq 3$에서 최댓값을 갖는다. 온도 T_1에서 평균 에너지 밀도는 ω_1에서 최댓값을 갖고, 온도 T_2에서 평균 에너지 밀도는 ω_2에서 최댓값을 갖는다. 따라서

$$\eta_{\max} = \frac{\hbar\omega_1}{kT_1} = \frac{\hbar\omega_2}{kT_2} \qquad (11.126)$$

인 관계를 만족한다. 따라서

$$\frac{\omega_1}{T_1} = \frac{\omega_2}{T_2} \qquad (11.127)$$

이다. 이를 **빈의 변위법칙**(Wien's displacement law)이라 한다.

온도 T에서 모든 각진동수에 대한 알짜 평균 에너지 밀도는

$$u(T) = \int_0^\infty u(\omega, T)d\omega$$

$$= \frac{\hbar}{\pi^2 c^3} \left(\frac{kT}{\hbar}\right)^4 \int_0^\infty \frac{\eta^3}{e^\eta - 1} d\eta \qquad (11.128)$$

이다.

그런데

$$\int_0^\infty \frac{\eta^3}{e^\eta - 1} d\eta = 6\zeta(4) = \frac{\pi^4}{15} \tag{11.129}$$

이며, 여기서 리만제타 함수(Riemann zeta function) $\zeta(4) = \pi^4/90$이다.

$$u(T) = \frac{\pi^2}{15} \frac{(kT)^4}{(c\hbar)^3} \tag{11.130}$$

이며, 이를 **스테판-볼츠만 법칙**(Stefan-Boltzmann's law)이라 한다. 광자기체의 복사압력은 $p = u/3$이므로

$$U = 3PV \tag{11.131}$$

이다. 따라서 광자기체의 압력은

$$p = \frac{\pi^2}{45} \frac{(kT)^4}{(c\hbar)^3} \tag{11.132}$$

이다. 광자의 화학 퍼텐셜은 $\mu = 0$이므로 $G = U - TS + \mu N = F$이다. 헬름홀츠 자유 에너지는 $F = U - TS = -PV = -U/3$이다. 따라서 흑체의 엔트로피는

$$S = \frac{4\pi^2 Vk}{45} \left(\frac{kT}{c\hbar} \right)^3 \tag{11.133}$$

이다.

11.8 아인슈타인 A와 B 이론

1917년 아인슈타인은 두 개의 에너지 준위를 갖는 분자들이 흑체복사와 평형상태에 있는 계에서 양자의 전이를 고려하였다. 양자역학이 발전하던 1917년에는 아직 광양자의 에너지 양자와 운동량에 대해서 아직 명확한 증거가 부족했다. 아인슈타인의 A와 B 이론은 뒤에 메이저(maser)와 레이저(laser)의 원리가 되었다.

원자는 낮은 에너지 상태 E_1과 높은 에너지 상태 E_2인 두 준위 상태를 갖고 있다. 평형상태에서 낮은 에너지 상태 E_1에 놓인 분자의 수는 $n_1 \propto e^{-\beta E_1}$이고, 높은 에너지 상태 E_2에 놓인 원자의 수는 $n_2 \propto e^{-\beta E_2}$이다. 두 에너지 상태에 놓인 분자수의 비율은

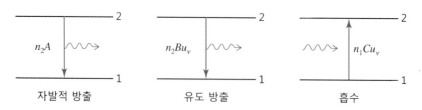

자발적 방출   유도 방출   흡수

그림 **11.8** 아인슈타인의 A와 B 이론에서 두 준위 계. 높은 에너지 E_2에서 낮은 에너지 E_1 상태로 방출, 유동 방출, 광자의 흡수가 일어나면서 방출과 흡수가 평형을 이루고 있다.

$$\frac{n_2}{n_1} = e^{-\beta(E_2 - E_1)} \tag{11.134}$$

이다.

아인슈타인은 그림 11.8과 같이 방출과 흡수 과정을 제시했다. 분자는 흑체복사와 평형을 이루고 있으며 높은 에너지 상태 E_2에서 낮은 에너지 준위 E_1으로 자발적으로 전이(spontaneous emission)하면서 광자를 방출하며 그 방출률은 n_2A이다. 아인슈타인은 방출되는 광자의 진동수를 $v = (E_2 - E_1)/h$라고 놓았다. 분자는 광자복사와 평형을 이루고 있기 때문에 광자에 의해서 높은 에너지 상태에서 낮은 에너지 상태로 유도 방출(stimulated emission)이 일어나며 그 방출률은 n_2Bu_v이다. 여기서 u_v는 온도 T인 흑체의 진동수에 대한 스펙트럼 에너지 밀도이다. 한편 분자는 흑체의 광자에 의해서 낮은 에너지 상태에서 높은 에너지 상태로 흡수(absorption)되며 그 흡수률은 n_1Cu_v이다. 계수 A, B, C는 진동수와 기본상수의 함수이다. 평형상태에서 단위 시간당 광자를 방출하는 분자의 비율과 광자를 흡수하는 광자의 비율은 균형을 이룰 것이다. 따라서

$$[n_2A + n_2Bu_v] = n_1Cu_v \tag{11.135}$$

이다.

위 식을 정리하면

$$\frac{n_2}{n_1}(A + Bu_v) = Cu_v \tag{11.136}$$

이다. 따라서

$$e^{-\beta(E_2 - E_1)}(A + Bu_v) = Cu_v \tag{11.137}$$

이다.

온도가 매우 높은 $T \to \infty\,(\beta \to 0)$ 극한에서 $e^{-\beta(E_2 - E_1)} \to 1$이고, $Bu_\nu \gg A$이므로 $B = C$
이다. 따라서 스펙트럼 에너지 밀도는

$$u_\nu = \frac{A/B}{e^{\beta(E_2 - E_1)} - 1} \tag{11.138}$$

이다. 그림 11.8에서 $E_2 - E_1 = h\nu$이고, $kT \gg h\nu$이면 $u_\nu = AkT/Bh\nu$이다. 그런데 $kT \gg h\nu$
일 때 에너지 밀도는 레일리-진스의 법칙 $u_\nu = 8\pi\nu^2 kT/c^3$이다. 그러므로 $A/B = 8\pi h\nu^3/c^3$
이다. 이 식을 결합하면

$$u_\nu = \frac{8\pi h\nu^3}{c^3} \frac{1}{e^{h\nu/kT} - 1} \tag{11.139}$$

으로, 앞에서 플랑크가 유도한 결과와 일치한다. 보손의 분포함수에 대해 알려지기 전에 아인슈타인은 광자에 대한 이러한 결과를 유도하고 얼마나 놀랐을까? 이 식은 광양자의 존재를 입증하는 식이기도 하다.

행위자 기반 모형(agent based model, ABM)

자동차 접촉사고가 일어나지 않아도 고속도로에서 차가 막히는 경험을 해봤을 것이다. 이는 도로 위에 놓인 수많은 운전자들의 서로 다른 운전습관에 기인한다. "앞의 차량이 뒤 차량에 영향을 주고, 혹은 뒤의 차량이 앞의 차량에 영향을 주고, 또 그 차가 인접한 다른 차량에 영향을 주고, …" 이러한 일이 총체적으로 얽혀서 나타나는 현상이 **유령교통정체**(phantom traffic jam)이다. 복잡계를 연구하는 사람들은 이러한 다양한 개체들의 상호작용으로 인해 발생하는 복잡한 패턴들에 관심을 가지며, 이를 분석하기 위해 '**행위자 기반 모형**(Agent Based Model, ABM)'을 활용하고는 한다.

복잡계를 분석하는 방법론 중 하나인 '행위자 기반 모형'은 행위자들과 행위자들이 행동하는 공간, 외부 환경, 총 3가지로 구성되어 있다. 이때 행위자들은 특정한 속성을 가질 수 있으며, 정해진 규칙 안에서 자발적으로 행동하는 동시에 다른 행위자와 외부 환경과 상호작용한다. 앞서 얘기한 교통 혼잡에 대해 생각해 보면, 행위자들이 속성을 가질 수 있다는 것은 곧 개별 차량에 속성을 부여하여 시뮬레이션이 가능하다는 것이기 때문에 실제로 이 모델은 교통 연구에서 유용하게 쓰이고 있다.

코로나 바이러스(COVID-19)가 우리 사회에 새로운 화두로 등장함에 따라 문제해결을 위한 연구가 활발하다. 가장 기본적인 전염병 모델인 SIR(Susceptible-Infected-Recovered) 모형에 격리자 Q(Quarantine)를 추가한 SIQR 모형을 생각해 보자. 전염병이 확산되는 과정은 다음과 같다.

$$\frac{dS(t)}{dt} = -\beta \frac{S(t)I(t)}{N}$$

$$\frac{dI(t)}{dt} = \beta \frac{S(t)I(t)}{N} - (\alpha + \eta)I(t)$$

$$\frac{dQ(t)}{dt} = \eta I(t) - \gamma Q(t)$$

$$\frac{dR(t)}{dt} = (\alpha + \gamma)Q(t)$$

SIQR은 S(Susceptible), I(Infected), Q(Quarantine), R(Recovered)을 뜻하며 한 사람이 가질 수 있는 상태이다. 즉, 행위자는 언제든지 감염에 노출되어 있을 수 있으며(S), 감염자(I)와 접촉한 행위자(S)는 일정한 확률 β에 따라 감염된다. 감염자에 대해서는 확률 η에 따라 격리조치(Q)가 이루어지고, 격리자는 확률 γ에 따라 완치(R)된다. 한편 감염되었음에도 불구하고 격리되지 않고 바로 회복으로 넘어가는 과정도 생각해 볼 수 있다. 이 경우는 α의 확률에 따라 회복된다고 가정하였다. 실제로 코로나의 경우 무증상이 많은 것을 생각하면 α는 의미 있는 파라미터이다.

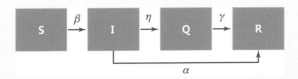

그림 **11.9** 전염병 확산모형인 SIQR 모형. 비감염자(S)는 감염자와 접촉하여 감염률 β로 감염되어 감염자(I)가 된다. 감염자 중에서 증상이 발현하게 되면 격리자(Q)가 된다. 격리자는 격리지역에 격리되므로 격리된 후에 다른 사람을 감염시킬 수 없다. 감염되었지만 증상이 없는 감염자는 격리되지 않고 사회생활을 하며 회복률 α로 회복되어 회복자(R)가 된다. 격리자는 회복률 γ로 회복자가 된다. 감염되어 사망한 자는 영원히 격리되어 계속 격리자로 남는다.

위 식을 행위자 기반 모형 시뮬레이션의 규칙으로 정하고, 2차원 좌표 공간에 행위자들이 행동하도록 하였다. 그림 11.10은 1000명의 행위자를 2차원 공간에 멋대로 뿌리고 시간 $t = 0$일 때 3명의 감염자(빨간색)가 있을 때 시간에 따른 진화과정을 살펴본 것이다. 시뮬레이션에서 단위 시간은 1000명의 상태가 업데이트될 때 1씩 증가한다. 시간이 지남에 따라 감염자가 늘어난다. 감염자가 늘어나는 만큼 회복자도 늘어나며 시간이 충분히 흐르면 감염은 결국 사그라진다.

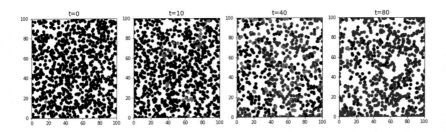

그림 **11.10** SQIR 행위자 기반 모형 시뮬레이션. 시간 $t = 0$일 때 세 명의 감염자에서 출발하여 감염이 점점 전파하여 거의 모든 행위자들을 감염시킨다. 회복자는 재감염되지 않기 때문에 시간이 지나면 집단면역이 생겨서 감염이 줄어든다.(컬러 사진 참조)

S, I, R는 각각 검은색, 빨간색, 파란색으로 나타내었으며 Q의 경우 격리되어 있으므로 편의상 좌표 공간에서 보이지 않도록 설정하였다. 파라미터는 β=0.294, η=0.067, α=0.067, γ=0.036, 감염자와의 접촉 기준은 반경 r_{max}=3으로 고정하였다. 즉 S가 I와의 거리가 3 이하라면 확률 β에 따라 감염된다. 그림 11.11은 행위자 기반 모형으로 시뮬레이션 한 결과를 나타낸 것이다. 비감염자(S)는 감염자와 접촉하여 감염률 β로 감염되어 감염자(I)가 된다. 감염자 중에서 증상이 발현하게 되면 격리자(Q)가 된다. 격리자는 격리지역에 격리되므로 격리된 후에 다른 사람을 감염시킬 수 없다. 감염되었지만 증상이 없는 감염자는 격리되지 않고 사회생활을 하며 회복률 α로 회복되어 회복자(R)가 된다. 그림 11.11에서 회복자 R는 누적해서 그렸다. 회복자는 결국 초기 행위자 수에 접근한다. 격

리자는 회복률 γ로 회복자가 되며, 감염되어 사망한 자는 영원히 격리되어 계속 격리자로 남는다.

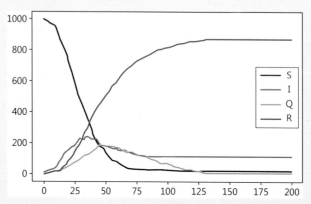

그림 **11.11** 확산 시뮬레이션 결과. S, I, Q는 각 시간에 행위자 수를 나타내면 R는 누적한 회복자를 나타낸다. (컬러 사진 참조)

행위자 기반 모형은 전염병 모형뿐만 아니라 다양한 분야에 적용할 수 있다. 많이 활용되는 분야는 생태계에서 생물 개체들의 상호작용을 바탕으로 행동 특성을 이해하는 분야로써 행위자 기반 모형을 Individual-Based Model(IBM)이라고 부른다. 큰 건물이나 많은 관객이 운집한 공연장에서 사람들의 행동 특성을 이해하기 위해서 행위자 기반 모형을 활용하는데 이를 소위 탈출 모형(evacuation model)이라 한다. 예를 들어 큰 건물에서 화재가 발생했을 때 많은 사람들이 제한된 정보를 가지고 한꺼번에 행동할 때 탈출구에서 쌓이는 정체(jamming) 현상이 발생한다. 건물을 설계할 때 이러한 정체 현상을 효과적으로 분산할 수 있도록 탈출구를 설계하여야 한다.

11.1 각 입자는 0, ε, 2ε인 에너지 양자상태를 가질 수 있다. 3개의 입자가 온도 T인 열원과 평형을 이루고 있다.

1) 입자가 고전입자일 때 분배함수를 구하여라.

2) 입자가 페르미온일 때 분배함수를 구하여라.

3) 입자가 보손일 때 분배함수를 구하여라.

11.2 스핀이 $S = 0$인 보손입자가 N개 있다. 계의 허용된 에너지 상태가 0과 ε일 때

1) 계가 가질 수 있는 상태의 수는 몇 가지인가?

2) 이때 분배함수(partition function)를 구하여라.

3) 입자가 구별 가능한 고전입자일 경우 분배함수를 구하여라.

11.3 온도 T에서 MB분포, FD분포, BE분포를 에너지의 함수로 그려라. $T \to 0$인 극한과 $T \to \infty$인 극한에서 분포함수의 모양을 설명하여라.

11.4 길이 L인 일차원 직선위에 놓인 이상기체의 상태밀도를 구하여라.

11.5 길이 L인 이차원 상자에 놓여 있는 이상기체의 상태밀도를 구하여라.

11.6 2차원 단원자 이상기체가 온도 T인 열원과 열접촉하여 평형을 이루고 있다.

1) 계의 분배함수를 구하여라.

2) 계의 평균 에너지를 구하여라.

3) 계의 엔트로피를 구하여라.

11.7 길이 L인 정육면체 상자에 자유입자 하나가 들어 있고, 온도 T인 열원과 평형을 이루고 있다.

1) 입자의 양자상태 s에 해당하는 운동에너지 $\varepsilon_s(V)$를 부피의 함수로 표현하여라.

2) 양자상태 s인 입자의 기체 압력 $p_s = -(\partial \varepsilon_s / \partial V)$를 계산하여라.

11.8 다음 그림과 같이 아인슈타인의 두 준위 분자와 광자복사가 평형을 이루고 있는 계에서 자발적 방출을 고려해 보자. 자발적 방출에 의해서 높은 에너지 준위에 머무는 분자의 수 n_2는

$$\frac{dn_2}{dt} = -An_2$$

이다. 이 방정식의 해를 구하고, 고유복사 생존시간(natural radiative life time)이 $\tau = 1/A$임을 보여라.

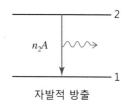

자발적 방출

11.9 아인슈타인의 두 준위 분자와 광자복사가 평형을 이루고 있는 계에서 자발적 방출을 고려해 보자. 다음 그림과 같이 높은 에너지 준위는 중복도(degeneracy)가 g_2이고 낮은 에너지 준위의 중복도는 g_1이다.

$$\underline{\qquad\qquad g_2 \qquad\qquad}\ 2$$

$$\underline{\qquad\qquad g_1 \qquad\qquad}\ 1$$

1) 평형상태에서 두 에너지 준위에 놓인 분자의 비율이 $\dfrac{n_2}{n_1} = \dfrac{g_2}{g_1} e^{-\beta h v}$임을 보여라.
2) 평형상태에서 진동수 스펙트럼 에너지 밀도가

$$u_v = \frac{A/B}{\left(\dfrac{g_1 C}{g_2 B}\right) e^{\beta h v} - 1}$$

임을 보여라.

3) 1)에서 구한 결과를 흑체의 진동수 스펙트럼 에너지 밀도 $u_\nu = \dfrac{8\pi h\nu^3}{c^3}\dfrac{1}{e^{h\nu/kT}-1}$ 와 비교함으로써

$$\frac{B}{C} = \frac{g_1}{g_2}, \quad A = \frac{8\pi h\nu^3}{c^3}B$$

임을 보여라.

4) 복사장에 놓인 분자들의 유도방출이 흡수보다 더 크면 분자들은 더 많은 광자를 유도방출할 것이다. 유도방출이 일어날 조건은

$$n_2 B u_\nu > n_1 C u_\nu$$

이다. 이 조건으로부터

$$\frac{n_2}{g_2} > \frac{n_1}{g_1}$$

임을 보여라. 이 조건을 밀도반전(population inversion)이라 한다. 즉, 중복도 당 높은 에너지 준위를 점유한 분자의 수가 중복도 당 낮은 에너지 준위를 점유한 분자보다 더 많은 경우 밀도반전이 일어나며 급격한 유도방출이 일어난다. 이러한 유도방출은 방출되는 광자들은 같은 방향, 같은 위상, 같은 진동수를 갖는 증폭된 광선이 된다. 이렇게 방출되는 광선을 레이저(Laser, Light Amplified by Stimulated Emission of Radiation)이라 한다. 밀도반전을 달성하기 위해서 높은 에너지 준위로 분자들을 들뜨게 하는 펌핑(pumping) 과정이 있어야 한다.

CHAPTER 12
고체의 비열과 포논

CHAPTER 12
고체의 비열과 포논

고체를 구성하는 원자와 분자는 특별한 구조를 갖는다. 산소분자는 2개의 산소가 거의 선형으로 연결되어 있고 물분자는 산소 원자에 2개의 수소 원자가 약 108°의 각도를 형성하면서 결합되어 있다. 고체를 들여다보자. 고체 역시 원자들이 질서 정연하게 또는 무질서하게 결합되어 있다. 질서와 대칭성을 가진 고체를 **결정**(crystal)이라 하며, 특정한 대칭성을 가진 **격자구조**(lattice structure)를 형성한다. **고체물리학**(solid state physics)에서 가능한 격자구조의 가짓수를 배운다. 원자들이 질서 정연하지도 않고 대칭성을 가지지 않으면서 결합하는 고체가 일반적이다. 돌덩어리를 형성하고 있는 구조나 나무를 형성하고 있는 유기 고분자들의 구조는 대칭성과는 거리가 멀다. 질서가 없는 고체를 **비정질 구조**(amorphous structure)를 가진 고체라 한다.

금속의 자유전자(free electron)들이 열용량 또는 비열에 기여하는 방법을 살펴볼 것이다. 고체를 구성하는 원자들은 고체 내에서 가만히 정지해 있지 않고, 온도에 따라서 제 자리에서 진동하고 있다. 결정구조와 같은 격자구조를 갖는 고체에서 원자들의 떨림을 **격자진동**(lattice vibration)이라 한다. 또한 전자기파를 양자화하면 광자(photon)로 기술할 수 있다. 앞에서 흑체복사를 양자화된 광자로 다루어 보았다. 격자를 구성하는 원자들의 진동을 양자화하면 **준입자**(quasi-particle)인 **포논**(phonon)으로 취급할 수 있다. 격자의 진동을 **노멀모드**(normal mode)로 나타낼 수 있고, 각 노멀모드를 단순조화진동으로 표현할 수 있다.

고체의 열용량 또는 비열에 대한 실험적 발견은 매우 일찍부터 시작되었다. 1812년에 뒬롱과 프띠(Dulong-Petit)는 높은 온도에서 고체의 비열이 $C_V \sim 3R$임을 실험적으로 관찰하였다. 이를 **뒬롱-프띠의 법칙**(Dulong-Petit's law)이라 한다. 앞에서 고체의 자유전자들이 기여하는 비열은 낮은 온도에서 $C_V \sim aT$임을 보았다. 사실 고체의 비열은 온도에 대해서 $C_V = aT + \gamma T^3$의 의존성을 가지며 아주 높은 온도에서는 뒬롱-프띠의 법칙을 따른다. 고체의 온도에 따른 비열은 그림 12.1과 같다.

격자진동은 고체에서 새로운 자유도이기 때문에, 고체가 열저장체와 열접촉할 때 에너지 등분배 원리에 의하면 열적 에너지를 갖게 된다. 실험에 의하면 격자진동에 의한 비열은 온

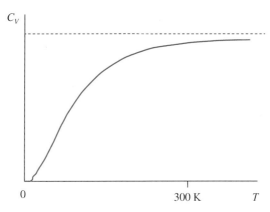

그림 **12.1** 고체의 비열. 고체의 비열은 낮은 온도에서는 온도에 비례하고, 높은 온도에서는 온도의 세제곱에 비례하고 아주 높은 온도에서는 일정하다.

도의 세제곱에 비례한다. 즉 $C = \gamma T^3$ 이며, 여기서 γ 는 상수이다. 20세기 초에 고체 비열의 온도 의존성은 이해하기 어려운 과제였다.

격자진동에 의한 비열을 처음 설명한 사람은 아인슈타인이며 고체 비열에 대한 **아인슈타인 모형**(Einstein model)을 제안하였다. 아인슈타인 모형은 높은 온도에서는 실험결과를 잘 설명하지만, 낮은 온도에서는 실험결과를 설명하지 못하였다. 1912년에 디바이(Peter Debye)는 격자진동 모형을 개선하여 고체의 비열을 설명하는 **디바이 모형**(Debye model)을 제안하였다. 디바이 모형에 따르면 고체의 비열은 온도의 세제곱에 비례한다. 12장에서는 고체의 비열에 대한 자유전자에 대한 부분을 전반부에서 살펴보고, 격자진동에 의한 비열을 후반부에서 다루어 본다. 격자진동에 의한 비열은 아인슈타인 모형에서 디바이 모형으로 진화하였다.

12.1
금속의 전도전자

실험에 의하면 금속의 몰비열의 온도 의존성은

$$c_V = aT + \gamma T^3 \tag{12.1}$$

인 관계를 가진다. 여기서 a와 γ는 비례상수이다. 온도에 비례하는 항은 금속의 전도전자에 의한 것이고, 온도의 세제곱에 비례하는 항은 금속의 격자진동(포논, phonon)에 의한 것이다. 금속의 **전도전자**(conduction electron)에 의한 비열을 정량적으로 구해보자. 금속의 전도띠에 놓여 있는 전자들은 금속 내부에서 무질서한 운동을 한다. 이러한 전도전자를 전자 기체로 취급한다. 이 전도전자 기체는 금속 내부에서 금속의 양전하 이온과 상호작용할 뿐만 아니라 전자들 자신들도 서로 상호작용한다. 그러나 금속의 전도띠에 구속되어 있는 전자 기체는 금속 내부에서 상당히 자유롭게 움직이므로 마치 고전적인 기체와 같이 취급할 수 있다. 이제 자유전자 기체를 양자 이상기체처럼 생각할 것이다. 금속의 전도전자 기체의 평균 에너지는

$$U = \sum_s \frac{\varepsilon_s}{e^{\beta(\varepsilon_s - \mu)} + 1} \tag{12.2}$$

이다. 입자의 에너지 준위 사이의 간격이 매우 작기 때문에 합 $\sum$을 적분 $\int$으로 치환하자. 평균 에너지는

$$U = 2\int F(\varepsilon)\varepsilon g(\varepsilon)d\varepsilon = 2\int_0^\infty \frac{\varepsilon}{e^{\beta(\varepsilon - \mu)} + 1} g(\varepsilon)d\varepsilon \tag{12.3}$$

이다. 여기서 $g(\varepsilon)d\varepsilon$은 에너지 ε과 $\varepsilon + d\varepsilon$ 사이의 병진 운동에 대한 상태수이다. 식 (12.3)에 2가 곱해진 것은 전자의 스핀이 $S = 1/2$이기 때문이다. 전도전자의 페르미 에너지는 총 입자수인

$$N = 2\int F(\varepsilon)g(\varepsilon)d\varepsilon = 2\int_0^\infty \frac{1}{e^{\beta(\varepsilon - \mu)} + 1} g(\varepsilon)d\varepsilon \tag{12.4}$$

에서 구한다.

평균 에너지와 총입자수에 대한 적분식은

$$\int_0^\infty F(\varepsilon)\phi(\varepsilon)d\varepsilon \tag{12.5}$$

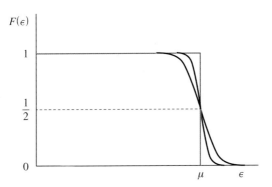

그림 **12.2** 페르미 에너지 근처에서 페르미 함수의 모양

과 같은 꼴을 하고 있다. 여기서 $\phi(\varepsilon)$는 에너지 ε에 대해 천천히 변화하는 함수이다. 계산을 쉽게 하기 위해서 페르미 함수의 성질을 살펴보자. $F(\varepsilon)$과 $F' = dF/d\varepsilon$은 $\varepsilon = \mu$ 근처 kT 범위에서 그림 12.2와 같이 급격히 변하는 함수이다.

적분을 간단히 하기 위해서, 함수 $\psi(\varepsilon)$를

$$\psi(\varepsilon) \equiv \int_0^\varepsilon \phi(\varepsilon')d\varepsilon' \tag{12.6}$$

라 정의하자.

부분적분에 의해서

$$\int_0^\infty F(\varepsilon)\phi(\varepsilon)d\varepsilon = [F(\varepsilon)\psi(\varepsilon)]_0^\infty - \int_0^\infty F'(\varepsilon)\psi(\varepsilon)d\varepsilon$$

$$= -\int_0^\infty F'(\varepsilon)\psi(\varepsilon)d\varepsilon \tag{12.7}$$

이며, $F(\infty) = 0$, $\psi(0) = 0$이므로 적분된 첫째 항은 사라진다.

$F'(\varepsilon)$은 $\varepsilon = \mu$ 근처에서 반치폭 kT를 가지는 영역에서 매우 뾰족한 함수이다. 상대적으로 느리게 변하는 함수 $\psi(\varepsilon)$을 $\varepsilon = \mu$에서 테일러 전개하면,

$$\psi(\varepsilon) = \psi(\mu) + \left[\frac{d\psi}{d\varepsilon}\right]_\mu (\varepsilon - \mu) + \frac{1}{2}\left[\frac{d^2\psi}{d\varepsilon^2}\right]_\mu (\varepsilon - \mu)^2 + \cdots$$

$$= \sum_{m=0}^\infty \frac{1}{m!}\left[\frac{d^m\psi}{d\varepsilon^m}\right]_\mu (\varepsilon - \mu)^m \tag{12.8}$$

이다.

따라서

$$\int_0^\infty F(\varepsilon)\phi(\varepsilon)d\varepsilon = -\sum_{m=0}^\infty \frac{1}{m!}\left[\frac{d^m\psi}{d\varepsilon^m}\right]_\mu \int_0^\infty F'(\varepsilon)(\varepsilon-\mu)^m d\varepsilon \tag{12.9}$$

이다. 그리고

$$\int_0^\infty F'(\varepsilon)(\varepsilon-\mu)^m d\varepsilon = -\int_0^\infty \frac{\beta e^{\beta(\varepsilon-\mu)}}{\left[e^{\beta(\varepsilon-\mu)}+1\right]^2}(\varepsilon-\mu)^m d\varepsilon$$

$$= -\beta^{-m}\int_{-\beta\mu}^\infty \frac{e^x}{(e^x+1)^2}x^m dx \tag{12.10}$$

이며, 여기서 $x=\beta(\varepsilon-\mu)$로 놓았다.

이 적분에서 피적분항은 $\varepsilon=\mu(x=0)$에서 매우 뾰족하고 최댓값을 갖는다. 그런데 $\beta\mu \gg 1$ 경우를 고려하고 있으므로 적분의 아래쪽 극한 $-\beta\mu \simeq -\infty$로 놓아도 된다. 따라서

$$\int_0^\infty F'(\varepsilon)(\varepsilon-\mu)^m d\varepsilon = -(kT)^m I_m \tag{12.11}$$

이고, 여기서

$$I_m \equiv \int_{-\infty}^\infty \frac{e^x}{(e^x+1)^2}x^m dx \tag{12.12}$$

이다.

적분 I_m의 피적분 함수는

$$\frac{e^x}{(e^x+1)^2} = \frac{1}{(e^x+1)(1+e^{-x})} \tag{12.13}$$

이고 **짝함수**(even function)이다. 따라서 m이 홀수이면 $I_m=0$이고, m이 짝수이면 적분값을 갖는다. $m=0$이면

$$I_0 = \int_{-\infty}^\infty \frac{e^x}{(e^x+1)^2}dx = -\left[\frac{1}{e^x+1}\right]_{-\infty}^\infty = 1 \tag{12.14}$$

이고, $m=2$이면

$$I_2 = \frac{\pi^2}{3} \tag{12.15}$$

이다.

따라서

$$\int_0^\infty F(\varepsilon)\phi(\varepsilon)d\varepsilon = \sum_{m=0}^\infty \frac{1}{m!}\left[\frac{d^m\psi}{d\varepsilon^m}\right]_\mu \left((kT)^m I_m\right)$$

$$= I_0\psi(\mu) + I_2\frac{(kT)^2}{2}\left[\frac{d^2\psi}{d\varepsilon^2}\right]_\mu + \cdots \tag{12.16}$$

이며, $\psi(\mu) = \int_0^\mu \phi(\varepsilon)d\varepsilon$ 이므로

$$\int_0^\infty F(\varepsilon)\phi(\varepsilon)d\varepsilon = \int_0^\mu \phi(\varepsilon)d\varepsilon + \frac{\pi^2}{6}(kT)^2\left[\frac{d\phi}{d\varepsilon}\right]_\mu + \cdots \tag{12.17}$$

이다.

이 결과는 $\beta\mu \gg 1$ $(T \to 0)$인 경우에 성립하는 근사식이다. 이 결과를 이용하여 전도전자의 평균 에너지를 구해보자. 식 (12.3)으로부터 $\phi(\varepsilon) = 2\varepsilon g(\varepsilon)$이며, 따라서 평균 에너지는

$$U = \int_0^\infty F(\varepsilon)\phi(\varepsilon)d\varepsilon = 2\int_0^\mu \varepsilon g(\varepsilon)d\varepsilon + \frac{\pi^2}{3}(kT)^2\left[\frac{d(\varepsilon g)}{d\varepsilon}\right]_\mu \tag{12.18}$$

이다.

$\beta\mu \gg 1$, 즉 $kT \ll \mu$이면 화학 퍼텐셜 $\mu(T)$는 $T=0$일 때의 페르미 에너지 μ_0에서 조금 벗어난다. 따라서

$$2\int_0^\mu \varepsilon g(\varepsilon)d\varepsilon = 2\int_0^{\mu_0} \varepsilon g(\varepsilon)d\varepsilon + 2\int_{\mu_0}^\mu \varepsilon g(\varepsilon)d\varepsilon$$

$$= U_0 + 2\mu_0 g(\mu_0)(\mu - \mu_0) \tag{12.19}$$

이다. 그리고

$$\frac{d(\varepsilon g)}{d\varepsilon} = g + \varepsilon g', \quad g' \equiv \frac{dg}{d\varepsilon} \tag{12.20}$$

이므로, 전도전자의 평균 에너지는

$$U = U_0 + 2\mu_0 g(\mu_0)(\mu - \mu_0) + \frac{\pi^2}{3}(kT)^2 [g(\mu_0) + \mu_0 g'(\mu_0)]$$ (12.21)

이다.

한편 계의 화학 퍼텐셜 μ는 총입자수인

$$N = 2\int_0^\infty F(\varepsilon)g(\varepsilon)d\varepsilon$$ (12.22)

에서 구한다. 이 식을 위에서 구한 적분 방법을 써서 다시 쓰면

$$N = 2\int_0^\mu g(\varepsilon)d\varepsilon + \frac{\pi^2}{3}(kT)^2 g'(\mu_0)$$ (12.23)

이다. 위 식의 첫째 항은

$$2\int_0^\mu g(\varepsilon)d\varepsilon = 2\int_0^{\mu_0} g(\varepsilon)d\varepsilon + 2\int_{\mu_0}^\mu g(\varepsilon)d\varepsilon = N + 2g(\mu_0)(\mu - \mu_0)$$ (12.24)

이다.

따라서

$$N = N + 2g(\mu_0)(\mu - \mu_0) + \frac{\pi^2}{3}(kT)^2 g'(\mu_0)$$ (12.25)

또는

$$\mu - \mu_0 = -\frac{\pi^2}{6}(kT)^2 \frac{g'(\mu_0)}{g(\mu_0)}$$ (12.26)

이다.

이 결과를 평균 에너지에 대입하면

$$U = U_0 - \frac{\pi^2}{3}(kT)^2 \mu_0 g'(\mu_0) + \frac{\pi^2}{3}(kT)^2 [g(\mu_0) + \mu_0 g'(\mu_0)]$$

$$= U_0 + \frac{\pi^2}{3}(kT)^2 g(\mu_0)$$ (12.27)

이다.

전도전자의 열용량은

$$C_V = \left(\frac{\partial U}{\partial T}\right)_V = \frac{2\pi^2}{3}k^2 g(\mu_0)T \tag{12.28}$$

이다.

페르미 이상기체의 상태밀도는

$$g(\varepsilon)d\varepsilon = \frac{V}{(2\pi)^3}\left(4\pi k^2 \frac{dk}{d\varepsilon}d\varepsilon\right)$$

$$= \frac{V}{4\pi^2}\frac{(2m)^{3/2}}{\hbar^3}\varepsilon^{1/2}d\varepsilon \tag{12.29}$$

이고

$$\mu_0 = \frac{\hbar^2}{2m}\left(3\pi^2\frac{N}{V}\right)^{2/3} \tag{12.30}$$

이므로,

$$g(\mu_0) = \frac{V}{4\pi^2}\frac{(2m)^{3/2}}{\hbar^3}\mu_0^{1/2} = \frac{3N}{4}\left[\left(\frac{V}{3N\pi^2}\right)\left(\frac{2m}{\hbar^2}\right)^{3/2}\right]\mu_0^{1/2}$$

$$= \frac{3N}{4}\left[\frac{\hbar^2}{2m}\left(3\pi^2\frac{N}{V}\right)^{2/3}\right]^{-3/2}\mu_0^{1/2} = \frac{3}{4}\frac{N}{\mu_0} \tag{12.31}$$

이다.

따라서 전도전자의 열용량은

$$C_V = \frac{\pi^2}{2}kN\left(\frac{kT}{\mu_0}\right) \tag{12.32}$$

이고, 몰비열은

$$c_V = \frac{3}{2}R\left(\frac{\pi^2}{3}\frac{kT}{\mu_0}\right) \tag{12.33}$$

이다. 즉, 전도전자의 몰비열은 온도에 비례한다.

12.2
아인슈타인 모형

아인슈타인은 고체의 격자진동을 독립적인 단순조화진동으로 생각하였다. $3N$개의 진동모드를 가지는 고체를 생각해 보자. 고체를 구성하는 원자들은 가상적인 스프링으로 연결되었다고 생각할 수 있기 때문에, 사실 독립적인 진동은 아니다. 그러나 높은 온도에서 각 진동모드의 진동은 독립적인 진동에 가깝다. 아인슈타인은 과감하게 모든 진동이 서로 독립적이라고 생각했다. 단순조화진동을 양자화하면 진동 에너지는 $E_i = (n_i + \frac{1}{2})\hbar\omega_E$이다. 여기서 i번째 진동모드의 양자수는 $n_i = 0,\ 1,\ 2,\ \cdots,\ \infty$이다. 각 진동의 고유 각진동수는 ω_E이다. 각 진동이 서로 상호작용하지 않고 독립적이므로 계의 전체 진동 에너지는

$$E = E_1 + E_2 + \cdots = \sum_i E_i \tag{12.34}$$

이다. 계의 분배함수는

$$Z = \sum_{n_1,\ \cdots,\ n_{3N}} \exp\left(-\beta \sum_i E_i\right) = \sum_{n_1,\ \cdots,\ n_{3N}} \exp\left[-\beta\left(E_1 + E_2 + \cdots + E_{3N}\right)\right]$$

$$= \sum_{n_1,\ \cdots,\ n_{3N}} \exp(-\beta E_1)\exp(-\beta E_2)\cdots\exp(-\beta E_{3N})$$

$$= \prod_{i=1}^{3N}\left[\sum_{n_i}\exp(-\beta E_i)\right] = \prod_{i=1}^{3N} Z_i \tag{12.35}$$

이다. 여기서 Z_i는 단일 진동모드의 분배함수로

$$Z_i = \sum_{n_i}\exp(-\beta E_i) = \sum_{n_i}\exp\left[-\beta\left(n_i + \frac{1}{2}\right)\hbar\omega_E\right] \tag{12.36}$$

이다. 단일 진동모드 분배함수는

$$Z_i = \frac{\exp(-\beta\hbar\omega_E/2)}{1 - \exp(-\beta\hbar\omega_E)} \tag{12.37}$$

이다. 열역학 거시변수를 구하기 위해서 분배함수에 로그를 취하면

$$\ln Z = \ln \prod_{i=1}^{3N} Z_i = \sum_{i=1}^{3N} \ln Z_i \tag{12.38}$$

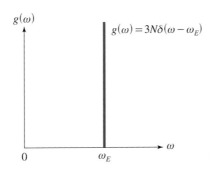

$$g(\omega) = 3N\delta(\omega - \omega_E)$$

그림 **12.3** 아인슈타인 모형에서 진동모드의 상태밀도 함수. 아인슈타인 모형은 모든 진동이 독립적이고 같은 고유진동수를 갖는다.

이다.

모든 진동모드가 독립적이고 각자 단순조화진동하므로, 각 진동모드의 분배함수는 같은 함수의 형태를 가진다.

$$\ln Z = 3N \ln Z_i = 3N \left[-\frac{1}{2}\beta\hbar\omega_E - \ln\left\{1 - \exp(-\beta\hbar\omega_E)\right\} \right] \tag{12.39}$$

계의 평균 에너지 U는

$$U = -\frac{\partial \ln Z}{\partial \beta}$$

$$= \frac{3N}{2}\hbar\omega_E + 3N\hbar\omega_E \frac{e^{-\beta\hbar\omega_E}}{1 - e^{-\beta\hbar\omega_E}}$$

$$= \frac{3N}{2}\hbar\omega_E + 3N\hbar\omega_E \frac{1}{e^{\beta\hbar\omega_E} - 1} \tag{12.40}$$

이다. 평균 에너지에서 첫 번째 항은 단순조화진동의 바닥상태의 기여에서 온 것이며 둘째 항은 들뜬상태의 기여분이다. 아인슈타인 온도 T_E를 다음과 같이 정의한다.

$$k_B T_E = \hbar\omega_E \tag{12.41}$$

몰당 평균 에너지를 아인슈타인 온도로 나타내면

$$u = 3RT_E \left[\frac{1}{2} + \frac{1}{e^{T_E/T} - 1} \right] \tag{12.42}$$

로 쓸 수 있다.

따라서 고체의 몰비열은

$$c_V = \frac{\partial u}{\partial T}$$

$$= 3R \frac{x^2 e^x}{(e^x - 1)^2} \tag{12.43}$$

이다. 여기서 $x = T_E/T$이다. 높은 온도 극한인 $T \to \infty$에서

$$\frac{1}{e^{T_E/T} - 1} \;\to\; \frac{T}{T_E}$$

이므로 몰당 평균 에너지는

$$u \;\to\; 3RT$$

이므로 몰비열은

$$c_V = \frac{\partial u}{\partial T} = 3R \tag{12.44}$$

이다. 높은 온도에서 고체의 몰비열이 $3R$로 일정한 것을 뒬롱–프띠의 법칙(Dulong–Petit rule)이라 한다. 아인슈타인 모형은 아주 높은 온도에서 뒬롱–프띠의 법칙을 재현한다. 즉, 아주 높은 온도에서 고체의 진동모드들은 서로 독립적이라고 할 수 있다. 그러나 온도가 낮아지면 아인슈타인 모형은 고체의 몰비열을 정확히 설명하지 못한다.

12.3 디바이 모형

아인슈타인 모형은 높은 온도에서 고체의 비열을 잘 설명하지만 낮은 온도에서는 실험값에서 많이 벗어난다. 그 이유가 무엇일까? 그 이유는 바로 고체의 진동모드들이 모두 같은 진동수인 ω_E를 갖고 서로 독립적으로 진동한다는 가정 때문이다. 일반적으로 상태밀도는 진동모드의 진동수에 따라 어떤 함수꼴을 가질 것이다. 진동모드가 각진동수 ω와 $\omega + d\omega$ 사이에 놓일 때 진동모드의 상태수는 $g(\omega)d\omega$이고, 여기서 $g(\omega)$는 상태밀도이다. 아인슈타인 모형은 상태밀도 $g(\omega)$가 그림 12.3과 같이 델타 함수 꼴을 갖는다는 의미이다. 그런데 고체의 자유도가 $3N$일 때 상태밀도를 적분한 값은 계가 가지

는 모든 상태수가 되므로

$$\int g(\omega)d\omega = 3N \tag{12.45}$$

이다. 즉, 아인슈타인 모형에서 상태함수는

$$g_E(\omega) = 3N\,\delta(\omega - \omega_E) \tag{12.46}$$

이다.

1912년에 피터 디바이(Peter Debye)는 아인슈타인 모형을 개선하는 연구를 하였다. 이 연구에서 디바이는 격자진동인 포논이 고체의 비열을 결정하는 이론을 확립하였다. 소위 디바이 모형(Debye model)을 확립하여 낮은 온도에서 고체의 비열이 온도에 대해서 T^3의 의존성을 가짐을 보였다. 1936년에 노벨화학상을 수상하고 독일에서 활동하던 디바이는 1940년에 미국으로 이주하였다. 디바이 모형의 배경을 살펴보자. 고체의 격자진동은 고체의 구조에 따라서 영향을 받는다. 그림 12.4와 같이 1차원의 탄성체 줄은 일렬로 나열된 입자들 사이에 탄성 스프링이 있는 것으로 생각할 수 있다. 줄의 역학적 진동의 진동수는 아무 진동수나 가능하지 않고, 소위 고유진동에 해당하는 진동만이 가능하다.

고체에서 격자의 진동도 이와 같을 것이다. 따라서 고체에서 진동파의 전파 속도는 고체에서 음속으로 퍼질 것이기 때문에 다음과 같은 분산관계를 생각할 수 있다.

$$\omega = v_s k \tag{12.47}$$

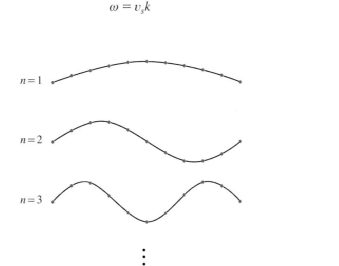

그림 **12.4** 1차원 고체 원자 줄의 고유진동. 줄처럼 연결된 고체는 고유진동 모드의 진동만 가능하다.

여기서 v_s는 고체에서의 음속이고, k는 고체진동의 **파수 벡터**(wave vector)이다. 즉 디바이는 고체의 진동이 진동수와 파수 사이에 선형 **분산관계**(dispersion relation)를 따른다고 생각했다. 현대 고체물리학에 따르면 고체의 **소리알 모드**(acoustic mode)에 해당한다. 한 변의 길이가 V인 정육면체 고체의 격자진동의 상태밀도는

$$g(k)dk = 3 \times \frac{4\pi k^2 dk}{(2\pi/L)^3} \tag{12.48}$$

이다. 여기서 3을 곱한 것은 한 파수 벡터에 대해서 격자진동은 세 가지 **편극**(polarization)을 가질 수 있기 때문이다. 즉, 하나의 **종진동**(longitudinal vibration)과 두 개의 **횡진동** (transverse vibration)이 가능하기 때문이다. 따라서 상태밀도는

$$g(k)dk = \frac{3Vk^2 dk}{2\pi^2} \tag{12.49}$$

이다. 여기서 고체의 부피는 $V = L^3$이다. 분산관계를 사용하여 상태밀도를 각진동수로 표현하면

$$g(\omega)d\omega = \frac{3V\omega^2 d\omega}{2\pi^2 v_s^3} \tag{12.50}$$

이 된다.

그런데 격자진동의 총진동 모드의 수는 $3N$이므로 그림 12.5와 같이 계가 가질 수 있는 최대 각진동수인 **디바이 진동수**(Debye frequency) ω_D까지 가질 수 있다.

$$\int_0^{\omega_D} g(\omega)d\omega = 3N \tag{12.51}$$

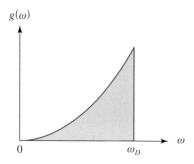

그림 **12.5** 디바이 모형에서 상태밀도 함수와 디바이 진동수

따라서 상태밀도 함수를 대입하면

$$\int_0^{\omega_D} g(\omega)d\omega = \int_0^{\omega_D} \frac{3V\omega^2 d\omega}{2\pi^2 v_s^3} = 3N \tag{12.52}$$

이다. 디바이 각진동수는

$$\omega_D = v_s \left(\frac{6\pi^2 N}{V} \right)^{1/3} \tag{12.53}$$

이다. 상태밀도 함수를 디바이 진동수로 나타내면

$$g(\omega)d\omega = \frac{9N}{\omega_D^3} \omega^2 d\omega \tag{12.54}$$

이다. **디바이 온도**(Debye temperature)는 다음과 같이 정의한다.

$$\hbar\omega_D = k_B T_D \tag{12.55}$$

이므로, 디바이 온도는

$$T_D = \frac{\hbar\omega_D}{k_B} \tag{12.56}$$

이다. 여러 고체의 디바이 온도는 표 12.1과 같다.

이제 디바이 모형에서 고체의 몰비열을 구해보자. 먼저 계의 평균 에너지를 구한다. 로그 분배함수를 계산할 때 상태밀도 함수를 고려해야 한다. 즉,

표 **12.1** 물질과 디바이 온도

물질	디바이 온도(K)
금	170
은	215
알루미늄	394
텅스텐	400
실리콘	625
다이아몬드	1860

$$\ln Z = \ln \prod_{i=1}^{3N} Z_i = \sum_{i=1}^{3N} \ln Z_i$$

$$= \int_0^{\omega_D} d\omega \, g(\omega) \ln Z_i$$

$$= \int_0^{\omega_D} d\omega \, g(\omega) \ln \left[\frac{e^{-\beta\hbar\omega/2}}{1 - e^{-\beta\hbar\omega}} \right] \tag{12.57}$$

이다. 로그함수를 풀어쓰면

$$\ln Z = -\int_0^{\omega_D} d\omega \, g(\omega) \beta \frac{\hbar\omega}{2} - \int_0^{\omega_D} d\omega \, g(\omega) \ln(1 - e^{-\beta\hbar\omega}) \tag{12.58}$$

이다. 로그 분배함수의 첫 번째 항을 적분하고 디바이 진동수로 나타내면

$$\ln Z = -\frac{9}{8} N\beta\hbar\omega_D - \frac{9N}{\omega_D^3} \int_0^{\omega_D} \omega^2 \ln(1 - e^{-\beta\hbar\omega}) d\omega \tag{12.59}$$

이다. 평균 에너지는

$$U = -\frac{\partial \ln Z}{\partial \beta}$$

$$= \frac{9}{8} N\hbar\omega_D + \frac{9N}{\omega_D^3} \int_0^{\omega_D} \frac{\hbar\omega^3}{e^{\beta\hbar\omega} - 1} d\omega \tag{12.60}$$

이고, 비열은

$$C_V = \left(\frac{\partial U}{\partial T} \right)_V$$

$$= \frac{9N}{\omega_D^3} \int_0^{\omega_D} d\omega \frac{(-\hbar\omega^3) e^{\beta\hbar\omega}}{(e^{\beta\hbar\omega} - 1)^2} \left(-\frac{\hbar\omega}{kT^2} \right) \tag{12.61}$$

이다. 식을 간단히 하기 위해서 $y = \beta\hbar\omega$, $y_D = \beta\hbar\omega_D$로 놓으면

$$C_V = \frac{9N}{y_D^3/(\beta\hbar)^3} \int_0^{y_D} \frac{dy}{\beta\hbar} \frac{e^y}{(e^y - 1)^2} \left(\frac{y}{\beta\hbar} \right)^4 k(\beta^2\hbar^2)$$

$$= \frac{9nR}{y_D^3} \int_0^{y_D} \frac{y^4 e^y}{(e^y - 1)^2} dy \tag{12.62}$$

이다.

이 식이 디바이 모형에서 얻은 비열에 대한 식이다. 무차원 변수 y와 y_D에 온도변수 β가 들어 있기 때문에 비열의 온도 의존성을 알 수 있다. 온도가 매우 낮은 극한과 온도가 아주 높은 극한에서 비열은 좀 더 간단한 형태로 쓸 수 있다. 먼저 온도가 아주 높은 극한을 생각해 보자. $T \to \infty (\beta \to 0)$이므로 $y \to 0$이다. 따라서 $e^y - 1 = 1 + y + \cdots - 1 \approx y$이므로

$$C_V \approx \frac{9nR}{y_D^3} \int_0^{y_D} \frac{y^4}{y^2} dy = \frac{9nR}{y_D^3} \int_0^{y_D} y^2 dy$$
$$= 3nR \tag{12.63}$$

이다.

디바이 모형은 높은 온도에서 비열이 뒬롱-프띠의 법칙과 같게 된다. 따라서 높은 온도에서 고체의 비열은 $3R$로 일정하다. 다음으로 온도가 아주 낮은 경우를 고려해 보자. 온도가 낮으면 $T \to 0 (\beta \to \infty)$이므로 $e^y \gg 1$이다. 그러므로 식 12.62의 분모에서 -1은 무시할 수 있다.

$$C_V = \frac{9nR}{y_D^3} \int_0^{y_D} \frac{y^4 e^y}{(e^y - 1)^2} dy \approx \frac{9nR}{y_D^3} \int_0^{\infty} \frac{y^4 e^y}{(e^y)^2} dy$$
$$= \frac{9nR}{y_D^3} \int_0^{\infty} y^4 e^{-y} dy$$
$$= \frac{12\pi^4 nR}{5y_D^3} \tag{12.64}$$

이다. 이 식을 디바이 온도로 나타내면

$$C_V \approx 3nR \frac{4\pi^4}{5} \left(\frac{T}{T_D} \right)^3 \tag{12.65}$$

가 된다. 즉 낮은 온도에서 고체의 비열은 온도의 세제곱에 비례한다. 그림 12.6은 아인슈타인 모형과 디바이 모형에서 구한 고체의 몰비열을 온도의 함수로 나타낸 것이다. 그림 12.6(a)는 몰비열 대 온도의 그래프를 그린 것이다. 아인슈타인 모형과 디바이 모형은 높은 온도에서 뒬롱-프띠의 법칙으로 근접한다. 반면 온도가 낮아지면 몰비열은 감소하는데 두 모형의

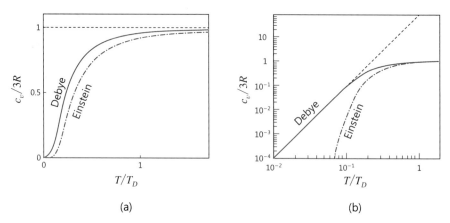

(a)

(b)

그림 **12.6** 아인슈타인 모형과 디바이 모형의 몰비열 그림. (a)는 두 축을 선형으로 나타낸 것으로 높은 온도에서 $C/3R$은 뒬롱-프띠의 법칙인 1에 접근한다. 낮은 온도에서 디바이 모형과 아인슈타인 모형은 서로 어긋난다. (b) 낮은 온도에서 두 모형의 차이를 보기 위해서 두 축을 로그를 취하여 나타낸 그림. 낮은 온도에서 두 모형은 많은 차이를 보인다.

차이를 확연히 구별할 수 있다. 그림 12.6(b)는 두 축에 로그를 취하여 몰비열을 온도의 함수로 나타낸 것이다. 아주 낮은 온도에서 디바이 모형과 아인슈타인 모형의 확연한 차이를 볼 수 있다. 디바이 모형은 낮은 온도에서도 고체의 비열을 잘 설명한다.

12.4
포논 분산

고체가 격자구조를 가질 때 격자의 진동은 격자의 대칭성을 반영한다. 간단한 격자구조로 1차원 구조를 생각해 보자. 각 격자점에 질량 m인 원자들이 놓여 있고, 이웃한 원자들은 전기적인 상호작용에 의해서 마치 스프링으로 연결된 것으로 생각할 수 있다. 평형 상태에서 이웃한 원자 사이의 거리인 원자 간격은 a이다. 이웃한 원자 사이의 스프링의 스프링 상수를 K라 하자. 각 원자를 순서대로 번호를 매기고 n번째 원자가 평형 위치에서 벗어난 변위를 u_n이라 하자.

원자 사슬모형의 운동 방정식은

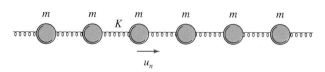

그림 **12.7** 일차원 원자 사슬모형. 각 원자의 질량은 모두 같고 이웃한 원자 사이의 스프링 상수는 K로 모두 같다.

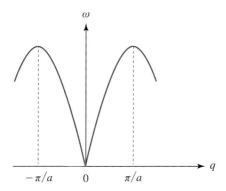

그림 **12.8** 단원자 선형 사슬 구조의 분산관계. 파수 벡터 q가 작은 영역에서 선형 분산관계가 성립한다.

$$m\ddot{u}_n = K(u_{n+1} - u_n) - K(u_n - u_{n-1}) = K(u_{n+1} - 2u_n + u_{n-1}) \tag{12.66}$$

이다.

이 운동 방정식의 해를

$$u_n = \exp[i(qna - \omega t)] \tag{12.67}$$

라 하면

$$-m\omega^2 = K(e^{iqa} - 2 + e^{-iqa}) \tag{12.68}$$

이다. 오일러 공식을 이용하여 이 식을 정리하며

$$\omega^2 = \frac{2K}{m}(1 - \cos qa) \tag{12.69}$$

이다. 코사인 함수는 $\cos(qa) = \cos(\frac{qa}{2} + \frac{qa}{2}) = \cos^2(\frac{qa}{2}) - \sin^2(\frac{qa}{2})$이므로

$$\omega^2 = \frac{2K}{m}\left(1 - \cos^2\left(\frac{qa}{2}\right) + \sin^2\left(\frac{qa}{2}\right)\right) = \frac{4K}{m}\sin^2\left(\frac{qa}{2}\right) \tag{12.70}$$

이다. 각진동수는 양수이므로

$$\omega = \sqrt{\frac{4K}{m}}\left|\sin\left(\frac{qa}{2}\right)\right| \tag{12.71}$$

이다. 단원자 일차원 선형 사슬의 진동에 대한 분산관계는 비선형 함수의 꼴이다. 일차원의

결과는 3차원의 고체 격자에 확장할 수 있다.

단원자 고체의 격자구조는 여러 가지가 가능하다. 단순입방 격자(simple cubic lattice), 면심입방 격자(face-centered cubic lattice), 체심입방 격자(body-centered cubic lattice) 등 다양한 격자구조가 가능하다. 격자구조의 대칭성에 따라서 고체가 가질 수 있는 파수 벡터 q의 값이 제한된 값을 가지며 그에 따라서 각진동수가 결정된다. 파수 벡터 $q = 2\pi/\lambda$가 작은 값일 때 $\sin(qa/2) \simeq qa/2$이므로

$$\omega = v_s q \tag{12.72}$$

이다. 고체에서 음파의 속력은

$$v_s = a\sqrt{\frac{K}{m}} \tag{12.73}$$

이다.

많은 경우에 고체는 몇 개의 원자들로 구성되어 있다. 가장 간단한 경우로 그림 12.9와 같이 질량이 다른 두 원자가 번갈아가면서 반복되는 선형 이원자 사슬을 생각해 보자. 원자의 질량은 각각 m, M이고 두 이웃한 분자 사이의 스프링 상수는 K이다. 이원자 사슬 구조

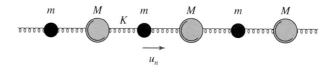

그림 **12.9** 선형 이원자 사슬 구조.

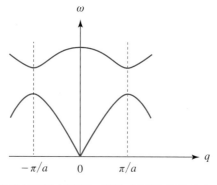

그림 **12.10** 일차원 이원자 사슬 모형에서 진동의 분산관계. 이원자 사슬에서 각진동수가 가질 수 없는 영역이 발생한다. 아래쪽 분산관계는 소리모드(acoustic mode)에 해당하고, 위쪽 분산관계는 광모드(optical mode)에 해당하는 진동이다.

에 대한 운동 방정식을 풀면 분산관계가 그림 12.10과 같다. 이원자 분자의 질량 차이 때문에 계가 가질 수 없는 각진동수 영역이 나타난다. 고체의 에너지 띠이론에서 금지된 영역이 분산관계에 나타난다.

자기조직화 임계성(Self-Organized Criticality)

지구 생태계에 출현한 인간이 생존을 위해 모여 살기 시작하면서 인간은 다른 동물종들과는 다른 진화의 길에 들어섰다. 생물학적인 진화와 함께 사회적 진화가 함께 일어났다. 물론 어떤 동물들은 집단생활을 하면서 원시적인 사회적 현상을 나타내지만 인간 사회만큼 복잡하지는 않다. 만약 대학생인 자신을 사회의 한 구성원으로써 그 상태로 묘사해 보면, 나는 4인 가족의 구성원이며 우리 가족은 내가 살고 있는 한 마을에 속해 있다. 나는 대학생이기 때문에 ○○대학교 물리학과의 3학년 학생이며 ○○이라는 동아리에서 활동하고 있다. 나는 졸업 후에 대학원에 진학할지 아니면 대기업에 도전할지 고민하고 있다. 우리 학교의 구조를 살펴보면 여러 개의 단과대학이 있고 도서관, 행정실, 대학본부의 여러 조직들이 잘 조직화되어 있다. 지난 해에는 대통령 선거가 있었는데 우리나라를 이끌고 갈 대통령은 행정부의 수장으로써 매우 조직화한 관료조직을 이끌 뿐만 아니라 대외적으로 우리나라를 대표하고 있다. 그렇다면 왜 인간들은 나라를 형성하고 이러한 다양한 사회적 조직 체계를 만들어냈을까?

복잡계의 특성을 가진 인간 사회는 지휘자나 절대적 조직자가 없음에도 불구하고 스스로 복잡한 조직 체계를 만들어냈다. 우리 주변을 살펴보면 이렇듯 스스로 조직화한 구조가 너무나도 많다. 국가구조, 회사의 구조, 경제적 구조, 학교의 구조, 세포의 형성, 생명체 구조의 형성, 생태계의 구조, 주식시장의 구조, 지질학적 시간 스케일에서 생명체의 진화현상, 산불의 발생, 지진의 발생, 무너져 내리는 모래더미, 산사태 현상, 뇌에서 일어나는 신경세포의 전기발화(electrical firing) 현상 등 무수히 많은 현상들이 지휘자 없이 일어난다.

1987년에 이러한 자기조직화 현상이 어떻게 스스로 발현하는지 궁금증을 가진 통계물리학자들이 있었다. 미국 브르크헤이븐 연구소의 통계물리학자들인 박(Bak), 탕(Tang), 비젠펠트(Wiesenfeld)는 스스로 임계상태로 진화하여 자기조직화 현상의 특징인 멱법칙을 자연스럽게 나타내는 자동세포기계(cellular automata) 모형을 발표하였다. 이는 소위 자기조직화 임계성(Self-Organized Criticality, SOC)이란 용어를 탄생시킨 첫 논문이다. 그들이 제안한 모형은 모래더미 모형(sand pile model) 또는 BTW 모형이라 부르는데 조절변수(control parameter)가 없음에도 불구하고 시스템은 자발적으로 임계점(critical point)에 도달하여 동력학적 특징인 모래사태(avalanche)의 규모 분포함수가 1/f-잡음(1/f-noise)과 유사한 멱법칙(power law)이 발현함을 발견하였다. BTW 모형은 시스템의 세부적인 정보에는 무관하게 복잡성이 견고하게(robust) 유지되는 특징을 보였다. 필자가 1987년에 석사과정을 막 시작할 때 이 모형을 보고 느꼈던 전율은 지금도 잊을 수가 없다. 통계물리학자들이 잘 알고 있던 멱법칙은 상전이가 일어나는 임계점 근처에서 발견된다. 예를 들면 상자성-강자성 상전이(paramagnetic ferromagnetic phase transition)에서 외부 자기장이 없을 때 물질을 얼려서 임계온도(critical temperature) T_c 보다 낮게하면 물질은 스스로 강자성체가 된다. 자석의 세기를 나타내는 자화율(magnetization)은 $M(T) \sim (T_c - T)^\beta$와 같은 멱법칙을 나타낸다. 이러한 강자성 상전이는 조절변수인 온도를 임계점 근처로 조절해 주어야만 멱법칙을 볼 수 있다. 온도가 임계점 근처에서 많이 벗어나면 멱법칙은 사라진다. 자성 상전이는 모든 조건들이 평형상태로 조절해 주면서 관찰하는 상전이이므로, 평형 상전이(equilibrium phase transition)이고 질서맺음변수(order parameter)인 자화율이 연속적으로 변하는 연속 상전이(continuous phase transition)이다.

그런데 앞에서 예로 든 사회적 조직화, 뇌의 발화 현상, 모래사태 현상은 모두 평형에서 멀리 떨어진(far from equilibrium)인 동력학적 시스템(dynamical systems)이고 비평형 시스템(nonequilibrium system)이다. BTW 모형은 비평형 동력학 시스템에서 스스로 임계현상을 나타내는 모형으로써 복잡계 과학의 새로운 분야를 열었다. 자기조직화 임계현상에서 모래더미 패러다임(sand pile paradigm)이라 부르는 BTW 모형을 살펴보자.

누구나 해변가에서 모래더미를 쌓아 보았을 것이다. 마른 모래 한 웅큼을 천천히 흘리면서 모래더미를 쌓으면 처음에는 모래가 더미 모양을 형성하면서 쌓인다. 모래더미가 큰 더미 모양을 형성하였을 때 모래 알갱이를 더 떨어뜨리면 모래가 더 쌓이지 못하고 무너져 내린다. 계속해서 모래 알갱이를 떨어뜨리면 모래더미는 원래 큰 더미 모양을 복원한다. 이렇게 모래가 무너져 내리기 직전의 상태에서 모래더미는 바닥면과 모래더미면 사이의 각이 임계각을 스스로 만든다. 모래더미가 임계각에 도달했을 때 모래를 더 쌓으면 모래더미는 모래더미의 각도를 더 이상 유지하지 못하고 모래사태를 발생시킨다.

무너지는 모래더미 사태의 크기를 살펴보면 어떤 때는 작은 사태가 일어나지만, 가끔 모래더미 전체가 무너져 내릴만큼 큰 사태가 생기는 것을 볼 수 있다. 작은 사태는 빈번히 생기지만 큰 사태는 자주 일어나지 않는다. 모래사태의 규모의 크기를 측정하여 그 크기의 모래사태가 일어나는 빈도수를 측정하면 모래사태 분포함수(probability distribuion of avlanche)를 구할 수 있다. 1996년에 스웨덴 오스로대학의 통계물리학자들은 약간 길죽한 쌀알더미(rice pile)가 무너져 내리는 것을 CCD 카메라로 촬영하여 쌀알더미 사태의 규모 분포함수가 멱법칙을 따름을 Nature지에 발표하였다.

모래더미 사태를 흉내내는 자동세포기계 모형은 다음과 같다. 그림 12.11과 같이 사각형 격자에 숫자가 써 있다. 숫자는 모래의 높이로서 0, 1, 3, 4의 값을 가질 수 있다. 처음 시작할 때 각 칸에는 4보다 작은 숫자를 멋대로 부여한다. 이제 모래가 쌓여있는 한 칸을 멋대로 선택하여 모래알 하나를 떨어뜨린다. 각 칸에서 모래의 높이를 $z(i, j)$라 하면, 모래 한 알이 추가하는 규칙은 다음과 같다.

$$z(i, j) \rightarrow z(i, j) + 1$$

쌓인 모래알의 높이가 4를 넘지 않으면 모래더미 무너짐은 일어나지 않는다. 만약 쌓인 모래알이 4를 넘어서면 모래 높이가 옆으로 무너진다. 모래 무너짐을 모래알 넘김(toppling)이라 하고 다음과 같은 규칙을 따른다.

$$z(i, j) = z(i, j) - 4,$$
$$z(i \pm 1, j) = z(i \pm 1, j) + 1,$$

$$z(i, j \pm 1) = z(i, j \pm 1) + 1$$

즉, 모래 높이가 4가 되면 자신의 모래 높이를 4만큼 줄이고, 사각격자의 최인점 이웃에게 모래알 하나씩을 넘겨준다. 그림 12.11은 정 가운데에서 촉발된 모래 알갱이 넘김이 계속해서 일어나는 과정을 나타낸 것이다. 이렇게 연쇄적으로 모래 알갱이 넘김이 계속되어 모든 모래 높이가 4보다 작아지면 모래 알갱이 넘김은 끝난다. 이 모든 과정이 끝나면 몬테카를로 시간이 1단위 증가한다. BTW 모형에서 모래를 넘기는 과정은 순간적으로 일어난다고 생각한다. 첫 모래 알갱이 넘김에서 출발하여 모든 모래 넘김 과정이 끝났을 때 모래 넘김 과정에 참여했던 칸의 크기가 모래사태의 규모(size)라 정의한다. 그림에서 최종 모래넘김이 끝났을 때 모래사태 규모를 색칠한 칸으로 나타내었다.

1	2	0	2	3
2	3	2	3	0
1	2	3	3	2
3	1	3	2	1
0	2	2	1	2

1	2	0	2	3
2	3	2	3	0
1	2	4	3	2
3	1	3	2	1
0	2	2	1	2

1	2	0	2	3
2	3	3	3	0
1	3	0	4	2
3	1	4	2	1
0	2	2	1	2

1	2	0	2	3
2	3	3	4	0
1	3	2	0	3
3	2	0	4	1
0	2	3	1	2

1	2	0	3	3
2	3	4	0	1
1	3	2	2	3
3	2	1	0	2
0	2	3	2	2

1	2	1	3	3
2	4	0	1	1
1	2	4	3	2
3	2	1	0	2
0	2	3	2	2

1	3	1	3	3
3	0	1	1	1
1	4	3	2	3
3	2	1	0	2
0	2	3	2	2

1	3	1	3	3
3	1	1	1	1
2	0	4	2	3
3	3	1	0	2
0	2	3	2	2

1	3	1	3	3
3	1	2	1	1
2	1	0	3	3
3	3	2	0	2
0	2	3	2	2

1	3	1	3	3
3				1
2				3
3	3			2
0	2	3	2	2

그림 **12.11** 이차원 사각격자에서 모래더미 자동세포기계 모형에서 모래넘김 과정과 최종 모래넘김 과정이 끝났을 때 모래사태 규모의 크기

모래사태가 끝나면 새로운 모래 알갱이가 멋대로 선택한 칸에 떨어져 모래 쌓임과 모래 넘김 과정이 계속 일어난다. BTW 모형에서 모래 알갱이의 소실(dissipation)은 사각격자의 경계(boundary)에서 일어난다. 경계에 있는 칸에서 모래 높이가 4를 넘어서 모래넘김이 일어나면 경계에서 이웃이 없는 칸으로 모래를 넘겨주는 것은 모래를 전체 시스템에서 사라지게 만든다. 즉, 경계에서 모래 넘김이 일어나면 시스템에서 모래가 떠나서 소실된다. 따라서 시스템에 모래 알갱이들이 주입되어도 모래사태가 경계에 도달하면 모래 알갱이 소실이 일어나므로 시스템은 입력 모래알의 흐름과 소실되는 모래알의 흐름이 서로 같아져서 정상상태에 머물게 된다. BTW 모형에서 질서맞음변수는 모래사태의

규모인 s의 분포함수이다. Bak 등은 격자구조에서 모래사태 현상을 구현하고 모래사태 규모 분포함수 $P(s)$를 구했더니 전형적인 멱법칙을 보임을 발견하였다.

$$P(s) \sim s^{-\alpha}$$

여기서 임계지수 α는 격자의 차원에 의존하며 2차원에서 $\alpha = 0.98$, 3차원에서 $\alpha = 1.37$이다.

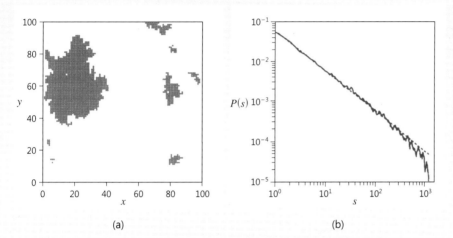

그림 **12.12** 이차원 사각격자에서 모래더미 자동세포기계 모형을 구현하여 얻은 모래사태 규모의 모습과 분포함수

BTW 모래더미 모형은 평형 상전이에서 온도와 같은 조절변수 없이 비평형 상태에서 자기조직화 임계현상이 일어나는 현상에 대한 첫 논문으로써 20세기 말에 자기조직화 임계성 연구의 문을 연 논문이라고 할 수 있다. BTW 모래더미 모형이 왜 스스로 조직화하여 멱법칙을 자연스럽게 발현하는지 생각해 보자.

[참고문헌]

- P. Bak, C. Tang, and K. Wiesenfeld, "Self-organized criticality: an explanation of 1/f noise", Phys. Rev. Lett. 59(4), 381-384 (1987).
- V. Frette, K. Christensen, A. Malthe-Sørenssen, J. Feder, T. Jøssan, and P. Meakin, "Avalanche dynamics in a pile of rice", Nature 379, 49-52 (1996).

12.1 절대 영도에서 부피 V인 상자에 들어있는 N개의 이상적인 전자 기체를 고려하자.

1) 계의 평균 에너지를 구하여라.

2) 페르미 에너지를 구하여라.

12.2 아인슈타인 모형에서 $T = T_E$일 때 평균 에너지와 열용량을 구하여라.

12.3 디바이 모형에서 $T = T_D$일 때 평균 에너지와 열용량을 구하여라.

12.4 이차원 고체에 대한 디바이 모형에서 다음을 구하여라.

1) 디바이 진동수를 구하여라.

2) 디바이 온도를 구하여라.

3) 열용량을 온도의 함수로 나타내어라.

12.5 일차원 고체에 대한 디바이 모형에서 다음을 구하여라.

1) 디바이 진동수를 구하여라.

2) 디바이 온도를 구하여라.

3) 열용량을 온도의 함수로 나타내어라.

12.6 선형 이원자 사슬 진동의 각진동수와 파수 벡터 사이의 분산관계를 구하여라.

CHAPTER 13

보손가스

CHAPTER 13
보손가스

보스 이상기체는 보스-아인슈타인 통계를 따른다. 앞에서 살펴본 광자(photon, 빛알)와 포논(소리알)은 보스-아인슈타인 통계를 사용하여 설명하였다. 1924년에 보스(Satyendra Nath Bose, 1894~1974)는 아인슈타인에게 한 통의 편지를 보낸다. 그의 편지에는 위상공간을 h^3의 공간으로 분할해서 보면, 플랑크의 흑체 복사 법칙에 $8\pi v^2/c^3$의 계수가 자연스럽게 붙여야 한다는 논지의 내용을 담고 있었다. 이 계수가 자연스럽게 붙으려면 광자는 보손이고, 보스-아인슈타인 통계를 따라야 한다.

보스는 인도 본토에서 교육을 받은 물리학자였으며 아인슈타인은 인도 출신 무명의 물리학자로부터 받은 이 편지에 감명을 받았다. 아인슈타인은 보스의 논문을 독일어로 번역하여 1924년에 독일어 저널인 "Zeitschrift für Physik"에 게재하였다. 아인슈타인은 보스의 생각을 확장하여 1924년에 비상대론적 입자에 대한 보스-아인슈타인 응축 이론을 제안하였다. 다체계에서 입자밀도가 낮거나 온도가 매우 높으면 $n\lambda_T^3 \ll 1$이므로 기체를 고전적으로 다룰 수 있었다. 반대로 입자밀도가 높고 온도가 낮으면 양자효과가 나타나게 된다. 기체가 비록 이상기체이더라도 양자효과를 고려해야 한다.

입자의 속도가 빛의 속도에 가까워지면 입자를 상대론적으로 다루어야 한다. 상대론적 기체가 따르는 통계역학적 특성을 살펴본다. 입자의 에너지가 $E = pc$인 광자와 같은 초상대론적인 기체의 열역학적 특성을 살펴본다.

13.1 양자 이상유체

입자 사이의 상호작용이 없는 이상적인 양자유체 또는 기체를 생각해 보자. 각 입자는 스핀 S를 가지고 있다. 입자의 스핀이 S일 때 양자상태는

$$-S, \ -S+1, \ \cdots, \ S-1, \ S$$

만큼 가능하므로 총 $2S+1$개의 양자상태를 갖는다. 입자 사이의 상호작용이 없으므로 큰분

배함수

$$Z_G = \sum_s e^{-[E(s) - \mu N(s)]/kT}$$

$$= \prod_k Z_k^G \qquad (13.1)$$

이다. 여기서 Z_k^G는 입자 하나의 큰분배함수이다. 단일입자 큰분배함수는

$$Z_k^G = \left[1 \pm e^{-\beta(E_k - \mu)}\right]^{\pm 1} \qquad (13.2)$$

이며, 여기서 +는 페르미온이고 −는 보손에 대한 큰분배함수이다. 큰분배함수를 알면 거시적 물리량을 구할 수 있다. 거시적 물리량들은 큰분배함수의 로그의 미분으로 주어진다. 큰분배함수의 로그는

$$\ln Z_k^G = \pm \ln \left[1 \pm e^{-\beta(E_k - \mu)}\right] \qquad (13.3)$$

이다. 파수 벡터 k인 상태를 점유한 평균 입자수는

$$n_k = k_B T \frac{\partial \ln Z_k^G}{\partial \mu} = \frac{1}{\beta} \frac{\partial}{\partial \mu} \left[\pm \ln \left(1 \pm e^{-\beta E_k} e^{\beta \mu}\right)\right]$$

$$= \frac{1}{e^{\beta(E_k - \mu)} \pm 1} \qquad (13.4)$$

이다. 각 에너지 상태에 놓인 입자들을 모두 합하면 계의 전체 입자수가 되므로

$$N = \sum_k n_k = \int_0^\infty g(E) dE \left(\frac{1}{e^{\beta(E - \mu)} \pm 1}\right) \qquad (13.5)$$

이며, 각 상태에 놓인 입자들의 에너지를 모두 더하면 계의 평균 에너지이므로

$$U = \sum_k E_k n_k = \int_0^\infty g(E)dE\left(\frac{E}{e^{\beta(E-\mu)} \pm 1}\right) \tag{13.6}$$

이다. 부피가 $V = L^3$인 상자에 들어있는 이상기체가 파수 벡터 k를 가질 때 상태밀도는

$$g(k)dk = \frac{(4\pi k^2 dk)}{(2\pi/L)^3} = \frac{V}{2\pi^2}k^2 dk \tag{13.7}$$

이다. 이 기체는 스핀 겹침(degeracy)이 없는 $S = 0$인 상태에서 상태밀도이며, 기체가 일반적인 스핀 S를 가지면 스핀상태 겹침수는 $(2S+1)$이므로 상태밀도에 이 숫자를 곱해주어야 한다.

$$g(k)dk = (2S+1)\frac{V}{2\pi^2}k^2 dk \tag{13.8}$$

앞의 입자수와 평균 에너지는 적분이 에너지 E로 표현되어 있으므로 파수 벡터 상태밀도를 에너지 상태밀도로 바꾸어 준다. 자유입자의 에너지 분산은 $E = \hbar^2 k^2/2m$이므로 에너지 상태밀도는 식 (13.8)로부터

$$g(k)dk = (2S+1)\frac{V}{2\pi^2}\left(\frac{2mE}{\hbar^2}\right)^{1/2}\left(\frac{1}{2}\frac{2m}{\hbar^2}dE\right)$$

$$= (2S+1)\frac{V}{4\pi^2}\left(\frac{2m}{\hbar^2}\right)^{3/2}E^{1/2}dE = g(E)dE \tag{13.9}$$

이다. 계의 퓨가시티(fugacity) z를

$$z = e^{\beta\mu} \tag{13.10}$$

으로 정의한다. 계의 입자수와 평균 에너지를 상태함수와 퓨가시티로 나타내면

$$N = (2S+1)\frac{V}{4\pi^2}\left(\frac{2m}{\hbar^2}\right)^{3/2}\int_0^\infty \frac{E^{1/2}}{z^{-1}e^{\beta E} \pm 1}dE \tag{13.11}$$

이고

$$U = (2S+1)\frac{V}{4\pi^2}\left(\frac{2m}{\hbar^2}\right)^{3/2}\int_0^\infty \frac{E^{3/2}}{z^{-1}e^{\beta E} \pm 1}dE \tag{13.12}$$

이다. 따라서 이상유체의 입자수와 평균 에너지를 구하기 위해서 식 (13.11)과 식 (13.12)의 에너지에 대한 정적분을 알아야 한다.

특수함수 **폴리로그 함수**(polylogarithm function) $Li_n(z)$는 다음과 같이 정의한다.

$$\int_0^\infty \frac{E^{n-1}}{z^{-1}e^{\beta E} \pm 1} dE = (k_B T)^n \Gamma(n) \left[\mp Li_n(\mp z) \right] \tag{13.13}$$

여기서 $\Gamma(n)$은 감마함수이다. 폴리로그 함수는 부록 H에 자세히 설명하였다. 폴리로그 함수의 값은 화학 퍼텐셜과 온도의 지수함수인 퓨가시티 z의 함수이다. 식 (13.12)의 왼쪽 항에서 +는 페르미온, -는 보손을 나타낸다. 주어진 z에 대해서 폴리로그 함수를 정적분한 값은 어떤 상수이므로 식 (13.12)에서 볼 수 있듯이 적분값은 온도에만 의존한다. 입자수와 평균 에너지를 폴리로그 함수로 나타내면

$$N = (2S+1)\frac{V}{\lambda_T^3} \left[\mp Li_{3/2}(\mp z) \right] \tag{13.14}$$

이고

$$U = (2S+1)\left(\frac{3}{2}k_B T\right)\frac{V}{\lambda_T^3} \left[\mp Li_{5/2}(\mp z) \right] \tag{13.15}$$

이다. 여기서 열파장은

$$\lambda_T = \frac{h}{\sqrt{2\pi m k_B T}} \tag{13.16}$$

임을 다시 상기한다. 평균 에너지를 입자수와 온도로 나타내면

$$U = \frac{3}{2}N k_B T \frac{Li_{5/2}(z)}{Li_{3/2}(z)} \tag{13.17}$$

로 쓸 수 있다. 보스 이상기체는 보스-아인슈타인 분포함수를 따르므로 식 (13.17)의 오른쪽 항에 폴리로그 함수꼴을 추가로 갖게 된다. 이 식을 유도할 때 이상기체의 에너지 분산 관계가 $E = \hbar^2 k^2/2m$임을 주의해야 한다. 광자 경우에는 에너지 분산 관계가 $E = \hbar k c$이다.

광자기체

부피 V인 흑체의 온도는 T이다. 평형상태에서 광자기체의 평균 에너지를 구하여라.

앞에서 구한 식 (13.15)는 정지질량이 있는 보손 자유입자에 대한 결과이므로 에너지 분산 관계가 다른 광자에 대해서 적용할 수 없다. 먼저 광자에 대한 상태밀도에 대한 표현을 생각 해 보자. 광자의 스핀은 $S = 1$이다. 따라서 $m_s = -1, 0, 1$의 겹침 상태를 생각할 수 있다. 그러나 광자의 경우 $m_s = 0$인 상태는 허용되지 않기 때문에 겹침수(degeneracy)는 2이다. 따라서 상태밀도는 식 (13.8)에 의해

$$g(k)dk = 2\frac{V}{2\pi^2}(k^2 dk) \tag{13.18}$$

이다. 광자의 에너지 분산 관계 $E = \hbar k c$를 이용하여 상태밀도를 에너지 함수로 표현하면

$$g(k)dk = 2\frac{V}{2\pi^2}\left(\frac{E}{\hbar c}\right)^2\left(\frac{dE}{\hbar c}\right) = \frac{V}{\pi^2\hbar^3 c^3}E^2 dE = g(E)dE \tag{13.19}$$

이다. 식 (13.6)의 평균 에너지에 대한 표현을 사용하면

$$U = \int_0^\infty \frac{E}{z^{-1}e^{\beta E} - 1}g(E)dE$$

$$= \frac{V}{\pi^2\hbar^3 c^3}\int_0^\infty \frac{E^3 dE}{z^{-1}e^{\beta E} - 1} \tag{13.20}$$

이다. 여기서 적분을 구하기 위해서 $x = \beta E$라 하면

$$\int_0^\infty \frac{E^3 dE}{z^{-1}e^{\beta E} - 1} = \frac{1}{\beta^4}\int_0^\infty \frac{x^3 dx}{z^{-1}e^x - 1}$$

$$= (k_B T)^4 \Gamma(4)Li_4(z) \tag{13.21}$$

이다. 광자가스에서 $\mu = 0$이고 $z = 1$이므로

$$Li_4(z = 1) = \zeta(4) = \frac{\pi^4}{90} \tag{13.22}$$

이다. 또한 $\Gamma(4) = 3! = 6$이므로 평균 에너지는

$$U = \frac{\pi^2}{15\hbar^3 c^3} V(k_B T)^4 \tag{13.23}$$

이다. 흑체복사에서 얻은 결과와 동일한 결과를 얻게 된다. ▪▪

13.2 보손 이상기체

앞에서 페르미온과 보손을 아우르는 입자수와 평균 에너지에 대한 표현을 유도하였다. 이제 보손 이상기체에 대해서 살펴보자. 입자수와 평균 에너지 표현에서 보손은 +기호를 갖는 함수를 택해야 하므로 입자수와 평균 에너지는 다음과 같다.

$$N = (2S + 1)\frac{V}{\lambda_T^3}[Li_{3/2}(z)] \tag{13.24}$$

$$U = (2S + 1)\left(\frac{3}{2}k_B T\right)\frac{V}{\lambda_T^3}[Li_{5/2}(z)] \tag{13.25}$$

질량을 갖는 보손 자유입자의 에너지 분산은 $E_k = \hbar^2 k^2/2m$이다. 파수 벡터가 $k = 0$인 바닥상태에서 에너지는 $E_k = 0$이다. 앞에서 살펴보았듯이 보손이 에너지 상태 k를 점유할 상태수는 보스-아인슈타인 분포를 따른다.

$$n_k = k_B T \frac{\partial \ln Z_k^G}{\partial \mu}$$

$$= \frac{1}{e^{\beta(E_k - \mu)} - 1} \tag{13.26}$$

바닥상태의 에너지 $E_k = 0$에서 입자의 화학 퍼텐셜의 부호를 생각해 보자. 바닥상태에서

$$n_k = \frac{1}{e^{-\beta\mu} - 1} \tag{13.27}$$

이다. 바닥상태를 점유한 입자의 수는 양수이므로

$$n_k = \frac{1}{e^{-\beta\mu} - 1} \geq 0 \tag{13.28}$$

이므로 $e^{-\beta\mu} - 1 > 0$이다. 따라서 $e^{-\beta\mu} > 1$이므로

$$\mu < 0 \tag{13.29}$$

이다. 보손의 퓨가시티 $z = e^{\beta\mu}$는

$$0 \leq z \leq 1 \tag{13.30}$$

이다. 보손 이상기체에 대한 입자수 표현을 다시 쓰면

$$\frac{N}{V} = (2S+1)\frac{1}{\lambda_T^3}[Li_{3/2}(z)] \tag{13.31}$$

이고 밀도를 $n = N/V$라 놓으면

$$y = \frac{n\lambda_T^3}{(2S+1)} = Li_{3/2}(z) \tag{13.32}$$

이다.

그림 13.1에서 보듯이 $Li_{3/2}(z)$는 $0 \leq z \leq 1$일 때 $0 \leq Li_{3/2}(z) \leq \zeta(3/2)$이다. 즉, 폴리로그 함수는 유한한 값을 갖는다. 그런데 식 (13.32)의 오른쪽 항은 온도에 의존한다. $\lambda_T \sim T^{-1/2}$

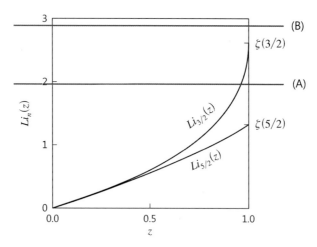

그림 **13.1** 대표적 폴리로그 함수. $z \ll 1$일 때 $Li_n(z) \approx z$이고, $z = 1$이면 $Li_n(z=1) = \zeta(n)$이다.

이므로 온도가 내려가면 오른쪽 항은 커진다. 입자수 n이 커져도 오른쪽 항은 커진다. 식 (13.32)에서 $y = n\lambda_T^3/(2S+1)$과 $y = Li_{3/2}(z)$ 두 식이 만나는 점이 해이다. 입자수가 작고 온도가 높으면 그림 13.1의 (A)와 같이 유한한 z 값에서 해를 발견할 수 있다. 그러나 입자수가 크거나 온도가 낮아지면 그림 13.1의 (B)와 같이 해가 없어진다. $z = 1$이 해를 갖는 경우와 해가 없는 경우의 경계이다. $z \to 1$이면 $\mu \to 0^-$이다. 해가 없어지는 경계값은

$$\frac{n\lambda_T^3}{(2S+1)} > \zeta\left(\frac{3}{2}\right) = 2.612 \tag{13.33}$$

이다. 입자수가 커지거나 온도가 낮아져서 식 (13.33)인 영역에 있으면 어떤 일이 발생할까? 답은 바닥상태에서 보손 입자들이 응축되는 일이 발생한다. 다음 절에서 자세히 살펴본다.

13.3 보스–아인슈타인 응축

보스–아인슈타인 응축(BEC, Bose-Einstein Condensation)은 앞에서 언급하였듯이 식 (13.32)에서 오른쪽 항이 $\zeta(3/2)$보다 커질 때 발생한다. BEC이 일어날 때에는 $E_k = 0$인 바닥상태에 입자들이 쌓이게 되므로, 입자수를 구하는 식을 조심해서 다루어야 한다.

$$N = \sum_k n_k = n_{k=0} + \sum_{k>0} n_k = \frac{1}{z^{-1}-1} + \int_0^\infty \frac{g(E)dE}{e^{\beta(E-\mu)}-1} \tag{13.34}$$

이다. 바닥상태에서 입자수 $N_0 = n_{k=0}$는

$$N_0 = \frac{1}{e^{-\beta\mu}-1} = \frac{1}{z^{-1}-1} = \frac{z}{1-z} \tag{13.35}$$

이다. 입자의 총수를 N이라 하고, 모든 들뜬상태를 점유한 총입자수를 N_1이라 하면 총입자수는

$$N = N_0 + N_1 \tag{13.36}$$

이다. 보스–아인슈타인 응축이 일어나기 시작하는 임계온도는

$$\frac{n\lambda_{T_c}^3}{(2S+1)} = \zeta\left(\frac{3}{2}\right) = 2.612 \tag{13.37}$$

로 정의한다. 열파장은 $\lambda_T = h/\sqrt{2\pi m k_B T}$ 이므로

$$k_B T_c = \frac{h^2}{2\pi m}\left(\frac{n}{(2S+1)\zeta(3/2)}\right)^{2/3} \tag{13.38}$$

이다. 계의 온도가 임계온도보다 큰 경우 $T > T_c$ 에는 $z < 1$ 이고 바닥상태에서 입자수는 $N_0 \ll N$ 이다. 따라서 바닥상태의 입자수는 무시할 수 있으며 대부분의 입자들이 들뜬상태에 놓이게 된다. 그러므로

$$N \simeq N_1 = \frac{(2S+1)V}{\lambda_T^3} Li_{3/2}(z) \tag{13.39}$$

이다.

임계온도 T_c 에서 입자수는

$$N = \frac{(2S+1)V}{\lambda_{T_c}^3} Li_{3/2}(1) = \frac{(2S+1)V}{\lambda_{T_c}^3}\zeta(3/2) \tag{13.40}$$

이다. 계의 온도가 $T < T_c$ 이면 $z \approx 1^-$ 이다. 따라서 들뜬상태의 입자수는

$$N_1 = \frac{(2S+1)V}{\lambda_T^3} Li_{3/2}(1) = \frac{(2S+1)V}{\lambda_T^3}\zeta(3/2) \tag{13.41}$$

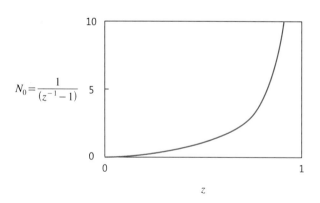

그림 **13.2** $T > T_c$ 일 때 $z < 1$ 이고, 바닥상태의 입자수 N_0 는 $N_0 \ll N$ 이다.

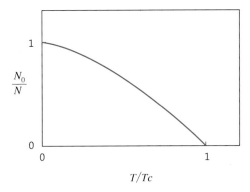

그림 **13.3** 보스-아인슈타인 응축에서 바닥상태의 입자수 비율에 대한 온도 의존성

이다. 식 (13.41)에서 온도는 임계온도보다 작은 값이고, 퓨가시티는 1로 근사하였다. 임계온도보다 낮은 온도에서 바닥상태의 입자수는

$$\frac{N_0}{N} = 1 - \frac{N_1}{N} \tag{13.42}$$

이다. 식 (13.40)과 식 (13.41)에 의해서

$$\frac{N_1}{N} = \left(\frac{\lambda_{T_c}}{\lambda_T}\right)^3 = \left(\frac{T}{T_c}\right)^{3/2} \tag{13.43}$$

이다. 바닥상태를 차지하고 있는 보손 입자의 수는

$$\frac{N_0}{N} = \begin{cases} 0, & T > T_c \\ 1 - \left(\frac{T}{T_c}\right)^{3/2}, & T \le T_c \end{cases} \tag{13.44}$$

이다.

그림 13.3은 보스-아인슈타인 응축 현상에서 바닥상태를 차지하고 있는 입자수의 비율을 온도의 함수로 나타낸 것이다. 온도가 임계온도보다 높을 때 바닥상태는 비어 있다. 온도가 임계온도보다 낮아지면 입자들은 바닥상태를 급격히 채우게 된다. 이렇듯 한 상태에 많은 입자들이 차지할 수 있는 이유는 입자들이 보손이기 때문이다. 보손은 한 양자상태를 입자수 제한 없이 채울 수 있다. 이러한 응축 현상은 보손 이상기체에서도 일어나는 현상으로 입자들의 양자역학적 효과 때문에 일어나는 현상이다.

13.4
보손 이상기체의 비열

보손 이상기체에서 계의 온도가 임계온도보다 크면, 즉 $T > T_c$이면 계의 평균 에너지는 식 (13.25)와 같이

$$U = \frac{3}{2} N k_B T \frac{Li_{5/2}(z)}{Li_{3/2}(z)} \tag{13.45}$$

으로 구한다. 임계온도 근처에서 계의 비열을 구하기 위해서 폴리로그 함수를 z에 대해서 전개해 보자. 폴리로그 함수의 정의는 $Li_n(z) = \sum_{k=1}^{\infty} z^k / k^n$이므로

$$\frac{Li_{5/2}(z)}{Li_{3/2}(z)} = \sum_{n=1}^{\infty} a_n z^{n-1} \tag{13.46}$$

으로 쓸 수 있다. n이 작을 때 계수는

$$a_1 = 1$$
$$a_2 = -0.176\cdots$$
$$a_3 = -0.00330\cdots$$

등이고 n이 커질수록 계수의 절댓값은 급격히 작아진다. 계의 온도가 임계온도보다 약간 클 경우에

$$U = \frac{3}{2} N k_B T (1 - 0.176 z - 0.0033 z^2 + \cdots) \tag{13.47}$$

이다.

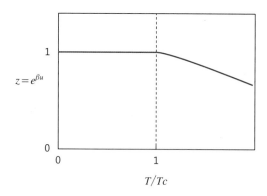

그림 **13.4** 보손 이상기체에서 퓨가시티 z를 온도의 함수로 나타낸 그래프. $T > T_c$에서 z는 계의 입자수로부터 구한다.

퓨가시티 z의 온도 의존성은 그림 13.4와 같다. $T < T_c$일 때 $z = 1$이고 $T > T_c$에서 z는 온도가 증가할 때 감소한다. 임계온도보다 높은 온도에서 퓨가시티는 대부분의 입자가 들뜬 상태에 있으며

$$N = \frac{(2S+1)V}{\lambda_T^3} Li_{3/2}(z) \tag{13.48}$$

에서 역함수를 구하여 z를 구한다. 임계온도보다 높은 온도에서 평균 에너지의 온도 의존성을 첫 번째 항까지 쓰면

$$U = \frac{3}{2} N k_B T (1 - b T^{-3/2} \cdots) \tag{13.49}$$

이고, b는 온도에 무관한 상수이다. 계의 온도가 $T < T_c$이면 $z \approx 1$이다. 계의 평균 에너지를 구할 때, 바닥상태의 에너지는 0이므로 평균 에너지에 기여하는 입자들은 들뜬상태에 놓여 있는 입자들이다. 따라서 계의 평균 에너지는

$$U = \frac{3}{2} N_1 k_B T \; \frac{Li_{5/2}(1)}{Li_{3/2}(1)} = \frac{3}{2} N_1 k_B T \; \frac{\zeta(5/2)}{\zeta(3/2)} \tag{13.50}$$

이다. 제타함수 값은 $\zeta(5/2) = 1.341$이고 $\zeta(3/2) = 2.612$이므로 제타함수의 비 $\zeta(5/2)/\zeta(3/2)$ $= 0.513$이다. 또한 $N_1 = N \left(\dfrac{T}{T_c} \right)^{3/2}$ 이므로

$$U = \frac{3}{2} N_1 k_B T \; \frac{\zeta(5/2)}{\zeta(3/2)} = \frac{3}{2} (0.513) N k_B T \left(\frac{T}{T_c} \right)^{3/2}$$

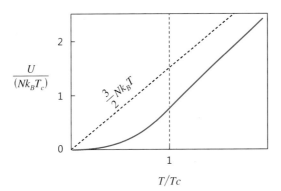

그림 **13.5** 보손 이상기체의 평균 에너지의 온도 의존성. 보손 이상기체의 평균 에너지는 고전 기체의 평균 에너지 함수에서 크게 벗어난다.

$$= 0.77 N k_B T_c \left(\frac{T}{T_c} \right)^{5/2} \tag{13.51}$$

이다. 계의 열용량은 $C_V = (\partial U / \partial T)_V$ 에서 계산한다.

13.5 상대론적 기체

고전입자들이 이상기체일 때 기체분자의 에너지는 운동 에너지만 존재한다. 입자의 에너지는

$$E = \frac{p^2}{2m} \tag{13.52}$$

이고, 이상기체를 파동 방정식으로 표현하면 $p = \hbar k$ 이다. 여기서 k 는 파수이다. 이제 상대론적인 자유입자를 생각해 보자. 상대론적 자유입자의 에너지는

$$E^2 = p^2 c^2 + (mc^2)^2 \tag{13.53}$$

이다. **비상대론적 극한**(non-relativistic limit) $p \ll mc$ 일 때, 자유입자의 에너지는

$$E = \frac{p^2}{2m} + mc^2 \tag{13.54}$$

이다. 한편 **초상대론적 극한**(ultra-relativistic limit) $p \gg mc$ 이면 자유입자의 에너지는

$$E = pc \tag{13.55}$$

이다. 대표적인 초상대론적 입자는 광자이다.

광자의 운동량을 파수로 나타내면 $p = \hbar k$ 이다. 파수 벡터 공간에서 광자의 상태밀도는

$$g(k)dk = \frac{V}{(2\pi)^3}(4\pi k^2 dk) = \frac{V}{2\pi^2}k^2 dk \tag{13.56}$$

이므로, 단일 입자 광자의 분배함수는

$$Z_1 = \int_0^\infty e^{-\beta \hbar c k} g(k) dk$$

$$= \frac{V}{2\pi^2} \int_0^\infty e^{-\beta \hbar c k} k^2 dk \tag{13.57}$$

이다. 적분을 간단히 하기 위해서 $x = \beta \hbar ck$으로 놓으면

$$Z_1 = \frac{V}{2\pi^2}\left(\frac{1}{\beta \hbar c}\right)^3 \int_0^\infty e^{-x}x^2 dx \tag{13.58}$$

이다. 적분 $\int_0^\infty e^{-x}x^2 dx = 2!$ 이므로

$$Z_1 = \frac{V}{\pi^2}\left(\frac{1}{\beta \hbar c}\right)^3 = \frac{V}{\pi^2}\left(\frac{kT}{\hbar c}\right)^3 \tag{13.59}$$

이다. 초상대론적 입자의 열파장 Λ_{th}은

$$\Lambda_{th} = \hbar c\pi^{2/3}\beta = \frac{\hbar c\pi^{2/3}}{kT} \tag{13.60}$$

이며, 따라서

$$Z_1 = \frac{V}{\Lambda_{th}^3} \tag{13.61}$$

이다. 상호작용하지 않는 초상대론적 입자가 N개 있을 때 입자들은 구별할 수 없기 때문에

$$Z_N = \frac{Z_1^N}{N!} \tag{13.62}$$

이다. 스터링 공식을 사용하여 분배함수의 로그를 거시변수로 표현하면

$$\ln Z_N = -N\ln N + N\ln V - 3N\ln\beta + N - N\ln(\pi^2\hbar^3 c^3)$$
$$= NKT\left[\ln(n\Lambda_{th}^3) - 1\right] \tag{13.63}$$

이다. 상대론적 입자의 평균 에너지는

$$E = -\frac{\partial \ln Z_N}{\partial \beta} = 3NkT \tag{13.64}$$

이다. 따라서 열용량은

$$C_V = \left(\frac{dE}{dT}\right)_V = 3Nk \tag{13.65}$$

이다. 헬름홀츠 자유 에너지는

$$F = -kT \ln Z_N$$

$$= NkT \ln \left[\ln \left(n\Lambda_{th}^3 \right) - 1 \right] \tag{13.66}$$

이다. 따라서 초상대론적 기체의 압력은

$$P = -\left(\frac{\partial F}{\partial V} \right)_T = \frac{NkT}{V} \tag{13.67}$$

이다. 상태 방정식은 $PV = NkT$로 고전 이상기체와 같은 방정식을 따른다.

동기화(Syn, Synchronization)

오케스트라의 공연장에 가본 사람은 많은 연주자들이 지휘자의 손놀림에 따라 일사불란하게 악기를 연주하여, 한 악기에서는 들어볼 수 없는 조화로운 소리를 들을 것이다. 각 연주자는 저마다 다른 악기를 켜거나 불고 있지만, 악보와 지휘자의 지시에 따라서 적당한 때에 적절한 소리를 냄으로써 좋은 음악을 탄생시킨다. 우리는 아침에 동이 트면 자동으로 일어난다. 우리 신체의 생체시계는 하루 주기, 계절 주기, 한 해의 주기에 맞추어서 활동하도록 동작한다.

자연현상과 사회현상에서 동기화(synchronization) 현상을 많이 발견할 수 있다. 1665년 네델란드의 물리학자 하위헌스(C. Huygens)는 그림 13.6과 같이 나무막대에 걸린 두 시계의 진동이 처음에 서로 다르더라도 얼마 후에 두 시계는 같은 진동수로 같은 방향으로 동기화하는 것을 발견하였다. 하위헌스는 이 현상을 "두 시계의 연민(the sympathy of two clocks)"이라 불렀다. 1840년에 존 엘리코트(John Ellicott)는 "하위헌스 동기화(Huygens Synchronization)"에 대한 기이한 현상을 영국 왕립협회에 보고하였다. 두 진자시계를 같은 장소에 설치해 놓으면 약 2시간 후에 시계 하나가 멈추었다.

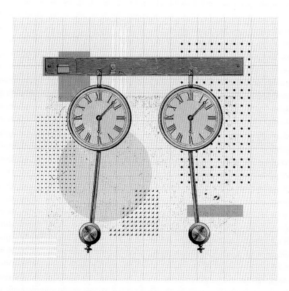

그림 **13.6** "Huygens Sympathy" 또는 "Huygens Synchronization"의 예. 나무막대에 고정된 두 시계의 진동은 얼마 후에 서로 같은 방향으로 같은 진동수로 동기화한다.

하위헌스 동기화 문제는 아직까지도 완벽하게 이해되지는 못하지만, 상당히 많은 사실들을 이해하게 되었다. 2002년에 미국 Georgia Tech의 쿠르트 비젠펠트(Kurt Wiesenfeld) 그룹은 두 메트로놈을 지지막대 위에 올려놓고 진동하게 하였다. 그들이 얻은 결론은 두 메트로놈의 상호작용은 진자의 총

질량과 지지막대의 총질량의 비가 동기화에 결정적인 영향을 준다는 것이었다. 질량비가 작으면 두 진자가 강하게 상호작용하는 상태이며, 질량비가 크면 상호작용이 약함을 의미한다. 질량비가 작으면 두 진자는 어긋난 동기화(out of synchronization, 두 진자가 서로 반대 방향으로 진동, 위상차 180°) 상태가 되고, 질량비가 너무 크면 한 진자는 멈추게 된다. 지지막대가 상대적으로 가벼우면 두 진자는 동기화된다.

1999년에서 2000년으로 바뀌는 해를 밀레니엄(millenium)이라 하여 전 세계적으로 기념비적인 건축물들을 만들었다. 2002년에 완성된 런던의 밀레니엄 다리(millenium bridge)는 밀레니엄을 기념하여 템즈강을 가로지는 사장교이고, 사람만 건너다니는 인도교로 개장되었다. 개장 첫 날인 6월 10일에 많은 사람들이 다리를 걷고 있을 때 바람에 의해서 다리가 좌우로 약간 흔들렸다. 다리를 건너던 사람들은 이 진동 때문에 걷기가 힘들었기 때문에 다리의 움직임에 맞추어 보폭을 조정하는 사람이 많아졌다. 사람들이 보조를 맞추어 걷기 시작하자 다리의 진동은 더욱 커졌으며 건너던 많은 사람들은 위험을 느꼈다. 이 다리는 이틀만인 6월 12일에 통행이 금지되었고 이러한 진동을 보완할 수 있는 장치를 설치하였다. 이 사건 이후에 이 다리는 흔들림 다리(wobbly bridge)라 불린다. 이 사건 때문에 이 다리는 통행을 중지시키고 동기화가 일어나지 않도록 보완 공사를 시행하였다.

한 여름밤에 숲속에서 반딧불(갯똥벌레, firefly)들이 반짝이는 것을 본 적이 있을 것이다. 반딧불의 숫자가 적을 때는 반짝이는 불빛이 마구잡이로 일어난다. 멕시코의 작은 마을인 나나카밀파(Nanacamilpa, Mexico)는 반딧불 여행지로 유명하다. 한 여름밤에 이 작은 마을의 나무들에는 반딧불 수백만 마리가 모여든다. 반딧불들은 꽁지의 불빛을 마구잡이가 아니라 동시에 반짝이는 장관을 연출한다. 반딧불들이 빛을 발할 때 동기화를 이루어 한꺼번에 반짝인다. 사람의 심장은 1분에 60~100회 이상 일정한 간격으로 자발적으로 뛴다. 심장은 우심방 위쪽의 동방결절(SA, sinoatrial node)에 위치한 동방결절세포들이 집단적으로 발생시키는 전기신호에 의해서 박동한다. 이 세포는 다른 세포들과는 달리 자발적으로 전기신호를 생성하며 전기신호의 발화 시기를 스스로 맞추어 같이 발화함으로써 심장이 우심방에 혈액이 유입되었을 때 박동을 촉발한다. 반딧불의 집단 반짝임, 동방결절세포의 집단 발화(firing)는 많은 구성원들이 함께 행동하는 동기화 현상의 전형적인 예이다.

1975년에 구라모토(Y. Kuramoto, 일본)는 결합된 스핀들의 강자성 상전이를 연구하면서 결합된 모든 진동자들이 사인함수로 결합된 진동자 모형을 창안하였다. 두 스핀 사이의 결합이 $\vec{S_i} \cdot \vec{S_j}$로 표현되기 때문에 사인함수의 상호작용을 떠올리는 것은 자연스럽다. 구라모토는 1975년 한 학회에 두 페이지의 짧은 소고로 "결합된 진동자의 동력학(Dynamics of coupled oscillator)"에 대한 논문을 발표한다. 이 논문에 동기화 현상을 설명할 수 있는 구라모토 모형(Kuramoto model)이 포함되어 있다. 구라모토 모형은 진동자의 위상이 다음과 같이 결합된 미분 방정식으로 표현된다.

$$\dot{\theta_i} = \omega_i + \frac{1}{N} \sum_{j=1}^{N} K_{ij} \sin(\theta_j - \theta_i), \quad i = 1, \cdots, N,$$

여기서 ω_i는 각 진동자의 고유진동수이고 $g(\omega)$의 분포함수를 따른다. 두 진동자의 결합세기는 K_{ij}이다. 구라모토 모형은 통계물리학과 복잡계 과학에서 동기화 현상을 나타내는 표준적인 모형으로 자리잡았다.

모든 진동자의 결합세기가 같을 때 $K_{ij} = K$를 생각해 보자. 구라모토 모형의 질서맺음변수는

$$re^{i\psi} = \frac{1}{N}\sum_{j=1}^{N}e^{i\theta_j}$$

으로 정의한다. 질서맺음변수 r는 결합된 진동자의 결맞음(coherence)을 나타내고 ψ는 평균 위상을 뜻한다. 구라모토 모형에서 결합세기 K를 증가시키면 진동자들이 같은 위상으로 진동하는 동기화 현상을 관찰할 수 있다.

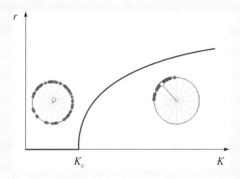

그림 **13.7** 구라모토 모형에서 진동자의 결합세기 K를 변화시키면서 질서맺음변수 r를 측정한 그림. 임계 결합세기 K_c에서 연속상전이가 일어난다. $K \geq K_c$에서 진동자들의 동기화가 일어난다.

그림 13.7은 진동자들이 연결된 완전 연결망의 구라모토 모형에서 진동자들 사이의 결합세기가 모두 K로 같은 경우 결합세기를 변화시키면서 질서맺음변수를 측정한 그림을 나타낸다. 구라모토 모형은 임계 결합세기 K_c보다 결합세기가 커지면 동기화 현상이 발생한다. 결합세기가 $K < K_c$일 때는 진동자들이 동기화하지 않고 마구잡이 위상을 갖는다. 반면 결합세기가 $K \geq K_c$이면 질서맺음변수가 영보다 커지면서 동기화 현상이 발생한다. 구라모토 모형은 매우 단순하지만 진동자들의 동기화를 설명할 수 있는 모형이다.

[참고문헌 · 참고사이트]

• https://physicsworld.com/a/the-secret-of-the-synchronized-pendulums/

• Huygens's clocks
Matthew Bennett, Michael F. Schatz, Heidi Rockwood and Kurt Wiesenfeld, Proc. Roy. Soc. A 458 563 (2002).
https://doi.org/10.1098/rspa.2001.0888

• D. Main, "How these mysterious fireflies synchronize their dazzling light shows"
National Geographics, MAY 23, 2019.
https://www.nationalgeographic.com/animals/2019/05/watch-how-mexican-fireflies-synchronize-light-shows/

13.1 보손 이상기체의 열용량을 구하고 함수의 꼴이 그림 13.8과 같음을 보여라.

1) 계의 온도가 $T > T_c$일 때 열용량이

$$C_V = \frac{3}{2}Nk\left(\frac{5}{2}\frac{Li_{5/2}(z)}{Li_{3/2}(z)} - \frac{3}{2}\frac{Li_{3/2}(z)}{Li_{1/2}(z)}\right)$$

임을 보여라.

2) 계의 온도가 $T < T_c$일 때 열용량이

$$C_V = \frac{15}{4}\frac{\zeta(5/2)}{\zeta(3/2)}Nk\left(\frac{T}{T_c}\right)^{3/2}$$

임을 보여라.

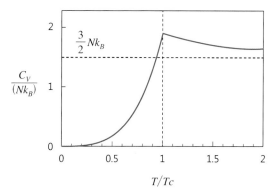

그림 **13.8** 보손 이상기체 열용량의 온도 의존성

13.2 2차원 계에서 보스-아인슈타인 응축은 일어날 수 없음을 보여라.

13.3 초상대론적 이상기체의 엔트로피를 구하여라.

13.4 초상대론적 이상기체의 깁스 자유 에너지를 구하여라.

CHAPTER 14

실제기체

CHAPTER 14
실제기체

이상기체는 분자 사이의 상호작용을 무시하였기 때문에 분자 사이의 위치 에너지가 영이다. 따라서 기체 분자는 운동 에너지만을 갖는다. 이러한 이상기체의 상태 방정식을 구하면 $PN = NkT$이다. 역으로 얘기하면 이 상태 방정식을 만족하는 기체를 이상기체라고 할 수 있다. 이상기체 상태 방정식은 기체의 밀도가 매우 낮은 전기적으로 중성인 분자들에 대해서 잘 맞는다. 희박기체는 이상기체와 매우 가깝다. 그런데 실제기체들은 분자들 사이의 상호작용을 무시할 수 없다. 기체분자들이 알짜 전하를 띠고 있으면 이온 간의 상호작용을 고려해야 한다. 기체분자가 전기적으로 중성이더라도 기체분자의 전자궤도 구조 때문에 떨어져 있는 기체분자들은 상호작용을 하게 된다.

전기적으로 중성인 기체분자의 퍼텐셜 에너지에 대한 다양한 함수가 제안되었다. 중성인 분자 사이의 상호작용은 레너드-존스 퍼텐셜(Lennard-Jones potential)로 잘 묘사할 수 있다. 레너드-존스 퍼텐셜은 6-12 퍼텐셜(six-twelve potential)이라고도 한다. 왜 그런 이름이 붙었는지 아래에서 살펴볼 것이다. 이상기체의 상태 방정식을 따르지 않는 기체들을 실제기체라고 하는데 비리얼 상태 방정식과 판데르발스 상태 방정식을 살펴보자. 판데르발스 상태 방정식은 열역학에서 정성적인 논의와 실험적인 결과로부터 얻었으나, 이제 통계역학을 이용하여 실제기체의 상태 방정식을 구할 것이다. 실제기체의 열역학적 거시변수를 구하기 위해서 분배함수를 구해야 한다. 실제기체의 분배함수를 구하는데 직면하게 되는 수학적 어려움을 통계 물리학자들은 어떻게 피해가는지 살펴볼 것이다.

14.1 실제기체의 분배함수

전기적으로 중성인 기체를 생각해 보자. 분자수 N, 온도 T, 부피 V인 상자에 갇힌 기체가 열적 평형상태에 있다. 이상기체와는 달리 실제기체 분자들은 서로 상호작용한다. 기체계의 총에너지는

$$E = K + U \tag{14.1}$$

이다. 기체의 운동 에너지는

$$K = \sum_{i=1}^{N} \frac{p_i^2}{2m} \tag{14.2}$$

이고 위치 에너지는

$$U = \sum_{i \neq j} u(|\vec{r_i} - \vec{r_j}|) \tag{14.3}$$

이다. 따라서 기체의 분배함수는

$$
\begin{aligned}
Z &= \frac{1}{N!} \int \cdots \int \frac{d^3 r_1 d^3 p_1}{h^3} \cdots \frac{d^3 r_N d^3 p_N}{h^3} e^{-\beta(K+U)} \\
&= \frac{1}{N!} \frac{1}{h^{3N}} \int \cdots \int d^3 r_1 \cdots d^3 r_N d^3 p_1 \cdots d^3 p_N e^{-\beta(K+U)} \\
&= \frac{1}{N!} \frac{1}{h^{3N}} \left(\int \cdots \int \prod_i d^3 p_i e^{-\beta \sum_j \frac{p_j^2}{2m}} \right) \left(\int \cdots \int \prod_i d^3 r_i e^{-\beta \sum_{j \neq k} u(|\vec{r_j} - \vec{r_k}|)} \right)
\end{aligned} \tag{14.4}
$$

이다. 운동량 부분은 쉽게 적분됨으로

$$
\begin{aligned}
Z &= \frac{1}{N!} \frac{1}{h^{3N}} (2\pi mkT)^{3/2} \int \cdots \int \prod_i d^3 r_i \; e^{-\beta \sum_{j<k} u(r_{ij})} \\
&= \frac{1}{N!} \frac{1}{\lambda_T^{3N}} \int \cdots \int \prod_i d^3 r_i \; e^{-\beta \sum_{j<k} u(r_{ij})}
\end{aligned} \tag{14.5}
$$

이다. 여기서 $r_{ij} = |\vec{r_i} - \vec{r_j}|$ 이며, 열파장은 $\lambda_T = h/\sqrt{2\pi mkT}$ 이다.

실제기체는 분자 사이의 상호작용을 고려해야 하기 때문에, 위치에 대한 적분은 쉽게 할 수 없다. 특히 기체 분자들이 서로 가까워지면 서로 강하게 반발하기 때문에 $r_{ij} \to 0$일 때 $u(r_{ij}) \to \infty$가 되어 지수함수를 테일러 전개할 수 없다. 변수 $x \ll 1$일 때, 로그함수

$\ln(1+x) \approx x + \cdots$ 인데, 자유 에너지가 이런 꼴이면 계산이 쉬워질 것이다. 이러한 성질을 이용하기 위해서 메이어(Mayer)는 메이어 함수(Mayer function) f_{ij}를 다음과 같이 정의하였다.

$$e^{-\beta u(r_{ij})} = 1 + f(r_{ij}) \tag{14.6}$$

편의상 $f_{ij} = f(r_{ij})$라 하면, 분배함수는

$$Z = \frac{1}{N!} \frac{1}{\lambda_T^{3N}} \int \cdots \int \prod_i d^3 r_i \prod_{j < k} (1 + f_{jk}) \tag{14.7}$$

이며, 분배함수에 V^N를 곱해주고 나누어주면

$$Z = \left(\frac{V^N}{N! \lambda_T^{3N}} \right) \frac{1}{V^N} \int \cdots \int \prod_i d^3 r_i \prod_{j < k} (1 + f_{jk}) \tag{14.8}$$

로 쓸 수 있다. 식 (14.8)을

$$Z = Z_{ideal} Z_C \tag{14.9}$$

으로 표현하면,

$$Z_{ideal} = \frac{V^N}{N! \lambda_T^{3N}} \tag{14.10}$$

이고, **송이적분**(cluster integration) Z_C는

$$Z_C = \frac{1}{V^N} \int \cdots \int \prod_i d^3 r_i \prod_{j < k} (1 + f_{jk}) \tag{14.11}$$

으로 정의한다. 송이적분을 계산할 수 있으면 실제기체의 분배함수를 구할 수 있다.

두 분자 사이의 위치 에너지를 $u_{ij} = u(r_{ij})$라 하자. 기체분자 N개의 알짜 위치 에너지는

$$U = u_{12} + u_{13} + \cdots + u_{ij} + \cdots u_{N-1, N} = \sum_{\text{분자쌍}} u_{ij} \tag{14.12}$$

으로 $N(N-1)/2$개의 항을 갖는다. 즉, 모든 분자쌍을 중복해서 세지 않고 짝지을 수 있는 가짓수 만큼의 위치 에너지 항을 가지고 있다. 송이적분을 위치 에너지로 표현하면

$$Z_C = \frac{1}{V^N} \int \cdots \int \prod_i d^3 r_i \prod_{j<k} e^{-\beta u_{jk}} \qquad (14.13)$$

이다. 송이적분을 위치 에너지로 표현한 식은 계산하기 어렵기 때문에, 메이어 함수를 도입하였다. 볼츠만 항의 곱하기를 메이어 함수로 표현하면

$$\prod_{\text{분자쌍}} e^{-\beta u_{ij}} = \prod_{\text{분자쌍}} (1 + f_{ij})$$
$$= (1 + f_{12})(1 + f_{13}) \cdots (1 + f_{N-1, N}) \qquad (14.14)$$

이다. 메이어 함수의 곱하기를 풀어쓰면

$$\prod_{\text{분자쌍}} (1 + f_{ij}) = 1 + \sum_{\text{분자쌍}} f_{ij} + \sum_{\text{구별된 분자쌍}} f_{ij} f_{kl} + \cdots \qquad (14.15)$$

이다. 따라서 송이적분은

$$Z_C = \frac{1}{V^N} \int \cdots \int \prod_i d^3 r_i \left(1 + \sum_{\text{분자쌍}} f_{ij} + \sum_{\text{구별된 분자쌍}} f_{ij} f_{kl} + \cdots \right) \qquad (14.16)$$

으로 표현된다. 이 적분에서 높은 차수의 f 곱이 작은 값을 갖는다면 송이적분을 근사적으로 구할 수 있다. 이제 송이적분의 각 항을 계산해 보자. 첫 번째 항은 쉽게 계산되며,

$$\frac{1}{V^N} \int \cdots \int \prod_i d^3 r_i (1) = \frac{1}{V^N} V^N = 1 \qquad (14.17)$$

이다. 각 입자에 대한 좌표 적분은 각 기체가 차지할 수 있는 부피이고 분자가 N개 있으므로 적분값은 1이 된다. 두 번째 항의 적분은

$$\frac{1}{V^N} \int \cdots \int d^3 r_1 \cdots d^3 r_N \left(\sum_{\text{분자쌍}} f_{jk} \right) = \frac{N(N-1)}{2} \frac{1}{V^2} \int \int d^3 r_1 d^3 r_2 f_{12} \qquad (14.18)$$

이다. 위 적분을 구할 때 모든 분자쌍의 적분 표현은 같기 때문에, 대표 분자쌍 1과 2에 대한 적분에 총분자쌍의 수의 $N(N-1)/2$를 곱했다. 입자수가 많아지면 적분 표현이 복잡해지기 때문에, **그림표현**(diagram representation)을 이용한다. 그림표현 규칙은 다음과 같다.

① 분자는 점으로 표현하고 첫 번째 점은 1이다. i번째 점에 대해서 $\left(\frac{1}{V} \right) \int d^3 r_i$을 곱한다. 첫 번째 점에는 N을 곱하고, 두 번째 점에는 $(N-1)$을 곱하고, 세 번째 점에는

$(N-2)$를 곱한다. 점수가 늘어나면 이런 규칙으로 항을 곱한다.

② 점 i와 점 j를 연결하는 선이 있으면 f_{ij}를 곱한다.

③ 함수 f의 곱의 모양을 바꾸지 않으면서 점에 번호를 붙일 수 있는 가짓수인 **대칭인자** (symmetry factor)의 수만큼 나누어 준다. 이 규칙은 그림의 모습을 바꾸지 않으면서 점에 붙이는 번호를 늘어놓을 수 있는(permutation) 가짓수와 같다.

이 그림규칙을 사용하면 송이적분의 둘째 항은

$$\text{(송이그림)} = \frac{N(N-1)}{2}\frac{1}{V^2}\int d^3r_1 d^3r_2 f_{12} \tag{14.19}$$

으로 표현할 수 있다. 그러면 좀더 자세히 그림규칙에 따라 송이적분의 둘째 항이 그림과 적분이 어떻게 대응되는지 살펴보자. 둘째 항의 송이그림은

이다. 이 그림을 적분으로 쓸 때 첫 번째 점은 $N\frac{1}{V}\int d^3r_1$이고 두 번째 점은 $(N-1)\frac{1}{V}\int d^3r_2$이다. 두 점 사이의 연결선은 f_{12}이고 두 점에 입자 번호 1과 2를 붙일 경우 그림 14.1과 같이 번호의 순서를 바꾸어도 $f_{12}=f_{21}$이므로 대칭인자 2를 나누어 주어야 한다. 모든 결과를 종합하면 그림은 식 (14.19)와 같다.

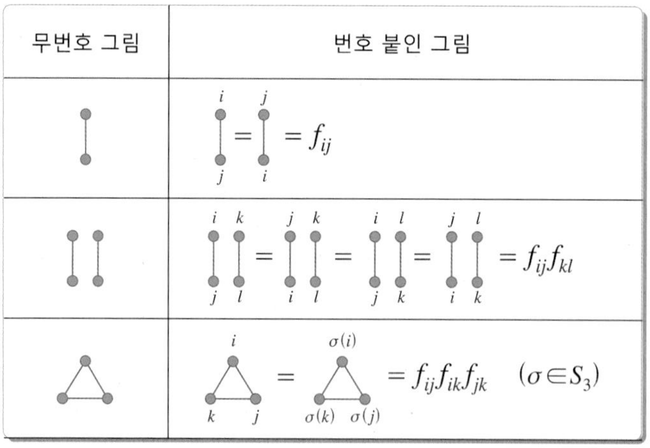

무번호 그림	번호 붙인 그림
(점-점)	$\overset{i}{\underset{j}{\bullet\!-\!\bullet}} = \overset{j}{\underset{i}{\bullet\!-\!\bullet}} = f_{ij}$
(점-점)(점-점)	$\cdots = f_{ij}f_{kl}$
(삼각형)	$\overset{i}{\underset{k\ \ j}{\triangle}} = \overset{\sigma(i)}{\underset{\sigma(k)\ \sigma(j)}{\triangle}} = f_{ij}f_{ik}f_{jk} \quad (\sigma\in S_3)$

그림 **14.1** 송이적분의 그림표현. 점에 번호를 붙이지 않은 그림과 번호를 붙였을 때 똑같은 적분을 주는 대칭인자의 수를 나타낸 그림

그림표현을 이용하면 세 분자가 관련된 송이적분 중에서

$$\text{(diagram)} = \frac{N(N-1)(N-2)}{2} \frac{1}{V^3} \int d^3r_1 d^3r_2 d^3r_3 f_{12}f_{23} \qquad (14.20)$$

이다. 따라서 송이적분을 그림표현으로 나타내면

$$Z_c = 1 + \text{(diagram)} + \text{(diagram)} + \text{(diagram)} + \text{(diagram)} + \text{(diagram)} + \cdots \qquad (14.21)$$

이 된다. 이를 **그림 건드림 전개법**(diagramatic perturbation expansion)이라 한다. 이 송이적분의 그림표현에서 첫 번째 항인 1은 분자들이 상호작용하지 않는 이상기체에 해당하는 항이다. 기체의 밀도가 낮을 때는 여러 분자들이 상호작용하는 항인 높은 차수의 항들은 무시할 수 있다. 여러 분자들이 상호작용하는 효과를 나타내는 항들을 고려할 때 다음과 같은 분절된 송이그림

은 점이 모두 연결된 송이그림으로 바꿀 수 있다. 송이적분은

$$Z_c = \exp\left(\text{(diagram)} + \text{(diagram)} + \text{(diagram)} + \text{(diagram)} + \text{(diagram)} + \cdots \right) \qquad (14.22)$$

으로 쓸 수 있다. 따라서 분자계의 분배함수는

$$Z = Z_{ideal} \cdot Z_c \qquad (14.23)$$

이고, 계의 헬름홀츠 자유 에너지는

$$F = -KT\ln Z = -KT\ln Z_{ideal} - kT\ln Z_c \qquad (14.24)$$

이고,

$$F = -KT\ln Z_{ideal} - kT\ln\left(\text{(diagram)} + \text{(diagram)} + \text{(diagram)} + \cdots \right) \qquad (14.25)$$

이 된다. 계의 압력은

$$P = -\left(\frac{\partial F}{\partial V}\right)_{N,T} = \frac{NkT}{V} + kT\frac{\partial}{\partial V}\left(\text{(diagram)} + \text{(diagram)} + \text{(diagram)} + \cdots \right) \qquad (14.26)$$

이다. 이 식이 기체의 상태 방정식이다.

14.2
비리얼 전개와
판데르발스
상태 방정식

실제기체의 압력은 기체의 입자당 부피 V/N로 전개된다. 실제기체의 **비리얼 전개식**(virial expansion)은

$$P = \frac{NkT}{V}\left(1 + \frac{B}{(V/N)} + \frac{C}{(V/N)^2} + \cdots\right) \tag{14.27}$$

이다. 여기서 상수 B와 C는 각각 **제2비리얼 계수**(second virial coefficient), **제3비리얼 계수**(third virial coefficient)이고 온도만의 함수이다. 모든 차수의 비리얼 계수가 $B = C = \cdots = 0$이면 기체는 이상기체이다. 두 분자 송이적분을 구하면 제2비리얼 계수를 구할 수 있다. 두 분자 사이의 거리를 $r = |\vec{r_1} - \vec{r_2}|$이라 하면 두 입자의 적분을 간단히 할 수 있다.

두 입자 송이적분은

$$\begin{aligned}
\raisebox{-0.5ex}{\rule{0pt}{2ex}} &= \frac{N(N-1)}{2}\frac{1}{V^2}\int d^3r_1 d^3r_2 f_{12} \\
&= \frac{N^2}{2}\frac{1}{V^2}\int d^3r_1 d^3r f(r) \\
&= \frac{N^2}{2}\frac{1}{V}\int d^3r f(r)
\end{aligned} \tag{14.28}$$

이다. 여기서 입자수가 많기 때문에 $N(N-1) \simeq N^2$이다. 송이적분으로 나타낸 압력 표현에서 두 입자 상호작용 항으로 근사한 경우 계의 압력은

$$P = \frac{NkT}{V}\left(1 - \frac{N}{2V}\int d^3r f(r) + \cdots\right) \tag{14.29}$$

이다. 위 두 식을 비교하며 제2비리얼 계수는

$$B(T) = -\frac{1}{2} \int d^3 r f(r) \tag{14.30}$$

이 된다. 이제 제2비리얼 계수를 계산하여 판데르발스 상태 방정식을 유도해 보자. 위 식의 적분을 구면좌표계로 표현하면 $d^3 r = (dr)(rd\theta)(r\sin\theta d\phi)$이므로

$$B(T) = -\frac{1}{2} \int_0^{2\pi} d\phi \int_0^{\pi} d\theta \sin\theta \int_0^{\infty} dr r^2 f(r)$$

$$= -2\pi \int_0^{\infty} dr r^2 f(r) = -2\pi \int_0^{\infty} dr r^2 (e^{-\beta u(r)} - 1) \tag{14.31}$$

이다.

위 적분을 구하기 위해서 두 분자 사이의 위치 에너지 함수를 알아야 한다. 중성인 분자 사이의 위치 에너지는 **레너드-존스 퍼텐셜**(Lennard-Jones potential) 또는 **6-12 퍼텐셜**(six-twelve potential)은

$$u(r) = 4\varepsilon \left[\left(\frac{\sigma}{r} \right)^{12} - \left(\frac{\sigma}{r} \right)^6 \right]$$

$$= \varepsilon \left[\left(\frac{r_m}{r} \right)^{12} - 2\left(\frac{r_m}{r} \right)^6 \right] \tag{14.32}$$

로 표현할 수 있다. 레너드-존스 퍼텐셜의 최솟값 위치는 그림 14.2와 같이 $r_m = 2^{1/6}\sigma$이다.

레너드-존스 퍼텐셜의 특징은 두 분자가 서로 멀리 떨어져 있으면 약하게 당기는 인력이

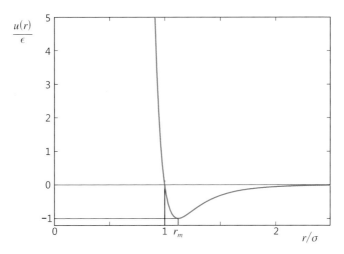

그림 **14.2** 레너드-존스 퍼텐셜. 가로축 r/σ으로 나타내고 세로축을 $u(r)/\varepsilon$으로 나타내었다.

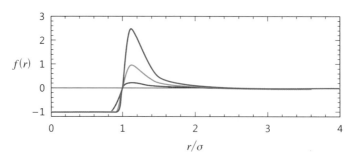

그림 **14.3** 레너드-존스 퍼텐셜에 대응하는 $f(r)$ 함수의 모양. 온도가 낮아지면 함수는 더 뾰족해 진다.

작용하고, 두 분자가 서로 가까워지면 강하게 반발한다. 그림 14.2와 같은 레너드-존스 퍼텐셜을 식 (14.31)에 대입하여 해석적으로 풀기는 어렵다. 레너드-존스 함수에 대응하는 $f(r)$ 함수의 모양은 그림 14.3과 같다. 온도가 낮으면 최댓값이 커지고 더 뾰족해 진다. 적분 계산은 컴퓨터를 활용하여 수치적분은 가능하지만 해석적으로 구하는 것이 중요하다.

해석적 계산을 하기 위해서 레너드-존스 퍼텐셜의 특징을 반영한 계산 가능한 퍼텐셜로 **딱딱 알맹이 상호작용**(hard-core interaction)을 고려한다. 딱딱한 알맹이 퍼텐셜은

$$u(r) = \begin{cases} \infty & r < r_0 \\ -u_0 \left(\dfrac{r_0}{r} \right)^6 & r \geq r_0 \end{cases} \tag{14.33}$$

이며, 딱딱 알맹이 퍼텐셜을 이용하여 $f(r)$에 대한 적분을 하면

$$\int_0^\infty d^3 r f(r) = 4\pi \int_0^\infty dr r^2 (e^{-\beta u(r)} - 1)$$

$$= 4\pi \int_0^{r_0} dr r^2 (-1) + 4\pi \int_{r_0}^\infty dr r^2 (e^{\beta u_0 (r_0/r)^6} - 1) \tag{14.34}$$

이다. 높은 온도에서 $\beta u_0 \ll 1$이므로,

$$e^{\beta u_0 (r_0/r)^6} \simeq 1 + \beta u_0 (r_0/r)^6 + \cdots \tag{14.35}$$

이다. 따라서

$$\int_0^\infty d^3 r f(r) = -4\pi \int_0^{r_0} dr r^2 + \frac{4\pi u_0}{kT} r_0^6 \int_{r_0}^\infty dr \frac{1}{r^4}$$

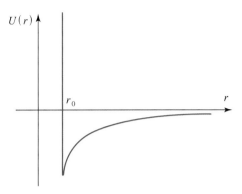

그림 **14.4** 딱딱한 알맹이 퍼텐셜. 두 분자는 $r \leq r_0$에서 무한대로 반발하고 $r > r_0$에서 약하게 잡아당긴다.

$$= \frac{4\pi r_0^3}{3}\left(\frac{u_0}{kT} - 1\right) \tag{14.36}$$

이다. 딱딱한 알맹이 퍼텐셜에 대한 제2비리얼 계수는

$$B(T) = -\frac{1}{2}\int_0^\infty d^3r\,(e^{-\beta u(r)} - 1) = -\frac{2\pi r_0^3}{3}\left(\frac{u_0}{kT} - 1\right) \tag{14.37}$$

이다.

   제2비리얼 계수를 압력에 대한 식에 대입하면

$$\frac{pV}{NkT} = 1 - \frac{N}{V}\left(\frac{a}{kT} - b\right) \tag{14.38}$$

이다. 여기서 상수 a와 b는

$$a = \frac{2\pi r_0^3 u_0}{3},\; b = \frac{2\pi r_0^3}{3} \tag{14.39}$$

이다. 위 식을 다시 정리하면

$$kT = \left(p + \frac{N^2}{V^2}a\right)\left(\frac{V}{N} - b\right) \tag{14.40}$$

이므로, **판데르발스 상태 방정식**(van der Waals equation of state)은

$$\left(p + a\frac{N^2}{V^2}\right)(V - bN) = NkT \tag{14.41}$$

이다. 따라서 압력은

$$P = \frac{NkT}{V - bN} - a\frac{N^2}{V^2} \tag{14.42}$$

으로 표현된다.

이 식에서 두 번째 항에 의한 압력의 감소는 분자들이 멀어졌을 때 분자들 사이의 약한 인력 상호작용에 의해서 줄어든 압력 때문이다. 레너드-존스 퍼텐셜의 6제곱 항의 기여이다. 위 식의 첫 번째 항에서 나타나는 b 항은 좀 더 설명이 필요하다. 이 항은 분자들이 서로 가까워졌을 때 반발력 때문이다. 그런데 앞에서 구한 식은 $b = 2\pi r_0^3/3$이다. 두 분자가 서로 가까워졌을 때 배제되는 부피는 그림 14.5와 같이 반지름 $r_0/2$인 겹치는 부분의 부피는 $\Omega = 4\pi r_0^3/3 = 2b$이다. 이 결과는 판데르발스 방정식의 $V - bN$의 부피 배제 b와 일치하지 않는다.

부피 배제 효과를 고려할 때 부피 V인 상자에 분자가 채워질 때 기체분자들이 차지할 수 있는 공간을 생각해야 한다. 첫 번째 분자는 부피 V를 차지할 수 있다. 그러나 두 번째 분자는 $V - \Omega$이다. 세 번째 분자는 $V - 2\Omega$를 차지할 수 있다. $\Omega \ll V$이고, 총 N개의 분자가 부피를 차지했을 때 분자들이 차지할 수 있는 부피는

$$\frac{1}{N!}\prod_{i=0}^{N-1}(V - i\Omega) \simeq \frac{V^N}{N!}\left(1 - \frac{N^2}{2}\frac{\Omega^2}{V} + \cdots\right) \simeq \frac{1}{N!}\left(V - N\frac{\Omega}{2}\right)^N \tag{14.43}$$

이다. 따라서 배제된 부피는 $b = \Omega/2$임을 알 수 있다.

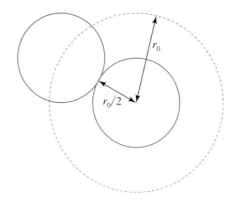

그림 **14.5** 딱딱한 두 분자의 부피 배제 효과. 각 분자의 반지름이 $r_0/2$일 때 두 분자 사이의 거리는 r_0이다. 두 딱딱한 공에서 배제되는 부피는 $\Omega = 4\pi r_0^3/3$이다.

14.3
브라운 운동과
랑주뱅 방정식

온도 T인 유체 속에서 멋대로 움직이는 **브라운 운동**(Brownian motion)하는 입자를 생각해 보자. 유체와 브라운 운동하는 거대 입자는 서로 열적인 평형상태에 있고 서로 온도가 같다. 브라운 운동하는 입자의 질량을 m이라 하고 입자의 순간속도를 v라 하면 에너지 등분배 정리에 의해서

$$\frac{1}{2}m\langle v^2 \rangle = \frac{3}{2}kT \tag{14.44}$$

이다. 따라서 입자의 속도 제곱의 평균값은

$$\langle v^2 \rangle = \frac{3kT}{m} \tag{14.45}$$

이다. 유체의 온도가 높으면 속도의 요동이 커지며 입자의 질량이 클수록 속도의 요동이 작다.

랑주뱅(P. Langevin, 1872~1946, 프랑스, 물리학자)은 유체에서 입자들은 움직일 때 속도에 비례하는 마찰력을 받으며, 주변 유체 분자들로부터 무작위적인 힘을 받는다고 생각했다. **무작위 힘**(random force)을 받는 브라운 운동하는 입자를 **과감쇄 운동 방정식**(overdamped equation of motion)으로 기술하였다. 그의 이름이 붙은 **랑주뱅 방정식**(Lagevin equation)은

$$m\frac{dv}{dt} = -\gamma v + F(t) \tag{14.46}$$

로 주어지며, 여기서 $F(t)$는 시간에 따라서 멋대로 작용하는 무작위 힘이고 γ는 속도의 **감쇄상수**(damping constant)이다. 힘은 무작위로 작용함으로

$$\langle F \rangle = 0 \tag{14.47}$$

이며, 여기서 평균 $\langle \cdot \rangle$는 시간평균(time average)을 의미한다. 이러한 무작위 힘을 포함한 운동 방정식을 **확률 미분 방정식**(stochastic differential equation)이라 부른다. 확률 미분 방정식은 상미분 방정식과는 달리 무작위한 점프를 갖는 힘이 있기 때문에 특별히 취급하여야 한다. 무작위 힘, 확률변수를 포함하는 동력학을 **확률과정론**(stochastic process)이라 한다.

무작위 힘이 없는 입자의 운동 방정식은

$$m\dot{v}=-\gamma v \tag{14.48}$$

이므로 쉽게 해를 구할 수 있다. 일차원 운동에서 초기 속력을 $v(0)$라 할 때 속력은

$$v(t) = v(0)e^{-\gamma t/m} \tag{14.49}$$

이다. 따라서 $\tau = m/\gamma$는 감쇄의 특성시간(characteristic time)이다. 초속도로 움직이던 입자는 결국 멈출 것이다. 브라운 운동하는 입자들은 끊임없이 무작위로 움직이며, 멈추지 않는다. 그 이유는 바로 무작위 힘이 브라운 입자에 계속 가해지기 때문이다. 무작위 힘이 있을 때 입자의 속력은

$$v = \dot{x} \tag{14.50}$$

이고 랑주뱅 방정식의 양변에 x를 곱하면

$$m x\ddot{x} = -\gamma x\dot{x} + xF(t) \tag{14.51}$$

이다. 그런데

$$\frac{d}{dt}(x\dot{x}) = x\ddot{x} + (\dot{x})^2 \tag{14.52}$$

이므로

$$m\frac{d(x\dot{x})}{dt} = m\dot{x}^2 - \gamma x\dot{x} + xF(t) \tag{14.53}$$

이다. 이 식에 시간 평균을 취해 보자. 어떤 시간 의존함수 $f(t)$의 시간 평균은

$$\langle f(t) \rangle = \lim_{T \to \infty} \frac{1}{T} \int_{-T/2}^{T/2} dt' f(t') \tag{14.54}$$

으로 정의한다. 식 (14.53)에 시간 평균을 취하면

$$m\left\langle \frac{d}{dt}(x\dot{x}) \right\rangle = m\langle \dot{x}^2 \rangle - \gamma\langle x\dot{x} \rangle + \langle xF \rangle \tag{14.55}$$

이다. 독립변수 x와 무작위 힘 F는 서로 독립적이므로

$$\langle xF \rangle = \langle x \rangle \langle F \rangle = 0 \tag{14.56}$$

이고, 에너지 등분배 정리에 의해서 $\frac{1}{2}m\langle \dot{x}^2 \rangle = \frac{1}{2}kT$이다. 위 식을 다시 정리하면

$$m\frac{d}{dt}\langle x\dot{x} \rangle = kT - \gamma\langle x\dot{x} \rangle \tag{14.57}$$

이다. 왼쪽 식에서 시간 미분과 평균의 순서를 바꾸어도 결과에 영향을 주지 않는다. 입자에 계속적인 운동에너지를 공급하는 것은 결국 열저장체의 열임을 알 수 있다. 이 식을 다시 정리하면

$$\frac{d}{dt}\langle x\dot{x} \rangle + \frac{\gamma}{m}\langle x\dot{x} \rangle = \frac{kT}{m} \tag{14.58}$$

이다. 이 식은 일차 미분 방정식이므로, 일반해(general solution)는

$$\langle x\dot{x} \rangle = \frac{kT}{\gamma} + Ce^{-\gamma t/m} \tag{14.59}$$

이며, 여기서 C는 적분상수로 초기조건으로 결정한다.

입자가 $t = 0$일 때 원점 $x(0) = 0$에서 출발했다면

$$C = -\frac{kT}{\gamma} \tag{14.60}$$

이므로

$$\langle x\dot{x} \rangle = \frac{kT}{\gamma}(1 - e^{-\gamma t/m}) \tag{14.61}$$

이다. 그런데 위치 제곱의 평균을 시간으로 미분하면

$$\frac{1}{2}\frac{d}{dt}\langle x^2 \rangle = \langle x\dot{x} \rangle \tag{14.62}$$

이므로

$$\frac{d}{dt}\langle x^2 \rangle = \frac{2kT}{\gamma}(1 - e^{-\gamma t/m}) \tag{14.63}$$

이다. 이 일차 미분 방정식을 적분하면

$$\langle x^2 \rangle = \frac{2kT}{\gamma}\left[t - \frac{m}{\gamma}(1 - e^{-\gamma t/m}) \right] \tag{14.64}$$

이다. 멋대로 움직이는 입자의 위치에 대한 분산은 시간에 비례해서 증가한다. 위 식의 오른쪽 둘째 항은 시간이 충분히 흐르면 사라지는 **과도기적 항**(transient term)이다. 브라운 운동의 **특성시간**(characteristic time)은 $\tau = m/\gamma$이다.

입자가 움직이는 시간이 특성시간보다 짧은 경우와 큰 경우를 나누어 생각해 보자. 먼저 입자가 움직이기 시작한 초기인 $t \ll m/\gamma$인 경우를 생각해 보자. 이 극한에서 $\gamma t/m \ll 1$이므로 과도기적 항의 지수함수를 전개하면 $e^{-\gamma t/m} = 1 - \gamma t/m + (\gamma t/m)^2/2 + \cdots$이므로

$$\langle x^2(t) \rangle = \left(\frac{kT}{m}\right) t^2 \tag{14.65}$$

이다. 처음 멈추어 있는 분자는 주변의 유체분자들과 충돌하면서 무작위 힘을 받고 위치의 분산이 시간의 제곱에 비례해서 커진다.

한편 시간이 많이 지난 시점에서 위치의 분산을 생각해 보자. 극한 $t \gg m/\gamma$에서 지수함수는 매우 작기 때문에 과도기적 항은 모두 무시할 수 있다. 따라서

$$\langle x^2(t) \rangle = \left(\frac{2kT}{\gamma}\right) t \tag{14.66}$$

이다. 브라운 입자들의 위치 분산이 시간에 비례해서 커진다. 사실 이 결과는 픽스가 실험적으로 발견한 확산법칙인 **픽스의 법칙**(Fick's law)

$$\langle x^2 \rangle = 2Dt \tag{14.67}$$

와 일치한다. 여기서 상수 D는 **확산계수**(diffusion costant)라 한다. 확산계수는

$$D = \frac{kT}{\gamma} \tag{14.68}$$

이다. 기체분자들이 확산할 때 위치의 분산은 온도가 높으면 빨라지고 반대로 마찰계수에 반비례한다. 이러한 사실은 우리의 직관과 잘 일치하는 결과이다. 이 식은 일종의 **요동-흩어짐 정리**(fluctuation-dissipation theorem)를 나타낸다. 확산계수는 입자 위치의 요동을 나타내며, 이 요동은 열적 건드림 kT에 의해서 유발된다. 브라운 입자가 요동하면서 에너지는 마찰계수에 의해서 흩어지게 한다. 막걸기가 움직인 거리에 대한 척도는 앞에서 살펴본 것

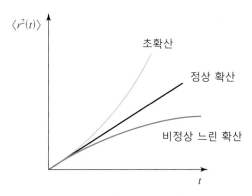

그림 **14.6** 확산의 유형. 정상 확산(normal diffusion), 초확산(super diffusion), 비정상 느린 확산(anomalous slow diffusion)으로 분류됨

과 같이 막걸기 입자의 **제곱 평균거리**(MSD, mean square displacement) $\langle x^2(t) \rangle$이다. 입자들이 삼차원에서 움직일 경우 제곱 평균거리는 $\langle r^2(t) \rangle$이다. 균일한 유체에서 콜로이드와 같은 큰 분자들이 확산할 때 MSD는 시간에 비례한다. 그림 14.6과 같이 이러한 확산을 **정상 확산**(normal diffusion)이라 한다.

유체나 어떤 구조물에서 입자들의 확산은

$$\langle r^2(t) \rangle = Dt^{\alpha} \tag{14.69}$$

로 쓸 수 있다. 지수 $\alpha = 1$일 때 확산을 정상 확산이라 한다. 입자들이 정상 확산보다 훨씬 빨리 확산하는 경우 지수 $\alpha > 1/2$이고 이러한 확산을 **초확산**(super diffusion)이라 한다. 반대로 지수가 $\alpha < 1/2$인 확산은 **비정상 느린 확산**(anormalous slow diffusion) 또는 **버금 확산**(sub-diffusion)이라 한다. 버금 확산은 프랙탈 구조 위의 막걸기에서 대표적으로 일어난다. 프랙탈 구조의 자기 유사성이 확산을 아주 느리게 만든다.

14.4 속도 상관관계

브라운 입자는 처음에 특정한 방향의 속력과 크기를 가지고 멋대로 움직이기 시작한다. 분자들이 멋대로 움직이면서 초기의 속도에 대한 정보는 점점 잃어버린다. 분자들이 처음 정보를 얼마 동안 기억하는지 파악할 수 있는 지표가 **상관관계**(correlation relation)이다. 브라운 입자의 **속도 상관함수**(velocity correlation function)을 생각해 보자.

문제를 간단히 하기 위해서 막걷기 입자가 일차원 위에서 멋대로 움직인다고 생각한다. 시간 $t = 0$일 때 입자의 속력은 $v(0)$이고, 시간 t에서 입자의 속력은 $v(t)$이다. 확률과정에서 분자는 무작위 힘을 받기 때문에 미분을 다시 생각해 보아야 한다. 속도의 도함수는

$$\dot{v}(t) = \left. \frac{v(t+dt) - v(t)}{dt} \right|_{dt \to 0} \tag{14.70}$$

이다. 순간 가속도는 $dt \to 0$ 극한을 취해야 한다. 하지만 dt가 충분히 작다면 속도 도함수는

$$\frac{v(t+dt) - v(t)}{dt} = -\frac{\gamma}{m} v(t) + \frac{1}{m} F(t) \tag{14.71}$$

으로 쓸 수 있다. 이 식을 다시 쓰면

$$v(t+dt) - v(t) = -\frac{\gamma}{m} v(t) dt + \widehat{F(t)} \tag{14.72}$$

로 쓸 수 있다. 무작위 힘 $\widehat{F(t)} = \sqrt{\delta^2 dt}\, N_t^{t+dt}(0, 1)$는 **가우씨안 잡음**(Gaussian Noise)을 나타낸 것이다. 여기서 $N_t^{t+dt}(0, 1)$는 짧은 시간 간격 dt동안 잡음은 평균 0, 표준편차 1인 **정규분포**(normal distribution)이다.

이 식은 확률과정을 나타내는 식으로써 특별히 **오른스타인-울렌벡 과정**(Orstein-Uhlenbeck process, O-U process)이라 부른다. O-U 확률과정은 물리학, 금융수학 등에 널리 사용되고 있다. 식 (14.71)에 초기 속력을 곱하면

$$\frac{[v(0)v(t+dt) - v(0)v(t)]}{dt} = -\frac{\gamma}{m} v(0)v(t) + \frac{1}{m} v(0) F(t) \tag{14.73}$$

이다. 이 식에 시간 평균을 취하면

$$\frac{[\langle v(0)v(t+dt) \rangle - \langle v(0)v(t) \rangle]}{dt} = -\frac{\gamma}{m} \langle v(0)v(t) \rangle + \frac{\langle v(0)F(t) \rangle}{m} \tag{14.74}$$

이다. 이 식의 마지막 항에서 초기 속도와 무작위 힘은 서로 상관관계가 없기 때문에

$$\langle v(0)F(t) \rangle = 0 \tag{14.75}$$

이다. 그러므로

$$\frac{\langle v(0)v(t+dt)\rangle - \langle v(0)v(t)\rangle}{dt} = -\frac{\gamma}{m}\langle v(0)v(t)\rangle \tag{14.76}$$

이고, 이 식에 다시 시간에 대한 극한 $dt \to 0$를 취하면 위 식은

$$\frac{d}{dt}\langle v(0)v(t)\rangle = -\frac{\gamma}{m}\langle v(0)v(t)\rangle \tag{14.77}$$

이다. 즉 속도 상관관계 함수의 **시간 진화 방정식**(time evolution equation)을 얻게 된다. 식 (14.77)로부터 이 미분 방정식의 해를 구하면

$$\ln\langle v(0)v(t)\rangle - \ln\langle v(0)v(0)\rangle = -\frac{\gamma}{m}t$$

$$\Rightarrow \langle v(0)v(t)\rangle = \langle v^2(0)\rangle e^{-\gamma t/m} \tag{14.78}$$

이다. 즉, 속도에 대한 시간 상관성은 시간이 지나면서 지수함수적으로 사라지게 된다. 브라운 운동하는 입자는 자신의 초기 속도에 대한 기억을 빨리 잊게 된다.

14.5 정규분포와 랑주뱅 방정식

랑주뱅 방정식에서 무작위 힘을 어떻게 표현할 수 있을까? 자연에서 관찰되는 무작위 과정의 잡음은 여러 가지 형식을 갖는다. 가장 먼저 생각해 볼 수 있는 잡음은 정규분포 잡음(Gaussian noise)이다. 가우씨안 분포함수를

$$p(x) = N(m, a^2) = \frac{1}{\sqrt{2\pi a^2}}e^{-(x-m)^2/2a^2} \tag{14.79}$$

으로 나타내고, 확률변수는 $-\infty < x < \infty$에서 정의된다. 기호 $N(m, a^2)$은 정규분포(normal distribution)를 나타낸 것이며, 평균이 m이고 분산이 a^2이다. 7장에서 정의한 확률분포 $p(x)$를 갖는 확률변수 X의 **모멘트 생성함수**(moment generation function)는

$$M_X(t) = \langle e^{tx}\rangle = \int_{-\infty}^{\infty} e^{tx}p(x)dx \tag{14.80}$$

를 이용하면, 가우씨안 분포의 모멘트 생성함수는

$$M_{N(m,\,a^2)}(t) = e^{mt + a^2 t^2/2} \tag{14.81}$$

이다.

정규분포는 다양한 변환 성질을 갖는다. **정규 선형변환 정리**(normal linear transform theorem)는

$$\alpha + \beta N(m,\,a^2) = N(\alpha + \beta m,\,\beta^2 a^2) \tag{14.82}$$

이다. 정규 선형변환 정리는 모멘트 생성함수를 이용하여 증명할 수 있다. 정규분포 $N(\alpha + \beta m,\,\beta^2 a^2)$의 모멘트 생성함수는

$$M_{\alpha + \beta N(m,\,a^2)} = \left\langle e^{t[\alpha + \beta N(m,\,a^2)]} \right\rangle \tag{14.83}$$

이고,

$$\begin{aligned}
M_{\alpha + \beta N(m,\,a^2)} &= e^{t\alpha} \left\langle e^{t\beta[N(m,\,a^2)]} \right\rangle \\
&= e^{t\alpha} M_{N(m,\,a^2)}(t\beta)
\end{aligned} \tag{14.84}$$

이다. 그런데

$$M_{N(m,\,a^2)}(t\beta) = e^{mt + a^2 t^2 \beta^2/2} \tag{14.85}$$

이다. 따라서

$$\begin{aligned}
M_{\alpha + \beta N(m,\,a^2)}(t) &= e^{(\alpha + \beta m)t + (a^2 \beta^2)t^2/2} \\
&= M_{N[(\alpha + \beta m),\,(a^2 \beta^2)]}(t)
\end{aligned} \tag{14.86}$$

이므로, 정규 선형변환 정리가 성립한다. 만약 $m = 0$이고 $a^2 = 1$이면

$$\alpha + \beta N(0,\,1) = N(\alpha,\,\beta^2) \tag{14.87}$$

이다. 여기서 $N(0,\,1)$은 **단위 정규분포**(unit normal distribution)이다.

앞에서 살펴본 랑주뱅 방정식을 가우씨안 잡음 표현으로 다시 쓰면

$$v(t + dt) - v(t) = -\gamma v(t)dt + \sqrt{\delta^2 dt}\, N_t^{t+dt}(0,\,1) \tag{14.88}$$

이며, 여기서 입자의 질량은 $m = 1$로 놓았다. 속도 변화량은 $dv(t) = v(t + dt) - v(t)$이므로

$$dv = -\gamma v(t)dt + \sqrt{\delta^2 dt}\, N_t^{t+dt}(0,\ 1) \tag{14.89}$$

이다. 여기서 δ^2은 가우씨안 잡음의 크기를 나타내는 양이고, 시간 변화 $\sqrt{dt}$가 붙은 이유는 가우씨안 분포함수에 곱해지면서 $(\sqrt{\delta^2 dt})^2 = \delta^2 dt$이므로 첫째 항과 같은 시간 증가량을 나타내기 때문이다. 시간을 $0,\ dt,\ (2dt),\ \cdots$으로 증가시키면 속도는 $v(0),\ v(dt),\ v(2dt),$ $\cdots,\ v(t)$가 된다. 그런데 각 시간 구간에서 잡음은 $N_0^{dt}(0,\ 1),\ N_{dt}^{2dt}(0,\ 1),\ \cdots,\ N_{t-dt}^t(0,\ 1)$이므로 서로 독립적이다. 서로 독립적인 가우씨안 잡음의 선형 결합은 다시 가우씨안 잡음이 되므로 시간 t에서 속도는

$$v(t) = N_0^t(mean\,[v(t)],\ var\,[v(t)]) \tag{14.90}$$

이다. 앞에서 속도의 평균은

$$mean\,[v(t)] = v(0)e^{-\gamma t} \tag{14.91}$$

이다. 질량이 있는 입자를 고려할 경우 $\gamma \to \gamma/m$으로 변환하면 된다.

속도의 분산은

$$var\,[v(t)] = \langle v^2(t)\rangle - \langle v(t)\rangle^2 \tag{14.92}$$

이다. 평균의 제곱은 $\langle v(t)\rangle^2 = v^2(0)e^{-2\gamma t}$이다. 분산(variance)을 구하려면 $\langle v^2(t)\rangle$을 알아야 한다. 분산을 구하기 위해서

$$d\,[v^2(t)] = [v(t+dt)]^2 - [v(t)]^2 \tag{14.93}$$

를 계산해 보자. 랑주뱅 방정식의 표현을 이용하면

$$
\begin{aligned}
d\,[v^2(t)] &= \left[(1-\gamma dt)v(t) + \sqrt{\delta^2 dt}\,N_t^{t+dt}(0,\ 1)\right]^2 - [v(t)]^2 \\
&= (1-\gamma dt)^2 v^2(t) + 2(1-\gamma dt)v(t)\sqrt{\delta^2 dt}\,N_t^{t+dt}(0,\ 1) + \delta^2 dt\,[N_t^{t+dt}(0,\ 1)]^2 - v^2(t) \\
&\approx -2\gamma v^2(t)dt + 2v(t)\sqrt{\delta^2 dt}\,N_t^{t+dt}(0,\ 1) + \delta^2 dt\,[N_t^{t+dt}(0,\ 1)]^2 \tag{14.94}
\end{aligned}
$$

이며, 위 식의 마지막 줄에서 $(dt)^{3/2}$, $(dt)^2$ 항은 dt에 비해서 더 작으므로 무시하였다. 이 식에 평균을 취하면

$$d\langle v^2(t)\rangle = -2\gamma dt\langle v^2(t)\rangle + 2\sqrt{\delta^2 dt}\,\langle v(t)N_t^{t+dt}(0,\,1)\rangle + \delta^2 dt\langle[N_t^{t+dt}(0,\,1)]^2\rangle \quad (14.95)$$

이다. 속력 $v(t)$는 $N_0^{dt}(0,\,1)$, $N_{dt}^{2dt}(0,\,1)$, $\cdots$, $N_{t-dt}^{t}(0,\,1)$의 선형 결합이므로, $v(t)$와 $N_t^{t+dt}(0,\,1)$는 서로 독립적이므로 오른쪽의 둘째 항은 영이고 셋째 항의 평균값은 1이다. 최종적인 진화 방정식은

$$d\langle v^2(t)\rangle = -2\gamma dt\langle v^2(t)\rangle + \delta^2 dt \quad (14.96)$$

이다. 속도의 초기조건은 $v(0)$이므로 이 식의 해는

$$\langle v^2(t)\rangle = v^2(0)e^{-2\gamma t} + \left(\frac{\delta^2}{2\gamma}\right)(1 - e^{-2\gamma t}) \quad (14.97)$$

이다. 따라서 속도의 분산은

$$\begin{aligned} var[v(t)] &= \langle v^2(t)\rangle - \langle v(t)\rangle^2 \\ &= \left(\frac{\delta^2}{2\gamma}\right)(1 - e^{-2\gamma t}) \end{aligned} \quad (14.98)$$

이다. 브라운 운동하는 O-U 과정의 해는

$$v(t) = N_0^t\left[v(0)e^{-\gamma t},\,\left(\frac{\delta^2}{2\gamma}\right)(1 - e^{-2\gamma t})\right] \quad (14.99)$$

이다.

열저장체와 평형을 이루면서 선형 감쇄하는 확률과정인 O-U 과정에서 정상상태를 고려해 보자. 정상상태는 $\gamma t \to \infty$인 극한을 의미한다. 질량 m인 입자가 브라운 운동할 때 브라운 운동의 평균 운동 에너지(열저장체에서 공급되는 열적 요동)와 감쇄에 의한 에너지 흩어짐이 균형을 이룬다. 평균 에너지 요동은

$$\frac{m}{2}var[v(\infty)] = \left(\frac{m}{2}\right)\left(\frac{\delta^2}{2\gamma}\right) \quad (14.100)$$

이다. 에너지 등분배 정리에 의해서

$$\frac{m}{2}var[v(\infty)] = \frac{kT}{2} \quad (14.101)$$

이다. **요동–흩어짐 정리**(fluctuation–dissipation theorem)는

$$\frac{m\delta^2}{4\gamma} = \frac{kT}{2} \tag{14.102}$$

이고,

$$\delta^2 = \frac{2\gamma kT}{m} \tag{14.103}$$

이다. 가우씨안 잡음의 크기를 나타내는 δ^2은 열저장체로부터 공급되는 열인 kT에 비례하고 특성시간 m/γ에 반비례한다.

14.6 존슨 노이즈

전기저항 R에 일정한 전압의 건전지가 연결된 단순한 전기회로에서 저항의 전압을 측정해보자. 민감한 전압계로 저항의 전압을 측정하면 사실 일정한 값을 가리키는 것이 아니라, 그림 14.7과 같은 잡음을 볼 수 있다. 이 잡음은 계측기의 인위적인 오차에 의해서 생긴 것일까, 아니면 자연에 존재하는 자연적인 잡음일까? 사실 이 잡음은 자연에 존재하는 고유한 잡음으로써 전기회로가 유한한 온도의 열저장체 환경에 놓여 있기 때문에 생긴다. 금속의 자유전자들이 이동하면서 전류가 흐를 때, 열적 요동을 가지게 되면 열적 요동은 열저장체와 상호작용하면서 계가 평형상태에 있기 때문에 생긴다.

전기회로 중에서 그림 14.8과 같이 저항과 축전기가 연결된 RC 회로를 고려해 보자.

그림 14.8과 같이 저항 R, 전기용량 C인 축전기가 직렬로 연결된 회로에서 축전기는 처음에 전하량 Q_0로 충전되어 있다. 이 회로는 건전지가 붙어 있지 않기 때문에 축전기가 방전

그림 **14.7** 건전지와 저항이 연결된 단순 전기회로에서 저항에 걸린 전압을 시간에 따라 측정하면 전압은 일정하지 않고 잡음이 끼어있다.

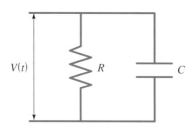

그림 **14.8** RC 회로. 시간 $t=0$일 때 축전기에 충전된 전하량은 Q_0이고 시간이 흐르면서 축전기는 방전된다. 축전기의 전하량은 열적 요동을 하면서 줄어든다.

되어 결국 축전기의 전기 에너지가 저항에서 열에너지로 소실될 것이다. 회로에 흐르는 전류를 $I(t)$, 축전기의 전하량을 $Q(t)$라고 하면 회로 방정식은

$$IR + \frac{Q}{C} = 0 \qquad (14.104)$$

이다. 전류는 $I=dQ/dt$이므로 회로 방정식은

$$\frac{dQ}{dt} = -\frac{Q}{RC} dt \qquad (14.105)$$

이다. 이 일차 미분 방정식의 해는

$$Q = Q_0 e^{-t/RC} \qquad (14.106)$$

이다. 축전기의 전하량은 결정론적이고 지수함수적으로 감소하여 시간이 무한대가 되면 영으로 접근한다.

그런데 이상하지 않은가? 현실 세계에서는 전하량이 0이 되는데 걸리는 시간이 무한대가 되지 않고 유한한 시간 후에 축전기는 완전히 방전되기 마련이다. 사실 여러분이 축전기나 저항 양단에 전압계를 설치하고 전압을 측정하거나 또는 회로의 전류를 측정하면 전압이나 전류가 줄어드는 경향성을 가지지만 매순간마다 잡음을 가지고 요동치는 것을 볼 수 있다. 이러한 요동은 자연에 존재하는 매우 자연스러운 요동이다.

RC 회로는 온도 T인 주변과 열적 평형상태에 있다. 이제 열적 요동을 고려한 확률과정을 식으로 쓰면

$$IR + \frac{Q}{C} + (존슨 \ 잡음) = 0 \qquad (14.107)$$

이 된다. RC 회로에서 온도에 의한 요동을 존슨 잡음(Johnson noise)이라 한다. 전류는 $I = dQ/dt$이므로 짧은 시간 dt 동안 전하 변화량 $dQ = Q(t+dt) - Q(t)$라 놓으면 랑주뱅 방정식은

$$dQ = Q(t+dt) - Q(t) = -\frac{Q}{RC}dt + \sqrt{\delta^2 dt}\, N_t^{t+dt}(0,\ 1) \qquad (14.108)$$

이다. 전하량의 시간 평균은 결정론적인 식을 따른다. 즉,

$$\frac{d\langle Q \rangle}{dt} = -\frac{1}{RC}\langle Q \rangle + \langle F \rangle \qquad (14.109)$$

이다. 그런데 $\langle F \rangle = 0$이므로

$$\langle Q \rangle = Q_0 e^{-t/RC} \qquad (14.110)$$

이다. 축전기의 전하량의 시간 평균은 지수함수적으로 감소한다.

14.2절에서 속도 상관관계를 구할 때와 비슷하게 전하량 상관관계식은

$$\frac{\langle Q(0)Q(t+dt) \rangle - \langle Q(0)Q(t) \rangle}{dt} = -\frac{1}{RC}\langle Q(0)Q(t) \rangle \qquad (14.111)$$

이다. 그러므로

$$\frac{d\langle Q(0)Q(t) \rangle}{dt} = -\frac{1}{RC}\langle Q(0)Q(t) \rangle \qquad (14.112)$$

이고 전하 상관관계의 해는

$$\langle Q(0)Q(t) \rangle = \langle Q^2(0) \rangle e^{-t/RC} \qquad (14.113)$$

이다. 전하량 변화에 대한 랑주뱅 방정식은 앞에서 구한 O–U 과정 방정식에서 $\gamma \rightarrow 1/RC$이다. 축전기의 전하량에 대한 확률과정의 해는

$$Q(t) = N_0^t \left[Q_0 e^{-t/RC},\ \left(\frac{RC\delta^2}{2} \right)(1 - e^{-2t/RC}) \right] \qquad (14.114)$$

이다. 축전기–저항 회로에서 축전기의 에너지 요동은

$$\frac{var\,[Q(\infty)]}{2C} = \frac{RC\delta^2}{4C} = \frac{R\delta^2}{4} \tag{14.115}$$

이고, 요동–흩어짐 정리에 의해서

$$\frac{R\delta^2}{4} = \frac{kT}{2} \tag{14.116}$$

이므로

$$\delta^2 = \frac{2kT}{R} \tag{14.117}$$

이다. 축전기 전하량은

$$Q(t) = N_0^t \left[Q_0 e^{-t/RC}, \quad kTC(1 - e^{-2t/RC}) \right] \tag{14.118}$$

이다. 축전기의 전하량은 지수함수적으로 줄어든다. 전체 회로가 온도 T인 열저장체와 접촉하고 있으므로 축전기의 전하량은 분산에 해당하는 요동을 가지며, 요동은 시간이 증가하면서 일정한 값 kTC로 수렴한다. 축전기의 전기 에너지는 저항에서 흩어져서 열저장체로 반환된다.

빅데이터(big data)와 사회물리학(social physics)

사회물리학(social physics)이라고 하면 무언지 이상한 용어처럼 들린다. 사람이 모여 살면서 형성된 사회현상에 물리학이 관여할 여지가 있단 말인가? 사실 사회물리학이란 용어는 오래전에 제안된 용어이다. 1835년에 벨기에의 통계학자 케틀레(Adolphe Quetelet)는 사회물리학(sociophysics)이란 용어를 처음 사용하였으며 정규분포를 따르는 특성을 갖고 있는 '평균인(average man)'의 개념을 제시하였다. 1842년에 프랑스 철학자 콩트(Auguste Comte) 역시 사회물리학(social physics)이란 용어를 사용하였으며 사회의 법칙을 발견하는 과학으로 정의하였다.

1971년에 쉘링(Schelling)은 일종의 행위자 기반모형인 도시 주거지에서 격리모형(segregation model)을 발표하였다. 미국의 주거지에서 백인들이 모여 사는 동네와 유색인종이 모여 사는 동네가 자연스럽게 형성되는데 쉘링은 이차원 격자 위에서 단순한 선호조건을 부여함으로써 컴퓨터 시뮬레이션으로 행위자들이 집단적으로 격리되는 현상을 발견하였다[Schelling 1971]. 2002년에 엡스타인(J. M. Epstein)은 침묵하는 시민과 봉기하는 시민의 비율을 조절하는 시민봉기(civil violence) 모형을 제안하였다[Epstein 2002]. 에릭 바인하커는 그의 저서 《부의 기원》에서 설탕 산(sugarscape)에서 설탕을 채취하여 살아가는 개체에 대한 행위자 기반모형을 구현하여 부의 불평등(wealth inequality)이 발생함을 보였다[바인하커 2002].

게임이론은 1943년 폰 노이만(J. von Neumann)과 모르겐슈테른(O. Morgenstern)이 처음 소개한 이후 경제학자, 사회학자, 생태학자, 물리학자, 수학자들에 의해서 눈부시게 발전하였다. 1950년에 존 내쉬(J. Nash)는 게임이론에서 내쉬균형(Nash equilibrium)을 발견하였다. 영화 '뷰티풀 마인드(Beautiful Mind)'에서 내쉬균형을 발견하게된 명장면이 등장한다. 사람들이 서로 게임을 하면서 상대방의 모든 전략을 서로 고려할 때 자신의 이익에 부합하는 최선의 선택을 하게 되는 상황에서 더 이상 전략을 바꿀 수 없는 상태가 되는데 이를 내쉬균형이라 한다.

영화에서 금발의 미인이 친구가 없이 혼자서 술을 마시는 상태를 보게 되는데 모든 사람들이 저런 미인은 분명히 남자친구가 있을 것이라 생각하고, 누구도 금발 미인에게 접근하지 않는 상태를 보고 내쉬는 내쉬균형을 떠올린다. 이것이 실제 상황이었든 허구의 상황이었든 간에 내쉬균형에 해당하는 상황이다. 내쉬는 이 발견 이후에 정신질환을 겪게 되고 노벨경제학상 후보로 거론되었으나 정신질환이 어느 정도 안정화된 1994년에 노벨경제학상을 수상한다.

1950년에 랜드연구소(RAND)의 플러드(M. Flood)와 드레서(M. Dresher)가 개발한 게임모형을 같은 연구소의 터커(A. W. Tucker)가 '죄수의 딜레마 게임(prisoner's dilemma game)'이라 명명하였다. 죄를 지은 두 공범 A와 B가 체포되어 분리된 채 취조를 받는다. 검사는 각 범죄자에게 "먼저 자백하면 훈방조치하여 형벌이 0년이지만, 공범이 자백했는데도 죄를 부인하면 3년형을 받을 것이고 둘 다 자백하면 2년형을 받을 것"이라고 한다. 두 공범이 동시에 부인하면 경범죄로 처벌하여 1년형을 받는다. 이 게임을 죄수의 딜레마 게임이라 한다. 이 경우 두 공범이 생각하는 보수표(payoff matrix)는 다음과 같다. 두 공범의 형벌을 합산해 보면 A, B가 모두 부인하는 것이 가장 형이 낮으므로 최선의 선택이다. 그러나 자신 혼자의 형량을 생각해 보면 상대방의 자백, 부인하는 것에 상관없이 자신이 자백하는 것이 항상 형량이 낮기 때문에, 자백하는 것이 유리하다.

표 14.1에 따라 A의 경우를 살펴보면 B가 자백하는 경우 A가 자백하면 2년형, 부인하면 3년형이므로 자백하는 것이 더 좋은 전략이다. 반면 B가 부인하는 경우 A가 자백하면 0년, 부인하면 1년형을 받으므로 자백하는 것이 더 좋은 전략이다. 따라서 A는 무조건 자백을 선택한다. B의 입장에서도 자백하는 것이 최상의 전략이므로 결국 두 공범 A와 B 모두 자백하게 된다. 두 공범의 합계 형량 면에서는 두 명 모두 죄를 부인하는 것이 최선이지만, 개인의 이득 때문에 결국 모두 자백을 선택한다. 두 공범이 (A자백, B자백)은 내쉬균형에 해당한다.

표 **14.1** 죄수 딜레마 게임에서 공범 A와 B의 선택에 따른 보수표

	B 자백	B 부인
A 자백	A 2년형 / B 2년형	A 0년형 / B 3년형
A 부인	A 3년형 / B 0년형	A 1년형 / B 1년형

죄수 딜레마 게임은 협력하기 보다는 배신하는 것이 유리한 게임으로써 다양한 분야에 응용되었다. 미소 냉전시대에 두 강대국 사이의 군비경쟁, 두 경쟁회사 사이의 광고경쟁 등을 설명하는 모형으로 응용할 수 있다. 게임이론에서 각 플레이어는 합리적인 선택을 하지만, 상대방과의 상호작용에 의한 경제적 비합리성이 발생함을 보여준다.

1980년대 초반에 악셀로드(R. Axelrod)는 '반복되는 죄수 딜레마 게임'을 제안하여 진화 게임이론을 소개하였다. 게임을 하는 상대방의 이전 전략을 기억하고 있다가 그에 따라서 내 전략을 선택하며, 게임 상대도 내 이웃 중에서 멋대로 선택하여 게임을 진행한다. 최근에는 진화 게임이론에서 협력, 호혜성의 발현현상에 대해서 많은 연구가 있으며, 생태계와 경제현상을 설명하는데 응용하고 있다.

사회물리학에 대한 관심은 디지털 사회로 진입함에 따라 빅데이터의 축적과 함께 빠르게 발전하고 있다. 앞에서 소개한 작은 세상망과 축척없는 네트워크에 대한 발견도 사람들의 행동을 데이터로 표현할 수 있었기 때문이다. 우리가 디지털 사회에 진입함에 따라서 데이터는 그림 14.9와 같이 기하급수적으로 증가하고 있다. 빅데이터는 생산되는 데이터의 규모(volume)가 크고, 생성속도(velocity)가 빠르며, 다양성(variety)이 크다.

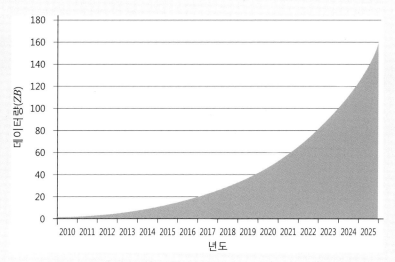

그림 **14.9** 전 세계에서 생산되는 데이터량과 추정치. 생산되는 데이터량은 지수함수적으로 증가하고 있다.

생성되는 빅데이터의 다양성과 데이터를 생성하는 행위자의 다양성 때문에 빅데이터는 복잡계의 성질을 갖기 때문에 통계물리학자들이 활발히 연구하고 있다. 특히 대통령 선거, 국회의원 선거와 같은 선거모형(voter model), 의견형성 동력학(opinion dynamics), 경제 행위자들의 시장 동력학 등의 결과는 빅데이터 분석 결과와 비교할 수 있다. 결국 빅데이터는 불균일한 행위자들의 다양한 상호작용에 의해서 드러나는 발현현상이기 때문에 행위자 기반모형, 몬테카를로 시뮬레이션, 게임이론, 복잡계 네트워크 이론 등의 통계물리적 방법을 활용하여 분석할 수 있다. 앞으로도 빅데이터 분야에 통계물리학자들이 물리학적 관점으로 복잡계 시스템을 고찰하고 사회경제적 시스템을 이해하는 독특한 관점을 제시할 것이다.

[참고문헌]
- P. Sen and B. K. Chakrabarti, "Social Physics: An Introduction", Oxford Univ. Press, Oxford, 2014.
- T. C. Schelling, "Dynamic models of segregation", J. Math. Sociol. 1, 143-186 (1971).
- J. M. Epstein, "Modeling civil violence: An agent-based computational approach", PNAS 99, 7243-7250 (2002).
- R. Axelrod, "The evolution of cooperation" Basic Pub., New York, 1984.
- M. Nowak, Science 314, 1560 (2006).
- Prisomner's dilemma, https://plato.stanford.edu/entries/prisoner-dilemma/

14.1 레너드-존스 퍼텐셜의 최솟값의 위치가 $r_m = 2^{1/6}\sigma$ 임을 보이고, 최솟값의 위치에서
퍼텐셜 값을 구하여라.

14.2 상자의 부피가 V, 입자수 N, 온도 T인 실제기체에서 두 분자쌍의 거리에 따른 위치
에너지가 아래 그림과 같다.

$$u(r) = \begin{cases} \infty & r \le a \\ u_0 & a < r \le 2a \\ 0 & r > 2a \end{cases}$$

1) 계의 분배함수를 구하여라.
2) 상태 방정식을 구하여라.

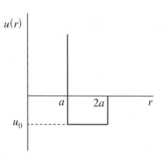

그림 **14.10** 딱딱한 알맹이 퍼텐셜(hard-core potential)

CHAPTER 15

막걷기

CHAPTER 15
막걸기

통계적 개념을 사용하는 간단한 예로 막걸기를 생각해보자. 막걸기는 매우 간단한 모형이지만 입자들의 확산 현상, 많은 평형 및 비평형 통계물리계를 설명하는 기초적인 도구를 제공한다. 막걸기(멋대로 걷기 또는 랜덤워크, random walk)는 브라운 운동(Brownian motion)으로 알려진 꽃가루와 같은 거대한 유기 분자가 물에서 불규칙하게 움직이는 현상에서 처음 발견되었다. 스코틀랜드의 식물학자인 로버트 브라운(Robert Brown, 1773~1858)은 현미경으로 물 위에 떨어진 꽃가루의 운동을 관찰하였는데, 꽃가루의 운동이 매우 불규칙하였으며, 그 운동을 예측하기 어려웠다. 그가 관찰한 것은 식물 클라르키아 풀켈라(clarkia pulchella) 꽃가루를 물 위에 떨어뜨렸을 때 꽃가루가 무작위로 움직이는 것을 관찰한 것이다. 브라운은 꽃가루가 살아있는 생명체이기 때문에 무작위로 움직인다는 것을 배제하기 위해서 유기체가 아닌 가루를 물에 떨어뜨렸을 때도 같은 현상을 관찰함으로써 무작위로 움직이는 운동이 유기체 때문이 아님을 알았다. 사실 거대 분자인 꽃가루는 주변의 물 분자들과 끊임없는 충돌에 의해서 영향을 받기 때문에 매우 무질서하게 움직인다.

물리학에서 브라운 운동을 처음으로 설명한 이론은 1905년에 아인슈타인이 발표한 논문에서 나타났다. 아인슈타인은 1905년 물리학 연감(Annalen der Physik) 학술지에 "열 분자운동 이론에서 정상상태의 액체 속에 떠 있는 작은 입자들의 운동에 관하여(On the Movement of Small Particles Suspended in Stationary Liquids Required by the Molecular-Kinetic Theory of Heat)"를 발표하였다. 이 논문은 브라운 운동을 수학적으로 설명한 논문이었다. 아인슈타인은 논문에서 입자들이 무작위로 움직일 때 입자들이 퍼져나간 제곱평균거리 $\overline{x^2}$이 입자가 움직이는데 걸린 시간에 대해서

$$\overline{x^2} = 2Dt$$

임을 보였으며, 여기서 D는 확산계수(diffusion coefficient)라 한다.

그런데 최근의 과학사 연구에 의하면 아인슈타인의 발표보다 5년 전인 1900년에 앙리 푸앙카레(Henry Poincare)의 제자인 루이스 바슐리에(Louis Bachelier[baʃəlje], 1870~1946)

는 그의 박사학위 논문 "투기이론(Theory of speculation)"에서 주식옵션(stock option)의 변동을 무작위적으로 기술함으로써 최초의 무작위한 브라운 운동을 수학적으로 설명하였다. 이는 금융수학(financial mathematics)에서 확률과정(stochastic process)을 다룬 첫 논문이다. 바슐리에의 연구는 한동안 잊혀져 있다가 1950년대에 경제학자들에 의해서 재발견된다.

1908년에 프랑스의 물리화학자인 페랭(Jean Baptiste Perrin, 1870~1942)은 물에서 움직이는 입자들을 관찰함으로써 아인슈타인의 브라운 운동에 대한 이론이 맞음을 실험적으로 증명하였다. 그는 이 연구로 1926년에 노벨물리학상을 수상한다.

15.1 이차원 막걷기와 이항분포

직선처럼 곧은 길가에 포장마차가 일렬로 늘어서 있는 거리를 생각해 보자. 그림 15.1과 같이 술에 취해 거의 의식이 없는 사람이 한 지점에서 출발하여 자신의 단골집으로 가려고 하는 문제를 생각해 보자. 이 사람이 걸어갈 때 오른쪽으로 걸어갈 확률을 p, 왼쪽으로 걸어갈 확률을 $q = 1 - p$라고 하자. 한 걸음의 보폭은 a이

그림 **15.1** 술주정뱅이의 막걷기

고, 각 걸음은 서로 독립적이다. 즉, 현재 한 걸음은 다음번 걸음을 걷는데 어떠한 영향도 주지 않는다.

왼쪽과 오른쪽으로 걸어갈 확률의 합은 항상 1이므로

$$p + q = 1 \tag{15.1}$$

이다. 술주정뱅이(또는 입자로 생각하여도 무방)가 N걸음 걸어간 후의 위치는

$$x = ma \tag{15.2}$$

이다. 여기서 m은

$$-N \leq m \leq N \tag{15.3}$$

이다. 즉, m은 오른쪽으로 걸어간 걸음 수에서 왼쪽으로 걸어간 걸음 수를 뺀 알짜 위치를 나타낸다. N걸음 걸어갔을 때 오른쪽으로 걸어간 걸음 수를 n_1, 왼쪽으로 걸어간 걸음 수를 n_2라 하면

$$N = n_1 + n_2 \tag{15.4}$$

이고, 입자의 위치를 나타내는 정수 m은

$$m = n_1 - n_2 = n_1 - (N - n_1) = 2n_1 - N \tag{15.5}$$

이다. $n_1 > n_2$이면 입자는 원점의 오른쪽에 위치하며, $n_1 < n_2$이면 원점의 왼쪽에 위치한다. N걸음 걸어간 후 오른쪽으로 n_1번(왼쪽으로 $n_2 = N - n_1$) 걸어갈 확률 $P_N(n_1, n_2 = N - n_1)$을 구해보자.

그림 15.2와 같이 $N = 1$이면 뛸 수 있는 경우의 확률은

$$P_{N=1}(1, 0) = p$$
$$P_{N=1}(0, 1) = q = 1 - p$$

이다.

$N = 2$이면 가능한 가짓수는 4가지이며, 각각의 확률은

$$P_{N=2}(2, 0) = p^2$$

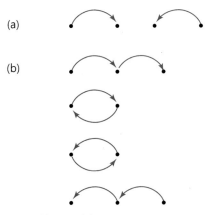

그림 **15.2** $N=1$, $N=2$일 때 막걸기의 가짓수 (a) $N=1$, (b) $N=2$

$$P_{N=2}(1,\ 1) = 2pq$$

$$P_{N=2}(0,\ 2) = q^2$$

이다. 비슷한 방법으로 생각하면, $N=3$인 경우 가능한 가짓수는 $2^3 = 8$개로 확률은

$$P_{N=3}(3,\ 0) = p^3$$

$$P_{N=3}(2,\ 1) = 3p^2q$$

$$P_{N=3}(1,\ 2) = 3pq^2$$

$$P_{N=3}(0,\ 3) = q^3$$

이다.

총걸음수 N에 대해서 이 확률분포함수의 항들을 다시 늘어 쓰면 다음과 같다

$N=1$				p		q			$(p+q)$
$N=2$			p^2		$2pq$		q^2		$(p+q)^2$
$N=3$		p^3		$3p^2q$		$3pq^2$		q^3	$(p+q)^3$
$N=4$	p^4		$4p^3q$		$6p^2q^2$		$4pq^3$	q^4	$(p+q)^4$
$\vdots$				$\vdots$					$\vdots$
N									$(p+q)^N$

위의 구조는 $(p+q)^N$의 이항전개식과 같은 꼴이다.

$$(p+q)^N = p^N + \binom{N}{N-1}p^{N-1}q + \cdots + \binom{N}{r}p^{N-r}q^r + \cdots + \binom{N}{1}pq^{N-1} + q^N$$

$$= \sum_{n=0}^{N} \frac{N!}{n!\,(N-n)!} p^n q^{N-n} \tag{15.6}$$

위 이항 전개식의 각 항이 분포함수 $P_N(n_1,\, n_2 = N - n_1)$과 같다. 즉,

$$P_N(n_1,\, n_2 = N - n_1) = \binom{N}{N-n_1}p^{n_1}q^{N-n_1} = \frac{N!}{n_1!\,(N-n_1)!}p^{n_1}q^{N-n_1} \tag{15.7}$$

이다. 이와 같은 확률분포를 이항분포(binomial distribution)이라 한다. 그런데 $p + q = 1$이므로

$$\sum_{n_1=0}^{N} P_N(n_1,\, n_2 = N - n_1) = \sum_{n_1=0}^{N} \frac{N!}{n_1!\,(N-n_1)!}p^{n_1}q^{N-n_1} = (p+q)^N = 1$$

이다.

막걷기의 최종위치를 m으로 나타내 보자. $N = n_1 + n_2,\ m = n_1 - n_2$이므로

$$n_1 = \frac{1}{2}(N+m) \tag{15.8}$$

$$n_2 = \frac{1}{2}(N-m) \tag{15.9}$$

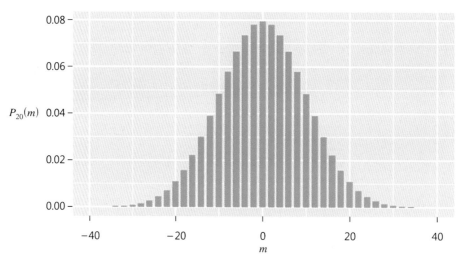

그림 **15.3** $N = 20$, $p = q = 1/2$인 막걷기의 이항분포 $P_{20}(m)$

이다. 따라서, N걸음 후에 m 위치에서 막걸기를 발견할 확률은

$$P_N(m) = \frac{N!}{\left[\dfrac{(N+m)}{2}\right]! \left[\dfrac{(N-m)}{2}\right]!} p^{(N+m)/2} q^{(N-m)/2} \tag{15.10}$$

이다. $N = 20$이고, $p = q = 1/2$인 경우, 이항분포함수는 그림 15.3과 같다.

15.2 이항분포의 평균과 분산

N걸음 후에 막걸기의 평균 위치와 분산을 구해보자. 막걸기가 오른쪽으로 걸어간 평균 걸음수 $\overline{n_1}$은 다음과 같이 정의한다.

$$\overline{n_1} = \sum_{n_1 = 0}^{N} n_1 P_N(n_1, n_2)$$

$$= \sum_{n_1 = 0}^{N} \frac{N!}{n_1! (N - n_1)!} n_1 p^{n_1} q^{N - n_1} \tag{15.11}$$

위 식은 다음과 같은 간단한 방법을 사용하여 계산할 수 있다. 위 식에서 $n_1 p^{n_1}$ 항은 p와 q를 독립변수로 하여 미분한 결과와 같다.

$$n_1 p^{n_1} = p \frac{\partial}{\partial p} p^{n_1} \tag{15.12}$$

따라서

$$\sum_{n_1 = 0}^{N} \frac{N!}{n_1! (N - n_1)!} n_1 p^{n_1} q^{N - n_1} = \sum_{n_1 = 0}^{N} \frac{N!}{n_1! (N - n_1)!} p \frac{\partial}{\partial p} p^{n_1} q^{N - n_1}$$

$$= p \frac{\partial}{\partial p} \left[\sum_{n_1 = 0}^{N} \frac{N!}{n_1! (N - n_1)!} p^{n_1} q^{N - n_1} \right]$$

$$= p \frac{\partial}{\partial p} (p + q)^N = pN(p + q)^{N - 1}$$

$$= pN \quad (\because p + q = 1) \tag{15.13}$$

이다.

따라서 N걸음 후에 막걸기의 평균 오른쪽 걸음수는

$$\overline{n_1} = pN \tag{15.14}$$

이다. $n_2 = N - n_1$이므로 $\overline{n_2} = N - \overline{n_1} = N - pN = (1-p)N = qN$이다. 즉,

$$\overline{n_2} = qN \tag{15.15}$$

이고,

$$\overline{n_1} + \overline{n_2} = N(p+q) = N \tag{15.16}$$

이다.

막걷기의 평균 알짜 위치는

$$\overline{m} = \overline{n_1 - n_2} = \overline{n_1} - \overline{n_2} = N(p-q) \tag{15.17}$$

이고, $p = q$이면 $\overline{m} = 0$이다.

막걷기의 **분산**(dispersion)은

$$\overline{(\varDelta n_1)^2} = \overline{(n_1 - \overline{n_1})^2} = \overline{n_1^2} - (\overline{n_1})^2 \tag{15.18}$$

으로 정의한다. $\overline{n_1^2}$을 구해보자.

$$
\begin{aligned}
\overline{n_1^2} &= \sum_{n_1}^{N} P_N(n_1) n_1^2 \\
&= \sum_{n_1=0}^{N} \frac{N!}{n_1!(N-n_1)!} \, n_1^2 \, p^{n_1} q^{N-n_1} \\
&= \sum_{n_1=0}^{N} \frac{N!}{n_1!(N-n_1)!} \left(p \frac{\partial}{\partial p} \right)^2 p^{n_1} q^{N-n_1} \\
&= \left(p \frac{\partial}{\partial p} \right)^2 \sum_{n_1=0}^{N} \frac{N!}{n_1!(N-n_1)!} p^{n_1} q^{N-n_1} \\
&= \left(p \frac{\partial}{\partial p} \right)^2 (p+q)^N \\
&= p \left(\frac{\partial}{\partial p} \right) \left[pN(p+q)^{N-1} \right] \\
&= p \left[N(p+q)^{N-1} + pN(N-1)(p+q)^{N-2} \right]
\end{aligned}
$$

$$= pN(1 + pN - p) \ (\because p + q = 1)$$
$$= pN(pN + q)$$
$$= (pN)^2 + Npq \tag{15.19}$$

이다. 따라서 분산은

$$\overline{(\varDelta n_1)^2} = \overline{n_1^2} - (\overline{n_1})^2 = (pN)^2 + Npq - (pN)^2$$
$$= Npq \tag{15.20}$$

이다. 분산에 제곱근을 취한 값을 **표준편차**(standard deviation)

$$\sigma_{n_1} = \sqrt{\overline{(\varDelta n_1)^2}} \tag{15.21}$$

이라 하고, n_1 분포함수의 퍼짐 넓이를 나타낸다. 막걷기의 표준편차는

$$\sigma_{n_1} = \sqrt{Npq} \tag{15.22}$$

이다.

  분포함수의 뾰족도는 **상대적 요동**(relative fluctuation)으로 알 수 있으며,

$$\frac{\sigma_{n_1}}{\overline{n_1}} = \frac{\sqrt{Npq}}{Np} = \frac{1}{\sqrt{N}} \sqrt{\frac{q}{p}} \tag{15.23}$$

이다. 즉, 막걷기의 걸음수 N이 매우 커지면 분포함수는 평균값 근처에서 최댓값을 가지는 매우 뾰족한 함수가 된다. $p = q = 1/2$이면,

$$\frac{\sigma_{n_1}}{\overline{n_1}} = \frac{1}{\sqrt{N}} \tag{15.24}$$

이다.

  유사한 방법으로 막걷기의 알짜 위치 m에 대한 분산을 구해보자.

$$m = n_1 - n_2 = 2n_1 - N$$

이므로,

$$\Delta m = m - \overline{m} = (2n_1 - N) - (2\overline{n_1} - N) = 2(n_1 - \overline{n_1}) = 2\Delta n_1$$

이다. 따라서

$$\overline{(\Delta m)^2} = 4\overline{(\Delta n_1)^2} = 4Npq \tag{15.25}$$

이다.

예제 15.1

상호작용하지 않는 자기 쌍극자의 이항분포

일정한 외부 자기장 B가 있는 상태에 N개의 서로 상호작용하지 않는 자기 쌍극자(magnetic dipole) 계를 생각해 보자. 각 입자의 자기 쌍극자 모멘트는 μ이다. 자기장이 $+\hat{z}$으로 가해 졌을 때 자기장과 같은 방향의 자기 쌍극자를 업 스핀(up spin), 반대 방향의 자기 쌍극자를 다운 스핀(down spin)이라 하자. 자기 쌍극자는 업과 다운 방향만 가질 수 있다. 평균 자화율을 구하여라.

 풀이

각 자기 쌍극자가 가질 수 있는 에너지는

$$E_+ = -\mu B \quad \text{(up spin)}$$
$$E_- = \mu B \quad \text{(down spin)}$$

이다. 각 쌍극자의 에너지는

$$E = -s\mu B$$

로 쓸 수 있고,

$$s = +1 \quad \text{(up spin)}$$
$$s = -1 \quad \text{(down spin)}$$

이다. 스핀이 업일 확률을 p, 다운일 확률을 q라 하면

$$p + q = 1$$

이다.

외부 자기장이 없으면, 스핀이 특정한 방향을 선호하지 않으므로 $p = q = 1/2$이다. 외부 자기장이 가해지면, $p \neq 1/2$이다. 계의 자화율(magnetization) M은

$$M = \mu(s_1 + s_2 + \cdots + s_N) = \mu \sum_{i=1}^{N} s_i$$

이다. 편의상 $\mu = 1$로 놓자.

평균 자화율 $\overline{M}$은

$$\overline{M} = \overline{\sum s_i} = \sum_{i=1}^{N} \overline{s_i}$$

이다. 각 자기 쌍극자는 서로 구별할 수 없기 때문에 각 스핀의 평균은 같다. 즉,

$$\overline{s_1} = \overline{s_2} = \cdots = \overline{s_N}$$

이다. 따라서

$$\overline{M} = N\overline{s}$$

이다. 그런데 평균 스핀은

$$\overline{s} = (1)(p) + (-1)(q) = p - q$$

이다. 따라서 평균 자화율은

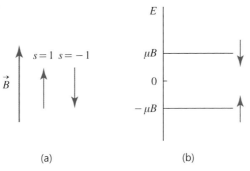

(a)   (b)

그림 **15.4** (a) 일정한 자기장에 놓여 있고 서로 상호작용하지 않는 자기 쌍극자. (b) 자기 쌍극자의 가능한 에너지 상태

$$\overline{M} = N(p - q)$$

이다.

15.3 막걸기와 가우스 분포

막걸기의 걸음수 N이 매우 크면 막걸기의 이항분포를 가우스 분포로 나타낼 수 있다. N이 매우 크면 이항분포는 최댓값에서 매우 뾰족하고, 최댓값에서 멀어질수록 매우 빨리 감소한다. N이 충분히 크면, 오른쪽으로 걸어간 걸음의 수 n_1을 연속변수로 취급할 수 있다. 따라서 분포함수 $P_N(n_1)$ 역시 연속함수로 취급할 수 있다.

분포함수의 최댓값 위치는

$$\frac{dP_N(n_1)}{dn_1} = 0 \tag{15.26}$$

또는

$$\frac{d \ln P_N(n_1)}{dn_1} = 0 \tag{15.27}$$

이다.

$P_N(n_1)$의 최댓값의 위치를 $n_1 = \widetilde{n_1}$이라 하자. 최댓값 근처의 점을

$$n_1 = \widetilde{n_1} + \delta \tag{15.28}$$

라 하자. N이 매우 크면 $P_N(n_1)$은 매우 빨리 변하는 함수이므로, 훨씬 더 느리게 변하는 함수인 $\ln P_N(n_1)$을 고려해 보자. 이 함수를 최댓값 근처에서 테일러 전개하면

$$\ln P_N(n_1) = \ln P_N(\widetilde{n_1}) + A_1 \delta + \frac{1}{2} A_2 \delta^2 + \frac{1}{6} A_3 \delta^3 + \cdots \tag{15.29}$$

이며, 여기서 곁수 A_i는

$$A_i = \frac{d^i \ln P_N(\widetilde{n_1})}{dn_1^i} \tag{15.30}$$

이다.

$P_N(n_1)$을 최댓값 근처에서 전개하였으므로 $A_1 = 0$이다. 또한 $P_N(n_1)$이 위로 볼록한 함수이므로 $A_2 < 0$이다. 따라서 $A_2 = -|A_2|$이고, $P_N(n_1)$을 다시 표현하면

$$P_N(n_1) = P_N(\widetilde{n_1})\ e^{-\frac{1}{2}|A_2|\delta^2 + \frac{1}{6}A_3\delta^3 + \cdots} \tag{15.31}$$

이다.

삼차항 이상을 무시하면

$$P_N(n_1) = P_N(\widetilde{n_1})\ e^{-\frac{1}{2}|A_2|\delta^2} \tag{15.32}$$

이다.

15.2절에서 구한 이항분포함수에 로그를 취하면

$$\ln P_N(n_1) = \ln\left[\frac{N!}{n_1!(N-n_1)!}p^{n_1}q^{N-n_1}\right]$$
$$= \ln N! - \ln n_1! - \ln(N-n_1)! + n_1\ln p + (N-n_1)\ln q \tag{15.33}$$

이다.

임의의 큰 수 $n(n \gg 1)$에 대해서 $\ln n!$의 미분을 구하면

$$\frac{d\ln n!}{dn} \simeq \frac{\ln(n+1)! - \ln n!}{(n+1)-n} = \ln\frac{(n+1)!}{n!} = \ln(n+1) \tag{15.34}$$

이다. 그런데 $n \gg 1$이므로

$$\frac{d\ln n!}{dn} \simeq \ln n \tag{15.35}$$

이다.

그러므로

$$\frac{d\ln P_N(n_1)}{dn_1} = -\ln n_1 + \ln(N-n_1) + \ln p - \ln q \tag{15.36}$$

이다. 따라서 분포함수의 최댓값 위치에서

$$\frac{d \ln P_N (\widetilde{n_1})}{dn_1} = \ln \left[\frac{(N-\widetilde{n_1})p}{\widetilde{n_1}q} \right] = 0 \tag{15.37}$$

이고,

$$(N-\widetilde{n_1})p = \widetilde{n_1}q \tag{15.38}$$

이다. 그런데 $p + q = 1$이므로

$$\widetilde{n_1} = \overline{n_1} = Np \tag{15.39}$$

이다. 즉, 분포함수의 최댓값의 위치가 평균값과 같다. 한편

$$\frac{d^2 \ln P_N}{dn_1^2} = -\frac{1}{n_1} - \frac{1}{N-n_1} \tag{15.40}$$

이므로, $n_1 = \widetilde{n_1}$에서 A_2를 계산하면,

$$A_2 = -\frac{1}{\widetilde{n_1}} - \frac{1}{N-\widetilde{n_1}} = -\frac{1}{Np} - \frac{1}{N-Np} = -\frac{1}{Npq} \tag{15.41}$$

이다.

따라서

$$P_N (n_1) = P_N (\widetilde{n_1}) \; e^{-\frac{1}{2}\frac{(n_1-\overline{n_1})^2}{Npq}} \tag{15.42}$$

이다.

$\delta = n_1 - \overline{n_1}$라 놓으면 확률분포함수의 규격화조건은

$$\int_0^\infty P_N (n_1)dn_1 = \int_{-\infty}^\infty P_N (\delta)d\delta = 1 \tag{15.43}$$

이다. 따라서 식 (15.32)에 의해

$$P_N (\widetilde{n_1}) \int_{-\infty}^\infty e^{-\frac{1}{2}|A_2|\delta^2} \, d\delta = P_N (\widetilde{n_1})\sqrt{\frac{2\pi}{|A_2|}} = 1 \tag{15.44}$$

이다. 그러므로

$$P_N(\widetilde{n_1}) = \sqrt{\frac{|A_2|}{2\pi}} = \frac{1}{\sqrt{2\pi Npq}} \tag{15.45}$$

이다.

따라서 N이 매우 클 때 이항분포함수는

$$P_N(n_1) = \frac{1}{\sqrt{2\pi Npq}} e^{-\frac{(n_1-\overline{n_1})^2}{2Npq}} \tag{15.46}$$

인 가우스 분포함수로 표현된다. 그런데 가우스 분포의 분산이

$$\sigma^2 = Npq \tag{15.47}$$

이므로, 분포함수를 평균과 분산으로 표현하면

$$P_N(n_1) = \frac{1}{\sqrt{2\pi\sigma^2}} e^{-\frac{(n_1-\overline{n_1})^2}{2\sigma^2}} \tag{15.48}$$

으로 쓸 수 있다.

오른쪽으로 걸어간 걸음수와 알짜 걸음수는 $n_1 = (N+m)/2$인 관계를 가지므로

$$P_N(m) = \frac{1}{\sqrt{2\pi\sigma^2}} e^{-\frac{[m-N(p-q)]^2}{8\sigma^2}} \tag{15.49}$$

로 표현할 수 있다.

막걷기의 한 걸음의 길이를 a라 하면 막걷기의 실제 위치는

$$x = ma \tag{15.50}$$

이다. 원자나 분자의 막걷기에서 막걷기의 한 걸음 길이는 격자 상수 $a = 10^{-10}$ m 정도이고, 거대분자는 $a = 10^{-6}$ m $= 1\,\mu m$ 정도이므로 한 걸음의 길이 a는 매우 작은 값이다. 또한 알짜 걸음수의 증가량은 $\Delta m = 2$이므로 x의 증가량은 $\Delta x = 2a$이다. 따라서 거시계에서 x를 연속변수로 취급하여도 무방하다. N걸음 후에 막걷기의 위치가 x와 $x+dx$ 사이에 있을 확률을 생각해 보자. 여기서 dx는 거시적으로 작은 변화량이지만 미시적인 길이 척도인 a보다는 큰 값으로 거시적으로 작은 변화량을 의미한다. $\Delta m = 2$이므로 dx 길이 내에 놓인 가능

한 총걸음수는 $dx/2a$개이고, 이 간격 내에서 $P_N(m)$은 거의 같다. 따라서 x와 $x+dx$ 사이에 막걸기가 있을 확률은

$$P(x)dx = P_N(m)\frac{dx}{2a} \tag{15.51}$$

이고, $P(x)$를 **확률밀도**(probability density)라 부른다. 앞에서 구한 $P_N(m)$을 대입하여 정리하면

$$P(x)dx = \frac{1}{\sqrt{2\pi\sigma_x^2}}\,e^{-(x-\mu)^2/2\sigma_x^2}dx \tag{15.52}$$

이다. 여기서

$$\mu = (p-q)Na \tag{15.53}$$

$$\sigma_x = 2\sqrt{Npq}\,a \tag{15.54}$$

이다.

확률밀도 $P(x)$의 모양은 가우스 함수이고 μ는 가우스 분포의 평균값이고, σ_x는 표준편차에 해당한다. 그림 15.5에 가우스 밀도함수를 나타내었다.

확률밀도함수 $P(x)$는 규격화되어 있다.

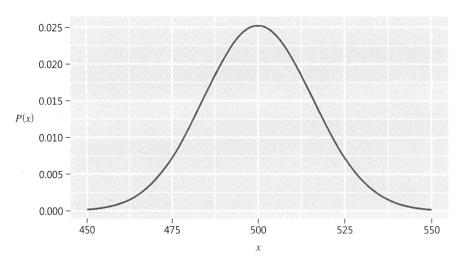

그림 **15.5** 가우스 밀도 함수

$$\int_{-\infty}^{\infty} P(x)dx = \frac{1}{\sqrt{2\pi\sigma_x^2}} \int_{-\infty}^{\infty} e^{-(x-\mu)^2/2\sigma_x^2} dx$$

$$= \frac{1}{\sqrt{2\pi\sigma_x^2}} \int_{-\infty}^{\infty} e^{-y^2/2\sigma_x^2} dy \quad (y = x - \mu)$$

$$= \frac{1}{\sqrt{2\pi\sigma_x^2}} \sqrt{2\pi\sigma_x^2}$$

$$= 1$$

막걷기의 평균값은

$$\bar{x} = \int_{-\infty}^{\infty} xP(x)dx$$

$$= \frac{1}{\sqrt{2\pi\sigma_x^2}} \int_{-\infty}^{\infty} xe^{-(x-\mu)^2/2\sigma_x^2} dx$$

$$= \frac{1}{\sqrt{2\pi\sigma_x^2}} \left[\int_{-\infty}^{\infty} ye^{-y^2/2\sigma_x^2} dy + \mu \int_{-\infty}^{\infty} e^{-y^2/2\sigma_x^2} dy \right] \quad (y = x - \mu)$$

$$= \frac{1}{\sqrt{2\pi\sigma_x^2}} \left(0 + \mu\sqrt{2\pi\sigma_x^2} \right)$$

$$= \mu \tag{15.55}$$

이다. 위 식에서 [ ] 괄호의 첫 번째 적분은 피적분함수가 홀함수이므로 적분값이 0이다. 막걷기의 분산은

$$\overline{(x-\mu)^2} = \int_{-\infty}^{\infty} (x-\mu)^2 P(x)dx$$

$$= \frac{1}{\sqrt{2\pi\sigma_x^2}} \int_{-\infty}^{\infty} y^2 e^{-y^2/2\sigma_x^2} dy \quad (y = x - u)$$

$$= \frac{1}{\sqrt{2\pi\sigma_x^2}} \left[\frac{\sqrt{\pi}}{2} (2\sigma_x^2)^{3/2} \right]$$

$$= \sigma_x^2 \tag{15.56}$$

이다.

왼쪽으로 걸을 확률과 오른쪽을 걸을 확률이 같을 때 $p = q = 1/2$이다. N걸음 걸은 후

막걸기의 평균제곱거리 $\langle x^2 \rangle = \sigma_x^2 = 4Npqa^2$ 이므로

$$\langle x^2 \rangle = a^2 N$$

이다. 아인슈타인은 막걸기에 대한 이 식으로부터 볼츠만 상수 k를 예측할 수 있었다. 브라운 입자의 속도가 v이면 시간 t일 때 걸음 수는

$$N = vt/a$$

이다 에너지 등분배 정리에 의해서

$$\frac{1}{2}mv^2 = \frac{3}{2}kT$$

이다. 막걸기로 거리 a를 움직일 때, 점성력에 의한 감쇠로 인한 일은 입자의 운동 에너지 변화와 같다. 스토크의 법칙(Stokes's law)에 의하면 점성력(viscosity force)는

$$F = 6\pi r \eta v$$

이며, 여기서 η는 액체의 점성계수(viscosity coefficient)이고, r는 브라운 입자의 반지름이다. 브라운 입자가 거리 a를 움직일 때 점성력이 해주는 일은

$$W = 6\pi r \eta v a$$

이다. 따라서

$$6\pi r \eta v a = \frac{3}{2}kT$$

이고, 막걸기의 한 걸음 길이는

$$a = \frac{kT}{4\pi \eta r v}$$

이다. 따라서 브라운 운동의 제곱평균거리는

$$\langle x^2 \rangle = \frac{kT}{4\pi r \eta}t$$

이다. 제곱평균거리를 시간의 함수로 그린 다음 기울기를 측정하면, 그 값이 $kT/4\pi r \eta$와 같

다. 브라운 운동의 반지름 r를 측정하고, 유체의 점성계수 η, 유체의 온도 T는 측정 가능한 양이므로 볼츠만 상수 k를 결정할 수 있다.

15.4
일반적인 막걷기

일차원에서 조금 더 일반적인 막걷기를 생각해보자. 걸음걸이가 일정한 막걷기는 그림 15.6(a)와 같이 확률분포가 $+a$와 $-a$에서 뾰족하다.

매 걸음마다 보폭의 길이가 일정하지 않은 막걷기의 확률분포는 그림 15.6(b)와 같이 연속분포를 가진다. i 번째 걸음에서 보폭을 $s_i(+$ 또는 $-$ 값이 모두 가능)라 하자. i 번째 걸음이 s_i와 $s_i + ds_i$ 사이에 놓일 확률을 $w(s_i)ds_i$라 하자. N걸음 후의 막걷기의 알짜 위치는

$$x = s_1 + s_2 + \cdots + s_N = \sum_{i=1}^{N} s_i \tag{15.57}$$

이며, 막걷기의 평균위치는

$$\bar{x} = \overline{\sum_{i=1}^{N} s_i} = \sum_{i=1}^{N} \bar{s}_i \tag{15.58}$$

이다.

매 걸음의 보폭에 대한 분포함수 $w(s)$는 모든 걸음에 대해서 같다. 따라서

$$\bar{x} = N\bar{s} \tag{15.59}$$

이고, 여기서

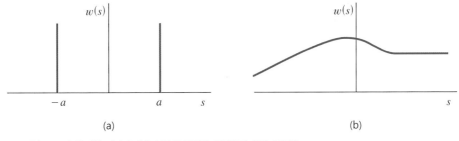

그림 **15.6** (a) 보폭이 일정한 막걷기, (b) 보폭의 길이가 일정하지 않은 막걷기

$$\bar{x} = \bar{s_i} = \int sw(s)ds \tag{15.60}$$

이다. 막걸기의 분산은

$$\overline{(\Delta x)^2} = \overline{(x - \bar{x})^2} \tag{15.61}$$

이고,

$$\Delta x = x - \bar{x} = \sum_{i=1}^{N}(s_i - \bar{s_i}) = \sum_{i=1}^{N} \Delta s_i \tag{15.62}$$

이다. 따라서

$$(\Delta x)^2 = \left(\sum_{i=1}^{N} \Delta s_i\right)\left(\sum_{j=1}^{N} \Delta s_j\right)$$
$$= \sum_{i=1}^{N}(\Delta s_i)^2 + \sum_{i}\sum_{j\neq i}(\Delta s_i)(\Delta s_j) \tag{15.63}$$

이다. 그러므로

$$\overline{(\Delta x)^2} = \sum_{i=1}^{N}\overline{(\Delta s_i)^2} + \sum_{i}\sum_{j\neq i}\overline{(\Delta s_i)(\Delta s_j)} \tag{15.64}$$

이고, 위 식의 두 번째 항은 $i \neq j$인 항들의 곱이고, 두 걸음이 서로 독립적이므로

$$\overline{(\Delta s_i)(\Delta s_j)} = \overline{(\Delta s_i)}\,\overline{(\Delta s_j)} = 0 \ (\because \overline{\Delta s_i} = \bar{s_i} - \bar{s} = 0) \tag{15.65}$$

이다. 따라서 일반적인 막걸기의 분산은

$$\overline{(\Delta x)^2} = \sum_{i=1}^{N}\overline{(\Delta s_i)^2} = N\overline{(\Delta s)^2} \tag{15.66}$$

이고, 여기서

$$\overline{(\Delta s)^2} = \int (\Delta s)^2 w(s)ds \tag{15.67}$$

이다.

막걸기의 분산은 알짜 위치 분포함수의 반치폭의 크기를 나타낸다. 표준편차와 평균값의

비는

$$\frac{\sqrt{\overline{(\Delta x)^2}}}{\bar{x}} = \frac{\sqrt{\overline{(\Delta s)^2}}}{\bar{s}} = \frac{1}{\sqrt{N}} \tag{15.68}$$

이다. 막걸기의 걸음수 N이 매우 크면 분포함수는 매우 뾰족해 진다.

N걸음 막걸기의 위치가 x와 $x+dx$ 사이에 놓일 확률 $P(x)dx$를 구해보자. 첫 번째 걸음의 길이가 s_1과 s_1+ds_1 사이에 놓이고, 두 번째 걸음의 길이가 s_2와 s_2+ds_2 사이에 놓이고, ⋯인 N걸음 막걸기 열(sequence)이 생성될 확률은

$$w(s_1)w(s_2) \cdots w(s_N)ds_1ds_2 \cdots ds_N$$

이다. 따라서 N걸음 걸어간 막걸기의 알짜 위치가 x와 $x+dx$ 사이에 놓일 확률 $P(x)$는

$$P(x)dx = \int_{-\infty}^{\infty} \cdots \int_{(dx)} \cdots \int_{-\infty}^{\infty} w(s_1)w(s_2) \cdots w(s_N)ds_1ds_2 \cdots ds_N dx \tag{15.69}$$

이고,

$$x < \sum_{i=1}^{N} s_i < x+dx \tag{15.70}$$

이다. 위의 적분은 적분구간에 제한 조건을 가지므로 쉽게 적분할 수 없다.

이러한 제한 조건 없이 적분을 쉽게 하기 위해서 델타함수를 사용하여 적분을 다시 써보면,

$$P(x)dx = \int_{-\infty}^{\infty} \cdots \int_{-\infty}^{\infty} w(s_1)w(s_2) \cdots w(s_N) \left[\delta\left(x - \sum_{i=1}^{N} s_i\right) \right] ds_1ds_2 \cdots ds_N dx \tag{15.71}$$

이다. 여기서 적분의 제한 조건은 델타함수에 흡수되어 지며, 델타함수를 적분 형태로 표현하면,

$$\delta\left(x - \sum s_i\right) = \frac{1}{2\pi} \int_{-\infty}^{\infty} dk\, e^{ik(\sum s_i - x)} \tag{15.72}$$

이다. 따라서

$$P(x) = \int_{-\infty}^{\infty} \cdots \int_{-\infty}^{\infty} ds_1ds_2 \cdots ds_N\, w(s_1)w(s_2) \cdots w(s_N) \frac{1}{2\pi} \int_{-\infty}^{\infty} dk\, e^{ik(s_1 + s_2 + \cdots + s_N - x)}$$

$$= \frac{1}{2\pi} \int_{-\infty}^{\infty} dk e^{-ikx} \int_{-\infty}^{\infty} ds_1 w(s_1) e^{iks_1} \cdots \int_{-\infty}^{\infty} ds_N w(s_N) e^{iks_N}$$

$$= \frac{1}{2\pi} \int_{-\infty}^{\infty} dk e^{-ikx} Q^N(k) \tag{15.73}$$

이고, 여기서

$$Q(k) = \int_{-\infty}^{\infty} ds e^{iks} w(s) \tag{15.74}$$

로, $w(s)$의 푸리에 변환이다.

막걸기의 걸음 수 N이 매우 큰 경우를 생각해 보자. 함수 e^{iks}는 s에 대해서 진동한다. 파수 벡터 k가 커지면, 진동도 더 빨라진다. 따라서 k가 매우 클 때 $Q(k)$는 매우 작아진다. N이 매우 크고, k가 매우 크면 $Q^N(k)$는 급격히 작아진다. 따라서 k가 매우 작은 경우만 고려하면 된다. k가 매우 작을 때 e^{iks}의 테일러 전개는

$$Q(k) = \int_{-\infty}^{\infty} ds w(s) e^{iks} = \int_{-\infty}^{\infty} ds w(s) \left(1 + iks - \frac{1}{2} ks^2 + \cdots \right) \tag{15.75}$$

이므로,

$$Q(k) = 1 + ik\overline{s} - \frac{1}{2} k^2 \overline{s^2} + \cdots \tag{15.76}$$

이다. 여기서

$$\overline{s^n} = \int_{-\infty}^{\infty} ds \ w(s) \ s^n \tag{15.77}$$

이고, s의 n 번째 모멘트(moment)라 부른다. $s \to \infty$일 때, $|w(s)| \to 0$이라고 가정하면, $\overline{s^n}$ 은 유한한 값을 갖는다. 따라서

$$\ln Q^N(k) = N \ln Q(k) = N \ln \left[1 + ik\overline{s} - \frac{1}{2} k^2 \overline{s^2} + \cdots \right] \tag{15.78}$$

이다. $y \ll 1$일 때,

$$\ln(1 + y) = y - \frac{1}{2} y^2 + \cdots \tag{15.79}$$

이므로,

$$\ln Q^N(k) = N\left[ik\bar{s} - \frac{1}{2}k^2\overline{s^2} - \frac{1}{2}(ik\bar{s})^2 + \cdots\right]$$

$$= N\left[ik\bar{s} - \frac{1}{2}k^2(\overline{s^2} - (\bar{s})^2) + \cdots\right]$$

$$= N\left[ik\bar{s} - \frac{1}{2}k^2\overline{(\Delta s)^2} + \cdots\right] \tag{15.80}$$

이다. 따라서

$$P(x) = \frac{1}{2\pi}\int_{-\infty}^{\infty}dk\; e^{ik(N\bar{s}-x)-\frac{1}{2}Nk^2\overline{(\Delta s)^2}}$$

$$= \frac{1}{\sqrt{2\pi\sigma_x^2}}\; e^{-(x-\mu)^2/2\sigma_x^2} \tag{15.81}$$

이고, 여기서

$$\mu = N\bar{s} \tag{15.82}$$

$$\sigma_x^2 = N\overline{(\Delta s)^2} \tag{15.83}$$

이다.

걸음 수 N이 매우 크면 일반적인 막걸기의 확률분포는 가우스 분포(정규분포, normal distribution) $N(\mu, \sigma_x^2)$와 같다.

15.5 모멘트 생성함수

막걸기의 알짜 위치 x와 같은 확률변수는 정규분포를 따름을 앞에서 살펴보았다. 확률변수 x의 확률분포함수를 알고 있을 때 모멘트 생성함수(moment generating function)는 확률변수의 모멘트를 쉽게 구할 수 있게 한다. 확률변수 x의 모멘트 생성함수 $M(t)$는

$$M(t) = \langle e^x \rangle = \int_{-\infty}^{\infty}e^{itx}p(x)dx \tag{15.84}$$

로 정의하거나, 또는

$$M(t) = \langle e^{tx} \rangle = \int_{-\infty}^{\infty} e^{tx} p(x) dx \qquad (15.85)$$

으로 정의한다. 여기서는 앞의 정의를 사용한다. $M(t)$를 모멘트 생성함수라 부르는 이유는 확률변수의 모멘트는 $M(t)$의 t에 대한 미분으로 쉽게 구할 수 있기 때문이다. 확률변수 x의 평균은

$$\langle x \rangle = \frac{1}{i} \frac{dM(t)}{dt}\bigg|_{t=0} = \frac{1}{i} \int_{-\infty}^{\infty} \frac{de^{itx}}{dt} p(x) dx \bigg|_{t=0} = \int_{-\infty}^{\infty} xp(x) dx \qquad (15.86)$$

이다. 비슷한 방법으로 $\langle x^2 \rangle$은

$$\langle x^2 \rangle = \frac{1}{i^2} \frac{d^2 M(t)}{dt^2}\bigg|_{t=0} \qquad (15.87)$$

이고, 일반적으로 x의 m번째 모멘트는

$$\langle x^m \rangle = \frac{1}{i^m} \frac{d^m M(t)}{dt^m}\bigg|_{t=0} \qquad (15.88)$$

이다.

정규분포에 대한 모멘트 생성함수는

$$M(t) = \frac{1}{\sqrt{2\pi\sigma^2}} \int_{-\infty}^{\infty} dx e^{\left(itx - \frac{(x-\bar{x})^2}{2\sigma^2}\right)} \qquad (15.89)$$

이다. 지수함수를 다시 표현하면

$$M(t) = \frac{1}{\sqrt{2\pi\sigma^2}} e^{\left(i\bar{x}t - \frac{\sigma^2 t^2}{2}\right)} \int_{-\infty}^{\infty} dx e^{-\frac{(x-\bar{x}-i\sigma^2 t)^2}{2\sigma^2}}$$

$$= \frac{1}{\sqrt{2\pi\sigma^2}} \sqrt{2\pi\sigma^2} e^{\left(i\bar{x}t - \frac{\sigma^2 t^2}{2}\right)}$$

$$= e^{\left(i\bar{x}t - \frac{\sigma^2 t^2}{2}\right)} \qquad (15.90)$$

이다. 정규분포가 $N(0, 1)$, 즉 $\bar{x} = 0$, $\sigma^2 = 1$이면 정규분포의 모멘트 생성함수는

$$M(t) = e^{\left(-\frac{t^2}{2}\right)} \tag{15.91}$$

이다.

모멘트 생성함수를 이용하여 정규분포 $N(0, 1)$의 평균과 분산을 구해 보면

$$\langle x \rangle = \frac{1}{i} \left. \frac{dM(t)}{dt} \right|_{t=0} = -\frac{1}{i} t e^{-\frac{t^2}{2}} \Big|_{t=0} = 0 \tag{15.92}$$

이고

$$\langle x^2 \rangle = \frac{1}{i^2} \left. \frac{d^2 M(t)}{dt^2} \right|_{t=0} = \left[e^{-\frac{t^2}{2}} - t^2 e^{\frac{-t^2}{2}} \right]_{t=0} = 1 \tag{15.93}$$

이다.

15.6 중심 극한 정리

앞에서 막걷기의 걸음 수가 아주 커지면 막걷기의 알짜 위치가 정규분포를 따른다는 것을 증명하였다. 우리 주변에서 일어나는 많은 무작위한 사건들의 분포는 사건의 수가 많아지면 대체로 정규분포를 따르게 되는 데, 이를 **중심 극한 정리**(central limt theorem)라 한다. 확률변수 $X_1, X_2, \cdots, X_m$은 서로 독립적이고 각 확률변수의 평균과 분산(variance)이 유한한 경우를 생각해 보자. 확률변수의 합을

$$S_m = x_1 + x_2 + \cdots + x_m \tag{15.94}$$

으로 나타낸다. 각 확률변수가 독립적이므로, 평균과 분산은 각각

$$\mu_m = \sum_{i=1}^{m} \overline{x_i} \tag{15.95}$$

$$\sigma_m^2 = \sum_{i=1}^{m} \sigma_{x_i}^2 \tag{15.96}$$

이다.

중심 극한 정리(central limit theorem)는 다음과 같다.

$$\lim_{m \to \infty} \frac{S_m - \mu_m}{\sigma_m} = N(0, 1) \tag{15.97}$$

즉, 유한한 평균과 분산을 갖는 서로 독립적인 비정규분포 확률분포의 합은 합의 항이 커지면 정규분포를 따른다. 중심 극한 정리의 결과를 우리는 흔히 목격한다. 독립적인 사건이 아주 커지면 그 사건의 분포는 정규분포에 가까워진다.

중심 극한 정리를 증명해 보자. 유한한 모멘트를 갖는 독립적이고, 동일한 분포(iid, independent identically distribution)를 갖는 확률변수 x_i $(i = 1, \cdots, m)$를 고려해 보자. 모든 x_i에 대한 평균과 분산은 각각

$$\mu_0 = \langle x_i \rangle \tag{15.98}$$

$$\sigma_0^2 = \langle x_i^2 \rangle - \langle x_i \rangle^2 \tag{15.99}$$

이다. 따라서

$$\mu_m = m\mu_0 \tag{15.100}$$

$$\sigma_m^2 = m\sigma_0^2 \tag{15.101}$$

이다. 새로운 확률변수를

$$z_m = \frac{S_m - \mu_m}{\sigma_m} = \frac{S_m - \mu_m}{m\sigma_0^2}$$

$$= \sum_{i=1}^{m} \frac{(x_i - \mu_0)}{\sqrt{m\sigma_0^2}} = \frac{1}{\sqrt{m}} \sum_{i=1}^{m} y_i \tag{15.102}$$

로 정의한다. 여기서

$$y_i = \frac{x_i - m_0}{\sigma_0} \tag{15.103}$$

이고, 따라서 $\overline{y_i} = 0$이고 $\sigma_{y_i}^2 = 1$이다.

이제 확률변수 z_m의 모멘트 생성함수를 구해보자. 모멘트 생성함수의 정의에 의해서

$$M_{z_m}(t) = M_{\frac{1}{\sqrt{m}} \sum y_i}$$

$$= \left\langle \exp\left(\frac{it}{\sqrt{m}} \sum_{i=1}^{m} y_i \right) \right\rangle$$

$$= \left\langle e^{\frac{ity_1}{\sqrt{m}}} \right\rangle \left\langle e^{\frac{ity_2}{\sqrt{m}}} \right\rangle \cdots \left\langle e^{\frac{ity_m}{\sqrt{m}}} \right\rangle$$

$$= \left[\left\langle e^{\frac{ity_1}{\sqrt{m}}} \right\rangle \right]^m \tag{15.104}$$

이다. 위 식에서 $m \to \infty$이므로 지수함수를 테일러 전개하면

$$M_{z_m}(t) = \left[\left\langle 1 + \frac{ity_1}{\sqrt{m}} + \frac{(ity_2)^2}{2!m} + \frac{(ity_3)^3}{3!m^{3/2}} + \cdots \right\rangle \right]^m$$

$$= \left[1 - \frac{t^2}{2!m} - \frac{it^3 \langle y_1 \rangle^3}{3!m^{3/2}} + \cdots \right]^m \tag{15.105}$$

이다.

그런데 지수함수는

$$\lim_{m \to \infty} \left[1 + \frac{\alpha}{m} \right]^m = e^{\alpha m} \tag{15.106}$$

이므로

$$\lim_{m \to \infty} M_{z_m}(t) = \lim_{m \to \infty} \left[1 - \frac{t^2}{2m} \right]^m$$

$$= e^{-\frac{t^2}{2}}$$

$$\Rightarrow N(0, 1) \tag{15.107}$$

이다. 즉, 모멘트 생성함수는 표준정규분포와 같다. 즉, z_m이 정규분포를 따른다는 것을 의미한다. 이로써 중심 극한 정리가 증명되었다. 자연과 사회현상에서 정규분포가 많이 나타나는 이유는 사건의 수가 커지면, 중심 극한 정리에 의해서 사건의 분포가 정규분포에 접근하기 때문이다.

경제물리학(Econophysics)

경제학과 물리학의 관계는 긴 역사를 가지고 있다. 아이작 뉴턴은 남해회사(South Sea) 투기붐이 일어날 때 투자하여 거액의 돈을 잃었다. 반면에 경제학자 케언스는 주식투자로 거액을 번 것으로 유명하다. 물리적 모형과 계량 경제학의 연관성은 1900년 루이 바슐리에(Louis Bachelier)가 앙리 푸앙카레(Henry Poincare)의 지도로 소르본대학에서 "투기이론(theory of speculation)"이란 제목의 박사학위 논문을 제출하면서부터라고 할 수 있다. 바슐리에는 프랑스 국채(French government bond)의 거래량에 대한 이론을 제안하였는데 이는 확률과정(stochastic process)에 바탕을 둔 막걸기(random walk)와 같았다.

물리학에서 막걸기 문제는 1905년 아인슈타인의 논문에서 처음으로 해석적 해가 제시되었다. 수학자 바슐리에는 아인슈타인보다 5년 앞서서 막걸기 문제를 풀었지만, 그의 업적은 60년 동안 잊혀져 있었다. 1959년에 미국 해군연구소에 근무하던 오스본(M. F. M. Osborne)은 Research Operation 지에 "주식시장에서의 브라운 운동(Brownian motion in stock market)"이란 논문을 발표하여 바슐리에 이후에 주식시장에서 막걸기 문제를 다시 발견하였다.

그는 통계물리학에서 입자들 상태를 앙상블 이론으로 나타냈듯이, 주식의 가치를 앙상블로 생각하여 주식가격의 로그 수익률(logarithmic return)이 정규분포를 따른다고 제안하였다. 주식의 로그 수익률이 정상상태에서 정규분포를 따른다는 것은 주가의 로그 수익률이 막걸기처럼 행동한다는 것이다. 오스본은 자신의 논문을 발표하기 전에 해군연구소의 고체물리학 세미나에서 그의 발견을 처음으로 발표하였다. 계량 금융학의 중요한 논문이 물리학자들에게 먼저 소개된 것은 시사하는 바가 크다. 가격변동에 대한 이론은 1973년에 블랙(Fischer Black), 숄즈(Myron Sholes)가 발견한 옵션(option) 가격 결정이론인 블랙-숄즈 방정식(Black-Sholes equation)으로 발전하였다. 이 방정식을 발견하는데 결정적인 기여를 한 과학자가 블랙인데 그는 물리학과 수학을 전공하였다. 같은 해에 머튼(Robert Merton)은 같은 방정식을 컴퓨터 계산 방법으로 동시에 발견하였다. 블랙과 숄즈가 Journal of Political Economy지에 발표한 논문의 제목은 "The Pricing of Options and Coporate Liabilities"였다. 숄즈와 머튼은 1997년 노벨 경제학상을 수상하였지만 블랙은 1995년에 사망하여 노벨상을 수상할 수 없었다.

통계물리학자들이 경제시계열에 관심을 가지고 연구하기 시작한 것은 1990년대 초반이다. 1995년 인도의 캘커타에서 열린 학술회의에서 유진 스탠리(H. E. Stanley)는 처음으로 "경제물리학(Econophysics)"란 용어를 사용하였다. 경제물리학에 대한 관심은 주식시장, 금융시장 등에서 정교한 빅데이터가 생산되고 시계열을 분석할 수 있는 컴퓨터 성능이 향상되면서라고 할 수 있다. 주식시장에서 종합주가수, 각 주식 종목의 가격은 아주 정밀하게 기록된다. 경제물리학이 발전하기 시작한 초반에 주가지수의 통계물리적 구조에 대한 연구가 활발하게 일어났다.

주식시장에서 주가지수(stock index)를 $I(t)$ 라 하자. 주가지수의 로그 수익률(logarithmic return)은

$x(t) = I(t + \Delta t) - I(t)$ 로 정의한다. 일별 주가지수(daily stock index)를 사용하는 경우 $\Delta t = 1 day$
이다. 주가지수 자체는 오름과 내림을 반복하지만, 긴 시간 스케일에서 보면 증가하는 경향을 보인다.
그림 15.7은 미국 S&P 500 주가지수의 시간에 따른 변화와 그에 대응하는 로그 수익률을 나타낸
그림이다.

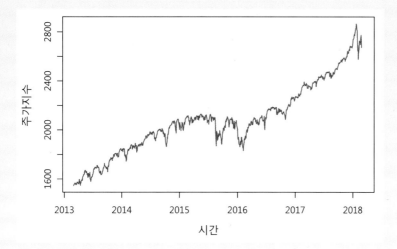

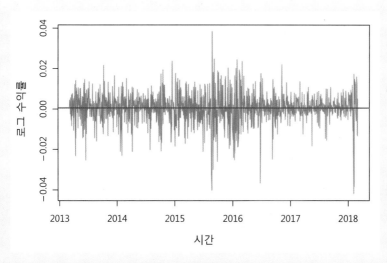

그림 **15.7** S&P 500 주가지수와 로그 수익률의 시간에 따른 변화 모습

주가지수의 로그 수익률은 양수(수익이 발생)와 음수(손실 발생)가 제멋대로 반복되는 것처럼 보인다.
오름과 내림의 어떤 패턴도 존재하지 않는다. 경제물리학 연구에 따르면 주식시장에서 다양한 특징
들이 존재하는데, 이를 스타일라이즈 팩트(stylized fact)라 한다. 주가의 로그 수익률 시계열은 비정

상 상태 시계열(nonstationary time series)이다. 작년의 로그 수익률의 평균, 표준편차는 올해의 평균, 표준편차와 같지 않다. 그림 15.8은 로그 수익률의 확률분포함수(probability distribution function)를 나타낸 것이다.

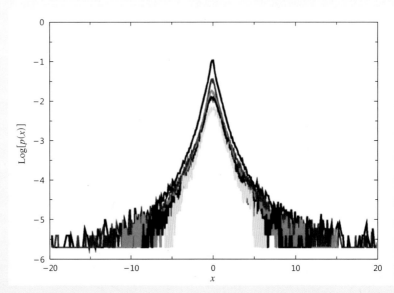

그림 **15.8** 코스피 1분 주가지수의 로그 수익률 분포함수. 위쪽부터 아래쪽으로 가면서 시간 지연(time lag)은 1분(검은색), 10분(빨간색), 30분(초록색), 60분(파란색), 600분(노란색).(컬러 사진 참조)

주가지수의 로그 수익률 확률분포함수는 정규분포에서 크게 벗어나며 꼬리 부분의 분포는 멱법칙을 따른다.

$$p(x) \sim |x|^{-\gamma}$$

여러 나라의 주가지수에 대해서 측정한 멱법칙 지수는 $\gamma > 2$이다. 로그 수익률 분포함수에서 꼬리 부분의 멱법칙을 두터운 꼬리(fat-tail) 또는 무거운 꼬리(heavy tail) 분포라 한다. 로그 수익률을 구할 때 시간 지연(time lag)을 길게 하면 분포함수는 점점 정규분포함수에 접근하는데 이를 집계된 정규분포(aggregational Gaussian distribution)라 한다.

주가지수 로그 수익률의 자체 상관함수(autocorrelation function)를 구해보면 극히 짧은 상관관계를 보이면서 지수함수적으로 줄어든다. 그런데 로그 수익률의 절댓값을 취한 일종의 휘발성(volatility)에 대한 자체 상관함수는 장거리 상관(long-range correlation)을 나타낸다. 휘발성 자체 상관함수 $C(\tau) = AutoCorr(|r(t+\tau)|, |r(t)|)$는 시간 간격에 대해서 멱법칙을 따른다. 즉,

$$C(\tau) \sim \tau^{-\eta}$$

이고, 지수 η는 보편적이지 않고, 주식시장에 따라서 다른 값을 갖는다. 미국의 S&P 500 지수에서 구한 지수는 $\eta = 0.3$이었다. 주가지수는 이 외에도 더 다양한 특징들을 가지고 있으며, 주가지수가 왜 장거리 상관관계를 갖는지, 로그 수익률 분포함수가 왜 두터운 꼬리 구조를 가지는지 아직 그 원인을 밝히지 못하고 있다. 주식시장에 참여하는 행위자들의 다양성, 비선형적 상호작용, 부화뇌동에 따른 연쇄적인 투매 등은 주식시장 복잡성의 주요한 원인으로 여겨지고 있다.

[참고문헌]

• N. Jung, Q. A. Le, B. J. Mafwele, H. M. Lee, S. Y. Chae, and J. W. Lee, "Fractality and multifractality in a stock market's nonstationary financial time series", J. Korean Phy. Soc. 77, 186-196 (2020).

• 페르 박 (정형채, 이재우 옮김), "자연은 어떻게 움직이는가? 복잡계로 설명하는 자연의 원리", 한승, 서울, 2012.

• S. Sinha, A. Chatterjee, A. Chakraborti, B. K. Chakrabarti, "Econophysics", Wiley-VCH, Leipzig, 2011.

• R. N. Mantegna and H. E. Stanley, "An Introduction to Econophysics: Correlations and Complexity in Finance", Cambridge Univ. Press, Cambridge, 2000.

15.1 $N = 30$, $p = 2/3$인 이항분포의 $P_N(m)$을 구하여라.

15.2 이항분포의 $\overline{n_1^3}$를 구하여라.

15.3 막걷기가 2차원의 사각 격자에서 일어난다. 처음에 입자는 원점에 놓여 있었다. $N = 5$인 막걷기의 가능한 배열(configuration)을 구하여라.

15.4 정규분포함수에 대해서 $\overline{x^3}$과 $\overline{x^4}$을 각각 구하여라.

15.5 부피 V인 용기에 N개의 이상기체 분자가 들어있다. 이 용기를 부피 V_1과 부피 V_2인 부분으로 나눈다. 단, $V = V_1 + V_2$이다.
   1) 기체분자 하나가 부피 V_1에 있을 확률은 얼마인가?
   2) 부피 V_1에 기체분자가 N_1개 있고, 부피 V_2에 기체분자가 N_2개 있을 확률을 구하여라. 단, $N = N_1 + N_2$이다.
   3) 부피 V_1에 있을 기체분자의 평균 $\overline{N_1}$은 얼마인가?

15.6 N개의 동전을 던져서 앞면이 나온 수를 n_1, 뒷면이 나온 수를 $n_2 = N - n_1$이라 하자. 앞면과 뒷면이 나올 확률은 같으므로 $p = q = 1/2$이다. 동전의 앞면이 나오면 스핀 $s = +1$을 대응시키고, 뒷면이 나오면 스핀 $s = -1$을 대응시킨다. N개의 동전을 동시에 던졌을 때 스핀의 합을 $M = \sum_{i=1}^{N} s_i$이라 하자.
   1) 스핀 합의 평균 $\overline{M}$을 구하여라.
   2) M의 분산 $var(M) = \overline{(M - \overline{M})}$을 구하여라.

부록

A. 기본 상수

물리량	기호 또는 표현	값
볼츠만 상수	k	1.3807×10^{-23} JK^{-1}
아보가드로 수	N_A	6.022×10^{23} mol^{-1}
몰기체 상수	R	8.314 $Jmol^{-1}K^{-1}$
플랑크 상수	h	6.626×10^{-34} $J \cdot s$
	$\hbar = h/2\pi$	1.0546×10^{-34} $J \cdot s$
스테판 상수	σ	5.670×10^{-8} $Wm^{-2}K^{-4}$
표준 몰 부피		22.414×10^{-3} m^3mol^{-1}
진공에서 광속	c	2.9979×10^{8} ms^{-1}
기본 전하량	e	1.6022×10^{-19} C
보어 반지름	a_0	5.292×10^{-11} m
전자의 질량	m_e	9.109×10^{-31} kg
양성자의 질량	m_p	1.6726×10^{-27} kg
진공의 유전율	ε_0	8.854×10^{-12} Fm^{-1}
진공의 투자율	μ_0	$4\pi \times 10^{-7}$ Hm^{-1}
미세구조 상수	$\alpha = \dfrac{e^2}{4\pi\varepsilon_0 \hbar c}$	$\dfrac{1}{137.04}$
중력 상수	G	6.674×10^{-11} Nm^2kg^{-2}
지구 질량	M_E	5.97×10^{24} kg
태양 질량	M_S	1.99×10^{30} kg
지구 반지름	R_E	6.378×10^{6} m
태양 반지름	R_S	6.96×10^{8} m
1천문학 단위		1.496×10^{11} m
1광년		9.460×10^{15} m
1파섹		3.086×10^{16} m

B. 수학공식

1) 삼각함수

$$e^{i\theta} = \cos\theta + i\sin\theta$$

$$\sin\theta = \frac{e^{i\theta} - e^{-i\theta}}{2i}$$

$$\cos\theta = \frac{e^{i\theta} + e^{-i\theta}}{2}$$

$$\tan\theta = \frac{\sin\theta}{\cos\theta}$$

$$\cos^2\theta + \sin^2\theta = 1$$

$$\cos 2\theta = \cos^2\theta - \sin^2\theta$$

$$\sin 2\theta = 2\cos\theta\sin\theta$$

$$\sin(\theta \pm \phi) = \sin\theta\cos\phi \pm \cos\theta\sin\phi$$

$$\cos(\theta \pm \phi) = \cos\theta\cos\phi \mp \sin\theta\sin\phi$$

2) 하이퍼볼릭 함수

$$\sinh x = \frac{e^x - e^{-x}}{2}$$

$$\cosh x = \frac{e^x + e^{-x}}{2}$$

$$\cosh^2 x - \sinh^2 x = 1$$

$$\cosh 2x = \cosh^2 x + \sinh^2 x$$

$$\sinh 2x = 2\cosh x \sinh x$$

$$\tanh x = \frac{\sinh x}{\cosh x}$$

3) 로그함수

$$\log_a(xy) = \log_a(x) + \log_a(y)$$

$$\log_a\left(\frac{x}{y}\right) = \log_a(x) - \log_a(y)$$

$$\log_a(x) = \frac{\log_b(x)}{\log_b(a)}$$

$$e = 2.71828182846\cdots \quad \text{(자연수)}$$

$$\ln(x) \equiv \log_e(x)$$

4) 테일러 급수

점 $x = a$에 대한 함수 $f(x)$의 테일러 급수는

$$f(x) = f(a) + (x-a)\left(\frac{df}{dx}\right)_{x=a} + \frac{(x-a)^2}{2!}\left(\frac{d^2f}{dx^2}\right)_{x=a} + \cdots$$

$a = 0$이면

$$f(x) = f(0) + x\left(\frac{df}{dx}\right)_{x=0} + \frac{x^2}{2!}\left(\frac{d^2f}{dx^2}\right)_{x=0} + \cdots$$

5) 등비급수

유한 등비급수

$$a + ar + ar^2 + \cdots + ar^{N-1} = a\sum_{n=0}^{N-1} r^n = \frac{a(1-r^N)}{1-r}$$

무한 등비급수

$$a + ar + ar^2 + \cdots = a\sum_{n=0}^{\infty} r^n = \frac{a}{1-r}$$

6) 맥클로린 급수(Maclaurin series) $(|x| < 1)$

$$(1+x)^n = 1 + nx + \frac{n(n-1)}{2!}x^2 + \frac{n(n-1)(n-2)}{3!}x^3 + \cdots$$

$$(1 \pm x)^{-1} = 1 \mp x + x^2 \mp x^3 + \cdots$$

$$e^x = 1 + x + \frac{x^2}{2!} + \frac{x^3}{3!} + \cdots$$

$$\sin x = x - \frac{x^3}{3!} + \frac{x^5}{5!} + \cdots$$

$$\cos x = 1 - \frac{x^2}{2!} + \frac{x^4}{4!} + \cdots$$

$$\tan x = x + \frac{x^3}{3} + \frac{2x^5}{15} + \cdots$$

$$\tanh x = x - \frac{x^3}{3} + \frac{2x^5}{15} - \cdots$$

$$\tanh^{-1} x = x + \frac{x^3}{3} + \frac{x^5}{5} + \frac{x^7}{7} + \cdots$$

$$\ln(1+x) = x - \frac{x^2}{2} + \frac{x^3}{3} - \cdots$$

7) 부정적분 $(a > 0)$

$$\int \frac{dx}{x^2 + a^2} = \frac{1}{a}\tan^{-1}\left(\frac{x}{a}\right)$$

$$\int \frac{dx}{x^2 - a^2} = \frac{1}{2a}\ln\left|\frac{x-a}{x+a}\right|$$

$$\int \frac{dx}{\sqrt{x^2 + a^2}} = \sinh^{-1}\left(\frac{x}{a}\right)$$

$$\int \frac{dx}{\sqrt{x^2 - a^2}} = \begin{cases} \cosh^{-1}\left(\frac{x}{a}\right), & x > a \\ -\cosh^{-1}\left(\frac{x}{a}\right), & x < -a \end{cases}$$

$$\int \frac{dx}{\sqrt{a^2 - x^2}} = \sin^{-1}\left(\frac{x}{a}\right)$$

8) 벡터 연산자

$$\nabla \phi = \mathrm{grad}\phi = \left(\frac{\partial \phi}{\partial x}, \ \frac{\partial \phi}{\partial y}, \ \frac{\partial \phi}{\partial x} \right)$$

$$\nabla \cdot \vec{A} = \mathrm{div}\vec{A} = \frac{\partial A_x}{\partial x} + \frac{\partial A_y}{\partial y} + \frac{\partial A_z}{\partial z}$$

$$\nabla \times \vec{A} = \mathrm{curl}\vec{A} = \begin{vmatrix} \hat{i} & \hat{j} & \hat{k} \\ \dfrac{\partial}{\partial x} & \dfrac{\partial}{\partial y} & \dfrac{\partial}{\partial z} \\ A_x & A_y & A_z \end{vmatrix}$$

9) 벡터 항등식

$$\nabla \cdot (\nabla \phi) = \nabla^2 \phi$$

$$\nabla \times (\nabla \phi) = 0$$

$$\nabla \cdot (\nabla \times \vec{A}) = 0$$

$$\nabla \cdot (\phi \vec{A}) = \vec{A} \cdot \nabla \phi + \phi \nabla \cdot \vec{A}$$

$$\nabla \times (\phi \vec{A}) = \phi \nabla \times \vec{A} - \vec{A} \times \nabla \phi$$

$$\nabla \times (\nabla \times \vec{A}) = \nabla (\nabla \cdot \vec{A}) - \nabla^2 \vec{A}$$

$$\nabla \cdot (\vec{A} \times \vec{B}) = \vec{B} \cdot \nabla \times \vec{A} - \vec{A} \cdot \nabla \times \vec{B}$$

$$\nabla (\vec{A} \cdot \vec{B}) = (\vec{A} \cdot \nabla)\vec{B} + (\vec{B} \cdot \nabla)\vec{A} + \vec{A} \times (\nabla \times \vec{B}) + \vec{B} \times (\nabla \times \vec{A})$$

$$\nabla \times (\vec{A} \times \vec{B}) = (\vec{B} \cdot \nabla)\vec{A} - (\vec{A} \cdot \nabla)\vec{B} + \vec{A}(\nabla \cdot \vec{B}) - \vec{B}(\nabla \cdot \vec{A})$$

$$(\vec{A} \times \vec{B})_i = \varepsilon_{ijk} A_j B_k$$

$$\vec{A} \cdot \vec{B} = A_i B_i$$

$$\vec{A} \times (\vec{B} \times \vec{C}) = (\vec{A} \cdot \vec{C})\vec{B} - (\vec{A} \cdot \vec{B})\vec{C}$$

10) 실린더 좌표계

$$\nabla^2 \psi = \frac{1}{r} \frac{\partial}{\partial r} \left(r \frac{\partial \psi}{\partial r} \right) + \frac{1}{r^2} \frac{\partial^2 \psi}{\partial \phi^2} + \frac{\partial^2 \psi}{\partial z^2}$$

$$\nabla \psi = \left(\frac{\partial \psi}{\partial r}, \ \frac{1}{r} \frac{\partial \psi}{\partial \phi}, \ \frac{\partial \psi}{\partial z} \right)$$

11) 구면 좌표계

$$\nabla^2 \psi = \frac{1}{r^2} \frac{\partial}{\partial r}\left(r \frac{\partial \psi}{\partial r}\right) + \frac{1}{r^2 \sin\theta} \frac{\partial}{\partial \theta}\left(\sin\theta \frac{\partial \psi}{\partial \theta}\right) + \frac{1}{r^2 \sin^2\theta} \frac{\partial^2 \psi}{\partial \phi^2}$$

$$\nabla \psi = \left(\frac{\partial \psi}{\partial r}, \ \frac{1}{r} \frac{\partial \psi}{\partial \theta}, \ \frac{1}{r \sin\theta} \frac{\partial \psi}{\partial \phi} \right)$$

C. 디락델타 함수

중심이 $x = a$인 디락델타 함수(Dirac delta function) $\delta(x-a)$는 a일 때를 제외하고는 모든 x에 대해서 영이고, 적분값은 1이다. 델타함수의 적분은

$$\int_{-\infty}^{\infty} \delta(x-a)dx = 1$$

이다. 델타함수와 다른 함수의 곱은

$$\int_{-\infty}^{\infty} f(x)\delta(x-a)dx = f(a)$$

이다.

D. 가우스 적분

가우스 적분은 가우시안 함수 e^{-ax^2}의 적분을 뜻한다.

$$I = \int_{-\infty}^{\infty} e^{-ax^2}dx = \sqrt{\frac{\pi}{\alpha}}$$

가우스 적분을 구하기 위해서는 가우스 적분 두 개의 곱을 계산한다.

$$I^2 = \left(\int_{-\infty}^{\infty} dy e^{-\alpha y^2} \right) \left(\int_{-\infty}^{\infty} dx e^{-\alpha x^2} \right) = \int_{-\infty}^{\infty} dx dy e^{-\alpha(x^2+y^2)}$$

직각좌표계 적분을 극좌표계로 나타내면

$$I^2 = \int_0^{2\pi} d\theta \int_0^{\infty} dr r e^{-\alpha r^2}$$

이고, 변수변환으로 $u = \alpha r^2$으로 놓으면 $du = 2\alpha r dr$이므로

$$I^2 = 2\pi \frac{1}{2\alpha} \int_0^{\infty} du e^{-u} = \frac{\pi}{\alpha}$$

이다. 따라서

$$I = \sqrt{\frac{\pi}{\alpha}}$$

이다.

한편 적분

$$\int_{-\infty}^{\infty} x^2 e^{-\alpha x^2} dx = \frac{1}{2} \sqrt{\frac{\pi}{\alpha^3}}$$

이다. 이 적분은

$$\frac{d}{d\alpha} e^{-\alpha x^2} = -x^2 e^{-\alpha x^2}$$

을 이용하면

$$\frac{d}{d\alpha} \sqrt{\frac{\pi}{\alpha}} = -\sqrt{\pi} 2\alpha^{3/2}$$

이다. 따라서

$$\int_{-\infty}^{\infty} x^2 e^{-\alpha x^2} dx = \frac{1}{2} \sqrt{\frac{\pi}{\alpha^3}}$$

이다. 비슷한 방법으로

$$\int_{-\infty}^{\infty} x^4 e^{-\alpha x^2} dx = \frac{3}{4}\sqrt{\frac{\pi}{\alpha^5}}$$

이다.

E. 팩토리얼 적분

팩토리얼 적분(factorial integral)은

$$n! = \int_0^{\infty} x^n e^{-x} dx$$

이다. 감마함수(gamma function)는

$$\Gamma(n) = \int_0^{\infty} x^{n-1} e^{-x} dx$$

이고

$$\Gamma(n) = (n-1)!$$

이다. 감마함수는 $\Gamma(x+1) = x\Gamma(x)$를 만족한다. 특별한 값에 대한 감마함수의 값은 표와 같다.

x	$-\dfrac{3}{2}$	$-\dfrac{1}{2}$	$\dfrac{1}{2}$	1	$\dfrac{3}{2}$	2	$\dfrac{5}{2}$	3	4
$\Gamma(x)$	$\dfrac{4\sqrt{\pi}}{3}$	$-2\sqrt{\pi}$	$\sqrt{\pi}$	1	$\dfrac{\sqrt{\pi}}{2}$	1	$\dfrac{3\sqrt{\pi}}{4}$	2	6

F. 스털링 공식

스털링 공식은 $n \gg 1$일 때

$$\ln(n!) \approx n\ln(n) - n$$

이다.

팩토리얼 적분의 피적분 함수를

$$e^{f(x)} = x^n e^{-x}$$

로 나타내면

$$f(x) = n\ln x - x$$

이다. 함수 $f(x)$를 미분해서

$$\frac{df(x)}{dx} = \frac{n}{x} - 1 = 0$$

으로 놓으면 최대 위치는 $x = n$이다. 한번 더 미분하면

$$\frac{d^2 f}{dx^2} = -\frac{n}{x^2}$$

이다. 이제 최댓값 근처에서 테일러 전개하면

$$f(x) = f(n) + \left(\frac{df}{dx}\right)_{x=n}(x-n) + \frac{1}{2!}\left(\frac{d^2 f}{dx^2}\right)_{x=n}(x-n)^2 + \cdots$$

$$= n\ln n - n + 0\cdot(x-n) - \frac{1}{2}\frac{n}{n^2}(x-n)^2 +$$

$$= n\ln n - n - \frac{(x-n)^2}{2n} + \cdots$$

이다. 팩토리얼 적분은

$$n! = \int_0^\infty x^n e^{-x} dx = \int_0^\infty dx e^{f(x)}$$

$$= e^{n\ln n - n} \int_0^\infty e^{-(x-n)^2/2n} dx$$

이다. 가우시안 적분은

$$\int_0^\infty e^{-(x-n)^2/2n} dx = \sqrt{2\pi n}$$

이다. 따라서

$$n! \approx e^{n\ln n - n} \sqrt{2\pi n}$$

이므로

$$\ln(n!) \approx n\ln n - n + \frac{1}{2}\ln(2\pi n)$$

이다.

$n \gg 1$이면 스털링 공식(Stirling formula)은

$$\ln(n!) \approx n\ln n - n$$

이다.

G. 리만제타 함수

리만제타 함수(Riemann Zeta function)는

$$\zeta(s) = \sum_{n=1}^\infty \frac{1}{n^s}$$

로 정의한다. $s > 1$이면 리만제타 함수는 수렴하고 $s = 1$이면 발산한다. 몇 가지 s 값에 대한 리만제타 함수값은 다음 표와 같다.

s	$\zeta(s)$
1	∞
$\dfrac{3}{2}$	$2.612\cdots$
2	$\dfrac{\pi^2}{6}$
$\dfrac{5}{2}$	$1.341\cdots$
3	$1.2020\cdots$
4	$\dfrac{\pi^4}{90}$
5	$1.3069\cdots$
6	$\dfrac{\pi^4}{945}$

리만제타 함수가 나타나는 적분으로 먼저 보스적분(Bose integral) $I_B(n)$을 고려해 보자. 보스함수는

$$I_B(n) = \int_0^\infty \frac{x^n}{e^x - 1} dx$$

으로 정의한다. 이 적분값은

$$
\begin{aligned}
I_B(n) &= \int_0^\infty x^n \frac{e^{-x}}{1 - e^{-x}} dx \\
&= \int_0^\infty dx\, x^n \sum_{i=0}^\infty e^{-(i+1)x} \\
&= \sum_{i=0}^\infty \frac{1}{(i+1)^{n+1}} \int_0^\infty y^n e^{-y} dy \\
&= \zeta(n+1)\Gamma(n+1)
\end{aligned}
$$

이다. 정리하면

$$I_B(n) = \int_0^\infty \frac{x^n}{e^x - 1} dx = \zeta(n+1)\Gamma(n+1)$$

이다. 보스적분을 다시 쓰면

$$I_B(n-1) = \int_0^\infty \frac{x^{n-1}}{e^x - 1} dx = \zeta(n)\Gamma(n)$$

이다.

H. 폴리로그 함수

폴리로그 함수(polylogarithm function) $Li_n(z)$는

$$Li_n(z) = \sum_{k=1}^\infty \frac{z^k}{k^n}$$

로 정의한다. 페르미 – 디락 함수와 보스 – 아인슈타인 함수 적분은 폴리로그 함수로 표현할 수 있다. 두 함수의 표현을 생각해 보면

$$\int_0^\infty \frac{x^{n-1}dx}{z^{-1}e^x - 1} = \int_0^\infty \frac{x^{n-1}ze^{-x}dx}{1 - ze^{-x}}$$

$$= \sum_{m=0}^\infty \int_0^\infty x^{n-1}(ze^{-x})^{m+1}dx$$

$$= \sum_{m=0}^\infty z^{m+1} \int_0^\infty x^{n-1}e^{-(m+1)x}dx$$

$$= \sum_{m=0}^\infty \frac{z^{m+1}}{(m+1)^n} \int_0^\infty y^{n-1}e^{-y}dy$$

$$= \Gamma(n) \sum_{m=0}^\infty \frac{z^{m+1}}{(m+1)^n}$$

$$= \Gamma(n) \sum_{k=1}^\infty \frac{z^k}{k^n}$$

$$= \Gamma(n)Li_n(z)$$

이다. 비슷한 과정을 따라가면

$$\int_0^\infty \frac{x^{n-1}}{z^{-1}e^x + 1}\,dx = -\,\Gamma(n)Li_n(-z)$$

이다. 한편 $|z| \ll 1$이면

$$Li_n(z) \approx z$$

이고

$$Li_n(1) = \sum_{k=1}^\infty \frac{1}{k^n} = \zeta(n)$$

이다.

I. 초공의 부피

반지름 r인 d차원 초공(hyper sphere)의 부피를 구해보자. 초공의 반지름은

$$\sum_{i=1}^d x_i^2 = r^2$$

이다. 초공의 부피 V_d는 일반적으로

$$V_d = \Omega_d r^d$$

로 쓸 수 있다. 여기서 Ω_d는 초공의 각도 적분에 대한 표현이다. d차원 가우시안 적분 I는

$$I = \int_{-\infty}^\infty dx_1 \cdots \int_{-\infty}^\infty dx_d \exp\left(-\sum_{i=1}^d x_i^2\right)$$

이다. 가우시안 적분값을 이용하면

$$I = \left[\int_{-\infty}^\infty dx\, e^{-x^2}\right]^d = \pi^{d/2}$$

이다. 가우시안 적분을 구면좌표로 표현해서 쓰면

$$I = \int_0^\infty dV_d e^{-r^2}$$

이고, $dV_d = \Omega_d d r^{d-1} dr$ 이므로

$$
\begin{aligned}
I &= \pi^{d/2} \\
&= \int_0^\infty dV_d e^{-r^2} \\
&= d\Omega_d \int r^{d-1} e^{-r^2} dr \\
&= \frac{d\Omega_d \Gamma}{2}\left(\frac{d}{2}\right)
\end{aligned}
$$

이다. 따라서

$$\Omega_d = \frac{2\pi^{d/2}}{d\Gamma\left(\dfrac{d}{2}\right)}$$

이다. 감마함수는 $\Gamma(n+1) = n\Gamma(n)$ 이므로 초공의 부피는

$$V_d = \frac{\pi^{d/2}}{\Gamma\left(\dfrac{d}{2}+1\right)} r^d$$

이다.

참고문헌

강우영, "확률과정의 물리학", (한국문화사, 서울, 2001).

권민정 외, "대학물리학", (교문사, 경기, 2020).

김두환, 이재우, "생활과 과학", (교문사, 경기, 2020).

김봉수, 이호섭, "비평형과 상전이-메조스케일의 통계물리학", (교문사, 경기, 2000).

김영식, 임경순, "과학사신론" (다산출판사, 서울, 1999).

김인묵, 김엽, "통계열물리", (범한출판사, 서울, 2000).

이재우, "기초 통계열역학" (인하대학교 출판부, 인천, 2004).

이재우, "일반역학", (JRM, 서울, 2008).

이철수, "비가역 열역학", (민음사, 서울, 1993).

전병문, "해석역학", (북스힐, 서울, 2011).

정형채, 이재우, "자연은 어떻게 움직이는가?", (교문사, 경기, 2012).

차동우, 이재일, "물리 이야기", (전파과학사, 서울, 1989).

최상돈, 이연주, 강남룡, "응용과학자를 위한 통계열역학", (교문사, 경기, 2002).

B. A. Huberman and L. A. Adamic, "Growth dynamics of the world-wide web", Nature 401, 131 (1999).

C. Kittel and H. Kroemer, "Thermal Physics", (Freeman, New York, 1980).

CODATA value. https://physics.nist.gov/cgi-bin/cuu/Value?na

D. Arovas, "Lecture notes on thermodynamics and statistical mechanics", University of California, 2018.

D. J. Watts and S. H. Strogatz, "Collective dynamics of small-world networks", Nature 393, 440-442 (1998).

D. Main, "How these mysterious fireflies synchronize their dazzling light shows" National Geographics, MAY 23, 2019.

D. Ruelle, "Statistical mechanics: Rigorous results", (Addison-Wesley Publishing Company, New York, 1983).

D. Stauffer and A. Aharony, "Introduction to percolation theory", (CRC press, London, 1994).

D. Tong, "Statistical physics", University of Cambridge, 2012.

D. V. Schroeder, "An introduction to thermal physics", (Addison-Wesley Publishing Company, New York, 2000).

E. D'Hoker, "Lecture note on Statistical Mechanics", University of California, 2016.

F. Reif, "Fundamentals of statistical and thermal physics", (McGraw Hill, New York, 1965).

H. Gould, J. Tobochnik, W. Christian, "An introduction to computer simulation methods: Application to physical systems", (Addison Wesley, New York, 2007).

J. M. Epstein, "Modeling civil violence: An agent-based computational approach", PNAS 99, 7243-7250 (2002).

J. P. Ramirez, "The Secret of the synchronized pendulums", Physics World, 2020.

J. Vanderlinde, "Classical electromagnetic theory", (Kluwer Academic Publishers, New York, 2004).

K. Huang, "Statistical mechanics", (Wiley, New York, 1963).

K. Stowe, "An introduction to thermodynamics and statistical mechanics (2nd edition)", (Cambridge University Press, Cambridge, 2007).

M. Bennett, M. F. Schatz, H. Rockwood and K. Wiesenfeld, "Huygens's clocks", Proc. Roy. Soc. A 458–563 (2002).

M. Kardar, "Statistical physics of fields" (Cambridge University Press, Cambridge, 2007).

M. Kardar, "Statistical physics of particles" (Cambridge University Press, Cambridge, 2007).

M. Klein, Klein, Martin, "The Physics of J. Willard Gibbs in His Time". Physics Today. 43 (9): 40 (1990).

M. Nowak, "Prisoner's dilemma", Science 314, 1560 (2006).

M. Plischke and B. Bergersen, "Equilibrium statisticasl physics (3rd edition)", (World Scientific, Singapore, 2006).

N. Goldenfeld, "Lectures on phase transitions and the renormalization group", (Addison–Wesley, New York, 1992).

P. Bak, C. Tang, and K. Wiesenfeld, "Self–organized criticality: an explanation of 1/f noise", Phys. Rev. Lett. 59(4), 381–384 (1987).

P. L. Krapivsky, S. Redner, and E. Bain–Naim, "A kinetic view of statistical physics", Cabmbridge Univ. Press, Cambridge, 2010.

P. Nelson, "Biological physics", (Integre Technical Publishing Co, New York, 2004).

P. Sen and B. K. Chakrabarti, "Social Physics: An Introduction", Oxford Univ. Press, Oxford, 2014.

P. T. Landsberg, "Problems in thermodynamics and statistical physics", (Pion Limited, London, 1971)

R. Albert and A.–L. Barabasi, "Emergence of scaling in random networks", Science 286, 509–512 (1999).

R. Albert, H. Jeong, A.–L. Barabasi, "Diameter of the World–Wide Web ", Nature 401, 130–131 (1999).

R. Axelrod, "The evolution of cooperation" Basic Pub., New York, 1984.

R. Balescu, "Statistical dynamics: Matter out of equilibrium", (Imperial College Press, London, 1997).

R. S. Westfall, Never and Rest: A Biography of Isaac Newton (Cambridge: Cambridge University Press, 1980).

S. J. Blundell and K. M. Brundell, "Concepts in thermal physics", (Oxford University Press, Oxford, 2010).

T. C. Schelling, "Dynamic models of segregation", J. Math. Sociol. 1, 143–186 (1971).

Thomas L. Hankins, Science and the Enlightenment (Cambridge: Cambridge University Press, 1985).

V. Frette, K. Christensen, A. Malthe–Sørenssen, J. Feder, T. Jøssan, and P. Meakin, "Avalanche dynamics in a pile of rice", Nature 379, 49–52 (1996).

W. Greiner, "Relativistic quantum mechanics", (Springer, New York, 2000).

W. Greiner, L. Neise, H. Stocker, "Thermodynamics and statistical mechanics", (Springer, New York, 1995).

W. Thomson (1874). "Kinetic theory of the dissipation of energy". Nature. 9 (232): 441-444.

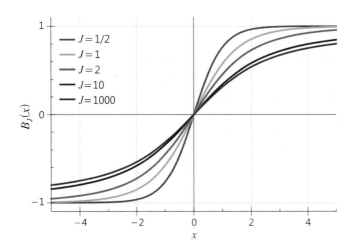

그림 **10.1** 브릴루앙 함수

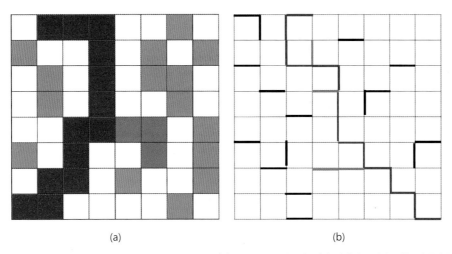

<table>
<tr><td>(a)</td><td>(b)</td></tr>
</table>

그림 **10.10** 이차원 사각격자 위에서 만들어진 스미기 모형. (a) 격자점 스미기 모형, (b) 연결선 스미기 모형. 빨간색과 초록색 송이는 위쪽 변에서 아래쪽 변으로 연결되어 있다. 빨간색 연결송이는 뼈대송이(backbone)를 나타내고, 초록색 연결선은 매달린 가지(dangling bond)이다.

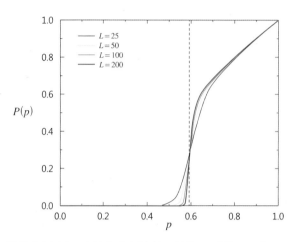

그림 **10.12** 사각격자의 크기를 증가시키면서 스미기숭이 세기 $P(p)$를 점유확률 p의 함수로 구한 그림. 데이터는 몬테카를로 시뮬레이션으로 구하였다. 스미기 상전이는 $p_c = 0.592746 \cdots$에서 일어난다. 점유확률이 $p < p_c$에서 $P(p)$가 영이 아닌 이유는 격자의 크기가 작은 유한크기 효과 때문이다. 열역학적 극한에서 상전이는 2차 상전이다.

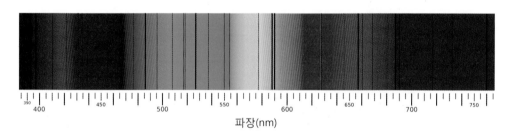

그림 **11.3** 태양 빛의 흡수 스펙트럼. 특정한 위치에서 검은색 선이 나타난다.

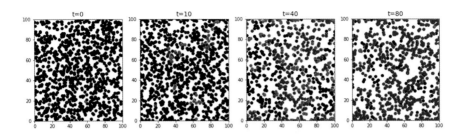

그림 **11.10** SQIR 행위자 기반 모형 시뮬레이션. 시간 $t=0$일 때 세 명의 감염자에서 출발하여 감염이 점점 전파하여 거의 모든 행위자들을 감염시킨다. 회복자는 재감염되지 않기 때문에 시간이 지나면 집단면역이 생겨서 감염이 줄어든다.

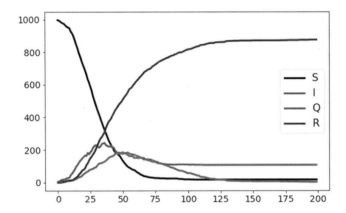

그림 **11.11** 확산 시뮬레이션 결과. S, I, Q는 각 시간에 행위자 수를 나타내면 R는 누적한 회복자를 나타낸다.

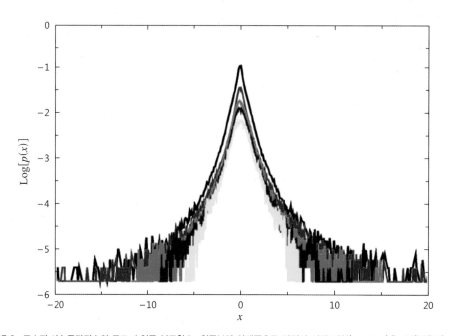

그림 **15.8** 코스피 1분 주가지수의 로그 수익률 분포함수. 위쪽부터 아래쪽으로 가면서 시간 지연(time lag)은 1분(검은색), 10분(빨간색), 30분(초록색), 60분(파란색), 600분(노란색).